Integration von Advanced Control in der Prozessindustrie

Herausgegeben von
Dirk Abel, Ulrich Epple und
Gerd-Ulrich Spohr

Weitere Titel bei Wiley-VCH

Engell, Sebastian (ed.)

Logistic Optimization of Chemical Production Processes

2008
ISBN-13: 978-3-527-30830-9

Ingham, John / Dunn, Irving J. / Heinzle, Elmar / Prenosil, Jiri E. / Snape, Jonathan B.

Chemical Engineering Dynamics
An Introduction to Modelling and Computer Simulation

2007
ISBN-13: 978-3-527-31678-6

Agachi, Paul Serban / Nagy, Zoltán K. / Cristea, Mircea Vasile / Imre-Lucaci, Árpád

Model Based Control
Case Studies in Process Engineering

2006
ISBN-13: 978-3-527-31545-1

Smith, Carlos A. / Corripio, Armando B.

Principles and Practices of Automatic Process Control

2005
ISBN-13: 978-0-471-43190-9

Integration von Advanced Control in der Prozessindustrie

Rapid Control Prototyping

Herausgegeben von
Dirk Abel, Ulrich Epple und Gerd-Ulrich Spohr

WILEY-VCH Verlag GmbH & Co. KGaA

Herausgeber

Prof. Dr.-Ing. Dirk Abel
RWTH Aachen
Institut für Regelungstechnik
Steinbachstr. 54
52074 Aachen

Prof. Dr.-Ing. Ulrich Epple
Lehrstuhl Prozessleittechnik
Turmstr. 46
52064 Aachen

Dr.-Ing. Gerd-Ulrich Spohr
Siemens AG
A&D STZ
Gleiwitzer Str. 555
90475 Nürnberg

1. Auflage 2008

■ Alle Bücher von Wiley-VCH werden sorgfältig erarbeitet. Dennoch übernehmen Autoren, Herausgeber und Verlag in keinem Fall, einschließlich des vorliegenden Werkes, für die Richtigkeit von Angaben, Hinweisen und Ratschlägen sowie für eventuelle Druckfehler irgendeine Haftung

**Bibliografische Information
der Deutschen Nationalbibliothek**
Die Deutsche Nationalbibliothek verzeichnet diese Publikation in der Deutschen Nationalbibliografie; detaillierte bibliografische Daten sind im Internet über <http://dnb.d-nb.de> abrufbar.

© 2008 WILEY-VCH Verlag GmbH & Co. KGaA, Weinheim

Printed in the Federal Republic of Germany
Gedruckt auf säurefreiem Papier.

Satz   Dörr + Schiller GmbH, Stuttgart
Druck   Strauss GmbH, Mörlenbach
Bindung   Litges & Dopf GmbH, Heppenheim
Umschlaggestaltung   Grafik-Design Schulz, Fußgönheim

ISBN: 978-3-527-31205-4

Inhaltsverzeichnis

Integration von Advanced Control in der Prozessindustrie: Rapid Control Prototyping.
Herausgegeben von Dirk Abel, Ulrich Epple und Gerd-Ulrich Spohr
Copyright © 2008 WILEY-VCH Verlag GmbH & Co. KGaA, Weinheim
ISBN: 978-3-527-31205-4

Vorwort

Zunehmende Komplexität und Flexibilität verfahrenstechnischer Produktionsanlagen, aber auch steigende Qualitäts-, Umwelt- und Rentabilitätsanforderungen
machen den Einsatz intelligenter Verfahren der Automatisierungs- und Leittechnik notwendig. Dieses betrifft nicht nur die oberen, der Unternehmens- und
Produktionsleitung nahestehenden Ebenen der Automatisierungspyramide, sondern gilt auch vermehrt in den unteren Ebenen der prozessnahen Regelungen und
Steuerungen. Als Beispiele solcher intelligenter Automatisierungsaufgaben, die
prozessnah auszuführen sind und fortan unter dem Begriff *Advanced Control*
verstanden werden, seien hier entkoppelnde Mehrgrößenregelungen, Modellbasierte Prädiktive Regelungen, Flachheitsbasierte Vorsteuerungen nichtlinearer
Prozesse oder die beobachtergestützte Generierung von Sensorsignalen nicht
direkt messbarer Größen durch Soft-Sensoren genannt.

In vielen industriellen Bereichen, wie zum Beispiel in der Automobilindustrie,
werden Verfahren und Werkzeuge zum sogenannten *Rapid Control Prototyping*
sehr erfolgreich eingesetzt, um intelligente Automatisierungsverfahren schnell
und zuverlässig und damit auch kostengünstig auf verschiedenste Hardwareplattformen umzusetzen. Kennzeichnend ist die automatische Generierung von Automatisierungslösungen, die direkt am realen Prozess einsetzbar sind, ausgehend
von der Simulations- und Entwicklungsumgebung. Durch den Einsatz des Rapid
Control Prototyping wird es möglich, Verfahren des Advanced Control aus der
Simulations- und Entwicklungsumgebung heraus schnell, kostengünstig und
zuverlässig in den betrieblichen Einsatz zu bringen. Damit wird ein wesentlicher
Beitrag zur Effizienz und Qualitätssicherung beim Systementwurf geleistet.

In prozessleittechnischen Anwendungen sind die durchgängigen Entwurfsverfahren des Rapid Control Prototypings jedoch bisher nahezu unbekannt. Aufgrund der Randbedingungen verfügbarer Geräte, aber auch angesichts unabding-
barer Sicherheitsanforderungen ist eine Integration höherer Regelungsverfahren
in das Leitsystem derzeit meist nur in der Leitebene möglich (z. B. Anbindung
einer PC-Workstation über die Softwareschnittstelle). Dies erfordert neben der
Entwicklung des Regelalgorithmus meist zusätzlichen leittechnischen Aufwand
und führt zu großen Abtastintervallen der Prozessgrößen. Strukturen dieser Art
stellen deshalb bisher lediglich Insellösungen für Spezialfälle dar. Aktuelle Pro-
dukterweiterungen von Prozessleitsystemherstellern, die erste Advanced Control

Integration von Advanced Control in der Prozessindustrie: Rapid Control Prototyping.
Herausgegeben von Dirk Abel, Ulrich Epple und Gerd-Ulrich Spohr
Copyright © 2008 WILEY-VCH Verlag GmbH & Co. KGaA, Weinheim
ISBN: 978-3-527-31205-4

Funktionsbibliotheken bereitstellen, unterstreichen den Bedarf an weitergehenden Funktionen, die über das "Arbeitspferd" PID-Reglerbaustein hinausgehen.

Mit dem Ziel, die aufgezeigte Diskrepanz zu überbrücken, wurde ein F&E-Projekt in Kooperation der Siemens AG (Bereich Automation and Drives) und der RWTH Aachen (Lehrstuhl für Prozessleittechnik, Institut für Regelungstechnik) durchgeführt, mit dem die Durchgängigkeit von MATLAB/SIMULINK zu prozessnahen Funktionen eines Leitsystems geschaffen wurde. Ein wesentlicher Aspekt ist die vollständige und sichere Integration von Verfahren des Advanced Control in das Prozessleitsystem SIMATIC PCS7 auf der Feldebene. Für die damit geschaffene Einbindbarkeit beliebiger, auf der Basis MATLAB/SIMULINK definierter Funktionen in die Leitsystemkonfiguration wurde die Kurzbezeichnung TIAC (Totally Integrated Advanced Control) gewählt.

Das vorgelegte Buch, welches das Umfeld und die Ergebnisse des TIAC-Projektes reflektiert, dürfte somit eines der ersten sein, welches die Umsetzung des Rapid Control Prototyping zur zeitnahen und effizienten Umsetzung von Advanced Control für verfahrenstechnische Anlagen behandelt. Die praktische Umsetzung, mit leittechnischen Methoden in die betriebliche Prozessebene vorzudringen, wird detailliert und anschaulich beschrieben. Geeignete Einsatzgebiete sind nahezu alle Industriezweige – von der chemischen, pharmazeutischen, biotechnologischen Industrie bis zur Kunststoffindustrie.

Neben den geschilderten Inhalten ist das Buch auch Zeugnis einer gelungenen Kooperation von Mitarbeiterinnen und Mitarbeitern aus universitärem und industriellen Umfeld. Alle brachten ihre verschiedenen Sichten und Kompetenzen in das TIAC-Projekt ein und konnten dabei viel von einander lernen. Besonders erfreulich – nicht nur aus Sicht der Herausgeber – ist dabei die Tatsache zu werten, dass die Projektbeteiligten für gemeinsame bzw. abgestimmte Publikationsanstrengungen gewonnen werden konnten, die schließlich auch zu diesem Buch führten.

Wir danken allen Mitwirkenden, die am TIAC-Projekt und an der Erstellung dieses Buches beteiligt waren und dort namentlich als Autoren verankert sind. Wie im universitären Bereich unvermeidbar, haben sich viele dieser Mitwirkenden bereits während der Entstehung des Buches neuen Aufgaben in der Industrie zugewandt. Unser besonderer Dank gilt daher *Dipl.-Ing. Anja Brunberg*, die die Fäden in der finalen Phase zusammenhielt, in der längst nicht mehr alle Autoren "an Bord" waren.

Gedankt sei auch dem Wiley-VCH Verlag und seinen Mitarbeiterinnen und Mitarbeitern, vor allem *Dr. Waltraud Wüst* und *Hubert Pelc* für ihre Anregungen, Ausdauer und Geduld, ohne die das Buch nicht entstanden wäre

Im März 2008   *Dirk Abel, Ulrich Epple und Gerd-Ulrich Spohr*

1
Motivation

1.1
Regelungstechnik
Dirk Abel

Nicht nur die Komplexität verfahrenstechnischer Prozesse, sondern auch die Anforderungen an Qualität, Umweltverträglichkeit und Rentabilität steigen stetig an. Aus diesen Gründen kommt dem Einsatz höherer Verfahren der Automatisierungs- und Leittechnik in der Prozessindustrie eine ständig wachsende Bedeutung zu [1]. Unter den Verfahren des sog. *Advanced Control*, d. h. den höheren Regelungsmethoden, haben dabei insbesondere modellgestützte prädiktive Regelungen, bei denen ein mathematisches Modell des dynamischen Prozessverhaltens zum integralen Bestandteil des Regelungsgesetzes wird, ein großes Verbesserungspotential und auch Praxistauglichkeit bewiesen.

In allen Industriebereichen sind die Entwickler automatisierungstechnischer Funktionen gewohnt, moderne Entwurfs- und Simulationsumgebungen wie z. B. MATLAB/Simulink [2, 3] einzusetzen. Zur schnellen, zuverlässigen und damit auch kostengünstigen Umsetzung von Automatisierungslösungen auf verschiedensten Hardwareplattformen wurden Verfahren und Werkzeuge zum *Rapid Control Prototyping* (RCP) entwickelt [4, 5]. Kennzeichnend für RCP ist eine automatische Codegenerierung ausgehend von der Simulations- und Entwicklungsumgebung, die eine direkt am realen Prozess einsetzbare Automatisierungslösung schafft. Dadurch wird ein durchgängiger Entwicklungsprozess gewährleistet, der es ermöglich, mit wenig Aufwand Erprobungen am realen Prozess durchzuführen und den Übergang von Prototyp zu Produkt gleichzeitig in Simulation und Realität zu vollziehen. Zusätzlich dazu ist die Identität der tatsächlich genutzten Softwarefunktionen mit dem Funktionsmodell in der Simulation garantiert. Weiterhin erleichtert eine übersichtliche Versionsverwaltung in Bibliotheken die Verwendung unterschiedlichster Regelungs- und Steuerungskonzepte und führt damit zu einer erhöhten Flexibilität bei der Erprobung. Eine ausführlichere Erläuterung und Betrachtung der RCP-Methodik erfolgt im Abschnitt 1.1.1.

RCP wird z. B. in der Automobilindustrie schon sehr erfolgreich eingesetzt, für Anwendungen in der Prozessleittechnik sind derartige Entwurfsverfahren jedoch

Integration von Advanced Control in der Prozessindustrie: Rapid Control Prototyping.
Herausgegeben von Dirk Abel, Ulrich Epple und Gerd-Ulrich Spohr
Copyright © 2008 WILEY-VCH Verlag GmbH & Co. KGaA, Weinheim
ISBN: 978-3-527-31205-4

bisher nahezu unbekannt. Der Einsatz von RCP ist auf Grund der verfügbaren gerätetechnischen Randbedingungen gegenwärtig auf eine Toolkopplung in der Ebene der Bedienstationen eines Prozessleitsystems beschränkt, z. B. als MAT-LAB/Simulink-OPC–Client [6]. Eine solche Gerätekonfiguration erlaubt den Einsatz von Verfahren des Advanced Control in den nicht zeitkritischen übergeordneten Automatisierungsebenen, die die Teilprozesse koordinieren. Der Zugriff auf die prozessnahe Ebene und damit die Möglichkeit, Advanced Control mit Hilfe von Methoden des RCP in die elementaren Automatisierungsfunktionen einer verfahrenstechnischen Anlage einzubringen, bleibt hingegen verschlossen.

Ein weiteres Problem besteht darin, dass der Einsatz neuer, komplexerer regelungstechnischer Verfahren im Prozessleitsystem mit gewissen Schwierigkeiten verbunden ist. Diese umfassen z. B. eine oft unzureichende kommunikations- und ablauftechnische Integration in das leittechnische Umfeld, die Problematik der organisatorischen Einbindung in die betrieblichen Engineering-, Wartungs- und Reengineeringprozesse sowie eventuell nicht beachtete Sicherheits- und Robustheitsfragen. Es wäre daher in jedem Falle wünschenswert, die bewährten Strukturen – insbesondere die sicherheitsrelevanten – soweit wie möglich beizubehalten und als Rückfallebene, die z. B. bei Störungen des Advanced-Control-Algorithmus eingreift, weiter zu verwenden.

Das in diesem Buch beschriebene Konzept "Totally Integrated Advanced Control" (TIAC) ermöglicht sowohl die Integration von Advanced Control in die prozessnahen Funktionen als auch den Aufbau einer sichereren Rückfallstrategie, die auf konventioneller Prozessregelung beruht.

1.1.1
Rapid Control Prototyping (RCP)

Rechnergestützte Entwicklungsmethodiken erhalten für Ingenieure in allen Anwendungsgebieten zunehmende Relevanz. Im Bereich der Regelungs-, Steuerungs- und Automatisierungstechnik wird Rapid Control Prototyping als Methode und Werkzeug angesehen, das einen integrierten Entwicklungsprozess erlaubt, der von der Spezifikation über die Modellbildung und Simulation des Prozesses über alle weiteren notwendigen Schritte bis hin zur Verifikation des Gesamtprozesses führt.

Gerade im Bereich der Regelungstechnik eröffnen sich dadurch zahlreiche neue Möglichkeiten. So können auch höhere Regelungsalgorithmen zur Erprobung und Umsetzung gelangen. Aufgrund der Möglichkeit, Entwicklungsprozesse wesentlich flexibler und durchgängiger zu gestalten, können auf diese Weise auch Ansätze einer dynamischen Gesamtoptimierung des zu entwickelnden Prozesses in einem sehr frühen Entwicklungsstadium eingebracht werden. Damit wird es deutlich einfacher möglich sein, regelungs- und steuerungstechnische Belange verstärkt bereits in der Entwurfsphase der Prozesse einzubringen, anstatt wie bisher häufig erst im Nachhinein hinzugezogen zu werden, um dann mit "heilenden Anforderungen" konfrontiert zu werden.

Fortschritte in der Theorie der Regelungstechnik und die stetig steigende Rechenleistung wirtschaftlich einsetzbarer Prozessoren führen zu einem Wandel sowohl im Entwicklungs- als auch im Auslegungsprozess regelungstechnischer Systeme. In klassischen Ansätzen wird das Prozessverhalten lediglich untersucht, um daraus nach häufig heuristischen Regeln die Parameter für einfache Regelalgorithmen abzuleiten. Moderne Verfahren zeichnen sich dagegen z. B. dadurch aus, dass das Wissen über die Prozesseigenschaften in unterschiedlichen Formen unmittelbar im Regler genutzt wird.

Man spricht in diesem Zusammenhang auch von "höheren" Regelungsalgorithmen, die auch für schwierigere Anwendungen, wie z. B. nichtlineare, gekoppelte Mehrgrößenregelungen, eingesetzt werden und deren Anwendung die Beherrschung mancher Prozesse unter den vorgegebenen Randbedingungen erst möglich macht. Diese Algorithmen zeichnen sich häufig durch die Einbeziehung von modellbasiertem Prozesswissen im Regler aus und erfordern deshalb andere Kompetenzen als klassische Verfahren. Auf der anderen Seite müssen die Algorithmen weiterhin so gestaltet werden, dass sie auf der eingesetzten Hardware in Echtzeit ausführbar sind. Weitere Anforderungen entstehen aus der zunehmenden Notwendigkeit, auch hybride und miteinander vernetzte Systeme behandeln zu können. Hieraus entsteht zusätzlicher Bedarf nicht nur hinsichtlich des Entwurfs solcher Systeme, sondern insbesondere auch hinsichtlich der Verifikation und Validierung.

Die praktische Nutzung dieser Verfahren bedingt einen verstärkten Einsatz von Techniken der Modellbildung und Simulation, erfordert aber auch, komplexere Algorithmen zuverlässig, flexibel und effizient umzusetzen. Es ergibt sich damit die in Abb. 1.1 schematisch dargestellte Verschiebung des Aufwandes innerhalb der Entwicklungsprozesse. Bei den klassischen Verfahren werden sehr stark vereinfachte Modelle genutzt, sodass große Teile des Entwurfs und der Parametrierung des Automatisierungskonzepts unmittelbar am realen Prozess durchgeführt und überprüft werden müssen. Dieser Vorgang ist häufig sehr zeitaufwändig und kostspielig, sodass, wenn überhaupt, nur wenige Varianten und Alternativen untersucht werden können.

Bei modernen Entwurfsmethoden verschiebt sich dieses Bild drastisch zu größerem Aufwand bei der Modellbildung und eventuell auch der damit möglichen Simulation, sodass die Inbetriebnahme am realen Prozess idealer Weise mit

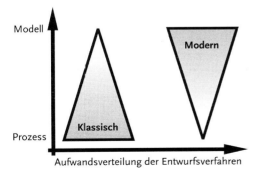

Abb. 1.1 Verschiebung des Entwicklungsaufwands.

einem in der Struktur und der Parametrierung vollständig an den realen Prozess angepassten Automatisierungskonzept erfolgen kann. Dadurch ergibt sich als zusätzlicher Vorteil die Möglichkeit, bereits in einem sehr frühen Entwicklungsstadium auch Designschwächen oder gar -fehler aufdecken und beheben zu können. Diese Entwicklung spiegelt sich unter anderem in der wachsenden Bedeutung von Simulations- und Programmierwerkzeugen in der ingenieurberuflichen Praxis wider.

Der erforderliche Brückenschlag zwischen der abstrakten Prozess- und Regelungsbeschreibung in Modellen und der von der Hardware abhängigen Realisierung ist als Methodik in der Praxis bisher wenig verbreitet. Aufgrund der Bedeutung dieser Entwicklungsprozesse haben sich zunehmend Firmen am Markt etabliert, die die Lücke durch den integrierten Einsatz ihrer Produkte zu schließen suchen [7], ohne dies bisher vollständig gewährleisten zu können. Das liegt unter anderem auch daran, dass sich notwendige Werkzeuge und Beschreibungsformen teilweise noch im Stadium der Forschung befinden. Dies betrifft z. B. formalisierbare Beschreibungsformen für gemischt kontinuierlich und diskrete Systeme und deren systematischen Steuerungsentwurf, aber auch viele andere noch zu lösende Probleme in diesem Umfeld.

Moderne Entwurfsmethoden orientieren sich sehr häufig an der Vorgehensweise nach dem sog. V-Modell (Abb. 1.2). Ein typischer Entwicklungsprozess für die Regelung eines komplexen Systems beginnt danach, ausgehend von der Aufgabenstellung und der Analyse, mit der Modellbildung, gefolgt von einem ersten Automatisierungsentwurf in der Simulation. Hier können unterschiedliche Automatisierungsstrukturen untersucht und durch Anwendung entsprechender Entwurfsmethoden eingestellt und verifiziert werden. Dies kann man als Systemsimulation bezeichnen; oftmals stellt diese das wesentliche Entwicklungswerkzeug der regelungstechnischen Arbeit dar. In dieser Umgebung kann ebenfalls sukzessive die erforderliche Rechenleistung und Genauigkeit untersucht werden, um das notwendige Hardwareprofil definieren zu können.

Sind hierdurch geeignete Algorithmen gefunden und in der Simulation erprobt worden, beginnt häufig die Phase der händischen Software-Entwicklung für die Zielhardware, also für die am realen Prozess eingesetzte Steuerung (z. B. bei

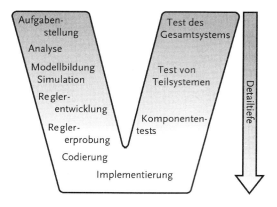

Abb. 1.2 Klassisches V-Modell für die Entwicklung einer Regelung.

fertigungs- oder verfahrenstechnischen Anlagen) oder das Steuergerät (z. B. im Automobilbereich). Ziel ist es, zunächst die gefundenen Algorithmen unter Einhaltung der Restriktionen wie Rechengenauigkeit und Echtzeit nachzubilden. Hieran anschließend findet eine Erprobung am Prozess statt; der bereits realisierte Algorithmus wird auf seine Nutzbarkeit hin getestet. In den meisten Fällen treten Abweichungen des Prozessverhaltens von dem Verhalten des in der Simulation verwendeten Modells auf, wodurch eine neue Iteration in diesem Entwicklungsprozess durch Modifikation des Modells für die Systemsimulation gestartet wird.

Die Möglichkeit bei diesem Vorgehen, von Schritt zu Schritt Iterationen durchführen zu können, hat bereits zu einer deutlichen Verbesserung im Entwicklungsprozess geführt. Die ursprüngliche klassische Reglerentwicklung wurde schließlich fast vollständig am realen Prozess durchgeführt. Die Möglichkeit zu Iterationen blieb jedoch bisher weitestgehend auf die vertikale Richtung beschränkt, eine horizontale Iteration wird erst dann eingeleitet, wenn bei den Tests am Ende des V-Modells Designfehler deutlich werden, die nur auf der Einstiegsseite des V-Modells behoben werden können.

Mittlerweile ist es möglich, weitestgehend durchgängige Toolketten zu nutzen, die von der Modellbildung bis zur Codegenerierung und -verifikation den Automatisierungstechnik-Ingenieur unterstützen. Damit wird es prinzipiell möglich, bereits in der Entwurfsphase den Gesamtprozess zu betrachten und gegebenenfalls nicht nur auf der Steuerungs- und Regelungsebene Anpassungen zu erproben, sondern auch am zu regelnden Prozess. Damit rückt die Automatisierungstechnik vom Ende des Entwicklungsprozesses, welches häufig durch "heilende" Anforderungen aufgrund von Designfehlern geprägt ist, in eine Entwicklungsphase, in der eine dynamische Gesamtoptimierung zumindest noch möglich ist.

1.1.2
HW/SW-in-the-Loop-Simulation

Diese modellbasierten Vorgehensweisen, die auch unter den Stichworten *HW-* und / oder *SW-in-the-Loop-Simulation* zu finden sind, dienen dazu, eine komfortable, bedienerfreundliche, graphisch programmierbare Simulationsoberfläche durch automatisierte Code-Generierung mit einer Zielhardware zu verbinden. Werden alle dazu notwendigen Werkzeuge in einer gemeinsamen integrierten Umgebung zusammengefasst, ergibt sich unmittelbar auch die Möglichkeit, Iterationen in der horizontalen Ebene des V-Modells vornehmen zu können.

Vorteile ergeben sich dadurch sowohl für methodische als auch für inhaltliche Aspekte. Methodisch nutzen diese Ansätze auf der abstrakten Modellebene häufig dieselben graphischen Beschreibungsformen wie in der Systemsimulation. Diese stammen meist aus dem jeweiligen Anwendungsgebiet und erleichtern damit den Transfer des Wissens der jeweiligen Experten in Modelle. Der wesentliche Schritt besteht nun in der Möglichkeit der automatischen Code-Generierung. Ist der reale Prozess verfügbar, kann z. B. für die gefundene Automatisierungsstruktur direkt ausführbarer Code erzeugt und mit Hilfe einer leistungsfähigen skalierbaren Echtzeit-Hardware mit Prozessankopplung eine Erprobung durchgeführt werden.

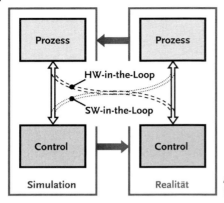

Abb. 1.3 Strukturen des Rapid Control Prototyping.

Diesen Schritt, bei dem der Prozess real und die Regelung auf einer leistungsfähigen Entwicklungsplattform "simuliert" wird, kann als "Software-in-the-loop" bezeichnet werden. Iterationen lassen sich auf diese Art und Weise zwar nicht umgehen, aber durch die Beschleunigung der einzelnen Zyklen und die Entlastung des Ingenieurs bei der Implementierung ist die Entwicklung schneller und kostengünstiger durchführbar. Analog ist auch die Codegenerierung des Prozessmodells möglich – hierdurch eröffnen sich zwei wesentliche Möglichkeiten.

Die erste ähnelt der Systemsimulation, bei der sowohl der Prozess als auch die Automatisierungslösung simuliert wird, findet jedoch unter Echtzeitbedingungen auf zwei Plattformen statt. Hierbei ist man nicht an die Verfügbarkeit und die Beschränkungen der realen Prozesse gebunden. So lassen sich z. B. auch sicherheitskritische Untersuchungen durchführen und solche zu Komponenten, die real (noch) nicht verfügbar sind. Die zweite Möglichkeit ist in Abb. 1.3 als "Hardware-in-the-loop" bezeichnet und erleichtert die Erprobung und Freigabe. Ist ein auf der Zielhardware lauffähiger Algorithmus generiert worden, kann mit Hilfe der Echtzeit-Prozesssimulation über entsprechende Versuche eine risikoarme Verifikation von allen auftretenden sicherheitskritischen Prozesszuständen simuliert werden.

Auf der Seite der Codegenerierung bestehen die methodischen Vorteile darin, dass das Wissen über die Umsetzung formaler (graphischer) Beschreibungen in effizient ausführbaren Code an zentraler Stelle gesammelt und verwaltet werden kann und Anforderungen wie z. B. die Fehlerfreiheit und Reproduzierbarkeit einfacher zu erfüllen sind, als bei händischer Umsetzung. Die wesentlichen inhaltlichen Vorteile bestehen darin, dass der jeweilige Entwickler sich ausschließlich auf seine Kernkompetenzen konzentrieren kann. Der Prozessingenieur bekommt idealer Weise eine Umgebung zur Verfügung gestellt, deren Gestaltung sich an den in seinem Fachgebiet üblichen Darstellungen orientiert, um die notwendigen Modelle zu entwickeln. Der Automatisierungstechniker nutzt diese Modelle für den Steuerungs- und Regelungsentwurf. Dafür werden die Modelle in derselben Umgebung zur Verfügung gestellt, aber Werkzeuge und Darstellung an seine Belange angepasst. Gleiches vollzieht sich mit den weiteren an der Entwicklung beteiligten Experten. Die Verwaltung von Modellen und zugehörigen bzw.

abgeleiteten Regelungsstrukturen und deren Dokumentation wird damit ebenfalls leichter möglich, da jeder Experte in seiner gewohnten Umgebung arbeiten kann, ohne dass die zugehörigen Informationen in unterschiedlichen Programmen abgelegt werden müssen.

1.2
Leittechnik
Ulrich Epple

1.2.1
Entwicklungsebenen der Leittechnik

Die Analyse der Entwicklung in der Leittechnik kann auf drei Betrachtungsebenen erfolgen: der *Basissystemebene,* der *leittechnischen Systemdiensteebene* und der *Anwendungsebene.* In Abb. 1.4 sind die drei Ebenen mit ihren Funktionalitäten dargestellt.

Die unterste Ebene ist die *Basissystemebene.* Ihr werden z. B. die Rechner (als Hardwarekomponenten), das Betriebssystem, die Bussysteme, die verwendeten Datenbanken und die Grafiksysteme zugerechnet. Die Basissystemebene bildet die Entwicklungsplattform, auf der ein Hersteller sein Leitsystem aufbaut.

Die zweite Ebene ist die *leittechnische Systemdiensteebene.* Sie wird durch den Hersteller implementiert. Durch ihre Funktionalität wird aus einem allgemeinen verteilten Rechnersystem ein Prozessleitsystem. Die Funktionalität dieser Ebene unterstützt die Realisierung der leittechnischen Konzepte und erlaubt eine einfache Konfiguration der Anwenderfunktionalität. Sie garantiert bestimmte Sys-

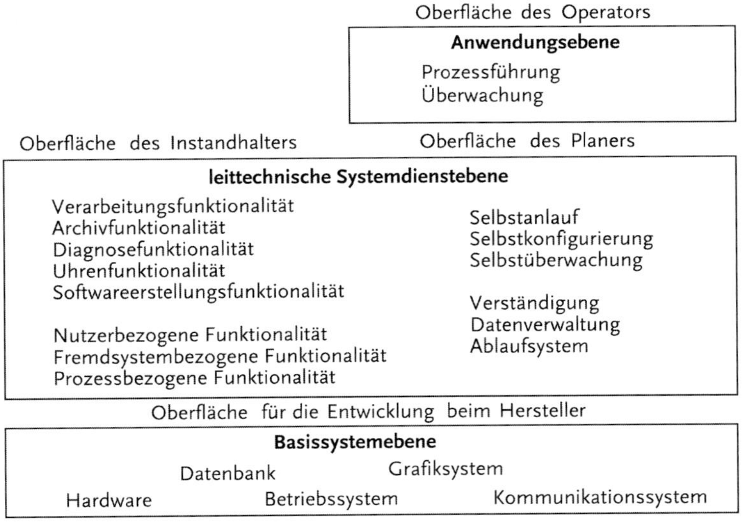

Oberfläche des Operators

Anwendungsebene
Prozessführung
Überwachung

Oberfläche des Instandhalters   Oberfläche des Planers

leittechnische Systemdienstebene

Verarbeitungsfunktionalität
Archivfunktionalität
Diagnosefunktionalität
Uhrenfunktionalität
Softwareerstellungsfunktionalität

Nutzerbezogene Funktionalität
Fremdsystembezogene Funktionalität
Prozessbezogene Funktionalität

Selbstanlauf
Selbstkonfigurierung
Selbstüberwachung

Verständigung
Datenverwaltung
Ablaufsystem

Oberfläche für die Entwicklung beim Hersteller

Basissystemebene
Datenbank   Grafiksystem
Hardware   Betriebssystem   Kommunikationssystem

Abb. 1.4 Systemebenen der Prozessleitsysteme (nach einem Vorschlag des DKE K930 von 1992).

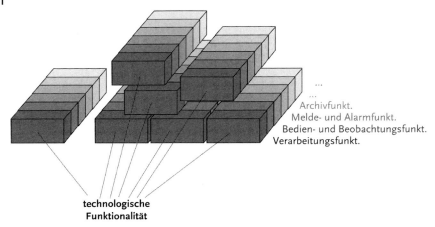

Abb. 1.5 Gliederung der Anwendungsfunktionalität nach
technologischen und leittechnischen Gesichtspunkten.

temeigenschaften wie z. B. Verfügbarkeit, Fehlerarmut, Betriebssicherheit, Echtzeitverhalten usw. und unterstützt ein einfaches Handling in Planung und Betrieb. Die von dieser Ebene angebotene Funktionalität ist die Plattform, auf der der Planer seine spezielle Anwendungsfunktionalität implementiert. Im Idealfall verbirgt die leittechnische Systemdiensteebene die Besonderheiten der Basissystemebene gegenüber dem Planer vollständig. Inhaltlich umfassen die leittechnischen Systemdienste sowohl Rahmenfunktionalitäten als auch fertige Funktionspakete. Eine Rahmenfunktionalität wie z. B. das Funktionsbausteinsystem bietet dem Planer eine Sprachumgebung, in der er die Anwendungsfunktionalität einfach und fehlerarm formulieren kann (konfigurieren statt programmieren). Bestimmte leittechnische Systemfunktionen werden in allen Anwendungen in gleicher Weise benötigt. Diese werden als fertige Funktionspakete vom Leitsystem zur Verfügung gestellt. Sie müssen im Einzelfall nur noch parametriert werden. Dazu gehören z. B. das Meldesystem, das Archiv, die Systemdiagnose, aber auch speziellere Pakete wie z. B. das Rezeptsystem.

Die dritte Ebene ist die *Anwendungsebene*. Sie entsteht durch die Projektierung und umfasst die zur Lösung der speziellen Aufgabenstellung erforderliche Anwendungsfunktionalität. Man kann die Awendungsfunktionalität zunächst nach zwei Kriterien gliedern: nach der Struktur der technologischen Aufgabenstellung und nach der leittechnischen Art der Funktionalität. Der erste Gliederungsansatz führt auf eine komponentenorientierte Struktur. Zu jeder technologischen Aufgabenstellung gibt es eine leittechnische Funktionseinheit, die alle zur Lösung dieser technologischen Aufgabenstellung erforderlichen Elemente umfasst. Grundlage des zweiten Gliederungsansatzes ist eine Unterscheidung verschiedener leittechnischer Funktionsarten. Man unterscheidet z. B. die Verarbeitungsfunktionalität, die Bedien- und Beobachtungsfunktionalität, die Meldefunktionalität, die Archivfunktionalität usw. Insgesamt ergibt sich die in Abb. 1.5 dargestellte Gliederung.

Die Anwendungsfunktionalität jedes Leitsystems ist nach diesem Matrixmuster gegliedert. Die Weiterentwicklung der leittechnischen Konzepte erfolgt vorwiegend auf der Grundlage des komponentenbasierten Ansatzes. Er erlaubt die einfache und geschlossene Hantierung von technologischen Einheiten. Die Realisierung der leittechnischen Systemfunktionen erfolgt teilweise in den Komponenten. Voraussetzung ist ein zwischen den Komponenten abgestimmtes Standardkonzept der leittechnischen Systemfunktionen.

1.2.2
Entwicklungstendenzen Basissystemebene

Unter dem Druck der Entwicklung in der Informationstechnik hat sich in den letzten Jahren im Bereich der Basissysteme ein tiefgreifender Wandel vollzogen. Der Übergang von speziellen leittechnischen Lösungen auf allgemeine Betriebssystem-, Kommunikations-, Datenhaltungs- und Präsentationsstandards hat sowohl technologisch als auch unternehmenspolitisch zu völlig neuen Strukturen geführt. Technologisch wurden die Systeme durch die Ankopplung an die allgemeine Entwicklung in der IT-Welt signifikant leistungsfähiger und kostengünstiger. Dafür handelte sich die Leittechnik mit diesen nicht für ihre Anforderungen konzipierten Systemen eine Vielzahl von technologischen Problemen ein, z. B. bezüglich Verlässlichkeit, Investitionssicherheit, Pflegbarkeit und einfacher Handhabbarkeit [10, 11, 17]. In der Zwischenzeit haben die Hersteller Wege gefunden diese Probleme zu lösen oder zumindest geeignet mit ihnen umzugehen. Politisch hat die Übernahme von allgemeinen Standards für die Leittechnik zu einer neuen Situation geführt. Die Weiterentwicklung der Konzepte und Strukturen der Basissysteme werden nun nicht mehr von den Anforderungen der Leittechnik getrieben, sondern von den angebotenen Lösungen aus der allgemeinen IT-Technologie.

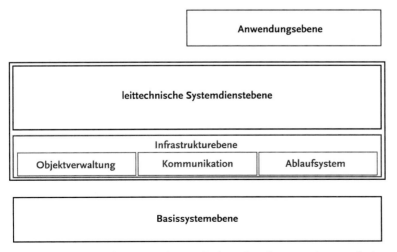

Abb. 1.6 Infrastrukturebene zur Sicherung der leittechnischen Basis-Systemanforderungen.

Im Ergebnis führt dies zu einer Situation, in der die Komponenten und Lösungskonzepte des Basissystems in kürzesten Entwicklungszyklen innoviert und restrukturiert werden müssen, ohne dass dafür aus leittechnischer Sicht eine Notwendigkeit besteht. Ziel der weiteren Entwicklung muss es daher sein, leittechnische Infrastrukturebenen zu bilden, die einerseits robust gegen Änderungen der Basistechnologien sind, andererseits aber auch einfach und effektiv auf die Basistechnologien abgebildet werden können. In Abb. 1.6 ist dargestellt, wie der Einsatz einer solchen Infrastrukturebene zwischen dem Basissystem und den leittechnischen Systemdiensten gedacht ist.

Funktional muss die Infrastrukturebene mindestens eine Sprach-und Ausführungsplattform für die Objektverwaltung, die Basiskommunikation und das Ablaufsystem bereitstellen. Das System ACPLT [8, 12] zeigt in einem Referenzmodell, wie eine solche Infrastruktur konzeptionell und realisierungstechnisch aufgebaut sein könnte. Ideal wäre mittelfristig eine Abbildung von allen für die Leittechnik relevanten Grundfunktionen des Basissystems in der Infrastrukturebene.

1.2.3
Entwicklungstendenzen Anwendungsebene

In den letzten Jahren und Jahrzehnten hat sich an der implementierten Funktionalität der Anwendungsebene wenig geändert. Füllstands-oder Durchflussregelkreise, Pumpensteuerungen, Grenzwertüberwachungen und ähnliche Standardaufgaben werden heute noch wie vor 20 Jahren mit den gleichen einfachen Standardalgorithmen gelöst. Neue Funktionalitäten sind nicht oder nur vereinzelt und punktuell hinzugekommen. Nach der Einführung der Rezeptsysteme in den 80er Jahren [14] hat bis heute kein neues Konzept mehr den Einzug in die betriebliche Praxis geschafft. In der Zwischenzeit müssen jedoch eine Reihe dieser bewährten Konzepte wie z. B. das Zusammenspiel zwischen Bediener, Prozess und Anlage, die Archivierung, die Melde-und Alarmfunktionalität usw. sowohl konzeptionell als auch lösungstechnisch als veraltet angesehen werden. Trotz erheblicher Beharrungskräfte bei den Anwendern, den Engineeringfirmen und den Herstellern wird sich ein Konzeptwechsel nicht mehr lange aufhalten lassen. In den nächsten Jahren ist eine grundlegende Neukonzeption des Aufbaus der Anwenderfunktionalität zu erwarten.

Hintergrund ist der Druck auf die Engineeringkosten einerseits und die Anforderung nach einer signifikanten Erweiterung der Funktionalität andererseits. Aus der Weiterentwicklung der Methoden und aus dem Bestreben nach einer Optimierung und Integration der Informationsströme in den Produktionsbetrieben haben sich in den letzten Jahren neue Aufgabenstellungen für die Prozessleittechnik entwickelt. Diese müssen durch entsprechende Funktionalitäten auf der Systemseite unterstützt werden. Wie in Abb. 1.7 dargestellt gehören dazu z. B. das *Supply Chain Management* [18], das *Asset Management* [13, 15], die Realisierung einer durchgängigen *Life Cycle Dokumentation,*das *Performance Monitoring* [9] und Funktionalitäten zur Unterstützung des *eCommerce.*

Diese funktionalen Anforderungen der Betriebsleit- und Produktionsleitebene an die Prozessleitebene bringen eine Reihe von Problemen mit sich. Die gravierendsten sind:

- Signifikante Zunahme der implementierten Funktionalität. (Projektier-und Pflegekosten, Übersichtlichkeit);
- Zusammenführen der Informationshaushalte (Modellanpassung, breitbandige und flexible Schnittstellen);
- Zusammenspiel mit fremden Entwicklungs-und Ablaufumgebungen
- Nutzung der leittechnischen Systemdienste für Funktionen der Betriebsleit- und Produktionsleitebene;
- Abgrenzung der Funktionalität und Verantwortlichkeiten.

Der Grundgedanke der klassischen Prozessleitsysteme und ihrer leittechnischen Systemdienste ist die integrierte Struktur, das heißt, der Hersteller sorgt dafür, dass alle Funktionen zueinander passen und sich gegenseitig unterstützen. Ein solches Konzept ist im größeren Rahmen der Betriebs- und Produktionsleitebene nicht umzusetzen. Zunächst ist es unwahrscheinlich, dass alle Systeme von einem Hersteller (und dann auch noch aus einer Systemlinie) kommen und selbst wenn dies so wäre, würde es die Integrationsfähigkeit des Herstellers überfordern und seine Innovationskraft lähmen. Man muss in dem betrieblichen IT-Verbund also mit heterogenen Systemarchitekturen leben. Der Festlegung einer normierten Grundarchitektur und von bestimmten Schnittstellen als stabilen Entwicklungsknoten kommt daher eine entscheidende Bedeutung zu.

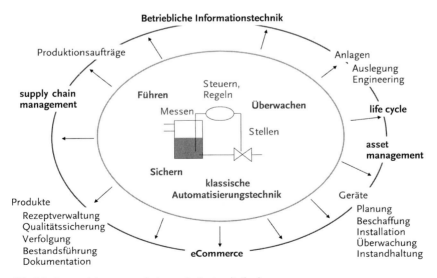

Abb. 1.7 Prozessleitsysteme als integrale Bestandteile der betrieblichen Informationstechnik.

1.2.4
Zusatzfunktionen

Unter einer *Zusatzfunktion* versteht man, wie der Name schon andeutet, eine Funktion, die zusätzlich zu den Auslegungsfunktionen realisiert wird. Sie ist für den normalen Auslegungsbetrieb nicht unbedingt erforderlich. Zusatzfunktionen dienen der Optimierung der Produktionsprozesse und Betriebsabläufe. Sie unterstützen z. B. die Anlagenwirtschaft, die Instandhaltung, die Produktionsdokumentation oder die Prozessoptimierung durch entsprechende IT-Funktionalität. Per Definition besitzen sie damit nur mittelbaren Einfluss auf die Produktion. Ein Ausfall einer Zusatzfunktion kann zwar zu einem suboptimalen Betrieb, jedoch nicht zu einer Störung der Produktion führen.

Durch die "Zusatz"-eigenschaft ergeben sich einige charakteristische Merkmale von Zusatzfunktionen.

- Zusatzfunktionen unterliegen einer strikten Kosten-Nutzen-Betrachtung.

  Dadurch, dass Zusatzfunktionen im Gegensatz zu den Schutz- und Auslegungsfunktionen für die Durchführung des Produktionsprozesses nicht direkt und unbedingt erforderlich sind, unterliegen sie einer strikten Kosten-Nutzen-Betrachtung. Bei einer einzelnen Schutzfunktion lässt sich nicht diskutieren, ob auf sie aus Kostengründen verzichtet werden kann, bei einer Zusatzfunktion sehr wohl. Erschwerend kommt hinzu, dass der Nutzen einer einzelnen Zusatzfunktion in vielen Fällen gering ist und sich oft nur schwierig quantitativ belegen lässt. So hat z. B. eine Auswertung in den Mitgliedsfirmen der NAMUR ergeben, dass der Nutzen, der sich mit Funktionen des *Geräte Asset Management* erzielen lässt, zwar nachweisbar ist, sich gegen den Aufwand jedoch nur schwer rechnet [16, 19]. Aus dieser Sicht heraus ist es nicht verwunderlich, dass sich die Anwender bei der Einführung entsprechender Funktionspakete zurückhalten, insbesondere, da die Erstinstallationskosten und die Instandhaltungskosten solcher Zusatzfunktionspakete typischerweise nicht unerheblich sind. Das Ergebnis einer solchen Analyse sollte allerdings nicht sein, sich mit dieser Situation abzufinden und auf den Einsatz von Zusatzfunktionen zu verzichten. Wie in Abb. 1.8 skizziert sollte vielmehr nach Konzepten gesucht werden, mit denen die Kosten sowohl für die Erstinstallation als auch für den funktionsmengenabhängigen Betreuungsaufwand drastisch gesenkt werden können. Eine drastische Senkung der Kosten kann nur gelingen, wenn die Zusatzfunktionen mit auf sie zugeschnittenen Werkzeugen effektiv geplant und betreut werden können.

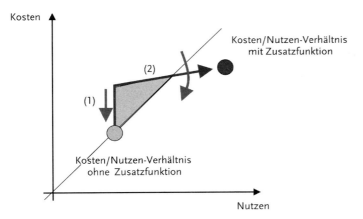

Kosten

Kosten/Nutzen-Verhältnis
mit Zusatzfunktion

(2)

(1)

Kosten/Nutzen-Verhältnis
ohne Zusatzfunktion

Nutzen

(1) Erstinstallation
(2) Implementierungskosten je Einzelfall

Abb. 1.8 Kosten-Nutzen-Betrachtung zum Einsatz einer Zusatzfunktion.

Eine weitestgehende Automatisierung ihrer Handhabung ist für einen breiten durchgängigen Einsatz unverzichtbar.

• Zusatzfunktionen benötigen eine spezielle Entwicklungs-und Ablaufumgebung.
Zusatzfunktionen bauen typischerweise auf komplexen Methoden und anspruchsvollen numerischen und informationstechnischen Lösungskonzepten auf. In vielen Fällen sind die klassischen leittechnischen Beschreibungssprachen und Entwicklungstools nicht geeignet. Für einen effektiven Einsatz ist die Verwendung von für die entsprechende Aufgabenstellung speziell entwickelten Tools unerlässlich. Diese Tools erzeugen Ergebnisse die wiederum eine spezielle Ablaufumgebung verlangen.

• Integration von externen Lösungen
Zusatzfunktionen gehören typischerweise zu Paketen, die nicht alle aus der Hand eines Leitsystemlieferanten kommen. In den meisten Fällen wird man sogar verschiedene Zusatzpakete von verschiedenen Herstellern beziehen. Die Integration in die leittechnische Umgebung erfordert strikte systemtechnische Regeln, die auch vertragsrechtlich eindeutige Verhältnisse schaffen.

• Entwurf und Betreuung durch Spezialisten
Der Entwurf und die Betreuung von Zusatzfunktionen erfordert typischerweise spezielles Wissen und spezielle Kenntnisse. Dazu gehört auch ein geübter Umgang mit den verwendeten Tools. In vielen Fällen ist das Hin-

zuziehen von Spezialisten für die Implementierung und
Betreuung erforderlich.

- Temporäre Realisierung
  Zusatzfunktionen werden nicht unbedingt schon
  während der Planung mit den Auslegungsfunktionen fest
  implementiert, sondern erst später bedarfsweise oder
  situationsabhängig hinzugefügt. Sie müssen damit
  während des Betriebs flexibel und dynamisch handhabbar sein.

1.2.5
Entwicklungstendenzen im Bereich der leittechnischen Systemdienste

Im Gegensatz zum Basissystem hat sich an der Funktionalität des leittechnischen Betriebssystems in den letzten Jahren nicht viel geändert. Ziel der
Entwicklung war es vielmehr, die bestehenden leittechnischen Funktionalitäten
und Systemeigenschaften trotz der gravierenden Änderungen in der Systembasis
zu erhalten. Darüber hinaus kam von Anwendungsseite wenig Druck die leittechnische Systemfunktionalität zu innovieren. Bisher kamen die Anwender mit
der klassischen leittechnischen Funktionalität gut zurecht und standen Erweiterungen und konzeptionellen Innovationen eher skeptisch gegenüber. Die Haup-
tanforderung aus Anwendersicht war die Restabilisierung des leittechnischen
Betriebssystems nach den Umwälzungen auf der Basissystemebene. Dies wird
sich jedoch in Zukunft ändern. Die beschriebenen neuen Anwendungsfunk-
tionen werden für eine optimierte Anlagen- und Prozessführung zunehmend
unerlässlich. Sie können jedoch nur dann kostengünstig und fehlersicher implementiert werden, wenn die leittechnischen Systemdienste dazu die entsprechende Unterstützung bieten. Grundsätzlich sind die leittechnischen Systemdienste nicht nur für die Prozessleitsysteme relevant, sondern für alle Systeme,
insbesondere auch der Betriebsleit- und Produktionsleitebene. Es muss also Ziel
sein, z. B. für Funktionen wie Melden, Alarmieren, Archivieren, Anzeigen usw.
einen einheitlichen generischen Kern zu entwickeln und allgemein zu normen.
Dies ist ein heres und fernes Ziel. Für die Migration ist es von besonderem
Interesse ein Nebeneinander von hochverfügbaren, getesteten und unveränder-
lichen Auslegungsfunktionen und neuen, frei handhabbaren flexiblen Zusatzfunktionen zu organisieren. Die leittechnischen Systemdienste müssen dafür
den Rahmen zur Verfügung stellen. Das Konzept der *gesicherten Funktionsebenen*
bietet dazu einen Ansatz.

1.2.6
Gesicherte Funktionsebenen

Das Konzept der gesicherten Funktionsebenen (*Functional Integrity Level*, FIL) wird
in Abb. 1.9 erläutert. Grundlage ist eine Hierarchisierung der Automatisierungs-
funktionalität auf drei Ebenen.

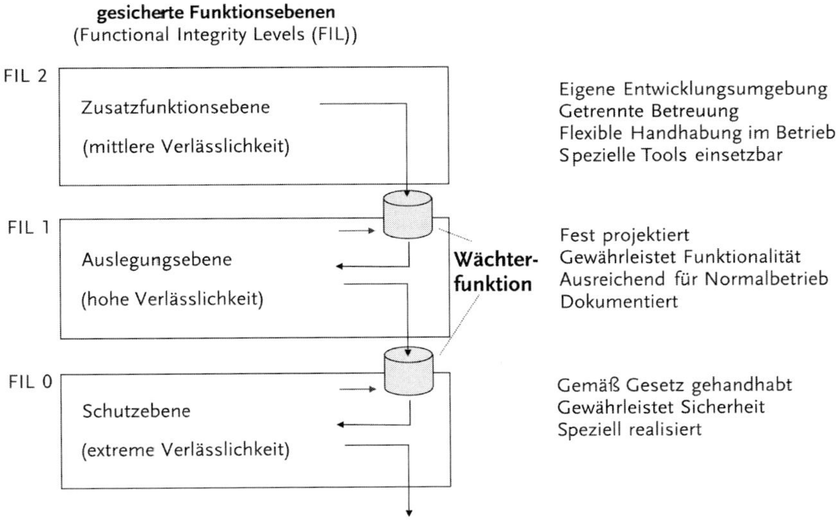

gesicherte Funktionsebenen
(Functional Integrity Levels (FIL))

FIL 2

Zusatzfunktionsebene

(mittlere Verlässlichkeit)

Eigene Entwicklungsumgebung
Getrennte Betreuung
Flexible Handhabung im Betrieb
Spezielle Tools einsetzbar

FIL 1

Auslegungsebene

(hohe Verlässlichkeit)

**Wächter-
funktion**

Fest projektiert
Gewährleistet Funktionalität
Ausreichend für Normalbetrieb
Dokumentiert

FIL 0

Schutzebene

(extreme Verlässlichkeit)

Gemäß Gesetz gehandhabt
Gewährleistet Sicherheit
Speziell realisiert

Abb. 1.9 Konzept der gesicherten Funktionsebenen (FIL).

Schutzebene

Die unterste Ebene ist die Schutzebene. Sie enthält die mit PLT-Mitteln realisierten Schutzfunktionen. Die Funktionalität ist fest spezifiziert, geprüft und abgenommen. Sie ist Grundlage der Betriebsgenehmigung der Anlage. Sie kann nur nach einem aufwändigen Genehmigungsprozess verändert werden. An die Funktionserbringung werden extreme Anforderungen z. B. bezüglich der Verlässlichkeit gestellt, die im Allgemeinen nur durch eine spezielle technologische Realisierung (hardwaretechnisch fixierte Realisierung, spezielle sicherheitsgerichtete SPS, spezielle Kommunikationssysteme ...) und Handhabungsregeln erfüllt werden können. Es gehört zu den elementaren Regeln des Systemdesigns, dass die Schutzfunktionalität weder durch die Auslegungsfunktionalität selbst noch durch Fehler in deren Handhabung in irgend einer Weise beeinträchtigt werden darf. Diese *Rückwirkungsfreiheit* wird durch das leittechnische Realisierungskonzept der Schutzebene sichergestellt.

Auslegungsebene

Die nächste Ebene ist die Auslegungsebene. Sie enthält die Auslegungsfunktionen. Sie ist fest projektiert, dokumentiert, Grundlage der Gewährleistung und stellt mit hoher Verlässlichkeit die für die operative Prozessführung und Prozess- und Anlagenüberwachung erforderliche Funktionalität zur Verfügung. Die leittechnischen Systemdienste unterstützen die Projektierung, Verwaltung und sichere Ausführung der Auslegungsfunktionen. Dazu gehört neben der Bereitstellung entsprechender Sprachmittel und Systemdienste auch die Zurverfügungstellung einer entsprechenden Systemarchitektur. In Abb. 1.10 ist z. B. der klassische Aufbau einer Automatisierungskomponente dargestellt.

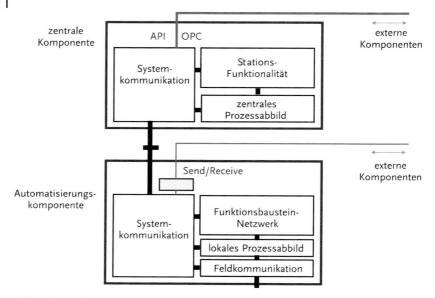

Abb. 1.10 Standardarchitektur einer Automatisierungskomponente.

Die Auslegungsfunktionalität ist in einem fest projektierten Funktionsbaustein-netzwerk hinterlegt. Die Bausteine haben über das lokale Prozessabbild Zugriff auf die aktuellen Mess-und Stellwerte in den Feldgeräten. Die Feldkommunikation erfordert eventuell einige Konfigurationsvorgänge, wird ansonsten jedoch vom Leitsystem systemseitig realisiert. Das gleiche gilt für die Systemkommunikation. Sie organisiert und sichert den gesamten Informationsaustausch mit den Leit-funktionen in den zentralen Komponenten (Bedienen und Beobachten, Archivieren, Melden ...). Die Systemdienste der Auslegungsebene unterstützen die Implementierung und Ausführung von technologischen Funktionseinheiten (siehe Abb. 1.5) mit allen leittechnischen Aspekten. Sie garantieren die korrekte Ausführung der Funktionsbausteinbearbeitung und die deterministische Bereit-stellung der erforderlichen Systemressourcen. Sie bieten jedoch keinerlei Hilfe-stellung zur Regelung der Interaktion zwischen technologischen Funktionsein-heiten.

Zusatzfunktionsebene

Für die Realisierung von Zusatzfunktionen bieten sich zwei Wege an: die Reali-sierung in einem Fremdsystem mit Ankopplung über das API der zentralen Komponente oder Send/Receive-Blöcke der Automatisierungskomponente oder die Realisierung in speziellen Funktionsbausteintypen und Integration in die Auslegungsfunktionalität. Beide Wege besitzen erhebliche Nachteile. Ein Grund-problem der Handhabung von Zusatzfunktionen ist das Fehlen einer Regelung, wie technologische Funktionseinheiten untereinander interagieren dürfen, also z. B. wie eine Zusatzfunktion auf eine Auslegungsfunktion einwirken darf. Das hier vorgeschlagene Lösungskonzept ist die in Abb. 1.9 dargestellte Einführung der Zusatzfunktionsebene als dritter Funktionsebene mit einer definierten Schnittstelle zur Auslegungsebene. Der Kern des Konzepts ist die Wächterfunktionalität zwischen der Auslegungsfunktionsebene und der Zusatzfunktionsebene. In dieser Wächterfunktionalität sind die Interaktions- und Eingriffsmöglichkeiten, die die Auslegungsebene zulässt, explizit festgelegt. Die Wächterfunktionalität wird durch entsprechende Systemdienste auf der Auslegungsebene realisiert. Die Auslegungsebene sichert sich durch diese Funktionalität selbst. Unter diesen Randbedingungen können die Zusatzfunktionen beliebig realisiert und frei gehandhabt werden. Insbesondere können fremde Tools verwendet, dynamische Rekonfigurationen vorgenommen und auch Lösungen mit nur mittlerer Verlässlichkeit eingesetzt werden.

1.2.7
Wächterfunktionalität für die Auslegungsebene

Während die Wächterfunktionalitäten auf der Schutzebene einer relativ einfachen Logik folgen und einfachen Randbedinungen genügen, sind bei den Wächterfunktionalitäten der Auslegungsebene komplexe und von der Art der Interaktion abhängige Mechanismen erforderlich. Der Aufbau eines Regelwerks steht hier erst am Anfang. Zur Verdeutlichung sollen drei Situationen, die im Themenbereich dieses Buches eine besondere Rolle spielen, diskutiert werden.

Rückwirkungsfreies Auslesen von Struktur-und Zustandsinformationen
Der einfachste Fall ist die Anforderung Struktur-und Zustandsinformationen aus der Auslegungsebene für die Nutzung in der Zusatzfunktionsebene auszulesen. In diesem Fall ist die Interaktionsfunktion in sich selbst rückwirkungsfrei. Die Wächterfunktionalitäten müssen lediglich dafür sorgen, dass der Auslesevorgang nicht zu einer unzulässigen Belastung der Ressourcen führt. Der Vorgang ist allerdings nur dann wirklich rückwirkungsfrei, wenn das Auslesen ohne zusätzliche Projektierung auf seiten der Auslegungsebene erfolgen kann. Das heißt, eine Zusatzfunktion kann dynamisch frei vorgeben, welche Information sie wann lesen möchte und die Wächterfunktionalität navigiert die Anfrage an die richtige Instanz und organisiert den Transfer. Prinzipiell stehen alle Informationen der Auslegungsebene einer solchen Abfrage über die Wächterfunktionalität offen zur Verfügung. Im Einzelfall kann der Zugriff durch die Security-Funktionen verhindert werden. Die Integration der Security-Funktionen in das Wächtermodell ist jedoch eine eigene Thematik, die hier nicht betrachtet werden soll.

Vorgabe von Parametern und Zustandswerten
Wesentlich kritischer ist die Realisierung eines Ebenenschutzes, wenn über die Zusatzfunktionen eine gezielte Einwirkung auf die Prozessführung und letztendlich den Prozess ausgelöst werden soll. Dies geschieht z. B. bei Optimierungsfunktionen, Advanced-Control-Anwendungen, Parametrierungen oder auch im Grenzfall bei der Implementierung übergeordneter Fahrhilfen. In diesen Fällen müssen

Sollwerte, Stellwerte oder Parameter der Auslegungsfunktionen von den Zusatz-funktionen verstellt werden. Der Schreibzugriff ist durch die Wächterfunktionali-tät zu kontrollieren. Dabei können den Schreibzugriffen eine Reihe von Einschrän-kungen auferlegt werden:

- Ist der Wert prinzipiell durch Zusatzfunktionen modifi-zierbar;
- Ist in der aktuellen Situation eine Wertänderung erlaubt;
- Liegt der Vorgabewert in einem zulässigen Wertebereich;
- Wird eine maximale Änderungsgeschwindigkeit nicht überschritten;
- ...

Alle für die Prüfungen benötigten Parameter und Methoden sind Teil der Aus-legungsfunktion. Um für die Verwaltung und Prüfung einen einheitlichen Rah-men zu schaffen, bieten sich mehrere Lösungen an. In diesem Buch werden der Einsatz einer Auftragsschnittstelle und die Verwendung eines standardisierten Fahrweisenrahmens als Lösungen vorgeschlagen.

Auftragsschnittstelle
Die Auftragsschnittstelle ist eine spezielle Diensteschnittstelle. Über sie können einer Auslegungsfunktion Aufträge erteilt werden. Die Vorgabe und Inhalte der Aufträge werden von der Zielfunktion selbst auf ihre Zulässigkeit überwacht. Über die Auftragsschnittstelle können z. B. Parameter verstellt, Fahrweisen vorgewählt oder auch Führungswerte eingestellt werden. In Kapitel 4 ist das Konzept be-schrieben.

Komponentenrahmen
Eine noch tiefere Integration erlaubt das Komponentenkonzept. In diesem Fall stellt die Auslegungsebene eine Kapsel zur Verfügung, der eine beliebige externe

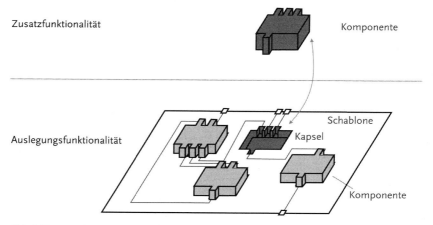

Abb. 1.11 Kapselung von Zusatzfunktionen

Ausführungskomponente zugeordnet werden kann. Abb. 1.11 verdeutlicht die Situation.

Die Auslegungsebene ist als Schablone realisiert. Die Kapseln sind nicht nur Gliederungskonstrukte, sondern bilden *reale Rahmenwerke*, die als Interfaces den Informationsaustausch mit den eingebetteten Realisierungskomponenten implementieren. Im Allgemeinen sind die Komponenten feste Funktionalitäten der Auslegungsebene. Spezielle erweiterte Kapseln lassen jedoch auch die Einbettung von externen Realisierungskomponenten aus der Zusatzfunktionsebene zu. In diesem Fall enthält das Interface komplexe Prüf-und Überwachungsroutinen zur Realisierung der Wächterfunktionalität. Um die Rückwirkungsfreiheit auch wirklich sicherstellen zu können, wird der gesamte Informationsaustausch an der Schnittstelle von der Kapsel aus ausgeführt. Im TIAC-Projekt wird dieses Konzept zur Integration einer beliebigen Advanced-Control-Lösung in einen PID-Reglerrahmen genutzt. Darüber hinaus bieten sich jedoch vielfältige Möglichkeiten zur *sicheren Integration* von *unsicherer Funktionalität*.

1.3
Leitsysteme
Gerd-Ulrich Spohr

1.3.1
APC-Anwendungen in Prozessleitsystemen

1.3.1.1   Historische Entwicklung der Prozessleitsysteme
Um den Einsatz höherer Regelungstechnik auf Prozessleitsystemen beurteilen zu können, ist zunächst ein kurzer Rückblick auf die Entstehungsgeschichte dieser Systeme erforderlich. Dezentrale Prozessleitsysteme, kurz DCS genannt, wurden erstmals um 1979 / 1980 in den Markt eingeführt, wobei die Firmen Honeywell und Yokogawa darum wetteifern, wer nun das erste "echte" DCS vorgestellt hat.

In den Zeiten davor wurden Anlagen in pneumatischer und / oder elektrischer Einzelgerätetechnik ausgerüstet und automatisiert. Bei der Einzelgerätetechnik wird jede benötigte Funktion, z. B. eine Messung, Regelung oder Ein-/Aus-Funktion, durch ein dediziertes einzelnes Gerät oder eine Kombination einzelner Geräte realisiert. Diese Geräte wurden in der Regel in der Messwarte auf großen Tafeln montiert, da die Bedienoberfläche, z. B. die Anzeige oder der Schalter, fester Bestandteil des Gerätes war. Die Anordnung der Geräte entsprach dem Prozessfluss, welcher oberhalb der Bedien- und Anzeigetafeln in Form eines großen R&I-Schemas mit integrierten Rückmelde-Lampen dokumentiert wurde. Der Vorteil der Einzelgerätetechnik lag auf Grund der weitestgehenden Verteilung der Aufgaben in der hohen Robustheit gegenüber Einzelfehlern. Dem standen allerdings eine ganze Reihe von Nachteilen gegenüber. Bauart bedingt benötigte diese Aufbautechnik erheblichen Platz in der Messwarte und auf alten Bildern sind oft Messwartenfronten von mehr als 20 m Länge zu bewundern. Allein diese Ausdehnung machte einen gewissen Mindestbestand an Personal zur Bedienung in der Messwarte erforderlich. Ein weiterer Nachteil war die Inflexibilität gegenüber Änderungen der Prozess-Struktur. Signalwege waren fest vorgegeben, zusätzliche Signalverknüpfungen mussten explizit verdrahtet werden und somit waren schnelle Strukturumschaltungen praktisch kaum zu realisieren. Daher war diese Art der Automatisierung am ehesten noch für Conti-Anlagen mit langen, konstanten Produktlaufzeiten geeignet und hat sich dort auch am längsten gehalten.

Um eine höhere Flexibilität zu erreichen, wurden etwa ab dem Beginn der 70er Jahre sog. Prozessrechner für die Automatisierung von Anlagen eingesetzt. Es handelte sich dabei um Computer, die von ihrem Aufbau und den Anforderungen an die Umgebungsbedingungen für den Einsatz in der Industrie geeignet waren. Natürlich benötigten sie klimatisierte Schalträume und besonders geschultes Bedienpersonal, aber im Vergleich zu den damals üblichen Computern in Rechenzentren waren diese Systeme bemerkenswert robust und universell einsetzbar. Die bekanntesten Vertreter dieser Rechnergeneration sind die Typen PDP11 und die VAX750 der Firma Digital Equipment, die noch bis in die 90er Jahre von verschiedenen Herstellern für die Prozessautomatisierung eingesetzt wurden.

Bei den Prozessrechnern wurden alle relevanten Prozess-Signale auf entsprechenden Eingangskarten aufbereitet und digitalisiert. Diese Daten wurden dann dem Rechner zur Verarbeitung übergeben. Ausgangsdaten wurden entsprechend in elektrische Signale gewandelt und den Aktoren im Feld zugeführt. Die Verarbeitung der Daten auf dem Prozessrechner erfolgte anhand von Programmen, die individuell für den jeweiligen Prozess entworfen und erstellt wurden. Die Programmierung wurde zunächst aus Zeit- und Platz-Gründen in Assembler vorgenommen, denn damalige Rechner besaßen Speicherplatz in der Größenordnung einiger zig Kbyte. Mit zunehmender Speichergröße kamen dann Hochsprachen wie FORTRAN oder das besser strukturierte PASCAL zum Einsatz. Da die Programme individuell auf den jeweiligen Prozess und die dort zu lösenden Automatisierungs-/ Regelungs-Probleme zugeschnitten wurden, kann man davon ausgehen, dass in diesen Systemen auch erstmals höhere Regelalgorithmen zum Einsatz kamen. Diese mussten jedoch die begrenzten Ressourcen der zur Verfügung stehenden Rechner berücksichtigen.

Den Vorteilen wie hohe Flexibilität und freie Programmierbarkeit standen jedoch auch bei diesem Ansatz einige gravierende Nachteile gegenüber. Durch die zentrale Bearbeitung aller Informationen stieg das Risiko eines Totalausfalls durch eine Rechnerstörung, so dass in der Regel die Rechner grundsätzlich redundant ausgelegt wurden, was entsprechende Kosten nach sich zog. Des Weiteren war zum Betrieb und insbesondere zur Störungssuche am Rechner entsprechend geschultes Fachpersonal erforderlich, was einen zusätzlichen Kostenfaktor und einen erheblichen Abstimmungs- und Kommunikationsaufwand bedeutete.

Das Ziel der weiteren Entwicklung war es, die Robustheit und Transparenz der dezentralen Informationsverarbeitung der Einzelgerätetechnik mit den Vorteilen des Prozessrechneransatzes zu verbinden. Dies wurde mit den Fortschritten der Mikroprozessortechnik möglich. Auf der Basis von Mikroprozessoren konnten leistungsfähige und dabei doch preiswerte und robuste Rechner aufgebaut werden, die dann dank der inzwischen entwickelten Kommunikationstechnik auf der

Basis von Bussystemen zu Rechnerverbünden zusammengeschaltet werden konnten. Ein dezentrales Prozessleitsystem bestand somit aus einer Reihe von Mikrocomputern, die dezentral jeweils eine Teilaufgabe bearbeiten konnten und über das gemeinsame Bussystem untereinander Informationen austauschen und so wie ein großes Gesamtsystem agieren konnten. Mit diesem Ansatz begann die Ära der Prozessleitsysteme die bis heute anhält und in verschiedenen Ausprägungen am Markt verfügbar ist.

1.3.1.2 Technische Realisierung von APC-Anwendungen

Bei der Entwicklung der dezentralen Prozessleitsysteme wurde die bei den Prozessrechnern übliche individuelle Programmierung auf der Basis von Hochsprachen durch die viel leichter erlernbare Funktionsbausteintechnik ersetzt. Dabei werden komplexe Programme aus einzelnen Programm-Modulen, den sog. Funktionsbausteinen, zusammengesetzt. Diese Funktionsbausteine sind Bestandteil der Firmware eines Leitsystems und werden vom Hersteller mit ausgeliefert. Diese Funktionsbausteine decken die üblicherweise zur Automatisierung einer Anlage benötigten Funktionen weitgehend ab und werden meist in Form einer Bibliothek wieder verwendbarer Softwaremodule realisiert. Da mit den Funktionsbausteinen ein möglichst breites Anwendungsgebiet abgedeckt werden soll, sind die Funktionen mehr oder weniger standardisiert, z. B. Standard-PID-Algorithmus oder Standard-Motor- bzw. -Ventilansteuerung. Spezielle Ausprägungen, wie z. B. Fuzzy-Control oder Mehrgrößen-Regler, sind daher selten anzutreffen.

Wie lassen sich dann trotzdem solche höherwertigen Aufgaben bewältigen. Dazu bieten sich zwei verschiedene Möglichkeiten an.

Viele Leitsystem-Hersteller bieten den Anwendern die Möglichkeit, eigene individuelle Funktionsbausteine mit Hilfe von Hochsprachen zu erstellen und diese dann wie die Standardbausteine zu benutzen und so das Leistungsspektrum des Systems zu erweitern. Bei der Erstellung individueller Funktionsbausteine sind jedoch einige Randbedingungen zu beachten. Auch wenn die Leistungsfähigkeit heutiger Prozessleitsysteme um mehrere Größenordnungen über denen früherer Prozessrechner liegt, so sind deren Ressourcen wie Speicherplatz und insbesondere Bearbeitungszeit nicht unbegrenzt verfügbar. Bei der Realisierung individueller Funktionsbausteine tut man also gut daran, den dafür erforderlichen Ressourceneinsatz kritisch zu betrachten und unter Kosten-/Nutzen-Betrachtungen zu analysieren. Denn die Ressourcen auf einer prozessnahen Komponente eines Leitsystems sind in der Regel die kostbarsten und der Problemstellung oft nicht angemessen.

Hier bietet sich dann die zweite Möglichkeit an: die Auslagerung der Bearbeitung höherer Funktionen auf einen eigenen Rechner. Bei der Auslagerung der Bearbeitung steht dem Anwender für die Realisierung der Funktion die volle Bandbreite der heute verfügbaren Werkzeuge zur Verfügung. Ressourcen sind auf einem eigenständigen Rechner im Überfluss vorhanden. Somit entpuppt sich die Kommunikation und Koordination mit dem Leitsystem als das eigentlich zu lösende Problem.

Der Zugriff auf den Informationshaushalt eines Prozessleitsystems erfolgt in der Regel über die Bedien- und Beobachtungs-Komponente. Diese verfügt über den Gesamtbestand aller relevanten Informationen und stellt in der Regel auch eine, oft proprietäre, Schnittstelle zur Verfügung. Da der Informationshaushalt einer HMI-Komponente auf die Bedürfnisse eines Operators optimiert wurde, stehen die Daten mit Refresh-Zyklen von 1–2 s zur Verfügung. Der für die ausgelagerte Bearbeitung gewählte Rechner wird daher an die Schnittstelle der HMI-Komponente angeschlossen und es erfolgt ein zyklischer Datenaustausch der relevanten Informationen. Typischerweise kann von einer erreichbaren Zykluszeit von 2–6 s ausgegangen werden. Mit der Verbreitung der standardisierten OPC-Schnittstelle ist der Aufwand für die Realisierung der Kommunikation drastisch gesunken, die erreichbaren Zykluszeiten liegen aber nach wie vor oft oberhalb von 1–2 s.

Da die höherwertigen Automatisierungsaufgaben in der Prozessindustrie oft in deutlich längeren Zeitintervallen ablaufen, ist dies in vielen Fällen keine Einschränkung und daher ist die Auslagerung höherwertiger Aufgaben auf eigene Rechner eine oft geübte Praxis bei der Lösung komplexer Automatisierungsaufgaben.

Es bleibt jedoch bei einem solchen Systemverbund das Problem der Sicherheit und der Koordination, insbesondere bei einem derart "lose" gekoppelten System. Was passiert bei einem Ausfall des überlagerten Systems und wie kann man eventuell "auseinander" gelaufene Systeme wieder so synchronisieren, dass anschließend ein stoßfreier Übergang in einen geführten Betrieb möglich ist. Hier kommen die Überlegungen zur "Wächter"-Funktion (siehe Abschnitt 1.2) zum Zuge. Durch entsprechende Überwachungs- und Synchronisations-Funktionen muss sichergestellt werden, dass in jedem beliebigen Betriebszustand nur die jeweils zulässigen Übergänge freigeschaltet und vom Anwender genutzt werden können. Dieser Problematik haben wir uns im TIAC-Projekt gestellt und entsprechende Lösungen erarbeitet.

In der bisherigen Praxis hat man sich der Problematik oft dadurch entzogen, dass die Systeme definitiv entkoppelt waren und die Kopplung durch eine externe und verantwortliche Instanz, den Operator, vollzogen wurde. In diesen Fällen wurden vom überlagerten System Parameter und Sollwerte vorgeschlagen und konnten vom Operator, nach Prüfung der Plausibilität und Zulässigkeit, in das unterlagerte System übernommen werden.

Im Rahmen des TIAC-Projektes haben wir den Versuch unternommen, die Vorteile einer direkten Implementierung im Leitsystem mit den Freiheitsgraden der Nutzung eines eigenständigen externen Computers zu verbinden. Durch die direkte Kopplung der Ein-/Ausgangssignale über den Feld-Bus, im vorliegenden Fall den PROFIBUS DP, können Zykluszeiten bis hinunter in den ms-Bereich realisiert werden. Durch den Einsatz gekoppelter Zustandsautomaten konnte die schon angesprochene "Wächter"-Funktionalität realisiert werden, die eine sichere und bedienerfreundliche Nutzung komplexer Algorithmen ermöglicht. Durch die Nutzung eines eigenen dedizierten Computers stehen für die Realisierung der APC-Funktionen Ressourcen zur Verfügung, die die der leistungsfähigsten Prozessrechner vergangener Tage um mehrere Größenordnungen übertreffen. Gleichzeitig können zur Entwicklung der Algorithmen die modernsten Werkzeuge wie MATLAB und Simulink eingesetzt werden, die ihrerseits wiederum eine umfangreiche Bibliothek hochwertiger und erprobter Lösungen für eine Vielzahl von Aufgaben bereitstellen.

1.3.1.3   APC-Anwendungstypen

Was sind denn nun typische APC-Anwendungen, die in der Prozessindustrie und somit im Umfeld von Prozessleitsystemen realisiert werden.

Dabei macht es Sinn die Anwendungen anhand der Automatisierungspyramide und den darin beschriebenen Ebenen zu gliedern.

Die oft standortübergreifenden Optimierungsaufgaben der Unternehmensleitebene werden in der Regel in unternehmensweiten ERP-Systemen realisiert, z. B. mit SAP oder ORACLE, um nur zwei der wichtigsten Vertreter dieser Systemgruppe zu nennen.

In der Betriebsleitebene sind die MES-Systeme (*Management Execution System*) anzutreffen. Diese bauen auf dem Informationshaushalt der Prozessleitsysteme auf und dienen oft auch als Bindeglied zu den überlagerten, unternehmensweiten ERP-Systemen. Gleichzeitig werden auch eine ganze Reihe von Verwaltungs- und Optimierungsaufgaben in den MES-Systemen bearbeitet. Insbesondere die gesamte Anlagenlogistik, die Betriebsmittelverwaltung, die Optimierung der Anlagenauslastung und die Produktverfolgung sind typische Leistungen solcher Systeme. Weiterhin werden anlagenspezifische Kennwerte, z. B. KPI (*Key Performance Index*), ermittelt und der Produktionsleitung zur Verfügung gestellt.

Tabelle 1.1

Ebene	Automatisierungsfunktion	Zeithorizont
Unternehmens-Leitebene	Supply Chain Management, längerfristige Produktionsplanung, Kostenanalyse, andere betriebswirtschaftlich orientierte Funktionen	Tage ... Monate
Betriebsleitebene	Online-Prozessoptimierung mit theoretischen Prozessmodellen, statische Arbeitspunktoptimierung und Trajektorien-Optimierung, erweiterte Protokollierung und Betriebsdaten-Archivierung (Prozess- und Labor-Informationssysteme), Process Performance Monitoring, kurzfristige Produktionsplanung, Rezeptur-Erstellung und -Verwaltung	Stunden ... Tage

Ebene	Automatisierungsfunktion	Zeithorizont
Prozessleitebene	Bedienen und Beobachten, Registrieren/Protokollieren, *Model Predictive Control, Fuzzy-Logik und Fuzzy-Control, andere moderne Regelungsverfahren (adaptive Regelungen, robuste Regelungen, nichtlineare Regelungen, Internal Model Control, Zustandsregelung, Entkopplungs-regelungen ...), Softsensoren (Beobachter, Kalman-Filter, neuronale Netze, Regressionsmodelle) Prozessdiagnose, Control Performance Monitoring (CPM)*, Statistical Process Control (SPC), Rezeptur- und Ablauf-steuerungen	s ... min
Prozessnahe Ebene	PID-Basisregelungen und *vermaschte Regelungen* (Kaskadenregelung, Verhältnisregelung, Störgrößen-aufschaltung, Split-Range, Override-Regelung, *Gain Scheduling, Smith-Prädiktor, ...), Selbsteinstellung* von PID-Reglern, Schutz- und Verriegelungsfunktionen	ms ... s
Feldebene	Sensoren und Aktoren	ms

In der Prozessleitebene und prozessnahen Ebene finden wir dann die Funktionen, die oft unter dem Schlagwort *Advanced Process Control* zusammengefasst werden. Neben den verschiedenen Ausprägungen höherer Regelungstechnik sind aber auch Softsensor-Funktionen sowie erweiterte Diagnose und Anlagenzustands Überwachungen wichtige und oft rechenintensive Funktionen, die bei der Realisierung eine genauere Betrachtung des Ressourcenbedarfs erfordern.

Hier bietet sich das TIAC-Konzept als eine mögliche Realisierungsvariante an. Das Konzept ist so ausgelegt, dass es sich auch nachträglich leicht und rückwirkungsfrei in eine bereits bestehende Anlage integrieren lässt. Der TIAC-Rechner wird lediglich als zusätzlicher Teilnehmer am PROFIBUS angemeldet und über diesen mit den relevanten Informationen aus dem Datenhaushalt des Leitsystems versorgt. Durch den entsprechenden Funktionsbaustein des Leitsystems wird die sichere und rückwirkungsfreie Kommunikation mit der APC-Anwendung sichergestellt und gleichzeitig Mechanismen für die Synchronisation der Zustandsautomaten bereitgestellt. Auf dem TIAC-Rechner können nun unter Verwendung des Bausteinrahmens und der Zustandsautomaten beliebig komplexe APC-Anwendungen realisiert werden. Die in unserem Projekt realisierten Reglerapplikationen sollen da lediglich als Beispiel und "proof of concept" dienen.

Typischerweise werden Anlagen zunächst einmal ganz konventionell geplant und unter Verwendung von Standard-Funktionen (z. B. PID) "zum Laufen" gebracht. Nach einiger Zeit im laufenden Betrieb stellt sich dann die Frage, ob man nicht mit der ein oder anderen höherwertigen Regelungsfunktion oder einer modellgestützten Fahrweise den Wirkungsgrad der Anlage verbessern könnte. Allerdings wird kein Produktionsleiter gravierende Änderungen an seiner laufenden Anlage zulassen.

Hier kommt nun das TIAC-Konzept ins Spiel. Die Anlage bleibt wie sie ist, lediglich ein zusätzlicher Teilnehmer am Feldbus kommt hinzu. Damit wird auf dem TIAC-Rechner eine sichere "Spielwiese" für die Verfahrens- und Regelungs-Ingenieure eröffnet, auf der sie in Ruhe und unter Zugriff auf die Betriebsdaten ihre APC-Anwendung entwickeln und testen können. Auch der Übergang in den "scharfen" Betrieb ist recht unproblematisch, da ja jederzeit ein Rückfall auf den bisherigen, bewährten Zustand gegeben ist. Eine Tatsache, die von den meisten Produktionsleitern als Vorbedingung für eine Erprobung gefordert wird.

Wir sehen daher das TIAC-Konzept als einen Beitrag dazu, den Einsatz höherwertiger Automatisierungskonzepte in der Prozessindustrie zu erleichtern und ihre Erprobung ohne Rückwirkung auf die bestehenden Anlagen zu ermöglichen.

Literatur

[1] Müller, J.: *Regeln mit SIMATIC Praxisbuch für Regelungen mit SIMATIC S7 und SIMATIC PCS7*. Siemens Publicis Corporate Publishing, Erlangen, 2. Auflage 2002.

[2] P. Krause et al.: *"Test und Bewertung von regelungstechnischen CAE-Programmen."*, atp 44 (2002), 9, Oldenbourg Verlag.

[3] Angermann et al.: *MATLAB-/Simulink-Stateflow. Grundlagen Toolboxen, Beispiele*. Oldenbourg Verlag, München 2002.

[4] Schloßer, A., Bollig, A., Abel, D.: *Rapid Control Prototyping in der Lehre*. at – Automatisierungstechnik 52 (2004), 2, Oldenbourg Verlag.

[5] Abel, D., Bollig, A.: *Rapid Control Prototyping – Methoden und Anwendungen*. Springer Verlag, Berlin 2006.

[6] Pfeiffer, B. M., Bergold, S.: *Advanced Process Control mit dem Prozessleitsystem SIMATIC PCS7*. atp – Automatisierungstechnische Praxis 44 (2002), 2.

[7] H. Hanselmann: *Beschleunigte Mechatronik-Entwicklung durch Rapid Control Prototyping und Hardware-in-the-Loop-Simulation*. at – Automatisierungstechnik 46 (1998), 3, Oldenbourg Verlag.

[8] Albrecht, H.: *On Meta-Modeling for Communication in Operational Process Control Engineering*. 2003.

[9] Dünnebier, G., vom Felde, M.: *Performance Monitoring – Ein entscheidender Beitrag zur Optimierung der Betriebsführung*. Chem. Ing. Tech., 75:528–533, 2003

[10] Hauff, T.: *Prozessleitsysteme – vom Investitionsgut zum Wegwerfartikel*. atp Automatisierungstechnische Praxis, 4:32–39, 2000.

[11] Kopec, H., Maier, U.: *Kritische Anmerkungen zu heutigen PLS*. atp Automatisierungstechnische Praxis, 3:24–28, 2005.

[12] Meyer, D.: *Objektverwaltungskonzept für die operative Prozessleittechnik*. 2002.

[13] NAMUR: *Anforderungen an Systeme für anlagennahes Asset Management*. NAMUR, NE091 Auflage, 2001.

[14] NAMUR: *Anforderungen an Systeme zur Rezeptfahrweise*. NAMUR, NE033 Auflage, 1992

[15] Nicklaus,E., Fuss, H. P.: *Online-Asset-Management*. atp Automatisierungstechnische Praxis" 5:30–39, 2000.

[16] Schneider, H. J., Trilling, U.: *Selbstüberwachung und Diagnose von Feldgeräten Teil 3: Die Umfrage der NAMUR*. atp Automatisierungstechnische Praxis, 1::49–52, 2001.

[17] Tauchnitz, Th.: *Die neuen Prozessleitsysteme – wohin geht die Reise*. atp Automatisierungstechnische Praxis, 11:12–23, 1996.

[18] Tiemeyer, E.: *Supply Chain Management – Konzeptentwicklung und Softwareauswahl in der Praxis.* atp Automtisierungstechnische Praxis, 10:24–32, 2000.

[19] Trilling, U., Stieler, S.: *Selbstüberwachung und Diagnose von Feldgeräten Teil 1: Wirtschaftliche Bedeutung für den Anwender.* atp Automatisierungstechnische Praxis, 11:42–45, 2001.

2
Methoden der Regelungstechnik

2.1
Regelungsstrukturen
Manfred Enning

2.1.1
Vorbemerkungen

In der überwiegenden Mehrzahl der Anwendungen sind Regelkreise "einschlei-fig", d. h. entsprechen der in Abb. 2.1 dargestellten Struktur. Der einzige Ausgang aus der zu regelnden Strecke S ist die Regelgröße y. Am Eingang der Regelstrecke wirkt die Stellgröße u, deren Wert durch die Regeleinrichtung R verstellt wird. Eingang des Reglers ist die Differenz e zwischen der Regelgröße y und dem Sollwert w, der den Wert oder Zeitverlauf des Wertes der Regelgröße vorgibt. Weitere Eingangsgrößen in das System werden als nicht beeinflussbare Störgrö-ßen z am Eingang und/oder am Ausgang der Regelstrecke betrachtet.

Mit den gängigen Werkzeugen zur Konfiguration von Leitsystemen sind solche Regelkreisstrukturen einfach und schnell aufzubauen. Hierzu wird lediglich ein Reglerblock aus einer Bausteinbibliothek auf ein Arbeitsblatt gezogen und mit Ein- und Ausgangssignalen verbunden. Im Rahmen der weiteren Konfiguration sind dann die Art und Weise der Bedienung des Reglers sowie weitere Funktionalitäten wie Alarmierungen und Archivierungen festzulegen.

Aus regelungstechnischer Sicht besteht die wesentliche Aufgabe in der Ein-stellung geeigneter Parameter für den Regelalgorithmus. In zeitkontinuierlicher Schreibweise lautet die Differenzialgleichung eines PID-Reglers in Standard-form

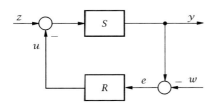

Abb. 2.1 Einschleifiger Regelkreis.

Integration von Advanced Control in der Prozessindustrie: Rapid Control Prototyping.
Herausgegeben von Dirk Abel, Ulrich Epple und Gerd-Ulrich Spohr
Copyright © 2008 WILEY-VCH Verlag GmbH & Co. KGaA, Weinheim
ISBN: 978-3-527-31205-4

$$u = K_R \left[e + \frac{1}{T_N} \int e \, dt + T_V \dot{e} \right] \tag{2.1}$$

Die Grundstruktur des PID-Reglers ist in Abb. 2.2 als Wirkungsplan dargestellt. Sehr gut zu erkennen ist die Parallelstruktur aus einem proportional, einem integrierend und einem differenzierend wirkenden Kanal. Die Gesamtverstärkung des Reglers wird durch den vorgeschalteten Übertragungsbeiwert K_R eingestellt, während die dynamischen Parameter T_N und T_V die relativen Teilwirkungen des differenzierenden und des integrierenden Kanals einstellen.

Für die Verwendung als P-Regler werden der integrierende und der differenzierende Anteil zu null gesetzt und es ist lediglich die Verstärkung K_R zu parametrieren. Nimmt man zur Verbesserung des stationären Verhaltens einen integrierenden Anteil hinzu, so ist dessen Wirksamkeit einzustellen. Der entsprechende Parameter heißt Nachstellzeit, T_N. Es ist zu beachten, dass kleinere Werte von T_N zu einer stärkeren Wirkung des integrierenden Anteils führen. Durch Hinzunahme eines differenzierenden Anteils lässt sich das dynamische Verhalten des geschlossenen Regelkreises vielfach verbessern. Der entsprechende Parameter heißt Vorhaltezeit T_V.

Obwohl das wesentliche dynamische und statische Verhalten eines PID-Reglers durch die kontinuierliche Reglergleichung (Gl. (2.1)) und ihre Parameter vollständig beschrieben ist, hat ein Standardreglerbaustein außer den erwähnten noch Dutzende weitere Parameter, deren Bedeutung sich teilweise nur dem Experten erschließt. Für die Praxis sind die wichtigsten Parameter:

- der Bereich zulässiger Werte am Eingang (Regelbereich) und am Ausgang (Stellbereich) des Reglers.
- Grenzen für den Eingang, bei deren Erreichen Protokollierungen oder Alarmierungen erfolgen.
- die sog. "parasitäre" Zeitkonstante des Differenzierers. Es ist vor allem aus Gründen der Störverstärkung nicht sinnvoll, einen mathematischen Differenzierer zu verwenden. In der Regel wird der Differenzierer um ein PT_1-Filter zu einem DT_1-Element erweitert.
- Durch einen Auswahlparameter wird in der Regel konfiguriert, ob die Regeldifferenz e differenziert wird (wie in Gl. 2.1) oder nur die Regelgröße y. Wenn der Sollwert durch den Bediener verändert wird, ist es meist sinnvoll, nur die Regelgröße zu differenzieren, weil sonst der Prozess durch eine

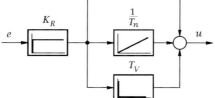

Abb. 2.2 PID-Regler.

sprungfähige Sollwertveränderung stark angeregt werden kann. In einer Kaskadenstruktur, bei der der Sollwert der Ausgang eines überlagerten Reglers ist, ist es meist sinnvoll, die Regeldifferenz e zu differenzieren.

- Ein besonders gravierendes Problem wird durch das Erreichen von Stellgrößenbeschränkungen in Verbindung mit dem integrierenden Anteil verursacht: Weil der integrierende Anteil Regelfehler über der Zeit aufintegriert, kann das Integral über alle Grenzen gehen, wenn aus technischen Gründen der Zustand "$e = 0$" nicht erreicht werden kann. Ohne weitere Maßnahmen kommt es zum "Kleben" des Reglerausgangs in einer der Begrenzungen. Einer Sollwertveränderung folgt der Reglerausgang dann unter Umständen mit sehr langer Verzögerung. Um dieses Verhalten zu unterdrücken, verfügen Regler über sog. Antireset-Windup-Maßnahmen (ARW), die über Auswahlparameter und Werte konfiguriert werden können.

Durch die Vielzahl an Möglichkeiten ist die fachgerechte Konfigurierung eines einschleifigen Regelkreises eine durchaus anspruchsvolle Aufgabe, die mit den Mitteln einer Engineering-Station eines Leitsystems effektiv bearbeitet werden kann. Oftmals ist auch eine Reglertuning-Software integriert, die die Schritte der Reglereinstellung nach Experimenten und Einstellregeln (z. B. Ziegler-Nichols) automatisiert.

Wie bereits erwähnt, sind die allermeisten Regelungen in der Praxis einschleifig. Der wesentliche Nutzen des Leitsystems ist weniger in der Beherrschung der regelungstechnischen Schwierigkeit einer anspruchsvollen Einzelregelung zu sehen, sondern mehr in der Beherrschung der großen Anzahl an Einzelregelungen in einer übersichtlichen Weise. Dennoch gibt es viele Fälle, in denen die erwünschte Regelgüte (statische Regelfehler und/oder dynamisches Folge- oder Störverhalten) durch eine einschleifige Regelung nicht erzielt werden kann und in denen eine Veränderung der Regelkreisstruktur unumgänglich ist.

Komplexe Regelungsstrukturen lassen sich grob in

- Erweiterungen der einschleifigen Struktur und
- Mehrgrößenregelungen

einteilen.

Bei einer Erweiterung der einschleifigen Struktur bleibt man in der Grundstruktur, die bezogen auf die Regelstrecke (s. Abb. 2.1) durch das Merkmal *Single-Input-Single-Output* (SISO) ausgedrückt wird. Es wird also davon ausgegangen, dass ein Streckenausgang im Wesentlichen durch eine einzige Stellgröße beeinflusst wird. Weitere Eingänge werden als auszuregelnde Störgrößen behandelt.

In den folgenden Abschnitten werden Erweiterungen der einschleifigen Struktur klassifiziert. Hierunter fallen solche, bei denen die Regelstrecke in eine Serienschaltung zerlegt wird, zwischen denen weitere Messgrößen erfasst werden (Hilfsregelgrößen) oder weitere Stellgrößen aufgeschaltet werden (Hilfsstellgrößen).

Die resultierende Struktur ist im eigentlichen Sinne nicht mehr einschleifig, aber auch noch keine Mehrgrößenregelung. Die zweite zu behandelnde Klasse sind "Aufschaltungen". Hierbei wird z. B. aus einer messbaren Störgröße ein Signal generiert, welches dem Reglerausgang additiv überlagert wird. Der Regler wird somit unterstützt und kann auf gutes Verhalten in einem kleineren Bereich des Reglerausgangs ausgelegt werden.

Allen erweiterten einschleifigen Strukturen ist gemeinsam, dass sie im Leitsystem aus den gleichen Grundelementen aufgebaut werden können, die auch bei einschleifigen Regelkreisen verwendet werden; sie werden hier lediglich komplexer miteinander verschaltet. Die wesentliche Anforderung an den zu verwendenden Reglerbaustein, nämlich z. B. die Möglichkeit zum Aufschalten zusätzlicher Signale, wird durch die entsprechenden Blöcke heutiger Leitsysteme erfüllt. Die notwendigen Signalverschaltungen sind durch entsprechende Eingänge und Auswahlparameter der Reglerblöcke leicht machbar.

Allerdings ist die Unterstützung für die Parametrierung erweiterter einschleifiger Regelungsstrukturen durch Leitsystem-interne Konfigurierungstools meist nur rudimentär oder gar nicht vorhanden, so dass die korrekte Parametrierung komplexer Verschaltungen vorwiegend von der Erfahrung des Projektierers abhängt.

Dies gilt in noch stärkerem Maße für Fälle, in denen die Betrachtung eines Systems mit mehreren Ein- und Ausgangsgrößen als Parallelschaltung von SISO-Systemen nicht zielführend ist. Es sind also Systeme, in denen eine Eingangsgröße mehrere Ausgangsgrößen beeinflusst und andererseits jede Ausgangsgröße von mehreren Eingangsgrößen abhängt. Eine Vielzahl moderner Regelungsverfahren, angefangen bei der schon "klassischen" Zustandsregelung über lineare modellgestützte Mehrgrößenregler bis hin zu modernen Ansätzen der nichtlinearen oder robusten Mehrgrößenregelung, hat mit der Systemkomplexität grundsätzlich keine Schwierigkeiten. Durch eine geeignete Beschreibung des Systems, z. B. durch ein nichtlineares Differenzialgleichungssystem und Anwendung von Rechen- und Auslegungsverfahren, wird auf einem systematischen Weg ein Mehrgrößenregelalgorithmus erzeugt, der eine im Entwurf vorgegebene Performance bzw. Robustheit aufweist. Solche Algorithmen weisen aber Eigenschaften auf, die mit den Mitteln der klassischen Leitsysteme nicht mehr abgebildet werden können, diese sind z. B.:

- die "monolithische" Verrechnung mehrerer Eingänge zu mehreren Ausgängen. Bei der Berechnung jedes Stellsignals wird die Kenntnis aller Eingänge und aller weiterer Ausgänge als nutzbar vorausgesetzt. Innerhalb eines Leitsystems stehen im Prinzip alle Größen zur Verfügung. Allerdings müssen diese außerhalb der Reglerblöcke miteinander verknüpft werden, wodurch die Vielfalt der abbildbaren Strukturen stark eingeschränkt ist;
- rekursive Algorithmen. Im Bereich der nichtlinearen Regelung sind Regelalgorithmen selten *straight forward* zu berechnen. Meist funktionieren die Algorithmen rekursiv, wobei die Zahl der benötigten Iterationen je nach Betriebs-

situation unterschiedlich sein kann. Zum einen sind solche Verfahren in Leitsystemen praktisch nicht umsetzbar, zum anderen widerspricht es aber auch erheblich der Philosophie üblicher Leitsystem-Software, wenn Algorithmen implementiert werden, die entweder unterschiedlich viel Rechenzeit benötigen oder in einer fest vorgegeben Rechenzeit kein Ergebnis einer definierten Güte erzeugen können.

Moderne Leitsysteme haben eine C-Programmierschnittstelle, in deren Rahmen im Prinzip beliebige Algorithmen implementiert werden können. Bei unfachgemäßer Bedienung besteht aber immer die Gefahr, dass handprogrammierte Sonderbausteine den Ablauf der übrigen Software gefährden oder sich schlicht immer oder in besonderen Situationen fehlerhaft verhalten. In der industriellen Praxis des Leitsystemeinsatzes werden handkodierte Bausteine wenn überhaupt dann sehr sparsam und nur für sehr einfach überschaubare Funktionen zugelassen. Die Folge ist, dass höhere Regelungstechnik heute nur auf höheren Ebenen von Leitsystemen stattfindet. Ein häufig anzutreffendes Beispiel ist die Workstation, die an der Bedienschnittstelle eines Leitsystems angekoppelt ist und auf der komplexe nichtlineare Gesamtprozessoptimierungen ablaufen. Deren Ergebnisse sind Sollwerte, die von den im Leitsystem implementierten Einfachregelkreisen befolgt werden. In einer solchen Struktur ist die Reglertaktzeit eines übergeordneten Mehrgrößenreglers typischerweise größer als zehn Sekunden.

Totally Integrated Advanced Control (TIAC) ist ein Ansatz, höhere (Mehrgrößen-) Regelungsverfahren und weitere komplexere Berechnungen im schnellsten Takt eines Leitsystems in einer Weise zu implementieren, die für das Leitsystem als "minimalinvasiver Eingriff" dargestellt werden kann. Die TIAC-Technologie wird ab Kapitel 5 ausführlich vorgestellt.

2.1.2
Erweiterte einschleifige Regelungsstrukturen

Im Folgenden werden Erweiterungen einschleifiger Regelungen erläutert, die unter bestimmten Bedingungen, wie z. B. der Messbarkeit weiterer Prozessgrößen, zu Regelungssystemen mit deutlich besseren Eigenschaften führen, als sie der Einfachregelkreis aufweist. Diese Erweiterungen sind mehr oder weniger gut innerhalb der Konfigurierungsumgebung von Leitsystemen umsetzbar. Eine Motivation für den Einsatz der TIAC-Technologie in diesem Bereich ergibt sich vorwiegend aus dem Bedürfnis nach einem durchgängigen Engineering mittels modellgestützter Methoden. Die Maßnahmen bedingen fast immer einen zusätzlichen Geräteaufwand, der die Regelungseinrichtung verteuert. Andererseits sind sehr viele technische Prozesse mit einer einschleifigen Regelung überhaupt nicht oder nicht mit der erforderlichen Genauigkeit zu regeln.

Neben den vorzustellenden Maßnahmen
- Vorregelung der Störgrößen,
- Aufschalten von Hilfsstellgrößen,

- Aufschalten von Hilfsregelgrößen,
- Kaskadenregelung,
- Vorsteuerung und
- Führungsgrößenfilter

gibt es zahlreiche andere, die zum Teil Mischformen der erwähnten darstellen. Die technischen Gegebenheiten sind so vielfältig, dass die folgende Darstellung nur als Orientierungshilfe aufgefasst werden kann.

2.1.2.1 Vorregelung

Vorregelungen haben die Aufgabe, Störungen des zu regelnden Prozesses so weit wie möglich zu verringern, indem Einflussgrößen, deren Änderungen störend wirken, durch zusätzliche, meist sehr einfach aufgebaute Regelungen konstant oder nahezu konstant gehalten werden.

Abbildung 2.3 zeigt den Wirkungsplan eines Regelkreises mit Vorregelung, die aus der Regelstrecke S_V und dem Regler R_V besteht. Die Vorregelung soll die Wirkung der externen Störgröße z auf den Ausgang der Regelstrecke y verringern; es wirkt nur noch die verminderte Störgröße z' auf den Hauptregelkreis ein. Es leuchtet ein, dass die durch die Vorregelung zu vermindernden Störgrößen messbar und durch geeignete Stellglieder beeinflussbar sein müssen.

Als Beispiel möge die Vorregelung des Gasdruckes an gasbeheizten Öfen dienen. In Abb. 2.3 entspricht die Störgröße z den Druckschwankungen im Versorgungsnetz, die durch einen Druckregler vermindert werden, so dass ihr Einfluss auf die Ofentemperatur y gering bleibt. Weil die Temperatur noch durch andere Einflüsse verändert werden kann, die sich einer Vorregelung entziehen, kann man auf den Hauptregler R nicht verzichten.

Eine Vorregelung verbessert nicht nur das Störverhalten von Regelungen bezüglich der durch die Vorregelung erfassten Störgrößen, in vielen Fällen trägt sie auch dazu bei, dass der notwendige Stellbereich der vom Hauptregler beeinflussten Stellgröße (u in Abb. 2.3) verringert werden kann, was die Wirtschaftlichkeit des gesamten Prozesses verbessern kann.

2.1.2.2 Störgrößenaufschaltung

Störgrößenaufschaltungen (Abb. 2.4) zählen zu den Maßnahmen, die in der Praxis am häufigsten anzutreffen sind. Durch ein Aufschaltglied A werden aus der Änderung einer Größe z, die den zu regelnden Prozess stört, zweckmäßige

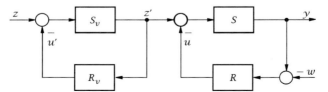

Abb. 2.3 Vorregelung.

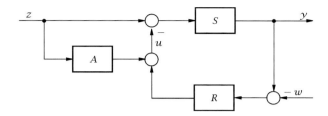

Abb. 2.4 Störgrößen-aufschaltung.

Änderungen der Stellgröße des Hauptregelkreises abgeleitet. Das Aufschaltsignal kann im Idealfall die Wirkung der Störung genau kompensieren, so dass die Regelgröße durch die Störung gar nicht beeinflusst wird.

Bei Reglern mit integrierendem Verhalten ist es wichtig, dass das Aufschaltglied bei zeitlich konstanter Störgröße z eine in angemessener Zeit verschwindende Ausgangsgröße abgibt, weil sonst die Regelgröße nicht der Führungsgröße angeglichen wird. So muss für einen Hauptregler mit PI–Verhalten ein Aufschaltglied mit nachgebendem Verhalten eingesetzt werden.

Störgrößenaufschaltungen sind dann zweckmäßig, wenn der zu regelnde Prozess durch wenige gut messbare Störgrößen beeinflusst wird und eine Vorregelung dieser Größen nicht möglich oder nicht wirtschaftlich ist. Eine wesentliche Verbesserung gegenüber einer einfachen Regelung kann man dann erwarten, wenn die Regelstrecke Totzeitglieder enthält, die bekanntlich eine wirksame Regelung erschweren, und die aufzuschaltende Störgröße ebenfalls über diese Totzeitglieder auf die Regelgröße wirkt.

Eine Störgrößenaufschaltung ist eine reine Steuerung. Daher sind mit dieser Maßnahme keine Stabilitätsprobleme verbunden. Der Erfolg einer solchen Maßnahme hängt andererseits wesentlich von der richtigen Abstimmung dieser Steuerung ab.

Ein weit verbreitetes Anwendungsbeispiel für Störgrößenaufschaltungen ist die Veränderung der Vorlauftemperatur in Zentralheizungsanlagen als Funktion von Änderungen der Außentemperatur. Bei Raumtemperaturregelungen ist die Außentemperatur eine der wichtigsten Störgrößen. Wenn durch geeignete Steuerung der Temperatur des Heizungsvorlaufs die Wirkung von Außentemperaturschwankungen auf die Raumtemperatur ganz oder teilweise ausgeglichen wird, so kann der Raumtemperaturregler im Allgemeinen einfacher und damit billiger sein und seine Aufgabe dennoch besser erfüllen als ein Regler in einem einfachen Regelkreis.

2.1.2.3 Hilfsstellgröße

Wenn der zu regelnde Prozess im Wirkungsplan als Reihenschaltung mehrerer Verzögerungsglieder darstellbar ist (Abb. 2.5), so kann es sinnvoll sein, eine zusätzliche Stellgröße, die Hilfsstellgröße u_h, einzuführen. Voraussetzung ist natürlich, dass zwischen den Teilstrecken der Reihenschaltung überhaupt ein Stellglied technisch eingefügt werden kann.

Die Hilfsstellgröße und der sie erzeugende Regler R_h bilden mit dem hinteren Teil der Regelstrecke einen Unterregelkreis. Dieser kann wesentlich günstigere

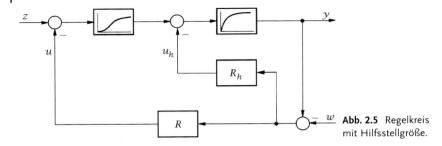

Abb. 2.5 Regelkreis mit Hilfsstellgröße.

dynamische Eigenschaften haben als der Hauptregelkreis, weil die zugehörige Teilregelstrecke von niedrigerer Ordnung ist als die zum Hauptregelkreis gehörende Regelstrecke und der Hilfsregler R_h daher entsprechend schneller arbeiten kann.

Weil der Unterregelkreis die gleiche Führungsgröße und die gleiche Regelgröße wie der Hauptregelkreis verarbeitet und dies unter günstigeren Bedingungen für gute Dynamik tut, könnte man meinen, der Hauptregelkreis sei überflüssig. In der technischen Wirklichkeit ist dieser Schluss meist falsch, weil z. B. die Hilfsstellgröße einen so kleinen Stellbereich hat, dass sie allein nicht alle Störungen ausgleichen kann oder weil sie als alleinige Stellgröße unwirtschaftlich wäre. Aufgrund derartiger Einschränkungen werden als Hilfsregler meist solche mit P-, PD- oder nachgebendem Verhalten eingesetzt.

Ein Anwendungsbeispiel für Regelungen mit Hilfsstellgrößen zeigt Abb. 2.6. Die Temperatur des von einem Dampferzeuger mit Überhitzer abgegebenen Dampfes wird durch die Brennstoffzufuhr beeinflusst. Um jedoch kurzzeitige Schwankungen der Temperatur besser ausgleichen zu können, werden nach

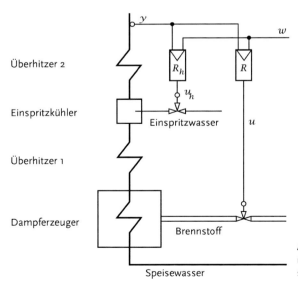

Abb. 2.6 Dampftemperaturregelung mit Einspritzwasserstrom als Hilfsstellgröße.

einzelnen Überhitzern oder Überhitzergruppen sog. Einspritzkühler vorgesehen, in denen der Dampf durch eingespritztes Wasser gekühlt wird. Der Einspritzwasserstrom ist hier Hilfsstellgröße; er wirkt erheblich schneller auf die Dampftemperatur als eine Brennstoffstromänderung. Durch die Dampfkühlung wird allerdings der Gesamtwirkungsgrad des Dampferzeugers verschlechtert, sodass man im Allgemeinen anstrebt, möglichst wenig Einspritzwasser zu verwenden.

Durch den Unterregelkreis mit dem Hilfsregler R_H wird auch die Dynamik des Hauptregelkreises verändert, und zwar so, dass der Hauptregler auf größere Übertragungsfaktoren eingestellt werden kann, ohne dass der Regelkreis zu schwach gedämpft erscheint. Damit wird das Stör- und Führungsverhalten des Regelkreises insgesamt verbessert. Wenn diese Möglichkeit genutzt wird, besteht allerdings beim Ausfall der Hilfsstellgröße Gefahr für die Stabilität der Gesamtanlage. Die Hilfsstellgröße kann dadurch ausfallen, dass zugehörige Geräte versagen, aber auch dadurch, dass sie infolge besonders großer Störungen die Grenzen ihres Stellbereichs erreichen.

2.1.2.4 Hilfsregelgröße

Wenn der zu regelnde Prozess im Wirkungsplan als Reihenschaltung mehrerer Verzögerungsglieder darstellbar ist und wesentliche Störgrößen in der Nähe des Angriffspunktes der Stellgröße auf die Regelstrecke einwirken, so sind die Auswirkungen solcher Störungen (z_1, z_2 in Abb. 2.7) am Eingang des Reglers nur stark verzögert bemerkbar. Dies beeinflusst die erreichbare Dynamik des geschlossenen Regelkreises negativ und die Regelgüte wird möglicherweise die Anforderungen nicht erfüllen. In solchen Fällen kann mit der Rückführung einer der Störeinwirkstelle näher liegenden Messgröße, der sog. Hilfsregelgröße y_h, über einen zusätzlichen Regler R_h, dessen Ausgang dem des Hauptreglers überlagert wird, eine signifikante Verbesserung der Regelgüte erreicht werden.

Ähnlich wie bei der Aufschaltung einer Hilfsstellgröße wird auch hier ein zusätzlicher Regelkreis gebildet, der unter günstigeren Voraussetzungen für gute Dynamik aufgebaut werden kann und die Stabilitätseigenschaften auch des Hauptregelkreises verbessert.

Weil der Hilfsregler aber nicht die eigentlich interessierende Regelgröße y und die zugehörige Führungsgröße w verarbeitet, muss er so ausgelegt werden, dass er den Hauptregler nicht behindert. Dies geschieht meist dadurch, dass der Hilfsregler mit P-, PD- oder nachgebendem Verhalten ausgestattet wird.

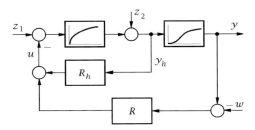

Abb. 2.7 Aufschaltung einer Hilfsregelgröße.

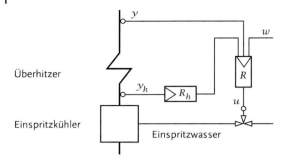

Abb. 2.8 Dampftemperaturregelung mit Temperatur vor Überhitzer als Hilfsregelgröße.

Die Einführung des Hilfsregelkreises erlaubt es, den Übertragungsbeiwert des Hauptreglers über den Wert hinaus anzuheben, der ohne Hilfsregelkreis dem Stabilitätsrand entspräche. Wenn dann der Hilfsregler ausfallen sollte, etwa durch Bruch des Messfühlers der Hilfsregelgröße, ist der Hauptregelkreis sofort instabil. Deshalb sollten solche Maßnahmen immer gut überwacht werden. Verzichtet man auf die etwas riskante Anhebung des Übertragungsbeiwerts des Hauptreglers, verbleibt als Vorteil der Hilfsregelung immer noch die Reduktion der auf den Hilfsregelkreis wirkenden Störgrößen.

Als Beispiel soll die schon einmal erwähnte Dampftemperaturregelung erneut herangezogen werden. Wie in Abb. 2.8 dargestellt, wird nicht nur die Temperatur des den Überhitzer verlassenden Dampfes gemessen, sondern auch die Temperatur des Dampfes zwischen Einspritzkühler und Überhitzer. Diese Messgröße y_h wird über den Hilfsregler R_h auf einen zusätzlichen Eingang des Hauptreglers aufgeschaltet. Dies entspricht nicht genau der in Abb. 2.7 dargestellten Struktur, bei der das Aufschaltsignal dem Reglerausgang überlagert wird. Die Schaltungsvariante in Abb. 2.8 hat den Vorteil, dass die Wirkung der Aufschaltgröße zusammen mit der Wirkung des Soll-Istwert-Vergleichs den Begrenzungen des Reglerausgangs unterworfen wird.

2.1.2.5 Kaskadenregelung

Wenn die Voraussetzungen für den Einsatz einer Hilfsregelgröße vorliegen, so kann man Haupt- und Hilfsregler auch so anordnen, dass der Hauptregler R die Führungsgröße des Hilfsreglers R_h erzeugt (Abb. 2.9). Dadurch entsteht ein un-

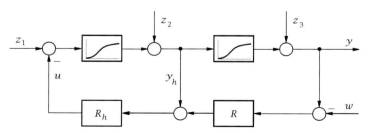

Abb. 2.9 Kaskadenregelung.

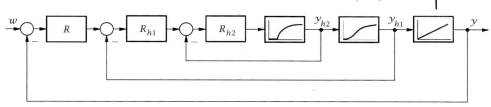

Abb. 2.10 Lageregelung als mehrstufige Kaskadenregelung.

terlagerter Regelkreis, in dem alle auf den vorderen Teil der Regelstrecke einwirkenden Störungen (z_1 und z_2) durch den Hilfsregler ausgeregelt werden.

Kaskadenregelungen sind eine sehr häufig benutzte Form vermaschter Regelkreise. Sie werden oft nicht nur zur Verbesserung des dynamischen Verhaltens der Regelung benutzt, sondern auch um Nichtlinearitäten in einem Teil der Regelstrecke durch den Hilfsregler auszugleichen. Unter ungünstigen Umständen können zu träge ausgelegte Hilfsregler die Dynamik der Gesamtanlage allerdings verschlechtern. Wenn durch den Hilfsregler wesentliche Störungen wirksam gedämpft werden, kann das dennoch sinnvoll sein.

Beispiele für Kaskadenregelungen sind Regelungen in der elektrischen und hydraulischen Antriebstechnik, die oft aus mehreren ineinander geschachtelten Regelkreisen aufgebaut werden, um ein Gesamtsystem mit guten dynamischen Eigenschaften zu gewinnen. In verfahrenstechnischen Anlagen findet man sehr häufig unterlagerte Stellungs- oder Mengenstromregelkreise, die zusammen mit den übergeordneten Reglern Kaskadenregelungen bilden.

Abbildung 2.10 zeigt den Wirkungsplan einer Lageregelung mit der Regelgröße y und dem zugehörigen Hauptregler R. Dem Lageregelkreis ist ein Geschwindigkeits- (Drehzahl-)-Regelkreis mit y_{h1} und R_{h1} unterlagert. Der Geschwindigkeitsregler R_{h1} wirkt auf einen Stromregelkreis mit der Regelgröße y_{h2} und Stromregler R_{h2}. Der Stromregler R_{h2} bedient schließlich (alleine; es gibt hier keine Überlagerungen der Reglerausgangssignale) das Leistungsstellglied. Man erkennt, dass hier nur ein einziges Stellglied benötigt wird, aber auch, dass zum Erfassen jeder der drei Regelgrößen eine eigene Messeinrichtung vorzusehen ist.

Bei der Dimensionierung derartiger Regelkreise geht man zweckmäßigerweise von innen nach außen vor, d. h., man legt zuerst den Regler R_{h2} aus und fasst dann den mit diesem Regler gebildeten Unterregelkreis als Regelstrecke auf, an die der nächste Regler, hier R_{h1}, anzupassen ist.

2.1.2.6 Vorsteuerung und Führungsgrößenfilter

Bei hohen Anforderungen an das Führungsverhalten wirkt sich die Tatsache, dass eine Führungsgrößenänderung erst eine Regeldifferenz bewirkt, die dann im Regler unter Umständen noch verzögert wird, nachteilig aus. Es liegt nahe, die Führungsgröße quasi "am Regler vorbei" dem Stellausgang des Reglers aufzuschalten und man gelangt zu einer Regelkreisstruktur gemäß Abb. 2.11.

Eine gewisse Verwandtschaft zu der weiter oben behandelten Störgrößenaufschaltung (s. Abb. 2.4) ist unverkennbar. Durch das Aufschaltglied mit der Über-

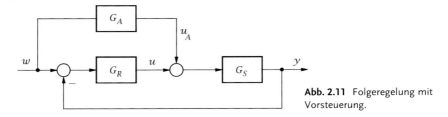

Abb. 2.11 Folgeregelung mit Vorsteuerung.

tragungsfunktion G_A können die dynamischen Fehler der Folgeregelung ohne nachteilige Auswirkungen auf die Stabilität des Systems vermindert werden.

Die Entwurfsregel für die Aufschaltübertragungsfunktion lässt sich leicht durch die Betrachtung des Ein-/Ausgangsverhaltens ermitteln. Für die Übertragungsfunktion der dargestellten Struktur gilt

$$G_A = \frac{1}{G_S} \tag{2.2}$$

und man erkennt, dass für

$$G(s) = \frac{Y(s)}{W(s)} = \frac{(G_A + G_R)G_S}{1 + G_R G_S} = \frac{G_A G_S + G_R G_S}{1 + G_R G_S} \tag{2.3}$$

das Folgesystem mit Vorsteuerung keine dynamischen Fehler aufweist, weil dann seine Übertragungsfunktion $G = 1$ ist.

In der Mehrzahl der Fälle haben die Regelstrecken in solchen Folgeregelungen integrierendes Verhalten mit Verzögerung (IT_1- bzw. IT_n-Verhalten). Daher muss das Aufschaltglied im Allgemeinen mehrfach differenzieren und eine Stellgröße erzeugen, die aus einer gewichteten Summe von Ableitungen der Führungsgröße nach der Zeit besteht. Weil die mehrfache Differenziation technischer Signale aufgrund der unvermeidlichen Verstärkung des Störanteils im Signal nicht praktikabel ist, ist der oben beschriebene Idealfall der Kompensation in der Regel nicht realisierbar und man muss auf eine vollständige Kompensation dynamischer Fehler verzichten.

Bei Folgeregelungen, die im Voraus bekannte Führungsgrößenverläufe verarbeiten, wie z. B. Kopiereinrichtungen oder Vorschubeinrichtungen an numerisch gesteuerten Werkzeugmaschinen, kann man aber die zur Vorsteuerung notwendigen Ableitungen des Führungsgrößenverlaufs analytisch oder auf anderem Wege im Voraus bestimmen. Das kann dazu führen, dass der Folgeregelung außer dem Verlauf der Führungsgröße selbst noch die Verläufe ihrer Ableitungen nach der Zeit vorgegeben werden können. Das Aufschaltglied hat in diesem Fall

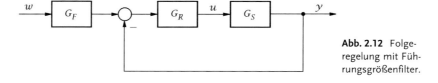

Abb. 2.12 Folgeregelung mit Führungsgrößenfilter.

nur eine der Regelstrecke entsprechende Gewichtung der vorgegebenen Ableitungen durchzuführen, nicht aber die Differenziation selbst.

Eine Alternative zu der in Abb. 2.11 dargestellten Struktur der Vorsteuerung ist die Regelung mit Führungsgrößenfilter gemäß Abb. 2.12.

Das Führungsverhalten der Folgeregelung mit Führungsgrößenfilter wird durch die Übertragungsfunktion

$$G_W = \frac{G_F\,G_R\,G_S}{1\,+\,G_R\,G_S} \tag{2.4}$$

beschrieben. Durch Vergleich mit Gl. (2.2) erkennt man, dass die Vorsteuerung gemäß Abb. 2.11 und das Führungsgrößenfilter nach Abb. 2.12 dann funktional identisch sind, wenn die Übertragungsfunktion des Führungsgrößenfilters gemäß

$$\frac{G_A}{G_R} + 1 = G_F \tag{2.5}$$

gesetzt wird. Bei der Auslegung solcher Regelungen kann der Regler mit Rücksicht auf das Störverhalten ausgelegt werden und durch das Führungsgrößenfilter kann dem Regelkreis ein gewünschtes Führungsverhalten gegeben werden. Man spricht dann auch von einer "Zwei-Freiheitsgrad-Struktur".

2.2
Mehrgrößenregelung
Manfred Enning

2.2.1
Kopplung von Regelkreisen

Komplexere Anlagen weisen in der Regel mehrere Eingangs- und Ausgangsgrößen auf. In der Systemtheorie nennt man solche Systeme MIMO (*Multiple-Input-Multiple-Output*). Nur selten ist dabei der Fall gegeben, dass eine Eingangsgröße genau einen zugehörigen Ausgang beeinflusst und im Gegenzug eine Ausgangsgröße nur von einem einzigen Stelleingang abhängig ist. Wenn in diesem Fall für jede dieser Ein-/Ausgangsgrößenkombinationen ein Regelkreis aufgebaut wird, so sind diese Regelkreise vollkommen voneinander unabhängig. Man spricht dann von "ungekoppelten" Regelkreisen. Bei der Auslegung eines Reglers muss die Existenz der anderen Regelstrecken und Regler nicht berücksichtigt werden.

Der ungekoppelte Fall ist wie gesagt selten; in vielen Fällen liegen aber Kopplungen vor, die so schwach sind, dass sie bei der Wahl der Regelungsstruktur und der Reglerparameter ignoriert werden können. Die vorhandenen Wirkungen der Kopplungen werden beim Regelkreisentwurf als Störgrößen betrachtet, die zusammen mit den "echten" Störgrößen durch den Regler mehr oder weniger gut ausgeglichen werden. Hierbei macht man einen systematischen Fehler: Im Sinne der Regelungstheorie ist eine Störgröße eine von außen auf das betrachtete System einwirkende Größe, die keinesfalls von inneren Größen des Systems abhängig

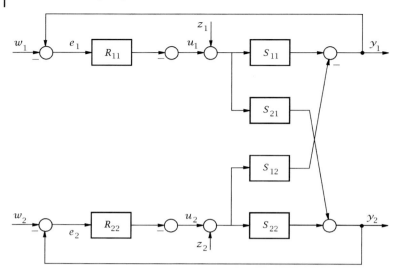

Abb. 2.13 Zweigrößen-Regelstrecke mit einschleifigen Regelungen.

sein darf. Sie muss ihre Ursache also vollständig außerhalb des betrachteten Systems haben.

Ein Beispiel für eine echte Störgröße ist die Außentemperatur bei einer Raumbeheizung. Sie ist vollständig von Wetterphänomenen abhängig, während die Heizung selbst keinen Einfluss auf die Außentemperatur ausüben kann. Warum der oben benannte systematische Fehler zu einer fehlerhaften und möglicherweise nicht funktionsfähigen Reglerauslegung führen kann, wird an dem folgenden Beispiel einer linearen 2×2-Regelstrecke (Abb. 2.13) deutlich, die für den Regelungsentwurf als ungekoppelt betrachtet wird.

Man erkennt zunächst rechts die Struktur der Regelstrecke. Die Ausgangsgröße y_1 ist über den Streckenübertragungsblock S_{11} von der Stellgröße u_1 abhängig und zusätzlich über S_{12} von der Stellgröße u_2. Für die Ausgangsgröße y_2 gilt das Entsprechende mit S_{22} und S_{21}. S_{12} und S_{21} sind die Kopplungsglieder, ohne sie wären die beiden Regelkreise ungekoppelt. Wie groß der Fehler sein kann, den man macht, wenn man für eine solche Struktur einschleifige Regelungen entwirft, wird deutlich, wenn man Abb. 2.13 in die Form der Abb. 2.14 umzeichnet.

Die Regelstrecke des unten gezeigten Reglers R_{22} besteht neben der Hauptstrecke S_{22} aus einer parallel dazu geschalteten Rückführstruktur mit den Kopplungsgliedern S_{12} und S_{21}, der Hauptstrecke S_{11} und deren Regler R_{11}. Mit den üblichen Rechenregeln für solche Verschaltungen erhält man als Frequenzgang der für den Regler R_{22} "sichtbaren" Regelstrecke

$$S_2 = \frac{y_2}{u_2} = S_{22} + S_{12}S_{21} \cdot \frac{R_{11}}{1 + S_{11}R_{11}} \tag{2.6}$$

Aus dieser Formel (Gl. (2.6)) lassen sich einige für die Praxis wichtige Schlussfolgerungen ableiten:

- Bei unsymmetrischer Kopplung (es fehlt S_{12} oder S_{21}) "sehen" die Regler R_{11} und R_{22} nur ihre zugeordneten Hauptstrecken S_{11} bzw. S_{22}. Der einschleifige Entwurf ist daher korrekt. Ernste Probleme (bzw. die Notwendigkeit der Behandlung der Regelkreise als echtes Mehrgrößensystem) entstehen also erst, wenn Kopplungen in beide Richtungen vorhanden sind.
- Eine nicht geregelte angebundene Strecke (z. B. $R_{11} = 0$) beeinflusst die Strecke des Reglers R_{22} ebenfalls nicht. Das bedeutet, dass Probleme nur auftreten können, wenn der Versuch unternommen wird, beide Ausgangsgrößen durch Regler zu kontrollieren.
- Welche Wirkung die Kopplungen für einen konkreten Regelungsentwurf hat, hängt entscheidend von den Vorzeichen ab, mit denen die (als positiv definierten) Blöcke S_{12} und S_{21} auf die jeweiligen Ausgangsgrößen einwirken. Bei gleichen Vorzeichen spricht man von "positiver Kopplung"; bei dem in Abb. 2.14 gezeigten und der Gl. (2.6) zugrunde liegenden Fall ungleicher Vorzeichen von "negativer Kopplung".
- In einer statischen Betrachtung kann aus Gl. (2.6) für die negative Kopplung abgelesen werden, dass der Gesamtübertragungsfaktor der Parallelschaltung größer als der von S_{22} ist. Das bedeutet, dass eine Reglerverstärkung, die für S_{22} angepasst ist, für die Parallelschaltung zu stark ist. Der für den ungekoppelten Fall optimal ausgelegte Regler führt im gekoppelten Fall zu einer schwächeren Dämpfung oder sogar zu instabilem Verhalten des geschlossenen Regelkreises.
- Bei positiver Kopplung wird aus dem "Plus" in der Parallelschaltung in Gl. (2.6) ein "Minus"; die statische Verstärkung

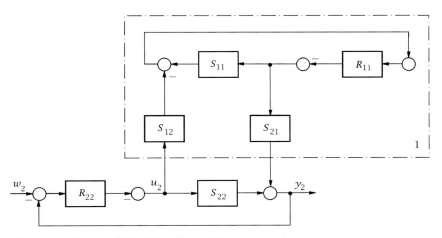

Abb. 2.14 Struktur aus Abb. 2.13 zur Verdeutlichung umgezeichnet.

der Parallelschaltung ist kleiner als die der Hauptstrecke S_{22}. Sie kann in Extremfällen null oder sogar negativ werden. Auch hier ist ein für die Hauptstrecke S_{22} optimierter Regler fehl angepasst. Die Regelgüte wird unter der erwarteten Güte bleiben. Im Extremfall null hat die Stellgröße u_2 überhaupt keine Auswirkung mehr auf y_2; bei negativer Gesamtverstärkung wird der Regelkreis z. B. die Wirkung von Störungen verstärken oder instabil werden.

Als Fazit der Betrachtungen der Auswirkungen von Kopplungen ist festzuhalten, dass eine Regelung in der Struktur der Abb. 2.13 durchaus zulässig und möglich ist, wenn man bei der Auswahl des Regelalgorithmus und der Parameter die genannten Zusammenhänge berücksichtigt. Schwierig ist dabei, dass die Einstellung eines Reglers unmittelbar wieder die Strecke des anderen Reglers beeinflusst, so dass man gezwungen ist, in kleinen Schritten iterativ ein Gesamtoptimum zu suchen. Dieses liegt aber immer unter dem, was bei ungekoppelten Regelstrecken zu erwarten ist. Mit anderen Worten: Im Falle signifikanter Kopplungen bei der einschleifigen Struktur zu bleiben, stellt immer einen Kompromiss dar und bleibt immer hinter den theoretischen Möglichkeiten der Prozessbeeinflussung zurück. Dass dies dennoch in der industriellen Praxis der Standardfall ist, liegt daran, dass einschleifige Strukturen durch Prozessleitsysteme sehr einfach konfiguriert werden können, während der Einbau angepasster Entkopplungsglieder oder echter Mehrgrößenregler mit den Mitteln der Prozessleitsysteme deutlich schwieriger und kaum unterstützt ist.

2.2.2
Entkopplungsregler

Eine nahe liegende Möglichkeit zur Verbesserung der Güte gekoppelter Regelkreise besteht in der Einführung sog. Entkopplungsglieder. Es handelt sich hierbei um eine strukturelle Ergänzung der Regeleinrichtung, die eine gewisse Symmetrie zur Struktur der Mehrgrößenregelstrecke darstellt. Dies wird am entsprechend erweiterten Beispiel aus Abschnitt 2.2.1 in Abb. 2.15 verdeutlicht.

Zusätzlich zu den Hauptreglern R_{11} und R_{22} sind nun Entkopplungsglieder (auch als Entkopplungsregler bezeichnet) R_{21} und R_{12} hinzugekommen. So wird die Stellgröße u_1 jetzt neben der Regeldifferenz e_1 über den Hauptregler R_{11} noch von der Regeldifferenz e_2 über den Entkopplungsregler R_{12} beeinflusst. Über die Entkopplungsregler hat man nun die Möglichkeit, die Kopplungswirkungen durch die Elemente S_{12} und S_{21} der Regelstrecke zu kompensieren. Man spricht in dem Zusammenhang von Entkopplung oder von Autonomisierung, weil durch diese Maßnahme wiederum autonome Teilsysteme entstehen.

Die Rechenvorschrift für den Entkopplungsregler R_{12} ergibt sich aus der Forderung, dass die Regelgröße y_2 und die Stellgröße w_2 des unteren Regelkreises keinen Einfluss auf die Regelgröße y_1 haben darf, dass also der Frequenzgang zwischen e_2 und y_1

$$G(j\omega) = \frac{y_1}{e_2} = R_{22}S_{12} - R_{12}S_{11} = 0 \qquad (2.7)$$

identisch null ist. Hieraus leitet sich als Berechnungsformel für R_{12}

$$R_{12} = R_{22} \cdot \frac{S_{12}}{S_{11}} \qquad (2.8)$$

ab. Für den Entkopplungsregler R_{21} erhält man auf demselben Weg den Ausdruck

$$R_{21} = R_{1.} \cdot \frac{S_{21}}{S_{22}} \qquad (2.9)$$

Es ist zu beachten, dass die Strukturerweiterung der Regeleinrichtung in Abb. 2.15 für den Fall der negativen Kopplung dargestellt ist. Bei positiver Kopplung sind natürlich die Vorzeichen an den entsprechenden Summenpunkten vor u_1 und u_2 zu ändern. In der Praxis werden die Ausdrücke für R_{12} und R_{21} nur sehr selten PID-Struktur aufweisen, so dass eine Realisierung solcher Entkopplungsregler durch PID-Blöcke immer eine grobe Vereinfachung darstellt. Es wird gewöhnlich der entsprechende Hauptregler mit dem Quotienten der statischen Übertragungsbeiwerte der jeweiligen Streckenanteile multipliziert und dynamische Anteile, z. B. des Verhältnisses S_{12}/S_{11}, ignoriert. So lange das dynamische Verhalten ähnlich ist, führt diese Vorgehensweise zu brauchbaren Reglerauslegungen.

Selbst dann, wenn man sich bei der Realisierung der Entkopplungsglieder nicht auf Reglerbausteine vom PID-Typ beschränkt, ist die durch die obigen Formeln (Gl. (2.7)–(2.9)) dargestellte vollständige Entkopplung oft nicht realisierbar. Dies ist z. B. dann der Fall, wenn der resultierende Ausdruck einen Zählergrad aufweist, der größer ist als der Nennergrad oder wenn der im jeweiligen Nenner

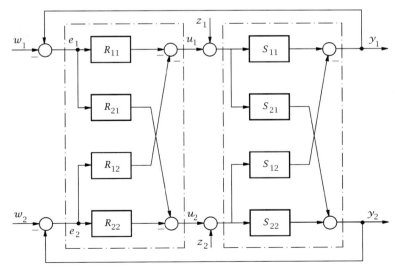

Abb. 2.15 Zweigrößen-Regelung mit Entkopplungsreglern.

stehende Streckenbestandteil einen Totzeitanteil aufweist. Die vollständige Implementierung eines solchen Entkopplungsgliedes müsste die Fähigkeit aufweisen, in die Zukunft zu sehen. In solchen Fällen behilft man sich mit Ansätzen, die auf die Entkopplung mit Bezug auf bestimmte Eigenschaften, wie z. B. Störverhalten oder Führungsverhalten, abzielen.

Zusammenfassend sei an dieser Stelle festzuhalten, dass Entkopplung durch die Einführung zusätzlicher Übertragungsglieder in die Reglerstruktur ein in der Praxis weit verbreitetes Mittel zur Lösung der Kopplungsproblematik bei Mehrgrößenregelstrecken darstellt. Häufig werden solche Strukturen gar nicht bewusst als Entkoppler gestaltet, sondern ergeben sich quasi intuitiv als Versuch, Störgrößen auf Regler aufzuschalten. Die Regelungstechnik bietet eine Vielzahl von Verfahren an, mit denen man auf systematischen Entwurfswegen Regelungen für Mehrgrößenstrecken entwerfen kann, bei denen Eigenschaften des geschlossenen Mehrgrößenkreises im Entwurf garantiert werden können. Moderne Methoden erweitern das Spektrum dieser Verfahren auf die Behandlung nichtlinearer und in ihren Parametern nicht genau bekannter Systeme.

Die aus diesen Entwürfen resultierenden Regler lassen sich aber in der Regel nicht mehr durch Verschaltung von PID-Reglern realisieren, so dass sie mit den Mitteln und Möglichkeiten von Leitsystemen kaum noch realisiert werden können. Daraus (und aus einem latenten und durchaus nicht unberechtigten Misstrauen gegenüber nicht-konventionellen Regelungsverfahren) resultiert eine verschwindend geringe Verbreitung moderner Regelungsverfahren auf der Bausteinebene von Prozessleitsystemen.

Hier setzt TIAC an. Es zeigt einen Weg auf, den Funktionsumfang auf der Bausteinebene von Prozessleitsystemen durch über ein Bussystem angebundene externe Rechenleistung zu erweitern. Dies geschieht auf eine Weise, die Beeinflussungen der Grundfunktionen des Leitsystems, die ja häufig sicherheitsrelevant sind, vollständig ausschließt und auch bei Ausfall des angebundenen Rechners oder der Buskommunikation einen sicheren Rückfallbetrieb garantiert.

Die in den nun folgenden Abschnitten vorzustellenden Regelungsverfahren sind allesamt dadurch gekennzeichnet, dass die Regelalgorithmen nicht durch Verschaltungen von PID-Reglern implementiert werden können, d. h. sie sind mehr oder minder vollständig von den neuen Möglichkeiten, die der TIAC-Ansatz bietet, abhängig.

2.3
Zustandsraumverfahren
Manfred Enning

2.3.1
Zustandsraumbeschreibung

Zustandsraumverfahren erweitern für den Ein- und den Mehrgrößenfall seit langem das Werkzeugspektrum des Regelungstechnikers. Der wesentliche Vorteil

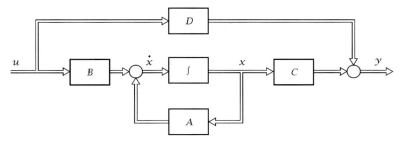

Abb. 2.16 Wirkungsplan der Zustandsraumdarstellung eines LTI-MIMO-Systems.

gegenüber anderen Verfahren ist darin zu sehen, dass Regelstreckenstrukturen, so komplex sie auch sein mögen, in einem ersten Schritt in eine Vektor/Matrix-Beschreibung überführt werden, auf die bewährte standardisierte Methoden der Matrix-Algebra angewandt werden können. Die Zustandsraummethodik war maßgeblich am Wandel der Regelungstechnik von einer eher "alchemistischen" Kunst zu einer werkzeugorientierten Disziplin, die sich die Mittel der Mathematik zu Nutze macht, beteiligt.

An dieser Stelle soll nicht versucht werden, intensiv in Zustandsraumverfahren einzuführen. Es sollen lediglich die Grundgedanken vermittelt und einige Vor- und Nachteile von Zustandsregelungen in der leittechnischen Praxis diskutiert werden.

Ein lineares zeitinvariantes (LTI)-Mehrgrößensystem – gleich welcher inneren Struktur – lässt sich in die Form der Abb. 2.16 überführen. Doppelpfeile kennzeichnen mehrere parallel geführte Signale und werden entsprechend als Vektor bezeichnet. So bezeichnet der Vektor $\underline{u}$ die p Eingangssignale des Systems, y sind die q Ausgangssignale. In klassischen Beschreibungsformen für ein MIMO-System wären zwischen den Eingangs- und den Ausgangsgrößen maximal $p \times q$ Eingrößen (SISO)-Übertragungssysteme angeordnet und es läge eine Struktur entsprechend Abb. 2.13 rechts vor. Mit $\underline{x}$ werden Zwischengrößen bezeichnet, die den dynamischen Zustand des Systems eindeutig beschreiben, ohne dass diese am Ausgang des Systems zwingend auftreten müssen. Man nennt sie daher die Zustandsgrößen des Systems.

Zentraler Bestandteil einer Zustandsraumbeschreibung ist der über die A-Matrix rückgekoppelte Mehrfachintegrierer, der über die Eingangsmatrix B mit den Eingangsgrößen und über die Ausgangsmatrix C mit den Ausgangsgrößen verbunden ist. Diese innere Struktur ist alleine für die Eigendynamik des Systems verantwortlich. Die Elemente der Matrix A bestimmen die Lagen der Polstellen des Systems, also ob das System gut oder schwach gedämpft oder instabil ist.

Wie man der Struktur Abb. 2.16 unmittelbar entnehmen kann, wird über das durch die Matrizen A, B, C beschriebene untere Teilsystem nur ein verzögerndes Verhalten zu realisieren sein. Um auch sprungfähige Systeme abbilden zu können, wird das System durch die parallel geschaltete Durchgangsmatrix D ergänzt. Weil die allermeisten technisch vorkommenden Übertragungssysteme durch Übertragungsfunktionen gekennzeichnet sind, deren Zählergrad kleiner als der Nennergrad ist, wird die D-Matrix im folgenden meist ignoriert, was die Behandlung und Beschreibung etwas erleichtert und keine allzu große Einschränkung der Allgemeinheit darstellt.

Häufig ergibt sich eine Zustandsraumbeschreibung eines Systems durch die Wahl der Ausgänge aller Energiespeicher in einem System als Zustandsgrößen. Im Wirkungsplan entsprechen sie den Ausgangsgrößen von Integrierern (oder denen von Verzögerungsgliedern erster Ordnung). In solchen Fällen sind die Zustandsgrößen im physikalisch-technischen Kontext des beschriebenen Systems interpretierbar. Dies muss nicht so sein. Es leuchtet ein, dass durch Transformationen der *A*-, *B*-, und *C*-Matrix beliebig viele verschiedene Zustandsgrößenvektoren $\underline{x}$ denkbar sind, ohne dass die Schnittstellengrößen nach außen ($\underline{u}$ und $\underline{y}$) verändert würden.

Gewisse Grundformen, die sich in der Struktur der *A*-Matrix manifestieren, nennt man Normalformen. So ist die Jordan'sche Normalform dadurch gekennzeichnet, dass nur die Hauptdiagonale der *A*-Matrix mit den Eigenwerten des Systems besetzt ist. Diese Form lässt sich für ausschließlich reelle Eigenwerte so interpretieren (Abb. 2.17), dass das System in eine der Ordnung entsprechende Zahl parallel geschalteter (entkoppelter) Integrierer mit proportionalen Rückführungen zerlegt wird. In Abb. 2.17 sind die λ_i die Eigenwerte und die r_i sind Koeffizienten, die sich bei der modalen Zerlegung rechnerisch ergeben. Noch einfacher ließe sich die Struktur darstellen, wenn die rückgekoppelten Integrierer durch Verzögerungselemente erster Ordnung dargestellt würden, was bei negativen Eigenwerten (Polstellen in der linken *s*-Halbebene, stabiles System) durchaus zulässig ist.

Um ein allgemein in Form mehrerer gekoppelter Differenzialgleichungen gegebenes System in eine Zustandsraumdarstellung zu überführen, bedient man sich verschiedener Verfahren für SISO-Systeme, die aus den Koeffizienten einer Übertragungsfunktion die Matrizen einer Zustandsraumdarstellung für unterschiedliche sog. "Normalformen" berechnen und überlagern diese. Am Beispiel der sog. Regelungsnormalform soll dies hier gezeigt werden.

Eine SISO-Übertragungsfunktion sei in der Form einer *s*-Übertragungsfunktion

$$G(s) = \frac{b_0 + b_1 s + \dots + b_{n-1} s^{n-1}}{a_0 + a_1 s + \dots + a_{n-1} s^{n-1} + s^n} \tag{2.10}$$

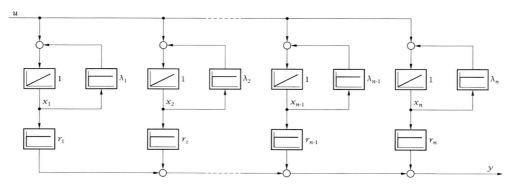

Abb. 2.17 Jordan'sche Normalform für reelle Eigenwerte in aufgelöster Darstellung.

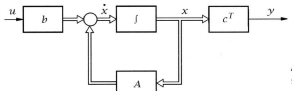

Abb. 2.18 Zustandsraumdarstellung eines SISO-Systems ohne Durchgriff.

gegeben. Gegenüber der allgemeinen Form einer Übertragungsfunktion sind dabei die folgenden Festlegungen getroffen worden:

- Der Zählergrad ist kleiner als der Nennergrad.
- Der Nennerkoeffizient a_n ist durch Normierung aller anderen Zähler- und Nennerkoeffizienten auf 1 festgesetzt worden.

Die erste Bedingung führt zu einer Zustandsraumbeschreibung ohne "Durchgriff", also ohne D-Matrix (die im SISO-Fall zu einem Skalar d werden würde), die zweite Bedingung ist immer machbar und erleichtert im Folgenden lediglich das Schreiben.

Das zu Gl. (2.10) äquivalente Zustandsraumsystem hat die Form der Abb. 2.18. Als SISO-System hat es einen skalaren Eingang u und einen skalaren Ausgang y und die Matrizen B und D entarten zum Spaltenvektor $\underline{b}$ und zum Zeilenvektor $\underline{c}^T$. Die Matrizen und Vektoren der Zustandsraumbeschreibung in der Regelungsnormalform ergeben sich ganz einfach durch die folgenden Bildungsvorschriften

$$A = \begin{bmatrix} 0 & 1 & \cdots & 0 & 0 \\ 0 & 0 & \cdots & 0 & 0 \\ \vdots & \vdots & \ddots & \vdots & \vdots \\ 0 & 0 & \cdots & 0 & 1 \\ -a_0 & -a_1 & \cdots & -a_{n-2} & -a_{n-1} \end{bmatrix} \tag{2.11}$$

$$\underline{b} = \begin{bmatrix} 0 \\ 0 \\ \vdots \\ 0 \\ 1 \end{bmatrix} \tag{2.12}$$

$$\underline{c}^T = \begin{bmatrix} b_0 & b_1 & \cdots & b_{n-2} & b_{n-1} \end{bmatrix} \tag{2.13}$$

In der A-Matrix ist die obere Nebendiagonale mit Einsen besetzt und aus den Nennerkoeffizienten der Übertragungsfunktion wird die letzte Zeile gebildet. Der Vektor $\underline{b}$ ist von den Koeffizienten unabhängig. Der Zeilenvektor $\underline{c}^T$ wird aus den Zählerkoeffizienten der Übertragungsfunktion gebildet. (An dieser Stelle ist die verschiedene Benennung im Bereich der konventionellen und der Zustandsregelung sehr irritierend. Die Komponenten des Vektors $\underline{b}$ haben mit den Koeffizienten b_i der Übertragungsfunktion nichts zu tun!)

Um der abstrakt eingeführten Regelungsnormalform eine gewisse Anschaulichkeit zu verleihen, bietet es sich an, mit Hilfe der aus Abb. 2.18 abzulesenden Gleichungen für die Zustandsgrößen $\underline{x}$

$$\underline{\dot{x}} = A\underline{x} + \underline{b}u \tag{2.14}$$

und die Ausgangsgröße y

$$y = \underline{c}^T\underline{x} \tag{2.15}$$

die System-Differenzialgleichungen

$$\dot{x}_1 = x_2$$
$$\dot{x}_2 = x_3$$
$$\vdots \tag{2.16}$$
$$\dot{x}_{n-1} = x_n$$
$$\dot{x}_n = -a_0x_1 - a_1x_2 - \ldots - a_{n-2}x_{r-1} - a_{n-1}x_n + u$$

und die Ausgangsgleichung

$$y = b_0x_1 + b_1x_2 + \cdots + b_{n-2}x_{n-1} + b_{n-1}x_n \tag{2.17}$$

auszuschreiben. Bis auf die letzte Zeile beschreiben die Zeilen der Gl. (2.16) eine Kette miteinander verbundener Integrierer. Die letzte Zeile stellt Rückführungen der Zustandsgrößen auf den Eingang der Integriererkette und die Aufschaltung der Eingangsgröße dar. Durch die Ausgangsgleichung (Gl. (2.17)) wird die Ausgangsgröße durch eine Linearkombination (gewichtete Summe) der Zustandsgrößen gebildet. Die resultierende Struktur ist in Abb. 2.19 abgebildet.

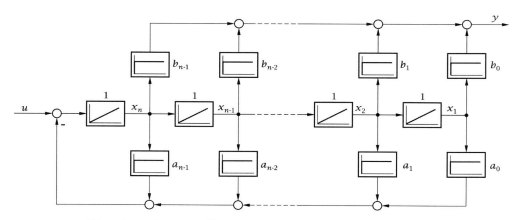

Abb. 2.19 Regelungsnormalform in aufgelöster Darstellung.

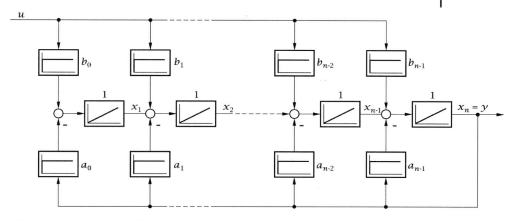

Abb. 2.20 Beobachternormalform in aufgelöster Darstellung.

In ganz ähnlicher Weise lässt sich aus den Koeffizienten der Übertragungsfunktion die Zustandsraumdarstellung in Beobachternormalform gewinnen. Die entsprechenden Bildungsgesetze lauten für die A-Matrix

$$A = \begin{bmatrix} 0 & 0 & \cdots & 0 & -a_0 \\ 1 & 0 & \cdots & 0 & -a_1 \\ \vdots & \vdots & \ddots & \vdots & \vdots \\ 0 & 0 & \cdots & 0 & -a_{n-2} \\ 0 & 0 & \cdots & 1 & -a_{n-1} \end{bmatrix} \tag{2.18}$$

für den Vektor $\underline{b}$

$$\underline{b} = \begin{bmatrix} b_0 \\ b_1 \\ \vdots \\ b_{n-2} \\ b_{n-1} \end{bmatrix} \tag{2.19}$$

und für den Vektor $\underline{c}^T$

$$\underline{c}^T = \begin{bmatrix} 0 & 0 & \cdots & 0 & 1 \end{bmatrix} \tag{2.20}$$

Wenn die sich ergebenden Differenzialgleichungen in der Form eines Wirkungsplans dargestellt werden, so erhält man eine Darstellung entsprechend Abb. 2.20.

2.3.2
Zustandsregelung

Eine Zustandsregelung entsteht dadurch, dass man die Zustandsgrößen über eine Matrix K auf die Eingangsgrößen $\underline{u}$ zurückführt, wie dies in Abb. 2.21 dargestellt ist. Es lässt sich leicht zeigen, dass auf diese Weise ein erweitertes Zustandsraum-system mit der Systemmatrix

$$A_K = A - B \cdot K \tag{2.21}$$

entsteht, der man durch entsprechendes Einstellen der Koeffizienten der Rück-führmatrix beliebige Eigenwerte geben kann. Da diese Eigenwerte den Polstellen des geschlossenen Regelkreises entsprechen, spricht man in diesem Fall von Polvorgabe. In der Theorie ist die Polvorgabe geeignet, beliebig gute Eigenschaften des geschlossenen Regelkreises zu gewährleisten. In der praktischen Anwendung der Zustandsregelung allgemein und mit der Polvorgabe im Speziellen hat man aber mit den folgenden Schwierigkeiten fertig zu werden:

- Prinzip bedingt sind es die Zustandsgrößen, die über den Zustandsregler zurückgeführt werden. Diese sind in den vorangehenden Abschnitten zunächst virtuelle Größen, die mit physikalischen und damit messbaren Signalen nichts zu tun haben müssen. Nur wenn Zustandsgrößen physikalisch als Ausgänge von Speichern im zu regelnden System defi-niert werden, besteht die theoretische Möglichkeit, diese in der gezeigten direkten Form der Zustandsrückführung zu verwenden.
- Die Polvorgabe berücksichtigt zunächst keine Ein-schränkungen der Messbarkeit der Zustandsgrößen. Die Rückführmatrix ergibt sich aus den Eigenschaften des zu regelnden Systems und den Anforderungen in Form der gewünschten Polstellen rechnerisch. Das bedeutet, dass jede (physikalisch interpretierte) Zustandsgröße auch gemessen werden muss. Gegenüber konventionellen Regelungen stellt dies oft einen unvertretbar großen Aufwand dar bzw. ist aufgrund technischer Probleme der Messung schlicht unmöglich.
- Die Möglichkeit, Eigenschaften des geschlossenen Kreises beliebig gestalten zu können, verleitet zu überzogenen Forderungen, die nur bei unbegrenzten Stellgrößen erfüllt werden können. Praktisch sind aber Stellgrößen immer

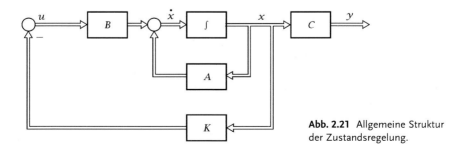

Abb. 2.21 Allgemeine Struktur der Zustandsregelung.

begrenzt, bzw. ihre Verwendung ist energieaufwändig. Andererseits ist es sehr schwierig, den Zusammenhang zwischen der gewünschten Polstellenlage und den Stellgrößenverläufen bei den konkreten Anforderungen an das System (ausgedrückt durch Störungen, die unterdrückt werden sollen, oder Führungsgrößenverläufen, denen gefolgt werden soll) zu erkennen und bei einer Kompromissfindung zu berücksichtigen.

Die beiden erstgenannten Punkte sind systembedingt und erfordern bedarfsweise die Einführung von Gliedern in die Regelung, die nicht messbare Zustandsgrößen durch Schätzung beschaffen. Dies wird im Abschnitt 2.3.3 beschrieben.

Für die Lösung des letztgenannten Problems bietet sich die Verwendung von Verfahren der optimalen Zustandsregelung an. Dabei wird das Ziel verfolgt, das Regelkreisverhalten im Sinne eines Gütekriteriums zu optimieren. Dieses wird aus Anteilen zusammengesetzt, die die Regelabweichung bewerten und solchen, die den Stellgrößeneinsatz quantifizieren. Eine typische Form eines auch als Kostenfunktional bezeichneten Kriteriums, welches sowohl das Quadrat der Zustandsgrößen als auch das Quadrat der Stellgrößen beinhaltet ist in

$$J = \int_0^\infty (\underline{x}^T \cdot Q \cdot \underline{x} + \underline{u}^T \cdot R \cdot \underline{u}) \, dt \qquad (2.22)$$

gegeben. Mit den quadratischen Gewichtungsmatrizen Q und R werden die relativen Bedeutungen der Abweichungen der jeweiligen Zustandsgrößen und der jeweiligen Stellgrößen eingestellt, so dass hierüber ein Tuning des Zustandsreglers erfolgt. Die eigentliche Optimierung erfolgt durch die Lösung der sog. Riccati-Gleichung, auf die hier nicht weiter eingegangen werden soll. Als Ergebnis wird eine optimale Rückführmatrix K für die in Abb. 2.21 dargestellte Basisstruktur der Zustandsregelung berechnet. Zu denselben Rückführkoeffizienten könnte man natürlich auch durch entsprechend umsichtige Polvorgabe gelangt sein.

2.3.3
Zustandsbeobachter

Die Zustandsrückführung erfordert die Verarbeitung der Zustandsgrößen in einem signalverarbeitenden System, in der Regel einem Digitalrechner, also eine Umwandlung der Größen in Signale mit Hilfe von Messgeräten. Nun sind aber Zustandsgrößen häufig im System versteckte Größen, deren Messung aufwändig oder gar unmöglich ist.

Um dennoch eine vollständige Zustandsrückführung realisieren zu können, bedient man sich in solchen Fällen eines Zustandsbeobachters, wie dies in Abb. 2.22 dargestellt ist. Im oberen Teil der Abbildung ist das Zustandsraummodell des zu regelnden Systems dargestellt. Der obere Teil ist lediglich eine durch eine theoretische oder experimentelle Modellbildung motivierte Beschreibung des

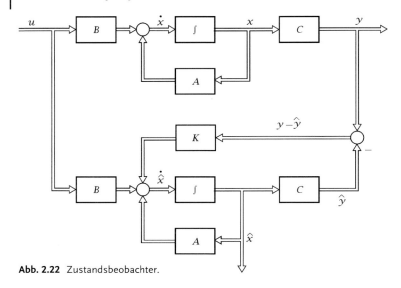

Abb. 2.22 Zustandsbeobachter.

Ein-/Ausgangsverhaltens ($\underline{u}$ auf $\underline{y}$) des betrachteten Systems. Es kann in einer der bekannten Normalformen vorliegen oder in der durch physikalische Interpretation der Zustandsgrößen sich ergebenden unregelmäßigen (bezogen auf die A-Matrix) Form. In den Normalformen sind die Zustandsgrößen meist nicht physikalisch interpretierbar und entziehen sich insofern auch der Messung.

Die untere quasi identische Struktur ist eine signalverarbeitende Vorrichtung, die die Zustandsgrößen des Systems für eine Zustandsrückführung verfügbar macht. In der Praxis wird man sie zusammen mit der Zustandsrückführung auf einem Digitalrechner implementieren. Zum Verständnis der Wirkung soll der Pfad über die Matrix K zunächst ausgeblendet werden. Es liegt dann eine Parallelschaltung zweier Zustandsraumsysteme mit den gleichen Parametern vor. Da beide durch dieselben Eingangssignale beaufschlagt werden, werden sie mit denselben Verläufen der Zustandsgrößen und der Ausgangsgrößen reagieren.

Praktisch wird es nie möglich sein, das Ein-/Ausgangsverhalten des technischen Systems mit den Matrizen A, B und C fehlerfrei darzustellen und selbst wenn das gelänge, würden auf das System (hier nicht dargestellte) Störgrößen für Abweichungen sorgen. Insofern sind der unten gezeigte Zustandsvektor und der Ausgangsgrößenvektor lediglich eine Schätzung der tatsächlichen Größen und dementsprechend mit einem Dach gekennzeichnet.

Da die Ausgangsgrößen des realen Systems prinzipiell messbar sind, kann durch eine Rückführung des Modellfehlers über die Matrix K (die nicht identisch mit der oben benannten Zustandsrückführmatrix K ist) der geschätzte Zustandsvektor korrigiert werden und so den Veränderungen des realen Systems nachgeführt werden.

Der Beobachter nach obigem Schema erlaubt die Realisierung einer Zustandsregelung mit einem (mess-)gerätetechnischen Aufwand, der dem einer konventionellen Regelung entspricht. Die Eingangsgrößen $\underline{u}$ sind die in der Regeleinrichtung bekannten Stellgrößen und die Ausgangsgrößen $\underline{y}$ müssten auch für eine konventionelle Regelung gemessen werden, um sie beeinflussen zu können. Auch der rechentechnische Aufwand eines (linearen) Zustandsbeobachters hält sich in Grenzen. Allerdings darf nicht übersehen werden, dass die Nachführung des Beobachters ein dynamischer Prozess ist, der durch die Parametrierung der K-Matrix in seinen Eigenschaften eingestellt wird und auch instabil werden kann. Deshalb sind die Schätzwerte der Zustandsgrößen immer mit einer gewissen Vorsicht zu genießen. Diesen können Schwingungen überlagert sein und sie werden im Allgemeinen gegenüber den Zustandsgrößen des realen Systems verzögert sein.

Alternativ zu dem oben beschriebenen Beobachter kann ein Kalman-Filter gute Dienste bei der Schätzung der Zustandsgrößen leisten. Der Entwurf basiert auf einer stochastischen Theorie. In der Ausführung ist es dem linearen Beobachter sehr ähnlich.

2.3.4
Zustandsregelungen auf Leitsystemen

Zustandsregelungen sind dort eingeführt, wo man mit komplex gekoppelten dynamischen Systemen höherer Ordnung zu tun hat. Ein Bespiel ist die Luft- und Raumfahrt, wo sich die zu kontrollierenden Bewegungen im dreidimensionalen Raum sehr vorteilhaft in der Form einer Zustandsraumdarstellung beschreiben und behandeln lassen. Im Gegensatz zu konventionellen Regelungen erfordert der Entwurf einer Zustandsregelung aber immer umfassende dynamische und statische Kenntnisse des zu regelnden Systems, während sich konventionelle Regler in einfachen Fällen sehr gut "mit Gefühl" einstellen lassen und Modelle der zu regelnden Strecken häufig gar nicht vorliegen.

Die Herausforderungen in der leittechnischen Praxis ergeben sich vorwiegend durch die große Zahl von Mess- und Stellgliedern, weniger durch spezifische regelungstechnische Schwierigkeiten einer einzelnen Strecke. Zudem versuchen die Hersteller verfahrenstechnischer Anlagen, durch das Einbauen von Puffern usw. komplexe dynamische Kopplungen zu vermeiden.

Insofern verwundert es nicht, dass Zustandsregelung zumindest auf der Bausteinebene heute quasi nicht stattfindet. Einen Baustein "Zustandsregelung" wird man auf heutigen Leitsystemen ebenso wenig finden wie etwa ein Tool zur Lösung der Riccati-Gleichung.

Auch hier ist ein Ansatzpunkt für die Verwendung des TIAC-Frameworks zu sehen. Ein Baustein Zustandsregler macht wenig Sinn, wenn nicht auch eine umfassende Unterstützung in Form von Werkzeugen zur Prozessidentifikation und zur Reglerauslegung verfügbar ist. Im TIAC-Ansatz wird der Reglerbaustein in einem über das Bussystem angekoppelten Rechner ausgeführt, was für sich alleine genommen noch kein besonderer Fortschritt ist. Die recht einfachen Strukturen der linearen Zustandsregelung und -beobachtung können im Prinzip aus Low-level-Bausteinen eines Leitsystems implementiert werden. Der wesentliche Fortschritt ergibt sich aus der Tool-Integration, also aus der Tatsache, dass man auf dem TIAC-Rechner den gesamten regelungstechnischen Baukasten zur Verfügung hat, den MATLAB heute bietet. Eine offline Identifikation kann als Aneinanderreihung von in MATLAB vorhandenen Bibliotheksfunktionen in einem m-File programmiert und mit den über den Bus verfügbaren Prozessdaten ausgeführt werden. Ein ebenso aus Bibliotheksfunktionen zusammengesetzter Reglerentwurf liefert die Parameter des auf der TIAC-Box ablaufenden Reglerbausteins.

Somit wird die Hürde für den Einsatz von Zustandsregelungen erheblich abgesenkt und für die eine oder andere Ein- oder Mehrgrößenregelung in einer Leitsystemkonfiguration können aufwandsarm alternative Regelungsstrukturen erprobt werden.

2.4
Softsensoren
Manfred Enning

Neben den vielfältigen Möglichkeiten das Spektrum der Regelungsverfahren auf der Bausteinebene eines Leitsystems zu erweitern, bietet der TIAC-Ansatz auch ganz neue Ansätze zur Realisierung von Softsensoren. Unter Softsensoren werden üblicherweise Rechenschaltungen verstanden, die aus einer Reihe von verfügbaren Prozessgrößen eine Größe berechnen, deren Kenntnis die Prozessführung verbessert und die schwierig oder gar nicht zu messen ist. Im Folgenden werden einige Szenarien für den Einsatz von Softsensoren dargestellt.

Stetige Messvorrichtungen sind meist aufwändiger als solche, die nur einige diskrete Werte detektieren. So kann der Füllstand in einem Behälter z. B. durch eine Bodendruckmessung bestimmt werden. Wenn aber zu anderen Zwecken die Volumenströme in und aus dem Behälter gemessen werden, kann der Füllstand auch durch eine Integration der Volumenströme und Umrechnung gemäß der Behälterform berechnet werden. Wenn diese Schätzung durch einige einfache Level-Switches gestützt wird, so ist die Drift, die durch eine "offene" Integration hervorgerufen wird, beherrschbar.

Eine solche Schätzung mag für Fälle, in denen die Messung nicht unmittelbar sicherheitsrelevant ist, ausreichend zuverlässig sein. Besonders nützlich ist ein Softsensor aber in einer Kombination mit einem echten Sensor. Der Vergleich mit dem Schätzer erlaubt jederzeit eine Validierung des Sensors. Bei größeren Abweichungen kann eine bedarfsgesteuerte Wartung des Sensors angestoßen werden und/oder auf eine Ersatzregel- oder -steuerstrategie umgeschaltet werden, die den Softsensor nutzt.

In anderen Applikationen wird mittels eines Softsensors eine Größe bestimmt, die mit vertretbarem Aufwand nicht messbar ist, aber das Ziel einer Regelung, die Aufgabengröße, darstellt. Ein Beispiel aus der Motorentechnik ist die Messung des Stroms rückgeführten Abgases (AGR-Massenstrom) bei aufgeladenen Dieselmotoren, der bei neueren Motoren üblicherweise geregelt wird. Wegen der starken

Belastung mit Schadstoffen ist die direkte Messung schwierig. Eine Messung des Frischluftmassenstroms unmittelbar am Verdichter ist erheblich leichter zu realisieren. In Verbindung mit einer Druck- und einer Motordrehzahlmessung kann der AGR-Massenstrom aus Bilanzgleichungen berechnet werden.

In solchen Fällen kann anstelle eines Softsensors auch durch eine koordinierende Vorgabe von Sollwerten für die echten Messgrößen das Regelungsziel erreicht werden. Die Softsensortechnologie macht die Regelungsaufgabe aber erheblich transparenter, da die Aufgabengröße auch Regelgröße ist.

Beide Beispiele zeigen, dass der Kern eines jeden Softsensors ein Modell des Prozesses ist, dessen Ausgangsgröße die gewünschte Messgröße ist. In beiden beschriebenen Anwendungsfällen waren die Modelle einfache Bilanzgleichungen, die im Falle des Füllstandsschätzers noch mit einer Integration kombiniert wurde.

Grundsätzlich können die hier verwendeten Modelle aber beliebig komplex und von beliebiger Herkunft sein. In Chemieanlagen werden Softsensoren eingesetzt, die aus Hunderten von Messgrößen eine einzige virtuelle Messgröße erzeugen, nach der ein Prozess geregelt wird. Die hierbei verwendeten Prozessmodelle beruhen häufig auf künstlichen neuronalen Netzen (KNN), die mit einem realen Sensor in allen relevanten Betriebssituationen trainiert werden und bei ausreichender Approximationsgüte das Ausgangssignal des Sensors genügend genau wiedergeben. Kritisch ist hierbei, dass reale Anlagen durch Verschleiß und Verschmutzung ihr Verhalten ändern, während das KNN weiterhin das Nominalverhalten der Anlage wiedergibt. Dies kann zu ungenügender Regelgüte oder gar zu Sicherheitsrisiken führen. Ein Nachteil der KNN ist die vollkommen fehlende Transparenz. Es kann als sog. Black-Box-Modell das Ein-/Ausgangsverhalten eines nichtlinearen dynamischen Systems bei geeignetem Training beliebig genau abbilden, ohne dass die durch das Training entstehenden Neuronenstrukturen irgendetwas mit den technischen Hintergründen des Prozesses zu tun haben müssen.

Anders ist die Situation, wenn für die Schätzung einer Messgröße ein Modell verwendet wird, welches einer theoretischen Modellbildung entstammt. Dies kann ein linear dynamischer Wirkungsplan sein oder auch ein Satz von chemischen Reaktionsgleichungen. Solche Modelle nennt man White-Box-Modelle. Da meist auch bei einer theoretisch fundierten Modellierung Parameter übrig bleiben, die am realen Prozess gemessen oder identifiziert werden müssen, ist eine reine White-Box-Modellierung eher selten. Die Kombination mit einer Identifikation einzelner Parameter oder Modelleigenschaften nennt man Grey-Box-Modellierung. Bei solchen Modellen kann eine Veränderung eines Anlagenteils z. B. durch Verschleiß in das Modell eingerechnet werden und dieses ggf. durch gelegentliches Einmessen nachgeführt werden.

Als Struktur eines Softsensors mit einem Prozessmodell in Zustandsraumform bietet sich der im Abschnitt 2.3.3 eingeführte Zustandsbeobachter an. Wenn man eine Zustandsgröße als durch den Softsensor zu messende Prozessgröße interpretiert, sind die Begriffe Beobachter und Softsensor synonym. In der Praxis weiter verbreitet sind das Kalman-Filter und insbesondere das Extended-Kalman-Filter. In der Struktur unterscheidet es sich nicht wesentlich vom Zustandsbeobachter, es ist aber durch den stochastischen Entwurf robuster, d. h. unempfindlicher gegenüber Modellungenauigkeiten.

Die TIAC-Plattform bietet ideale Möglichkeiten zur Realisierung von Softsensoren. Während solche Strukturen sonst meist außerhalb des Leitsystems aufgebaut werden und insbesondere die in den Softsensor hineingehenden Messgrößen am Leitsystem vorbei zu z. B. einem Mikrocontroller-System geleitet werden, so kann der Softsensor nun vollständig in das Leitsystem integriert werden. Dabei können beliebig komplexe Modelle ausgeführt werden. Sogar iterativ arbeitende Verfahren sind erlaubt, weil sie auf einem externen Rechner ausgeführt werden, dessen Fehlverhalten das Leitsystem nicht stören kann.

In der praktischen Ausformung im TIAC-Framework ist der Softsensor ein Block mit einer Reihe von Eingängen und einem Ausgang, der in der Buskonfiguration wie eine echte Messgröße verwaltet wird. In Zukunft wird es auch möglich sein, die TIAC-Box als Listener am Profibus zu betreiben. Dann können Prozesswerte vom Bus geholt werden, ohne diese Kommunikation konfigurieren zu müssen, was die Verwendung des Softsensors noch wesentlich erleichtert.

2.5
Model Predictive Control (MPC)
Bernd-Markus Pfeiffer

Mit dem Begriff "modellbasierte prädiktive Regelungen" (*Model Predictive Control –* MPC) wird eine Klasse von Regelungsalgorithmen bezeichnet, die sich dadurch auszeichnen, dass ein Modell für das dynamische Verhalten des Prozesses nicht nur in der Entwurfsphase, sondern explizit im laufenden Betrieb des Reglers benutzt wird. Es wird dort für die Vorhersage des Verhaltens der Regelgrößen eingesetzt. Auf der Grundlage dieser Prädiktion werden die erforderlichen Stellgrößenänderungen durch Lösung eines Optimierungsproblems in Echtzeit bestimmt.

Modellbasierte prädiktive Regelungen wurden bereits in den 70er Jahren des vorigen Jahrhunderts durch industrielle Regelungstechniker entwickelt und im Raffineriesektor und der Petrochemie eingesetzt [1, 2], bevor sie größere Aufmerksamkeit auch im akademischen Bereich erregten. In den letzten zehn bis fünfzehn Jahren hat sich das Bild jedoch grundlegend gewandelt: Für MPC mit linearen Modellen existieren inzwischen ausgereifte theoretische Grundlagen, die Zahl der Veröffentlichungen ist explosionsartig angestiegen (s. z. B. Überblick in [3], die Lehrbücher [4, 5] für mathematisch-theoretisch orientierte Leser sowie [6] für anwendungsorientierte Leser). Das Potential der MPC-Technologie wird inzwischen nicht nur in den Bereichen genutzt, von denen die Entwicklung ausging. Es werden zunehmend neue Anwendungsfelder erschlossen. Die Zahl der industriellen Einsatzfälle hat sich allein in den letzten fünf Jahren verdoppelt. Kein anderes der gehobenen Regelungsverfahren weist eine solche Erfolgsgeschichte auf. MPC ist heute "das Arbeitspferd" für die Lösung anspruchsvoller Regelungsaufgaben in der Verfahrensindustrie.

2.5.1
Eigenschaften und Vorteile von Prädiktivreglern

Konzeptionell zeichnet sich ein Prädiktivregler durch folgende spezielle Eigenschaften (Vorteile) aus:

- *ganzheitliche Sicht* auf die gesamte Anlage bzw. relevante Teilanlagen, z. B. chemischen Reaktoren, Destillationskolonnen:
  - Berücksichtigung sämtlicher Verkopplungen im Prozess,
  - echte Regelung (*closed loop feedback*) der wirtschaftlich relevanten Qualitätsgrößen, auch wenn diese vielleicht nur indirekt zu beeinflussen sind.
- größtmögliche Flexibilität bei der *Reglerstruktur*:
  - Die Zahl der Stell- und Regelgrößen kann ggf. sehr groß werden.
  - Eine direkte Zuordnung, mit welcher Stellgröße welche Regelgröße am besten beeinflusst werden kann, fällt aufgrund der komplexen Wirkungsstruktur schwer.
  - Es ist nicht gewährleistet, dass die Zahl der Regelgrößen genau der Zahl der Stellgrößen entspricht.
  - Dynamische Störgrößenaufschaltung, falls Störgrößen messbar sind, aber erst mit einer gewissen Verzögerung auf die Regelgröße wirken. Dann ist neben der Strecken-Übertragungsfunktion ein explizites Modell der Stör-Übertragungsfunktion erforderlich, um die Wirkung der Störung zu kompensieren.
  - Die Zahl der verfügbaren Stellgrößen kann sich bei laufendem Betrieb ändern, so dass sich das Regelsystem vollautomatisch selbst umkonfigurieren muss.
- Beherrschung komplexer *Prozessdynamiken*:
  - lange Totzeiten,
  - schwingungsfähige Strecken oder
  - Strecken mit nicht-minimalphasigem Verhalten.
- explizite Berücksichtigung von *Beschränkungen* bei Stell- und Regelgrößen im Sinne einer Optimierung. Dies ist dann von besonderem Interesse, wenn sich der optimale Betriebspunkt einer Anlage als Schnittpunkt verschiedener Beschränkungen ergibt, d. h. die Anlage bis zum sicherheitstechnisch zulässigen Limit ausgereizt werden soll.
- Verschiedene Ziele der Regelung sollen im Sinne einer *Hierarchie* priorisiert werden: Sicherheit geht vor Produktqualität, Produktqualität geht vor Kosteneinsparung.

Es ist heute unbestritten, dass modellbasierte prädiktive Regelungen unter den in der Prozessindustrie eingesetzten gehobenen Regelungsmethoden eine Ausnahmestellung einnehmen. Kein anderes Regelungsverfahren hat in diesem Bereich eine solche Erfolgsgeschichte aufzuweisen. Für den Raffineriesektor kann man ohne Übertreibung sagen, dass die Anwendung von MPC-Technologien inzwischen weltweit zum Stand der Technik gehört. Besonders in den letzten Jahren ist aber auch ein stärkeres Vordringen in andere Bereiche der Prozessindustrie (Grundstoffchemie, Papier und Zellstoff, Zement, Kraftwerke, Lebensmittelindustrie) zu erkennen.

Die Ursachen für diesen Erfolg liegen vor allem darin, dass MPC–Verfahren Anwendungseigenschaften [6] aufweisen, die einer Reihe von praktischen Anforderungen und Gegebenheiten der Regelung komplexer verfahrenstechnischer Anlagen in besonderer Weise gerecht werden. Die wichtigsten sollen im Folgenden angerissen werden:

1. Viele verfahrenstechnische Prozesse besitzen einen ausgeprägten Mehrgrößencharakter. Das bedeutet, dass jede der manipulierbaren Steuergrößen mehr als eine der interessierenden Regelgrößen beeinflusst, und umgekehrt zur Beeinflussung einer Regelgröße häufig mehrere alternative Steuergrößen existieren. Das trifft auf manche Prozesseinheiten wie z. B. Destillationskolonnen und chemische Reaktoren zu, gilt aber erst recht für ganze Anlagenabschnitte oder eine gesamte Anlage. Traditionell versucht man zunächst, PID-Eingrößenregelungen für die relevanten Prozessgrößen zu entwerfen und so aufeinander abzustimmen, dass Wechselwirkungen zwischen den Prozessgrößen möglichst geringe Auswirkungen auf das Anlagenverhalten haben. Die richtige Zuordnung der Steuer- und Regelgrößen ist dabei eine komplizierte Aufgabe, für die es zwar eine Reihe erprobter Vorgehensweisen, aber noch keine abgeschlossene Theorie gibt. In einer Reihe von Fällen sind die Wechselwirkungen zwischen den Prozessgrößen jedoch so groß, dass der Einsatz eines Mehrgrößenreglers zu einer deutlichen Verbesserung der Anlagenfahrweise führen kann, und sich angestrebte Durchsatz- und Qualitätsziele besser erreichen lassen. MPC-Regelalgorithmen lassen sich einfach vom Eingrößen-auf den Mehrgrößenfall erweitern und sind für die Regelung von verfahrenstechnischen Mehrgrößensystemen besonders geeignet;

2. In verfahrenstechnischen Prozessen treten Beschränkungen (Ungleichungs-Nebenbedingungen) sowohl für die Steuer- als auch für die Regelgrößen auf. Offensichtlich ist das auf der Seite der Steuer- oder Stellgrößen. Die Auswahl der Stelleinrichtungen und die Dimensionierung von Rohrleitungen bringen es mit sich, dass Stoff- und Energieströme nur in bestimmten Bereichen manipuliert werden können. Auch die erreichbare Verstellgeschwindigkeit von Ventilen

ist aus mechanischen oder elektromechanischen Gründen begrenzt. Nicht selten werden diese Begrenzungen besonders dann spürbar, wenn die Prozessanlagen in Arbeitspunkten betrieben werden, für die sie ursprünglich nicht ausgelegt waren. Aber auch für Regelgrößen können Ungleichungs-Nebenbedingungen auftreten. Zum Beispiel müssen Füllstände von Pufferbehältern meist nicht genau auf einem Sollwert gehalten werden, sondern es sind obere und untere Grenzen (Überlauf, Leerlauf) einzuhalten. Für Produktspezifikationen sind oft Grenzwerte vorgegeben, von deren Einhaltung die Wirtschaftlichkeit der Anlage entscheidend abhängt. Beispiele sind Mindestanforderungen an die Reinheit eines Produkts oder maximale Schadstoffkonzentrationen. Häufig liegt der optimale Betriebspunkt einer Anlage an einem oder sogar an mehreren dieser Grenzwerte, d. h. an einem Schnittpunkt verschiedener Begrenzungen, wobei nicht von vornherein bekannt ist, welche Nebenbedingungen in einer bestimmten Situation jeweils aktiv sind. MPC-Regelungen sind die einzigen bekannten Regelungsalgorithmen, in denen Begrenzungen (*constraints*) für die Steuer- und Regelgrößen vorgegeben werden können, die im Regelalgorithmus selbst explizit und systematisch berücksichtigt werden. Der MPC-Algorithmus findet in jeder Situation diejenige Lösung, die in Anbetracht der Begrenzungen den optimalen Wert der Gütefunktion erreicht, d. h. er findet automatisch heraus, wo gerade der aktuelle "Flaschenhals" steckt;

3. MPC-Regler verfügen über ein internes Prozessmodell, mit dessen Hilfe der zukünftige Verlauf der Regelgrößen über einen größeren Zeithorizont vorhergesagt wird. Auf Grund der vorausschauenden Arbeitsweise ist es möglich, bereits zu einem frühen Zeitpunkt auf künftige Abweichungen von Sollwerten oder sich anbahnende Grenzwertverletzungen zu reagieren. Manche Regelstrecken in der Verfahrenstechnik weisen große Totzeiten und/oder eine schwierige Prozessdynamik auf, darunter z. B. *Inverse-response*-Verhalten. Letzteres ist dadurch gekennzeichnet, dass die Sprungantwort der Regelstrecke zunächst in die "falsche" Richtung läuft, und dann eine Richtungsänderung erfährt. MPC-Regler sind für den Umgang mit solchen komplizierten Regelstrecken besonders geeignet. Mitunter werden wichtige Störgrößen bereits messtechnisch erfasst und können in Form einer Störgrößenaufschaltung in das Regelungskonzept einbezogen werden. Bei der Verwendung von MPC muss für diesen Zweck kein gesonderter Entwurf durchgeführt werden, die

Ergebnisse der Störgrößenaufschaltung sind daher ausschließlich von der Genauigkeit des Prozessmodells, nicht aber von notwendigen Vereinfachungen im Entwurfsprozess abhängig;

4. Der optimale Arbeitspunkt einer Anlage ist nicht unveränderlich, sondern er variiert mit der Zeit und den Bedingungen, unter denen die Anlage betrieben wird. Zu solchen Veränderungen gehören schwankende Rohstoffzusammensetzungen und nicht konstante Heizwerte von Brennstoffen ebenso wie sich ändernde Umgebungsbedingungen, schwankende Preise für Rohstoffe und Energien sowie der sich ändernde Bedarf für die erzeugten Produkte. So verschieben sich in einer Raffinerie z. B. die einzustellenden Siedeschnitte (bei der Trennung von Gemischen in Kolonnen) aufgrund von jahreszeitlichen Schwankungen zwischen Sommer und Winter, aber auch entsprechend der Bedarfs- und Preissituation auf den Märkten für Rohöl und Raffinerieprodukte. Es ist daher betriebswirtschaftlich sinnvoll, den optimalen Arbeitspunkt einer Prozessanlage fortlaufend zu ermitteln und anzufahren. Damit lassen sich erhebliche Kosteneinsparungen erzielen bzw. Gewinnerhöhungen realisieren, die zu Wettbewerbsvorteilen führen. In vielen Zweigen der Prozessindustrie ist das angesichts der in den letzten Jahren sinkenden Kapitalrendite von großer Bedeutung. MPC-Programmsysteme verfügen über eine integrierte Funktion der lokalen statischen Arbeitspunktoptimierung, die es ermöglicht, die in der aktuellen Situation günstigsten stationären Werte der Steuer- und Regelgrößen zu ermitteln und den Prozess in die Richtung dieses Optimums zu lenken;

5. Unter Produktionsbedingungen lassen sich Ausfälle von Mess- und Stelleinrichtungen nicht völlig vermeiden. Darüber hinaus sind nicht nur bei Anlagenabstellungen, sondern mitunter auch im laufenden Betrieb der Anlage Wartungsarbeiten erforderlich. Größere Störungen können vorübergehend intensive Bedienereingriffe und Hand-Fahrweisen erforderlich machen. Dadurch kann die Situation entstehen, dass ursprünglich für eine MPC-Regelung vorgesehene Steuer- und/oder Regelgrößen zeitweilig nicht zur Verfügung stehen. Es wäre dann kontraproduktiv, wenn man in diesen Situationen jeweils die gesamte Mehrgrößenregelung außer Betrieb nehmen oder neu konfigurieren müsste. MPC-Regelungen verfügen über die erforderliche Strukturflexibilität, um auf die sich ändernde Zahl von verfügbaren Steuer- und zu berücksichtigenden Regelgrößen selbständig zu reagieren. Für den Anwender stellt sich das so dar, als ob

der MPC-Algorithmus sich automatisch selbst umkonfiguriert und auf die veränderte Struktur anpasst. Tatsächlich findet er eine "den Umständen entsprechend" noch möglichst gute Lösung. Manche Prozessgrößen werden über Analysenmesseinrichtungen wie z. B. Online-Gaschromatographen erfasst, die ihre Messwerte nur in wesentlich größeren Zeitabständen bereitstellen als die für die Regler gewünschte Abtastzeit. MPC-Regler erlauben es, mit wesentlich kleineren Abtastzeiten als die Analysenmesseinrichtungen zu arbeiten, da zwischen zwei Messungen modellbasierte Vorhersagewerte als "Ersatz"messwerte verwendet werden können. Dadurch lässt sich erfahrungsgemäß die Regelgüte für Qualitätsregelungen deutlich verbessern;

6. *Advanced-Control*-Konzepte haben praktisch nur eine Chance zur Verwirklichung, wenn die für ihren Entwurf, ihre Inbetriebnahme und ihre Pflege aufzuwendenden Personal- und Sachmittel in einem vernünftigen Verhältnis zu den zu erwartenden Ergebnissen stehen. Nun darf nicht verschwiegen werden, dass die Kosten für *Advanced-Control*-Projekte unter Nutzung der MPC-Technologie nicht zu unterschätzen sind. Auf der anderen Seite gibt es eine Reihe von Tendenzen, die zu einer Senkung dieser Kosten führen oder in Zukunft führen werden. Dazu gehören u. a.

   - die Verkürzung von Anlagentests durch die Einführung fortgeschrittener Methoden der Systemidentifikation,
   - die Entwicklung ausgereifter Werkzeuge für die Modellbildung, den Reglerentwurf und die Simulation des geschlossenen Regelungssystems,
   - die Entwicklung von Standards und wieder verwendbaren Plattformen für die Projektabwicklung,
   - die Entwicklung standardisierter Datenschnittstellen wie z. B. OPC (OLE *for Process Control*), durch die die zeitaufwändige und fehleranfällige Sonderentwicklung von speziellen Schnittstellen überflüssig wird,
   - die Entwicklung standardisierter Bedienbilder für den Online-Betrieb von MPC-Reglern, so dass es heute meist möglich ist, auf die projektspezifische Entwicklung von Bedienoberflächen zu verzichten,
   - die Bereitstellung von Werkzeugen für die Überwachung und Bewertung der Arbeitsweise von MPC-Regelungen im Dauerbetrieb (*Control Performance Monitoring*).

Die Weiterentwicklung der MPC-Technologie führt daher zu sinkenden Projektkosten (relativ zu den sonstigen Kosten der Automatisierung) bei steigender Qualität der Anwendungen, was die Erschließung weiterer Einsatzgebiete begünstigt;

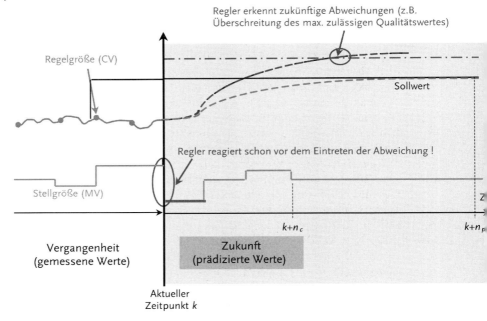

Abb. 2.23 Modellbasierter Prädiktivregler. CVs: *Controlled Variables* (Regelgrößen), MVs: *Manipulated Variables* (Stellgrößen), n_c: Steuerhorizont (*Control Horizon*), n_p: Prädiktionshorizont.

7. Natürlich verlangen die Entwicklung von MPC–Verfahren (einschließlich der dafür notwendigen Modellbildung) und die Untersuchung solcher Eigenschaften von MPC-Regelungssystemen wie Stabilität und Robustheit vertiefte Kenntnisse der Regelungstheorie und der Systemidentifikation. Für den Anwender solcher Systeme ist das Grundprinzip jedoch unmittelbar verständlich und transparent. Dies wird besonders deutlich beim Vergleich mit anderen modernen Regelungsmethoden wie z. B. H_∞-Regelungen, künstlichen neuronalen Netzen als Regler usw. Man muss dabei in Rechnung stellen, dass selbst die in den Unternehmen mit der Betriebsbetreuung von *Advanced-Control*-Systemen beauftragten Verfahrens- und Automatisierungsingenieure i. A. keine Regelungstechnik-Spezialisten sind. Die vorhandenen Grundkenntnisse reichen aber aus, um sich das erforderliche Spezialwissen durch Schulung und Training anzueignen. MPC-Regelungen sind für den Anwender intuitiv verständlich. Der für die Einsatzvorbereitung und die Betriebsbetreuung erforderliche Trainingsaufwand ist überschaubar, die erforderlichen Kenntnisse lassen sich auf der Grundlage der durch die Regelungstechnik-Ausbildung vorhandenen Voraussetzungen in kurzer Zeit erwerben.

2.5.2
Funktionsprinzip

Das Funktionsprinzip prädiktiver Regler lässt sich an Abb. 2.23 erläutern.

Der Regler beobachtet und zeichnet auf, wie sich der Prozess in der Vergangenheit bewegt hat. Da der Regler intern über ein vollständiges Modell der Prozessdynamik mit allen Verkopplungen verfügt, kann er ein Stück weit "in die Zukunft schauen", d. h. Vorhersagen (Prädiktionen) über einen bestimmten Zeithorizont (der Länge n_p Abtastschritte) machen, wo sich der Prozess (die Regelgrößen: CVs) hinbewegen wird, wenn vom Regler nicht eingegriffen wird (freie Bewegung, *future without control*). Bei der Prädiktion kann auch die Wirkung messbarer Störgrößen (DVs: *Disturbance Variables*) berücksichtigt werden.

Darüber hinaus kann der Regler auch "ausprobieren" (simulieren), wie sich verschiedene Strategien zur Manipulation des Prozesses mit Hilfe der verfügbaren Stellgrößen in Zukunft auswirken: erzwungene Bewegung, *future with control*. Dabei dürfen die Stellgrößen nur innerhalb des Steuerhorizonts der Länge n_c

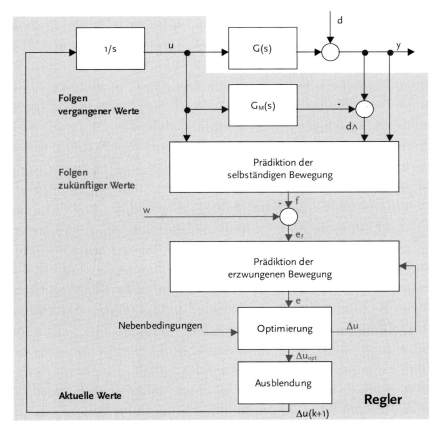

Abb. 2.24 Ablauf des MPC-Algorithmus innerhalb eines Abtastschrittes.

Abtastschritte bewegt werden, und müssen danach konstant bleiben. Mit Hilfe eines Optimierungsverfahrens wird die beste Stellstrategie ausgewählt. Der Ansatz ist also ähnlich wie bei einem Schachcomputer: es werden verschiedene Kombinationen von zukünftigen Zügen ausprobiert und nach ihrer Wirkung bewertet.

Bei der Formulierung des Optimierungskriteriums gibt es sehr viele Möglichkeiten: neben der zukünftigen Regelabweichung und dem Stellaufwand können auch Grenzwerte für Stell- und Regelgrößen (als Nebenbedingungen der Optimierung) sowie andere betriebswirtschaftliche Kriterien eingebracht werden.

Der Online-Algorithmus des Reglers ist in Abb. 2.24 abgebildet. In jedem Abtastschritt wird zunächst die freie Bewegung f der Regelgrößen berechnet. Anschließend werden die Prädiktionen der Regelgrößen mit verschiedenen zukünftigen Stellgrößenänderungen berechnet und mit Hilfe einer Optimierung die beste Strategie ausgewählt. Die Optimierungsaufgabe für den gesamten Prädiktionshorizont wird online in jedem Abtastschritt gelöst, aber nur das erste Element der ermittelten Stellgrößenfolge verwendet. Im nächsten Abtastschritt wird der Zeithorizont nach vorne verschoben und die gesamte Optimierung neu durchgeführt (Prinzip des "gleitenden Horizonts"). Die Stellgrößenänderungen werden aufintegriert, auf Stellbereichsverletzungen überprüft und beschränkt, bevor sie auf den Prozess aufgeschaltet werden.

2.5.3
Internal Model Control (IMC) als Regelsystemstruktur

Das IMC-Prinzip ist *implizit* Grundlage aller Prädiktivregler, auch wenn dies nicht immer offensichtlich ist [3].

Ein Regler nach dem IMC-Prinzip (Abb. 2.25) umfasst ein mathematisches Modell $G_m(s)$ des Prozesses $G(s)$, das dessen Verhalten möglichst genau wiedergibt, sowie ein Kompensationsglied $Q(s)$.

Das Modell wird mit denselben Eingangsvariablen u (Stellgrößen) wie der reale Prozess versorgt. Falls das Modell perfekt ist, liefert die Differenz von Modellausgang und gemessenem Istwert y eine Schätzung $\bar{d}$ für die nicht messbare Störung $\bar{y}_d$. Im ungestörten Fall ist dieser Wert, und damit der negative Eingang des Kompensators, gleich null. Dann ist

$$\bar{u}(s) = Q\bar{w}(s)$$

und daher

$$\bar{y} = G\bar{u} = GQ\bar{w}.$$

Istwert gleich Sollwert ist das Ideal jeder Regelung und lässt sich hier theoretisch erreichen mit

$$GQ = I \quad \Leftrightarrow \quad Q = G^{-1}.$$

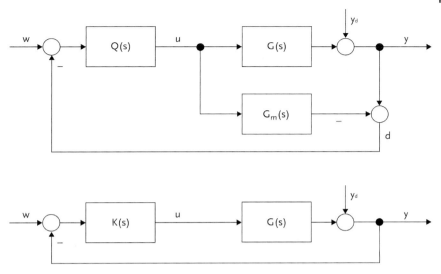

Abb. 2.25 Internal Model Control (a) und konventioneller Regelkreis (b).

Zwar ist die Inverse eines verzögerungsbehafteten Prozesses G nicht realisierbar, aber dennoch ermöglicht diese Zielvorstellung sehr geradlinige Reglerentwürfe: es muss kein *Feedback*-Regler, sondern nur ein *Feedforward*-Regler entworfen werden. Falls der Prozess stabil und das Modell ideal ist, ist die (leicht erzielbare) Stabilität von *Q(s)* eine hinreichende Bedingung für die Stabilität des gesamten geschlossenen Regelkreises.

Anschaulich lässt sich die IMC-Struktur auch nach dem Prinzip *"Soviel steuern wie möglich, soviel regeln wie nötig!"* interpretieren:

- Falls der Prozess ungestört und perfekt modelliert ist, handelt es sich um eine reine *Feedforward*-Steuerung.
- Ausgeregelt werden muss nur der "Rest": Modellfehler und nicht messbare Störungen.

Beachte: Falls die Matrix G schon bezüglich ihrer stationären Verstärkungen schlecht konditioniert, d. h. schlecht invertierbar ist, dann macht dies auch einem Prädiktivregler Schwierigkeiten!

Der IMC-Regler lässt sich umrechnen in eine konventionelle Reglerstruktur mit

$$\bar{u} = K(\bar{w} - \bar{y})$$

wenn man die Formel

$$\cdot\, Q^{-1} \,|\quad \bar{u} = Q(\bar{w} - (\bar{y} - G_m \bar{u}))$$

zur Berechnung der IMC-Stellgröße entsprechend umformt (Auflösen nach $\bar{u}$):

$$-G_m \bar{u} \,| \quad Q^{-1}\bar{u} = \bar{w} - (\bar{y} - G_m \bar{u}) \quad \Leftrightarrow$$
$$Q^{-1}\bar{u} - G_m \bar{u} = \bar{w} - \bar{y} \quad \Leftrightarrow$$
$$(Q^{-1} - G_m)\bar{u} = \bar{w} - \bar{y} \quad \Leftrightarrow$$
$$\cdot (I - G_m Q)^{-1} \,| \quad (I - G_m Q)Q^{-1}\bar{u} = \bar{w} - \bar{y} \quad \Leftrightarrow$$
$$\cdot Q \,| \quad Q^{-1}\bar{u} = (I - G_m Q)^{-1}(\bar{w} - \bar{y}) \quad \Leftrightarrow$$
$$\bar{u} = \underbrace{Q(I - G_m Q)^{-1}}_{K}(\bar{w} - \bar{y})$$

Durch Vergleich mit dem Ansatz für den konventionellen Regelkreis ergibt sich der *Feedback*-Regler K. Diese Beziehung lässt sich auch durch eine Blockschaltbild-Umformung herleiten.

Durch diese Äquivalenz wird klar, dass ein IMC-Regler (und damit auch ein Prädiktivregler ohne echte Online-Optimierung) nicht automatisch besser als ein klassicher *Feedback*-Regler ist. Im Klartext: für jeden analytisch beschreibbaren IMC-Regler lässt sich auch ein äquivalenter klassischer Regler angeben (wenn dies auch nicht gerade ein PID-Regler ist).

Man kann die IMC-Struktur daher auch als eine alternative Parametrierung für K auffassen, als sog. "Q-Parametrierung", die jedoch sowohl vom mathematischen als auch vom regelungstechnischen Standpunkt einige Vorteile hat. Abgesehen von den oben genannten Argumenten bezüglich Stabilität und *Feedforward*-Entwurf sind sowohl die Regelgröße

$$\bar{y} = GQ(\bar{w} - \bar{d}) + \bar{d}$$

als auch die Regelabweichung affine Funktionen von Q, während sie nichtlinear von K abhängen, z. B.

$$\bar{y} = (I + GK)^{-1}(GK\bar{w} + \bar{d}).$$

(Die Relation zwischen zwei Vektoren $\bar{x}$ und $\bar{y}$ heißt affin, wenn $\bar{y} = A\bar{x} + \bar{b}$.) Dies bietet auch Vorteile für einen Reglerentwurf durch (offline) Optimierung: Es ist viel einfacher

- eine affine Funktion von Q, mit der Beschränkung auf stabile Q,
- als eine nichtlineare Funktion von K, mit der komplizierten Beschränkung der Stabilität des geschlossenen Regelkreises

zu optimieren.

2.5.4
Klassifikation von Prädiktivreglern

Es gibt eine Vielzahl verschiedener Typen von Prädiktivreglern, die alle nach demselben Grundprinzip arbeiten, sich jedoch bei der Art des Prozessmodells, bei der Formulierung und bei der Lösung des Optimierungsproblems unterscheiden.

2.5.4.1 Verwendete Modelltypen

Als Prozessmodelle kommen lineare oder nichtlineare, dynamische, zeitinvariante, deterministische Ein- oder Mehrgrößenmodelle in Frage. Wichtig ist bei allen Modelltypen, dass sie sich anhand von Messdaten, d. h. experimentell am realen Prozess, identifizieren lassen. Nichtlineare Prädiktivregler sind noch Gegenstand aktueller Forschungsarbeiten. Von praktischer Bedeutung sind daher vor allem folgende lineare Modelltypen.

Parametrische Modelle zeitdiskreter Art
Ein parametrisches Modell lässt sich durch eine Formel mit einer beschränkten Anzahl von Parametern beschreiben. Dagegen werden nicht-parametrische Modelle durch eine (i. A. recht große) Menge von Messdaten beschrieben.

Entsprechend der zeitkontinuierlichen s-Übertragungsfunktion gibt es eine z-Übertragungsfunktion bzw. Matrix von z-Übertragungsfunktionen im Mehrgrößenfall:

$$\bar{y}(z) = G(z)\bar{u}(z), \ G(z) = \begin{bmatrix} g_{11}(z) & g_{12}(z) & \cdots & g_{1m}(z) \\ g_{21}(z) & \ddots & & \\ \vdots & & \ddots & \\ g_{n1}(z) & & & g_{nm}(z) \end{bmatrix},$$

$$g_{ij}(z) = \frac{b_{ij}(z)}{a_{ij}(z)} = \frac{b_{0,ij} + b_{1,ij}z^{-1} + b_{2,ij}z^{-2} \cdots\cdots}{1 + a_{1,ij}z^{-1} + a_{2,ij}z^{-2} \cdots}$$

Direkt äquivalent dazu ist die Darstellung als Matrizen-Polynom:

$$A(z^{-1})\bar{y}(z) = B(z^{-1})\bar{u}(z), \ A(z^{-1}) = A_0 + A_1 z^{-1} + \cdots,$$
$$B(z^{-1}) = B_1 z^{-1} + B_2 z^{-2} + \cdots.$$

In bestimmten Fällen kommen auch Zustandsraummodelle zum Einsatz:

$$\left\{ \begin{array}{l} \bar{x}(k+1) = A\bar{x}(k) + B\bar{u}(k) \\ \bar{y}(k) = C\bar{x}(k) + D\bar{u}(k) \end{array} \right\}$$

Nicht-parametrische Modelle
Aus der abgetasteten Einheits-Impulsantwort (*Finite Impulse Response* – FIR) lässt sich mit Hilfe einer Faltungssumme die Antwort auf beliebige Eingangssignale berechnen. Im Eingrößenfall:

$$y(k) = \hat{y}(k|k-1) = \sum_{i=1}^{n} g(i)u(k-i) = \bar{g}^T\bar{u}, \quad g(i) = 0 \ \forall \ i > n.$$

Die Faltungssumme lässt sich auch als Skalarprodukt zweier Vektoren anschreiben. Der Pfeil auf dem Stellgrößenvektor bedeutet, dass es sich um eine Zeitreihe handelt; die Richtung nach links bedeutet, dass die Werte (zunehmend weiter) in der Vergangenheit liegen.

Für den Mehrgrößenfall werden jedoch nicht (!) die Impulsantworten der Einzel-Übertragungsfunktionen entsprechend dem Schema für parametrische

Modelle in einer Blockmatrix angeordnet, sondern es werden jeweils die j-ten Elemente jeder Einzel-Impulsantwort zu einer Matrix $G_M(j)$ zusammengefasst und die Matrizen $G_M(j)$ als *Markov*-Parameter bezeichnet:

$$\bar{y}(k) = \sum_{i=1}^{n} G_M(i)\bar{u}(k-i).$$

Anschaulicher interpretierbar als die Impulsantwort ist die Einheits-Sprungantwort (*Finite Step Response* - FSR). Im Eingrößenfall lautet die Faltungssumme:

$$y(k) = \hat{y}(k|k) = \sum_{i=1}^{\infty} g_h(i)\Delta u(k-i) = \sum_{i=1}^{n-1} g_h(i)\Delta u(k-i) + g_h(n)u(k-n),$$

wobei $\Delta u(k) = u(k) - u(k-1)$. Man beachte, dass die Summe nicht einfach beim Index n abgebrochen werden darf, weil bei einer Strecke mit Ausgleich der konstante Endwert $g(i) = g(n) = const. \neq 0 \; \forall \; i > n$ anstehen bleibt.

Die Erweiterung auf den Mehrgrößenfall erfolgt entsprechend zum FIR-Modell.

2.5.4.2 Schlanke und große Prädiktivregler (ohne/mit Online-Optimierung)

Das Regelungsproblem wird bei MPC als ein Optimierungsproblem aufgefasst und gelöst. Diese Idee ist als solche nicht ungewöhnlich, aber MPC hat sich als eine der ersten routinemäßigen Anwendungen dynamischer Optimierungsverfahren in der Prozessindustrie etabliert.

Falls bei der Lösung des Optimierungsproblems die Nebenbedingungen (z. B. Stellgrößenbeschränkungen) nicht berücksichtigt werden und die Zielfunktion quadratisch ist, lässt sich eine geschlossene Lösung offline berechnen, nur auf Basis des Streckenmodells und der Reglerparameter (Horizonte, Gewichtungen). Daher ist im Online-Einsatz keine Optimierungsrechnung mehr nötig, und man erhält einen sog. "schlanken" Prädiktivregler, der um Größenordnungen weniger Rechenzeit als ein Regler mit Online-Optimierung braucht. Für den Einsatz in der prozessnahen Komponente eines Leitsystems kommen daher derzeit nur schlanke Verfahren in Betracht. Gegenüber einem Regler mit Online-Optimierung müssen jedoch bei der schlanken Variante einige Einschränkungen des Funktionsumfangs in Kauf genommen werden:

- Die Zahl der Stell- und Regelgrößen darf wegen des Ressourcenverbrauchs in der AS nicht zu groß werden und muss im Betrieb konstant bleiben.
- Es ist nicht gewährleistet, dass bei einer aufgrund von Beschränkungen unlösbaren Aufgabe (Sollwert-Kombination) tatsächlich der bestmögliche Kompromiss im Sinne des Gütekriteriums gefunden wird.
- Eine Priorisierung von Regelungszielen ist nur indirekt über die Vorgabe von Gewichtungsfaktoren für einzelne Regelgrößen-Abweichungen und den Stellaufwand im Gütekriterium möglich.

2.5.5

Algorithmus am Beispiel des Dynamic Matrix Control (DMC)

Der DMC ist nicht nur der Stammvater aller Prädiktivregler, sondern das daraus weiterentwickelte Produkt DMC+ (mit Online-Optimierung) der Fa. AspenTech, USA ist bis heute Weltmarktführer. Im DMC-Verfahren kommt ein nicht-parametrisches Prozessmodell zum Einsatz, d. h., die Prozessdynamik wird mit Hilfe von abgetasteten Sprungantworten dargestellt und nicht mit einer parametrischen Übertragungsfunktion.

Der DMC-Algorithmus wird zum besseren Verständnis zunächst für den Eingrößenfall hergeleitet und danach auf den Mehrgrößenfall verallgemeinert.

2.5.5.1 Eingrößenfall

Die formelmäßige Darstellung für den Eingrößenfall ist angelehnt an [4]. Die hier verwendete spezielle Nomenklatur nach [6] macht auf den ersten Blick deutlich, um welche Art von Vektoren es sich jeweils handelt. Der normale Überstrich kennzeichnet den Mehrgrößenfall, während Pfeile für solche Vektoren verwendet werden, die eigentlich Zeitreihen darstellen. Der Pfeil nach rechts bezeichnet in die Zukunft gerichtete zeitliche Folgen, der Pfeil nach links auf in die Vergangenheit gerichtete Folgen. Großbuchstaben werden für Matrizen reserviert. Diese Darstellung wird im Abschnitt 2.5.5.2 erstmals in einer besonders kompakten Darstellung auf den Mehrgrößenfall erweitert.

Im Rahmen der Prädiktivregelung wird von einem aktuellen Zeitpunkt $t = k$ aus nach vorne und nach hinten geschaut (Abb. 2.26).

Nach der Faltungssumme mit einer Sprungantwort als Prozessmodell ist die Prädiktion um j Schritte in die Zukunft gegeben durch

$$\hat{y}(k+j|k) = \sum_{i=1}^{\infty} g_h(i)\Delta u(k+j-i) \quad + \hat{n}(k+j|k)$$

$$= \sum_{i=1}^{j} g_h(i)\Delta u(k+j-i) + \sum_{i=j+1}^{\infty} g_h(i)\Delta u(k+j-i) \quad + \hat{n}(k+j|k)$$

Da zukünftige Werte der nicht messbaren Störung n nicht bekannt sind, ist die beste mögliche Annahme, dass die Störung konstant bleibt, d. h.

$$\hat{n}(k+j|k) = \hat{n}(k|k) = y(k) - \hat{y}(k|k)$$

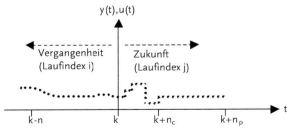

Abb. 2.26 Nomenklatur für MPC.

Einsetzen in die Prädiktionsgleichung liefert

$$\hat{y}(k+j|k) = \sum_{i=1}^{j} g_h(i)\Delta u(k+j-i) + \sum_{i=j+1}^{\infty} g_h(i)\Delta u(k+j-i) + y(k) - \sum_{i=1}^{\infty} g_h(i)\Delta u(k-i).$$

Der Term

$$\sum_{i=1}^{\infty} \left(g_h(j+i) - g_h(i) \right) \Delta u(k-i) = \sum_{i=1}^{n} \left(g_h(j+i) - g_h(i) \right) \Delta u(k-i)$$

lässt sich vereinfachen, da im konstanten hinteren Teil der Sprungantwort $g_h(j+i) - g_h(i) = 0$ für alle $i > n$ gilt.

Änderungen der Stellgröße sind nur innerhalb des Steuerhorizonts möglich, während die Stellgröße danach konstant gehalten wird. Daher muss gelten:

$$\Delta u(i) = 0 \quad \forall i \geq k + n_c.$$

In der ersten Teilsumme der Prädiktionsgleichung hat Δu den Index $(k + j - i)$, d. h. die Werte von Δu sollen verschwinden, solange

$$k + j - i \geq k + n_c \quad \Leftrightarrow \quad i \leq j - n_c$$

und die Summation darf daher erst beim Index $i = j - n_c + 1$ beginnen.

Die Prädiktionsgleichung wird jetzt in zwei Teile aufgespalten:
- ein Teil, der von den künftigen Bewegungen der Stellgröße innerhalb des Steuerhorizonts abhängt und Gegenstand der Optimierung ist, und
- ein Teil, der nur vom gegenwärtigen Zustand (und Stellgrößen der Vergangenheit) abhängt, die sog. freie Bewegung (*free response, future without control*).

Die Aufspaltung ergibt die Prädiktion für alle Zeitpunkte $t = k + j$ mit $j < n_p$:

$$\hat{y}(k+j|k) = \sum_{i=j-n_c+1}^{j} g_h(i)\Delta u(k+j-i) + f(k+j|k)$$

$$= \vec{g}_h^{\,T}(j - n_c + 1 : j)\Delta \vec{u}(k + n_c - 1 : k) + f(k+j|k)$$

$$= \overline{\vec{g}}_h^{\,T}(j : j - n_c + 1)\Delta \vec{u}(k : k + n_c - 1) + f(k+j|k)$$

(Zur Deutlichkeit werden hier die Anfangs- und Endindices der Vektoren in einer MATLAB-Syntax "von:bis" angegeben. Achtung: Falls Anfangsindex > Endindex werden die Vektor-Elemente von hinten nach vorne angeordnet. Dies ist in MATLAB nicht zulässig, sondern muss mit einem flip-Befehl durchgeführt werden. In der zweiten Zeile der Gleichung liegen die Werte von Δu zwar in der Zukunft, der Pfeil nach links deutet jedoch auf die Reihenfolge der Werte innerhalb des Vektors hin.) mit der Prädiktion der freien Bewegung

$$f(k+j|k) = \gamma(k) + \sum_{i=1}^{n} (g_h(j+i) - g_h(i))\Delta u(k-i)$$
$$= \gamma(k) + \vec{g}_h^{\ T}(j+1:j+n)\Delta\vec{u} - \vec{g}_h^{\ T}(1:n)\Delta\vec{u}$$

Eine Zusammenfassung der Prädiktionen entlang des Prädiktionshorizonts ergibt die prädizierte Zeitreihe

$$\vec{y}(k+1:k+n_p|k) = G\Delta\vec{u}(k:k+n_c-1) \quad + \vec{f}(k+1:k+n_p)$$

mit der "Dynamik-Matrix"

$$G = \begin{bmatrix} g_h(1) & 0 & \cdots & 0 \\ g_h(2) & g_h(1) & \ddots & \vdots \\ \vdots & \vdots & \ddots & 0 \\ g_h(n_c) & \ddots & \ddots & g_h(1) \\ \vdots & \ddots & \ddots & \vdots \\ g_h(n_p) & g_h(n_p-1) & \cdots & g_h(n_p-n_c+1) \end{bmatrix}.$$

Hierbei wird die komplette Simulation eines Zeitverlaufs mit einer einzigen Matrix-Multiplikation ausgeführt.

Das zu minimierende Gütekriterium umfasst die zukünftigen Regelabweichungen innerhalb des Prädiktionshorizonts und die zukünftigen Bewegungen der Stellgröße:

$$J = \sum_{j=1}^{n_p} (w(k+j) - \hat{y}(k+j|k))^2 + \sum_{j=1}^{n_c} \lambda(\Delta u(k+j-1))^2.$$

Die Bestrafung von Bewegungen der Stellgröße ist ein Tuning-Faktor für die Aggressivität des Reglers: Je stärker Bewegungen der Stellgröße bewertet werden, desto vorsichtiger und langsamer greift der Regler in den Prozess ein.

In vektorieller Schreibweise lautet das Gütekriterium:

$$J(\vec{u}) = \vec{e}^T\vec{e} + \lambda\Delta\vec{u}^T\Delta\vec{u} \stackrel{!}{=} \min, \quad \Delta\vec{u} = [\Delta u(k), \ \Delta u(k+1), \dots, \Delta u(k+n_c-1)]^T.$$

Falls keine Beschränkungen der Stellgrößen bei der Optimierung berücksichtigt werden müssen (schlanker Prädiktivregler), lautet die notwendige Bedingung für das Minimum, dass die Ableitung von J nach dem Vektor $\vec{u}$ (der Gradient) verschwindet:

$$\frac{\partial J}{\partial \Delta\vec{u}} = \left[\frac{\partial J}{\partial(\Delta u_k)}, \quad \cdots \frac{\partial J}{\partial(\Delta u_{k+n_c-1})} \right]^T \stackrel{!}{=} \vec{0}.$$

Dabei ist die Zeitreihe der zukünftigen Regelabweichungen

$$\vec{e}(\Delta\vec{u}) = \vec{w} - (G\Delta\vec{u} + \vec{f}) = (\vec{w} - \vec{f}) - G\Delta\vec{u}$$
$$\vec{e}^T(\Delta\vec{u}) = (\vec{w} - \vec{f})^T - \Delta\vec{u}^T G^T$$

natürlich auch von der zukünftigen Stellgrößenfolge abhängig.

Der erste Summand des Gütekriteriums lautet also:

$$\vec{e}^T\vec{e} = (\vec{w}^T - \vec{f}^T)(\vec{w} - \vec{f}) - 2\Delta\vec{u}^TG^T(\vec{w} - \vec{f}) + \Delta\vec{u}^TG^TG\Delta\vec{u}.$$

Sollwerte und die freie Bewegung hängen nicht von den Stellbewegungen ab, so dass die Ableitung des Gütekriteriums

$$\frac{\partial J}{\partial\Delta\vec{u}} = -2G^T(\vec{w} - \vec{f}) + 2G^TG\Delta\vec{u} + 2\lambda\Delta\vec{u} \stackrel{!}{=} 0.$$

ergibt. Also ergibt sich die analytische Lösung des Optimierungsproblems aus

$$G^TG\Delta\vec{u} + \lambda\Delta\vec{u} = G^T(\vec{w} - \vec{f}) \Leftrightarrow \Delta\vec{u} = (G^TG + \lambda I)^{-1}G^T(\vec{w} - \vec{f}).$$

Falls $f = w$, d. h. die freie Bewegung läuft auf der Solltrajektorie, sind keine weiteren Änderungen der Stellgröße erforderlich, also $\Delta u = 0$. Ansonsten sind Änderungen der Stellgröße proportional zur zukünftigen Regelabweichung (nicht zur vergangenen, wie beim PID-Regler). Anschaulich kann mal also formulieren: "PID-Regelung ist wie Autofahren mit Blick nur durch den Rückspiegel, während der Prädiktivregler durch die Windschutzscheibe (nach vorne) schaut." Obwohl diese Betrachtungsweise nicht als strenge mathematische Aussage interpretiert werden sollte, ist sie als Erklärungshilfe für Experten anderer Fachrichtungen hilfreich.

Die etwas rechenaufwendige Matrix-Inversion verarbeitet nur das Prozessmodell und lässt sich daher offline vorab durchführen, um die Reglermatrix C zu erhalten:

$$\Delta\vec{u} = C(\vec{w} - \vec{f}), \ C = (G^{TG}G + \lambda I)^{-1}G^T$$

Im Sonderfall $\lambda = 0$ bedeutet das eine Pseudo-Inversion

$$\Delta\vec{u} = Pinv(G)(\vec{w} - \vec{f})$$

Von der gesamten Stellgrößenfolge wird gemäß dem Prinzip des gleitenden Horizonts nur das erste Element an die Regelstrecke ausgegeben und dann die Berechnung für den nächsten Abtastschritt wiederholt, d. h. von der Matrix C wird im Regler tatsächlich nur die erste Zeile benötigt:

$$\Delta u(k + 1) = \vec{c}^T(\vec{w} - \vec{f}), \ \vec{c}^T = C(1, :)$$

2.5.5.2 Mehrgrößenfall

Aufgrund der Linearität der Strecken und des Superpositionsprinzips kann der Algorithmus des Prädiktivreglers vom Eingrößenfall auf den Mehrgrößenfall erweitert werden. Jede Regelgröße hängt hierbei von den Stellgrößenantworten mehrerer Teilsysteme ab, wobei die Antworten der Teilsysteme wie im Eingrößenfall berechnet werden und danach einfach aufaddiert werden dürfen.

Anzahl der Ein- und Ausgänge

n_y ist die Zahl der Regelgrößen und n_u die Zahl der Stellgrößen. Die Darstellungs-
form gilt entsprechend auch für eine Störübertragungsstrecke, wobei in diesem
Fall n_u durch n_{uz} für die Zahl der messbaren Störgrößen zu ersetzen ist. Mit Bezug
auf die Zahl der Steuer- und Regelgrößen und der daraus resultierenden Anzahl
von Freiheitsgraden kann man drei Strukturen von Mehrgrößensystemen unterscheiden:

- überspezifizierte Systeme (Zahl der Freiheitsgrade < 0, mehr
  Regelungsziele als Stellmöglichkeiten),
- exakt spezifizierte Systeme (Zahl der Freiheitsgrade = 0, Zahl
  der Regelungsziele gleich der Zahl der Stellmöglichkeiten),
- unterspezifizierte Systeme (Zahl der Freiheitsgrade > 0, Zahl
  der Regelungsziele kleiner der Zahl der Stellmöglichkeiten).

Im Falle eines überspezifizieren Systems sind bleibende Regeldifferenzen bei
allen Regelgrößen unvermeidlich. Durch eine entsprechende Gewichtung der
Regelgrößen im Gütemaß kann die Regeldifferenz einer speziellen Regelgröße
verbessert werden, solange keine Stellwertbegrenzungen erreicht werden.

Im Falle eines unterspezifizierten Systems gibt es prinzipiell unendlich viele
Lösungen. Aus dieser Vielfalt könnte nur ein Regler mit Online-Optimierung
systematisch eine gewünschte Variante auswählen.

Die Prädiktionsgleichung

Die zentrale Gleichung des DMC–Algorithmus, die Prädiktionsgleichung, ermöglicht die Berechnung der Regelgrößen für die zukünftigen Zeitpunkte innerhalb
des Prädiktionshorizontes n_p. Die vom Eingrößenfall bekannte Darstellung wird
vom Grundsatz her für den Mehrgrößenfall übernommen. So lautet die Gleichung
für die prädizierten Ausgangsgrößen $\vec{y}$:

$$\vec{y} = \underline{G} \cdot \Delta \vec{\underline{u}} + \vec{\underline{f}}. \tag{2.23}$$

Zu beachten ist, dass die kompletten Zeitreihen der betreffenden Größen der
Teilsysteme in einem Vektor untereinander gestellt werden, ein Teilsystem nach
dem anderen.

Beispielweise setzen sich die Vektoren in obiger Gleichung folgendermaßen
zusammen:

$$\vec{y} = \begin{bmatrix} \vec{y}_1 \\ \vec{y}_2 \\ \vdots \\ \vec{y}_{n_y} \end{bmatrix} = \begin{bmatrix} y_1(k+1|k) \\ \vdots \\ y_1(k+n_p|k) \\ \vdots \\ y_{n_y}(k+1|k) \\ \vdots \\ y_{n_y}(k+n_p|k) \end{bmatrix}, \Delta\vec{\underline{u}} = \begin{bmatrix} \Delta\vec{u}_1 \\ \Delta\vec{u}_2 \\ \vdots \\ \Delta\vec{u}_{n_u} \end{bmatrix} = \begin{bmatrix} \Delta u_1(k) \\ \vdots \\ \Delta u_1(k+n_c-1) \\ \vdots \\ \Delta u_{n_u}(k) \\ \vdots \\ \Delta u_{n_u}(k+n_c-1) \end{bmatrix},$$

$$
\underline{\vec{f}} = \begin{bmatrix} \vec{f_1} \\ \vec{f_2} \\ \vdots \\ \vec{f_{n_y}} \end{bmatrix} = \begin{bmatrix} f_1(k+1|k) \\ \vdots \\ f_1(k+n_p|k) \\ \vdots \\ f_{n_y}(k+1|k) \\ \vdots \\ f_{n_y}(k+n_p|k) \end{bmatrix}.
$$

$\underline{G}$ stellt hier eine Blockmatrix dar, zusammengesetzt aus den entsprechenden "Dynamik-Matrizen" der Teilsysteme.

$\Delta\vec{u}$ enthält die Stellgrößenänderungen der n_u Stellgrößen der Zukunft. (Im Gegensatz dazu enthält $\Delta\underline{\bar{u}}$ die Stellgrößenänderungen der Vergangenheit.)

Als Komponenten der freien Bewegung $\underline{\vec{f}}$ in Gl. (2.23) werden hier berücksichtigt:

$$
\underline{\vec{f}} = \underline{y}(k) + \underline{\vec{f}}_u + \underline{\vec{f}}_z.
$$

Der Vektor $\underline{y}(k)$ stellt den gemessenen Istwert des Systems dar. Dies ist die eigentliche Rückkopplung (*Feedback*) im Regelkreis. Innerhalb der Prädiktionsgleichung werden damit gemäß dem IMC-Prinzip die nicht messbaren Störgrößen abgeschätzt.

$\underline{\vec{f}}_u = \underline{F} \cdot \Delta\underline{\bar{u}}$ ist die freie Bewegung der Teilsysteme aufgrund der Stellgrößenänderungen der Vergangenheit.

$\underline{\vec{f}}_z = \underline{Z} \cdot \Delta\underline{\bar{z}}$ ist die freie Bewegung der Teilsysteme aufgrund der Störgrößenänderungen der Vergangenheit.

$\Delta\underline{\bar{z}}$ enthält die Störgrößenänderungen der n_{uz} Störgrößen der Vergangenheit.

$\underline{F}$ stellt eine Blockmatrix dar, zusammengesetzt aus den entsprechenden Parametern zur Berechnung der freien Bewegung (siehe unten).

$\underline{Z}$ stellt wie $\underline{F}$ eine Blockmatrix dar, zusammengesetzt aus den entsprechenden Parametern zur Berechnung der freien Bewegung (siehe unten).

Dies alles in Gl. (2.23) eingesetzt ergibt:

$$
\underline{\vec{y}} = \underline{G} \cdot \Delta\underline{\vec{u}} + \underline{y}(k) + \underline{F} \cdot \Delta\underline{\bar{u}} + \underline{Z} \cdot \Delta\underline{\bar{z}} \tag{2.24}
$$

Die noch nicht erläuterten Vektoren sind definiert zu:

$$
\underline{y}(k) = \begin{bmatrix} \underline{y}_1(k) \\ \underline{y}_2(k) \\ \vdots \\ \underline{y}_{n_y}(k) \end{bmatrix} = \begin{bmatrix} y_1(k) \\ \vdots \\ y_1(k) \\ \vdots \\ y_{n_y}(k) \\ \vdots \\ y_{n_y}(k) \end{bmatrix}, \quad \Delta\underline{\bar{u}} = \begin{bmatrix} \Delta\bar{u}_1 \\ \Delta\bar{u}_2 \\ \vdots \\ \Delta\bar{u}_{n_u} \end{bmatrix} = \begin{bmatrix} \Delta u_1(k-1) \\ \vdots \\ \Delta u_1(k-n) \\ \vdots \\ \Delta u_{n_u}(k-1) \\ \vdots \\ \Delta u_{n_u}(k-n) \end{bmatrix},
$$

$$\Delta\underline{\bar{z}} = \begin{bmatrix} \Delta\underline{\bar{z}}_1 \\ \Delta\underline{\bar{z}}_2 \\ \vdots \\ \Delta\underline{\bar{z}}_{n_u} \end{bmatrix} = \begin{bmatrix} \Delta z_1(k-1) \\ \vdots \\ \Delta z_1(k-n) \\ \vdots \\ \Delta z_{n_u}(k-1) \\ \vdots \\ \Delta z_{n_u}(k-n) \end{bmatrix}.$$

In folgender Darstellung der Gl. (2.24) ist gut zu erkennen in welcher Art und Weise die Dynamik-Matrizen der Teilsysteme zusammengesetzt werden.

$$\underline{\vec{y}} = \begin{bmatrix} \vec{y}_1 \\ \vec{y}_2 \\ \vdots \\ \vec{y}_{n_y} \end{bmatrix} = \begin{bmatrix} G_{11} & G_{12} & \cdots & G_{1n_u} \\ G_{21} & G_{22} & \cdots & G_{2n_u} \\ \vdots & \vdots & \ddots & \vdots \\ G_{n_y 1} & G_{n_y 2} & \cdots & G_{n_y n_u} \end{bmatrix} \begin{bmatrix} \Delta\vec{u}_1 \\ \Delta\vec{u}_2 \\ \vdots \\ \Delta\vec{u}_{n_u} \end{bmatrix} + $$

$$+ \begin{bmatrix} \underline{y}_1(k) \\ \underline{y}_2(k) \\ \vdots \\ \underline{y}_{n_y}(k) \end{bmatrix} + \begin{bmatrix} F_{11} & F_{12} & \cdots & F_{1n_u} \\ F_{21} & F_{22} & \cdots & F_{2n_u} \\ \vdots & \vdots & \ddots & \vdots \\ F_{n_y 1} & F_{n_y 2} & \cdots & F_{n_y n_u} \end{bmatrix} \begin{bmatrix} \Delta\bar{u}_1 \\ \Delta\bar{u}_2 \\ \vdots \\ \Delta\bar{u}_{n_u} \end{bmatrix} + \begin{bmatrix} Z_{11} & Z_{12} & \cdots & Z_{1n_{uz}} \\ Z_{21} & Z_{22} & \cdots & Z_{2n_{uz}} \\ \vdots & \vdots & \ddots & \vdots \\ Z_{n_y 1} & Z_{n_y 2} & \cdots & Z_{n_y n_{uz}} \end{bmatrix} \begin{bmatrix} \Delta\bar{z}_1 \\ \Delta\bar{z}_2 \\ \vdots \\ \Delta\bar{z}_{n_{uz}} \end{bmatrix}$$

Um noch weiter ins Detail von Gl. (2.24) zu gehen und um den Aufbau der Teilmatrizen zu erläutern, sind in folgender Darstellung die einzelnen Einträge in die Vektoren und Matrizen beispielhaft angegeben. Dies geschieht hier für das "Teilsystem" des ersten Ausgangs (y_1) bezüglich des zweiten Eingangs (Δu_2) und der zweiten messbaren Störgröße (Δz_2).

Die herausgehobenen Werte für sich betrachtet, stellen die Gleichung für ein Eingrößensystem mit einer messbaren Störgröße dar.

Ein Beispiel für eine Dynamik-Matrix ist in Abb. 2.27 graphisch dargestellt.

$$\begin{bmatrix} \vec{y}_1 \\ \vdots \end{bmatrix} = \begin{bmatrix} \hat{y}_1(k+1|k) \\ \hat{y}_1(k+2|k) \\ \vdots \\ \hat{y}_1(k+n_p|k) \\ \vdots \end{bmatrix} = \begin{bmatrix} \cdots & g_{h12}(1) & 0 & \cdots & & 0 & \cdots \\ \cdots & g_{h12}(2) & g_{h12}(1) & 0 & & \vdots & \cdots \\ \cdots & \vdots & \ddots & \ddots & g_{h12}(1) & & \cdots \\ \cdots & g_{h12}(n_p) & \cdots & \cdots & g_{h12}(n_p-n_c+1) & \cdots \\ \cdots & \vdots & \vdots & \vdots & & \ddots \end{bmatrix} \begin{bmatrix} \vdots \\ \Delta u_2(k) \\ \Delta u_2(k+1) \\ \vdots \\ \Delta u_2(k+n_c-1) \\ \vdots \end{bmatrix} + $$

$$+ \begin{bmatrix} y_1(k) \\ y_1(k) \\ \vdots \\ y_1(k) \\ \vdots \end{bmatrix} + \begin{bmatrix} \cdots & g_{h12}(2)-g_{h12}(1) & g_{h12}(3)-g_{h12}(2) & \cdots & g_{h12}(1+n)-g_{h12}(n) & \cdots \\ \cdots & g_{h12}(3)-g_{h12}(1) & g_{h12}(4)-g_{h12}(2) & \cdots & g_{h12}(2+n)-g_{h12}(n) & \cdots \\ \cdots & \vdots & \vdots & \ddots & \vdots & \cdots \\ \cdots & g_{h12}(n_p+1)-g_{h12}(1) & g_{h12}(n_p+2)-g_{h12}(2) & \cdots & g_{h12}(n_p+n)-g_{h12}(r) & \cdots \\ \cdots & \vdots & \vdots & \vdots & \ddots \end{bmatrix} \begin{bmatrix} \vdots \\ \Delta u_2(k-1) \\ \Delta u_2(k-2) \\ \vdots \\ \Delta u_2(k-n) \\ \vdots \end{bmatrix} + $$

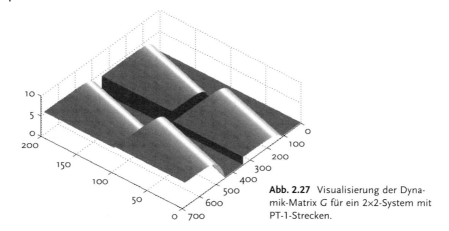

Abb. 2.27 Visualisierung der Dynamik-Matrix G für ein 2×2-System mit PT-1-Strecken.

$$+\begin{bmatrix} \cdots & g_{z12}(2)-g_{z12}(1) & g_{z12}(3)-g_{z12}(2) & \cdots & g_{z12}(1+n)-g_{z12}(n) & \cdots \\ \cdots & g_{z12}(3)-g_{z12}(1) & g_{z12}(4)-g_{z12}(2) & \cdots & g_{z12}(2+n)-g_{z12}(n) & \cdots \\ \cdots & \vdots & \vdots & \ddots & \vdots & \cdots \\ \cdots & g_{z12}(n_p+1)-g_{z12}(1) & g_{z12}(n_p+2)-g_{z12}(2) & \cdots & g_{z12}(n_p+n)-g_{z12}(n) & \cdots \\ \cdot^{\cdot^{\cdot}} & \vdots & \vdots & \vdots & \vdots & \cdot^{\cdot^{\cdot}} \end{bmatrix}\begin{bmatrix} \vdots \\ \Delta z_2(k-1) \\ \Delta z_2(k-2) \\ \vdots \\ \Delta z_2(k-n) \\ \vdots \end{bmatrix}$$

Berechnung der Reglermatrix und des Reglergesetzes

Das Reglergesetz kann aus der Minimierung der Kostenfunktion J berechnet werden.

$$J = \sum_{i=1}^{n_p} \left\| \underline{y}(k+i|k) - \underline{w}(k+i) \right\|_R^2 + \sum_{i=1}^{n_c} \left\| \Delta\underline{u}(k+i-1) \right\|_Q^2$$

mit

$$\underline{y}(k+i|k) = \begin{bmatrix} y_1(k+i|k) \\ y_2(k+i|k) \\ \vdots \\ y_{n_y}(k+i|k) \end{bmatrix} \quad \text{usw.}$$

In der Euklid'schen Vektornorm können die Beiträge der einzelnen Regel- und Stellkanäle mit den Diagonal-Matrizen $R(n_y \times n_y)$ und $Q(n_u \times n_u)$ verschieden gewichtet werden. Durch Zusammenfassung zu Blockvektoren und Blockmatrizen entlang des Prädiktions- bzw. Steuerhorizonts erhält man folgende Darstellung:

$$J = \left(\vec{\underline{w}} - \vec{\underline{y}}\right)^{\mathrm{T}} R\left(\vec{\underline{w}} - \vec{\underline{y}}\right) + \Delta\vec{\underline{u}}^{\mathrm{T}} \underline{Q} \Delta\vec{\underline{u}}.$$

Die Block-Gewichtungsmatrizen $\underline{R}$ und $\underline{Q}$ sind ebenfalls Diagonalmatrizen; $\underline{R}$ hat die Dimension $[n_y n_p \times n_y n_p]$, $\underline{Q}$ hat die Dimension $[n_u n_c \times n_u n_c]$.

Die Minimierung von J liefert $\Delta \vec{u} = \underline{C}(\vec{w} - \vec{f})$ mit

$$\underline{C} = (\underline{G}^T \underline{R} \underline{G} + \underline{Q})^{-1} \underline{G}^T \underline{R}. \tag{2.25}$$

Wie im Eingrößenfall auch, wird nur die Stellgrößenänderung für den aktuellen Schritt $\Delta\underline{u}(k)$ jeder Stellgröße aufgeschaltet. Dies bedeutet, dass von der Matrix $\underline{C}$ nur die entsprechenden n_u Zeilen an den Regleralgorithmus übergeben werden müssen.

In MATLAB-Notation ergibt sich damit die Reglermatrix zu

$$\underline{C}^* = \begin{bmatrix} \underline{C}(0 \cdot nc + 1, :) \\ \underline{C}(1 \cdot nc + 1, :) \\ \vdots \\ \underline{C}(n_u \cdot nc + 1, :) \end{bmatrix}. \tag{2.26}$$

Sie besteht also aus n_u Zeilen und $n_y n_p$ Spalten.

Hiermit berechnet sich die vom Regler im aktuellen Abtastschritt aufzuschaltende Stellgrößenänderung zu

$$\Delta\underline{u}(k) = \underline{C}^*(\vec{w} - \vec{f}), \tag{2.27}$$

mit

$$\vec{\underline{w}} = \begin{bmatrix} \vec{w}_1 \\ \vec{w}_2 \\ \vdots \\ \vec{w}_{n_y} \end{bmatrix} = \begin{bmatrix} w_1(k+1) \\ \vdots \\ w_1(k+n_p) \\ \vdots \\ w_{n_y}(k+1) \\ \vdots \\ w_{n_y}(k+n_p) \end{bmatrix}, \vec{f} = \begin{bmatrix} \vec{f}_1 \\ \vec{f}_2 \\ \vdots \\ \vec{f}_{n_y} \end{bmatrix} = \begin{bmatrix} f_1(k+1|k) \\ \vdots \\ f_1(k+n_p|k) \\ \vdots \\ f_{n_y}(k+1|k) \\ \vdots \\ f_{n_y}(k+n_p|k) \end{bmatrix}.$$

Der Vektor $\underline{w}$ stellt die zukünftigen Sollwerte dar, der Vektor f die berechneten Werte der Regelgrößen in der Zukunft aufgrund der vergangenen Stellgrößenänderungen (freie Bewegung). Man erkennt, dass Abweichungen vom Sollwert (in der Zukunft) demnach über die Multiplikation mit der Reglermatrix in der geeigneten Veränderung der aktuellen Stellgrößen resultieren.

2.5.6
Warum eignet sich TIAC als Plattform für MPC?

Weil der große Prädiktivregler in jedem Abtastschritt ein echtes Optimierungsproblem lösen muss, erfordert er einen um viele Größenordnungen höheren Rechenaufwand als ein konventioneller Regler. Auch ein schlanker Mehrgrößen-Prädiktivregler verbraucht noch ein Vielfaches der Ressourcen an Speicherplatz und Rechenzeit gegenüber einer Kombination mehrerer PID-Regler. Mit der TIAC-Box steht plötzlich ein PC mit großer Rechenleistung als Feldgerät zur Verfügung, vergleichbar mit einem Numerik-Koprozessor für die prozessnahe Komponente (z. B. Simatic AS). Hier können Ressourcen-aufwändige Applikationen wie z. B. Prädiktivregler untergebracht werden, wenn die eigentliche AS bereits voll ausgelastet ist.

Prädiktivregler gehören meist nicht zur Basisautomatisierung einer Anlage, die bereits bei der Errichtung eingeplant und implementiert wird, sondern werden erst später nachgerüstet, um eine bereits laufende Anlage zu "optimieren", d. h. die Prozessführung zu verbessern. Die TIAC-Box eignet besonders für eine "nicht-invasive" Nachrüstung zusätzlicher Funktionen an einer laufenden Anlage, mit möglichst geringen Eingriffen in die Projektierung der Basisautomatisierung. Durch die Backup-Funktionalität der PID+-Bausteine ist die Sicherheit der laufenden Anlage gewährleistet, unabhängig von Leistungsfähigkeit und Zustand nachgerüsteter Advanced-Control-Methoden auf der TIAC-Box.

Prädiktivregler gehören zu den modellbasierten Verfahren der Regelungstechnik, da sie ein Verhaltensmodell des Prozesses intern im Regler zur Prädiktion verwenden. Für die Erstellung, Parametrierung und Simulation dynamischer Modelle hat sich die Software-Umgebung MATLAB/Simulink als standardmäßige Arbeitsumgebung etabliert. Das TIAC-Konzept erleichtert den Schritt von der Simulationsumgebung zur Erprobung am realen Prozess im Sinne eines Rapid Prototyping. Neben dem Standard-Paket gibt es eine Vielzahl von MATLAB-Toolboxen, die in diesem Zusammenhang hilfreich sind, wie z. B. System-Identification-Toolbox, Control-System-Toolbox, Model-Predictive-Control-Toolbox. Diese vorgefertigten, numerisch ausgefeilten und erprobten Funktionen können auf Anhieb in der TIAC-Entwicklungsumgebung genutzt werden. Diejenigen Funktionen, die mit dem Simulink-Real-Time-Workshop kompatibel sind, können dann sogar auf der TIAC-Box online genutzt werden.

Anzumerken ist allerdings, dass die Model-Predictive-Control-Toolbox von MATLAB Stand Frühjahr 2006 noch einige Mängel aufweist, die einem direkten Einsatz an verfahrenstechnischen Prozessen im Wege stehen. Diese betreffen die Stellgrößenbegrenzung mit Anti-Windup sowie die stoßfreie Umschaltung von Hand nach Automatik bzw. eine Betriebsart "Nachführen". Laut Angaben des Herstellers wird an einer Verbesserung gearbeitet.

Selbstverständlich ist der Grundaufwand bezüglich Software-Installation, Schnittstellendefinition usw. für jede TIAC-Applikation deutlich höher als für eine Advanced-Control-Lösung mit den Leitsystem-eigenen Funktionsbausteinen. Wenn beispielsweise bereits ein Prädiktivregler als Funktionsbaustein in einem Prozessleitsystem vorliegt, wird man nur noch für spezielle, vom Standard abweichende Algorithmen eine TIAC-Box installieren.

2.6
Flachheitsbasierte Regelung und Steuerung
Thomas Paulus

Die Beantwortung der Frage wie die zeitlichen Verläufe der Stellgrößen eines technischen Systems zu wählen sind, um die interessierenden Systemgrößen

(z. B. die Regelgrößen) entlang von zeitlich vorgegebenen Trajektorien (z. B. den Führungsgrößen) zu führen, ist die grundsätzliche Problemstellung des Regelungsentwurfs. Diese Entwurfsaufgabe beinhaltet sowohl die Stabilisierung eines Systems um einen Arbeitspunkt als auch die notwendige Berücksichtigung von Beschränkungen der Stell- und Zustandsgrößen. Ergänzend hierzu ergibt sich meist zusätzlich die Forderung nach einer ausreichenden Unterdrückung von Störungen durch z. B. Messrauschen oder nicht modellierte Dynamik. Zur Lösung dieser Aufgabenstellung können in Abhängigkeit von der Modellgenauigkeit und den Systemeigenschaften Vorsteuerungen, Regelungen oder eine Kombination von beiden ausgenutzt werden. In der Verfahrenstechnik tritt diese Aufgabenstellung beispielsweise beim

- An- und Abfahren von Prozessen und beim
- Produkt- bzw. Arbeitspunktwechsel

auf.

Für eine bestimmte Klasse der linearen und nichtlinearen Systeme wurde 1992 von Fliess, Lévine, Martin und Rouchon eine Eigenschaft definiert, die sog. *Flachheit*, welche es erlaubt das beschriebene Trajektorienfolgeproblem effizient zu lösen [7, 8]. Flache Systeme besitzen ähnliche Steuerbarkeitseigenschaften wie lineare Systeme, weshalb man Flachheit auch als mögliche Erweiterung der Steuerbarkeit linearer Systeme interpretieren kann [9]. Derartige Systeme sind durch eine spezielle Art der dynamischen Zustandsrückführung exakt linearisierbar. Die Möglichkeit der exakten Linearisierung bzw. die Eigenschaft der Flachheit erlaubt es, die i. A. über Mannigfaltigkeiten in nicht "geradlinigen" Koordinatensystemen definierten nichtlinearen Systeme in einem Koordinatensystem ohne Krümmung, ähnlich dem Koordinatensystem linearer Systeme, darzustellen. Dies erklärt den Begriff *flach*, da der Zustandsraum linearer Systeme durch ein Koordinatensystem ohne Krümmung, d. h. ein flaches Koordinatensystem, beschrieben werden kann [10].

Dieser Abschnitt soll einen Überblick über die differenzielle Flachheit und einige ihrer Methoden geben. Ziel ist es einen natürlichen Einstieg in die Thematik zu ermöglichen, ohne dabei auf die differenzialalgebraischen und -geometrischen Methoden einzugehen. Der erste Teil widmet sich daher der im Folgenden zugrunde gelegten Systemdarstellung und Entwurfsaufgabe, der Definition und den Systemeigenschaften flacher Systeme. Der zweite Teil behandelt den flachheitsbasierten Vorsteuerungs- und Regelungsentwurf, wobei der Schwerpunkt der Ausführungen auf dem in Kapitel 5 zur Anwendung kommenden Entwurf mit dem aus der linearen Theorie abgeleiteten *Gain-Scheduling*-Verfahren [11-13] liegt. Die Kombination von Gain-Scheduling-Regler und flachheitsbasierter Vorsteuerung in einer *Zwei-Freiheitsgrade-Struktur* [14] führt für die im TIAC-Konzept betrachteten verfahrenstechnischen Regelkreise auf ein vergleichsweise robustes und für die Praxis anschauliches Regelungskonzept.

Die Ausführungen der folgenden Abschnitte sind stellenweise angelehnt an [10] und [15].

2.6.1
Systemdarstellung und Entwurfsaufgabe

Die Modellierung technischer Prozesse ergibt in vielen Fällen ein Gleichungs-system bestehend aus gewöhnlichen, nichtlinearen Differenzialgleichungen und algebraischen Beziehungen (Differenzialgleichungen nullter Ordnung). Diese können nicht immer in einer expliziten Form, wie der Zustandsraumdarstellung, dargestellt werden, sondern treten auch häufig in impliziter Form auf. Beispiels-weise kann die Modellierung von verfahrenstechnischen Prozessen durch die Reaktionsgleichungen auf implizite Beziehungen führen (s. Kapitel 5). Aber auch bei mechanischen Systemen können sich z. B. durch geometrische Zusam-menhänge implizite Systemdarstellungen ergeben. Dies liefert den folgenden Zusammenhang

$$F(z, \dot{z}, \ddot{z}, \ldots, u, \dot{u}, \ddot{u}, \ldots, u^{(\beta)}) = 0, \qquad F(0, \ldots, 0) = 0 \qquad (2.28)$$

zwischen den Systemgrößen $z = (z_1(t), z_2(t), \ldots, z_{\bar{n}}(t))$ und den Eingängen $u = (u_1(t), u_2(t), \ldots, u_m(t))$ zur Beschreibung des Systems. Dabei wird angenom-men, dass die Komponenten der Vektorfunktion F und der Eingangsfunktion u glatt, d. h. hinreichend oft stetig differenzierbar, oder analytisch sind. Die System-größen umfassen sowohl die Zustände und Ausgangsgrößen, aber auch andere bei der Modellierung entstehende Zwischengrößen.

Ein Spezialfall dieser Darstellung ist die Zustandsraumdarstellung

$$\dot{x} = f(x, u), f(0, 0) = 0, \quad x(0) = x_0 \in \mathbb{R}^n, \, u \in \mathbb{R}^m \qquad (2.29\,\text{a})$$

$$y = h(x), h(0) = 0, \quad y \in \mathbb{R}^l \qquad (2.29\,\text{b})$$

mit den Zuständen $x = (x_1(t), x_2(t), \ldots, x_n(t))$ und den Eingangsgrößen $u = (u_1(t), u_2(t), \ldots, u_m(t))$. Der Vektor der Ausgangsgrößen $y = (y_1(t), y_2(t), \ldots, y_l(t))$ berechnet sich über eine nichtlineare Funktion aus den Zuständen x. Er symbolisiert gleichermaßen die Regelgrößen, den Messvektor oder eine Kombination aus beidem. Im Einzelfall wird dies sowohl durch eine entsprechende Indizierung für **y** als auch für die Abbildung **h** verdeutlicht. Auch hier seien die Komponenten der Vektorfunktion *f* und die Eingangsfunktionen **u** als hinreichend glatt bzw. analytisch vorausgesetzt.

Die Systemformulierung gemäß der Gl. (2.29) soll im Folgenden verwendet werden, da sie im Vergleich zu Gl. (2.28) die in der Literatur am häufigsten anzutreffende mathematische Systembeschreibung ist und somit den Zugang zu den flachheitsbasierten Systemen erleichtert. Das Flachheitskonzept ist jedoch nicht auf die Zustandsraumdarstellung beschränkt (s. hierzu [15]). Der in Kapitel 5 betrachtete Neutralisationsprozess entspricht beispielsweise einer impliziten Sys-temformulierung der Art aus Gl. (2.28), kann jedoch in eine explizite Zustands-raumdarstellung überführt werden, so dass ihre Verwendung im Rahmen dieses Buches keine Einschränkung bedeutet.

Auf Basis der Gl. (2.29) lässt sich nun die regelungstechnische Entwurfsaufgabe, das *Trajektorienfolgeproblem*, definieren:

Problem 2.1: Es sind die Eingangsgrößen $u(t)$ zu bestimmen, welche die Regelgrößen $y_r(t)$ entlang von hinreichend oft differenzierbaren Solltrajektorien

$$w(t) : w(0) \rightarrow w(T_t), \ t \in [0, T_t] \tag{2.30}$$

in der Übergangszeit T_t, von einem vorgegebenen Anfangspunkt $y_r(0) = h_r(x_0)$ in einen vorgegebenen Endpunkt $y_r(T_t) = h_r(x(T_t))$, unter der Berücksichtigung der Beschränkungen

$$u_{i,min} \leq u_i \leq u_{i,max}, \ i = 1, \ldots, m \tag{2.31 a}$$

$$x_{i,min} \leq x_i \leq x_{i,max}, \ i = 1, \ldots, n \tag{2.31 b}$$

für die Eingangs- und Zustandsgrößen, führen.

Darin enthalten ist auch die Stabilisierungsaufgabe für den Fall $w(t)$ = konst. [10, 16, 17]. In den nächsten Abschnitten wird zunächst die Flachheit definiert und Lösungen des Trajektorienfolgeproblems mit dieser Methodik erläutert.

2.6.2
Flachheitsbegriff und Eigenschaften flacher Systeme

Definition 2.1: Ein nichtlineares dynamisches System (Gl. (2.29 a)) heißt (differenziell[1]) flach, wenn es ein m-Tupel

$$y_f = (y_{f,1}, \ldots, y_{f,m}) \tag{2.32}$$

von Funktionen der Systemgrößen $x \in \mathbb{R}^n$, $u \in \mathbb{R}^m$ und einer endlichen Anzahl von Zeitableitungen $u^{(k)}$, $k = 1, \ldots, \alpha$, der Art

$$y_f = \phi\left(x, u, \dot{u}, \ldots, u^{(\alpha)}\right) \tag{2.33}$$

gibt, so dass die folgenden Bedingungen erfüllt sind:
1. Alle Systemgrößen, d. h. x und u, lassen sich lokal[2] durch y_f und eine endliche Anzahl der Zeitableitungen $y_f^{(k)}$, $k = 1, \ldots, \beta + 1$, ausdrücken

---

1) Dies bedeutet, dass die Zustände und Eingänge allein durch die Differenziation von y_f dargestellt werden können.

2) In der differenzialalgebraischen Definition sind die Funktionen implizit gegeben. Sie können jedoch lokal, in einer nicht näher spezifizierten Umgebung geeigneter Punkte des Definitionsbereichs, aufgelöst werden. Zur Auflösbarkeit impliziter Funktionen s. [15].

$$x = \psi_1 \left(y_f, \dot{y}_f, \ldots, y_f^{(\beta)} \right)$$ (2.34 a)

$$u = \psi_2 \left(y_f, \dot{y}_f, \ldots, y_f^{(\beta+1)} \right).$$ (2.34 b)

Dies gilt damit auch für alle Ableitungen und Funktionen
von x und u.

2. Die Komponenten von y_f sind differenziell unabhängig, d. h.
    sie erfüllen keine Differenzialgleichung der Form

$$\varphi \left(y_f, \dot{y}_f, \ldots, y_f^{(\gamma)} \right) = 0.$$ (2.35)

Unter der Voraussetzung, dass die erste Bedingung erfüllt ist,
ist die Forderung aus Gl. (2.35) äquivalent zu der meist
leichter zu überprüfenden Bedingung dim y_f = dim u.

Sind diese Bedingungen erfüllt, so heißt Gl. (2.33) ein flacher Ausgang und das
System (Gl. (2.29 a)) flach [7, 8, 10, 15].

Anhand der Definition lassen sich bereits wesentliche Eigenschaften flacher
Systeme ableiten. In der ersten Bedingung wird festgelegt, dass sich die Trajektorien für alle Systemgrößen, insbesondere auch für die Eingangsgrößen des Systems, anhand der Trajektorien des flachen Ausgangs y_f und dessen Zeitableitungen ohne Integration bestimmen lassen, wodurch alle dynamischen Eigenschaften
des Systems festgelegt sind. Damit kann das System (Gl. (2.29)) und alle aus den
Systemgrößen gebildeten Funktionen (s. Gl. (2.28))

$$F \left(x, u, \dot{u}, \ldots, u^{(\beta)} \right) = F \left(\psi_1, \psi_2, \dot{\psi}_2, \ldots, \psi_2^{(\beta)} \right)$$ (2.36)

vollständig, frei und endlich differenziell parametriert werden. Die Vollständigkeit
der Systembeschreibung durch den flachen Ausgang wird durch die erste Bedingung garantiert. Die freie Parametrierung ergibt sich aus der zweiten Bedingung,
welche sicherstellt, dass die Komponenten des flachen Ausgangs nicht über eine
Differenzialgleichung miteinander verkoppelt sind, weshalb die Trajektorien von y_f
unabhängig voneinander vorgebbar sind. Der flache Ausgang bildet in diesem
Sinne eine Art Basis zur Darstellung des Systems. Daraus kann man ableiten, dass
die Flachheit eine Systemeigenschaft und damit nicht an eine spezielle Systemdarstellung gebunden ist. Auch eine implizite Formulierung im Sinne der Gl. (2.28)
kann eine Beschreibung für ein flaches System sein. Jedoch können dann die
Gl. (2.29) ggf. nur lokal aufgelöst werden.

2.6.2.1 Nicht-Eindeutigkeit des flachen Ausgangs

Ein flaches System besitzt unendlich viele flache Ausgänge [15]. Innerhalb dieser
Auswahl kann der jeweils für die betrachtete Aufgabenstellung günstigste flache
Ausgang gewählt werden. Entspricht beispielsweise der Vektor der Regelgrößen y_r

dem flachen Ausgang $\boldsymbol{y}_f$, so ist er für die Lösung des Trajektorienfolgeproblems ein günstiger flacher Ausgang, da sich die Eingangsgrößen $\boldsymbol{u}$ mit Gl. (2.34 b) direkt aus den Regelgrößen berechnen lassen.

2.6.2.2 Bestimmung von Ruhelagen

Mit der Parametrierung können die Ruhelagen $(\boldsymbol{x}_0, \boldsymbol{u}_0)$ des Systems (Gl. (2.29)) einfach bestimmt und analysiert werden. In einer Ruhelage sind alle zeitlichen Ableitungen, inklusive der Ableitungen des flachen Ausgangs, gleich null. Mit

$$\boldsymbol{y}_f = \boldsymbol{y}_{fC} \tag{2.37}$$

$$\boldsymbol{y}_{f0}^{(k)} = \boldsymbol{0}, \qquad k \geq 1 \tag{2.38}$$

$$\boldsymbol{f}(\boldsymbol{x}_0, \boldsymbol{u}_0) = \boldsymbol{0} \tag{2.39}$$

und den Gl. (2.34) ergeben sich die Ruhelagen in Abhängigkeit von $\boldsymbol{y}_{f0}$ zu

$$\boldsymbol{x}_0 = \boldsymbol{\psi}_1 \left(\boldsymbol{y}_{f0}, \boldsymbol{0}, \ldots, \boldsymbol{0} \right) = \breve{\boldsymbol{\psi}}_1 \left(\boldsymbol{y}_{f0} \right) \tag{2.40 a}$$

$$\boldsymbol{u}_0 = \boldsymbol{\psi}_2 \left(\boldsymbol{y}_{f0}, \boldsymbol{0}, \ldots, \boldsymbol{0} \right) = \breve{\boldsymbol{\psi}}_2 \left(\boldsymbol{y}_{f0} \right) \tag{2.40 b}$$

Unter der Voraussetzung, dass $\breve{\boldsymbol{\psi}}_2^{-1}$ existiert, kann dann auch der Zusammenhang zwischen $\boldsymbol{x}_0$ und $\boldsymbol{u}_0$

$$\boldsymbol{x}_0 = \breve{\boldsymbol{\psi}}_1 \left(\breve{\boldsymbol{\psi}}_2^{-1} (\boldsymbol{u}_0) \right) \tag{2.41}$$

gefunden werden.

2.6.2.3 Entkopplung

Gemäß der Gl. (2.34) können die Systemgrößen als Funktion der unabhängig voneinander vorgebbaren Trajektorien für den flachen Ausgang bestimmt werden. Dies erlaubt die vollständige Entkopplung des Systems bezüglich des flachen Ausgangs. Für den speziellen Fall, dass die Regelgrößen gleich den Komponenten des flachen Ausgangs sind

$$\boldsymbol{y}_r = \boldsymbol{y}_f \tag{2.42}$$

liefert Gl. (2.34 b) direkt die Eingangsgrößen

$$\boldsymbol{u} = \boldsymbol{\psi}_2 \left(\boldsymbol{y}_f, \dot{\boldsymbol{y}}_f, \ldots, \boldsymbol{y}_f^{(\beta+1)} \right) = \boldsymbol{\psi}_2 \left(\boldsymbol{y}_r, \dot{\boldsymbol{y}}_r, \ldots, \boldsymbol{y}_r^{(\beta+1)} \right) \tag{2.43}$$

zur Entkopplung entlang der Trajektorien von $\boldsymbol{y}_r(t)$.

2.6.2.4 Steuerbarkeit und Beobachtbarkeit flacher Systeme

Der Begriff der (*Zustands-*) Steuerbarkeit wurde erstmals von Kalman im Kontext linearer Systeme angegeben [18]. Demnach heißt ein lineares, zeitinvariantes System

$$\dot{x} = A \cdot x + B \cdot u \tag{2.44 a}$$

$$y = C \cdot x + D \cdot u \tag{2.44 b}$$

steuerbar, wenn es eine Eingangsfunktion *u* gibt, die das System in endlicher Zeit T_t von einem beliebigen Arbeitspunkt x_0 in einen beliebigen Endpunkt $x(T_t)$ überführt. Diese Aussage ist äquivalent zu der Kalman'schen Rangbedingung zur Überprüfung der Steuerbarkeit. Es wurde dabei vorausgesetzt, dass jeder Zustandspunkt *x* des Systems (Gl. 2.44) durch eine Koordinatenverschiebung in x_0 überführt werden kann. Bei nichtlinearen Systemen müssen hingegen möglicherweise entweder große "Entfernungen" zurückgelegt werden und/oder es werden große Zeiten benötigt um Punkte in der Umgebung von x_0 zu erreichen [19]. Dies ist mit ein Grund, weshalb bei nichtlinearen Systemen der weniger restriktive Begriff der Erreichbarkeit, anstatt der Begriff der Steuerbarkeit verwendet wird. Die Zustandssteuerbarkeit ist von der Ausgangssteuerbarkeit eines Systems zu unterscheiden, bei der die Betrachtungen bzgl. des Systemausgangs *y* und nicht des Zustands *x* erfolgen. Die *Ausgangssteuerbarkeit* spielt eine wesentliche Rolle bei der dynamischen Systeminversion in Abschnitt 2.6.3.1.

Bei flachen Systemen kann man (s. Definition 2.1) aus den Arbeitspunkten *x*(0) und $x(T_t)$ stetig differenzierbare Trajektorien mit beliebiger Übergangszeit T_t für den flachen Ausgang y_f konstruieren (s. Abschnitt 2.4), welche ihrerseits mit Gl. (2.34 b) die Bestimmung der Eingangsfunktion *u* erlauben. Insofern kann die Flachheit eines nichtlinearen Systems (Gl. (2.29)) auch als direkte Erweiterung des linearen Steuerbarkeitsbegriffs verstanden werden. Flachheit ist demnach auch ein hinreichendes Kriterium für die Steuerbarkeit nichtlinearer Systeme [9, 10]. Für lineare, zeitvariante oder zeitinvariante Systeme sind die Begriffe Steuerbarkeit und Flachheit äquivalent [10]:

> ■ Satz 2.1: *Lineare Systeme sind genau dann flach, wenn sie steuerbar sind und umgekehrt.*

Ein lineares, zeitinvariantes *Single-Input-Single-Output* (SISO)-System, dessen Übertragungsfunktion keine gemeinsamen Pol- und Nullstellen besitzt, ist steuerbar [18] und somit gleichermaßen flach. Zudem lassen sich lineare steuerbare Systeme durch eine Zustandstransformation *z* = *Tx* in Regelungsnormalform bringen. Der sich ergebende Zustandsvektor *z* entspricht dann einem flachen Ausgang.

Ähnlich dem Begriff der Steuerbarkeit wurde von Kalman für lineare Systeme der Begriff der (*Zustands-*) Beobachtbarkeit eingeführt. Ein lineares, zeitinvariantes System (Gl. (2.44)) heißt *(vollständig)* beobachtbar, wenn der Anfangszustand

x_0 bei bekannter Eingangsfunktion u aus der Messung von y über einen endlichen Zeitraum $t \in [0, T_t]$ bestimmt werden kann. Gemäß den Gl. 2.34 kann bei einem flachen System der Zustandsvektor aus den Komponenten des flachen Ausgangs rekonstruiert werden. Aus diesem Grund sind flache Systeme über den flachen Ausgang y_f beobachtbar. Entspricht zudem der flache Ausgang dem Messvektor y, so ist das System im klassischen Sinne beobachtbar. Dies verdeutlicht, dass der flache Ausgang eines Systems einen geeigneten Messvektor für einen realen Prozess darstellt, sofern die Komponenten des flachen Ausgangs realen Prozessgrößen entsprechen. Eine Analyse eines Systems unter den Gesichtspunkten der Flachheit liefert daher schon im Entwurfsprozess wichtige Hinweise auf günstige "*Messorte*"[3] des realen Systems.

2.6.2.5 Defekt nicht flacher Systeme

Nach Definition (Gl. (2.28)) lassen sich bei flachen Systemen genau so viele unabhängige Variablen $\boldsymbol{y}_f = (y_{f,1}, \ldots, y_{f,m})$ angeben, wie das System Eingangsgrößen besitzt, wodurch die Steuerbarkeit begründet wird. Müssen nun zur Darstellung aller Zustands- und Eingangsgrößen mindestens M ($M > m$) Funktionen angegeben werden, so besitzt das System anschaulich gesprochen nicht steuerbare und damit nicht beeinflussbare, autonome Teilsysteme oder es kann nur in einem bestimmten Bereich des Zustandsraums bewegt werden. Die Differenz aus M und der Anzahl der unabhängigen Eingänge m ($\delta = M - m$) wird dann als Defekt eines nichtlinearen Systems (Gl. (2.29)) bezeichnet [9, 10].

Beispiel 2.1: Betrachtet wird folgende lineare Zustandsraumdarstellung:

$$\dot{x}_1 = 1 - x_1 \tag{2.45 a}$$

$$\dot{x}_2 = x_2 + u. \tag{2.45 b}$$

Ein möglicher Vektor zur vollständigen Systembeschreibung, d. h. des Eingangs und des Zustands gemäß Definition 2.1, ist der Zustandsvektor $\boldsymbol{x} = [x_1, x_2]$ selbst. Da jedoch dim $\boldsymbol{u} = m = 1 \neq$ dim $\boldsymbol{x} = M = 2$, existiert hier ein nicht steuerbares, stabiles autonomes Teilsystem (Gl. (2.45 a)).

Beispiel 2.2: Betrachtet wird wiederum eine lineare Zustandsraumdarstellung gegeben durch eine Parallelschaltung

$$T_1 \cdot \dot{x}_1 = -x_1 + u \tag{2.46 a}$$

$$T_2 \cdot \dot{x}_2 = -x_2 + u \tag{2.46 b}$$

---

3) Der Begriff Messort wird nicht im Sinne eines geometrischen Orts, sondern als Systemgröße oder Kombination von Systemgrößen verstanden. Dieser kann bei einer konkreten Realisierung eines technischen Systems u. U. auch mit einem geometrischen Ort in Beziehung gebracht werden.

Auch in diesem Fall ist der Zustandsvektor geeignet alle Zustände und die Eingangsgröße zu beschreiben. Jedoch gilt wiederum dim u = 1 ≤ dim x = 2. Das System kann nur entlang der Lösung der folgenden Differenzialgleichung bewegt werden

$$T_1 \cdot \dot{x}_1 + x_1 = T_2 \cdot \dot{x}_2 + x_2 \qquad (2.46\,\text{c})$$

also entlang eines beschränkten Bereichs des Zustandsraums.

Diese Eigenschaft nicht flacher Systeme stellt aufgrund der Unbeeinflussbarkeit von Systemteilen oder der beschränkten Erreichbarkeit von Punkten des Zustandsraums eine wesentliche Schwierigkeit beim Entwurf von Regelung und Vorsteuerungen für die betrachtete Systemklasse dar. Ist beispielsweise ein nicht steuerbares Teilsystem stabil und strebt damit ausgehend von einem Anfangswert asymptotisch gegen eine Ruhelage, kann man im Einzelfall geeignete Regelungen und Vorsteuerungen durch Vernachlässigung dieses Teilsystems finden. Damit wird das Problem der Modellierung eines realen Prozesses beschrieben, die auf ein nicht flaches System führt und dann durch Modellreduktion in das den Prozess bestmöglich beschreibende flache System überführt wird. Ein Beispiel hierzu findet sich in [20]. Sind hingegen instabile, autonome Teilsysteme vorhanden, ist dieses Vorgehen nicht mehr möglich. Damit zeigt sich jedoch anschaulich eine weitere mit der Flachheit verbundene Analysemöglichkeit eines Systems. So können durch eine flachheitsbasierte Betrachtung bereits während der Entwicklungsphase Hinweise auf zusätzlich einzubringende, notwendige Eingriffsmöglichkeiten in den Prozess und damit auf Stellglieder und günstige *Stellorte* [4] gefunden werden.

2.6.2.6 Bestimmung eines flachen Ausgangs und Nachweis der Flachheit
Verfahren zur Überprüfung der Flachheitseigenschaft und zur Bestimmung eines flachen Ausgangs eines allgemeinen nichtlinearen Systems sind bislang nicht bekannt. Zwar können für einige nichtlineare Systemklassen notwendige oder hinreichende oder notwendige und hinreichende Kriterien gefunden werden, jedoch nicht für nichtlineare Systeme im Allgemeinen. Einen Überblick über die existierenden Kriterien findet man in [10]. Neuere Ergebnisse sind in [21] zu finden. Ausgangspunkt der Betrachtungen in [10] sind die Bedingungen der exakten Linearisierbarkeit von nichtlinearen Systemen und das Auffinden von verallgemeinerten Zustandstransformationen in strukturell flache Systemdarstellungen, einer Verallgemeinerung der linearen Regelungsnormalform. In strukturell flachen Systemdarstellungen sind die Ausgänge der entstehenden Integratorketten mögliche flache Ausgänge [10]. Das Auffinden einer solchen Zustandstrans

---

4) Mit Stellort ist hier nicht der geometrische Ort gemeint, sondern eine Systemgröße oder eine Kombination von Systemgrößen mit dem das System beeinflusst werden kann. Dieser kann bei einer konkreten Realisierung eines technischen Systems u. U. auch mit einem geometrischen Ort in Beziehung gebracht werden.

formation sowie die Verifikation der Existenz erfordern umfangreiche symbolische Kalkulationen, so dass zu deren praktischer Umsetzung meist Prozessmodelle niedriger Ordnung verwendet werden müssen.

Dem gegenüber steht das *heuristische Suchen* eines flachen Ausgangs ausgehend von der Definition (Gl. (2.28)), welches in vielen Anwendungsfällen auch für Totzeitsysteme und verteilt-parametrische Systeme zum Erfolg führt (s. hierzu [22–25]). Hilfestellung können zusätzlich graphisch strukturelle Systemdarstellungen wie z. B. der Wirkungsplan liefern, indem sukzessive, beginnend beim Systemausgang, nach Größen gesucht wird, welche das System vollständig beschreiben. Die anschließende Verifikation des gefunden Vektors von Funktionen mit der Dimensionsbedingung (Gl. (2.35)) liefert eine Aussage über die Flachheit des Systems und gleichzeitig einen flachen Ausgang. Jedoch führt dieses Vorgehen nicht zwangsläufig zum Erfolg und hängt von der Komplexität, der Erfahrung und dem Geschick des jeweiligen Anwenders ab.

Für lineare Systeme hingegen ist eine systematische Vorgehensweise durch den Steuerbarkeitsnachweis und die Transformation in die Regelungsnormalform, wie sie in Abschnitt 2.6.2.4 skizziert ist oder durch die Anwendung algebraischer Methoden z. B. mit Janet-Basen möglich.

Nachdem ein potenzieller Kandidat für einen flachen Ausgang gefunden ist, kann der Nachweis der Flachheit anhand der in Definition (Gl. (2.28)) formulierten Bedingungen geführt werden.

2.6.3
Flachheitsbasierte Lösung der Entwurfsaufgabe

Zur flachheitsbasierten Lösung des Trajektorienfolgeproblems (Gl. (2.28)) sollen die zwei folgenden prinzipiellen Möglichkeiten betrachtet werden, unter der Voraussetzung, dass der Sollverlauf $w(t)$ entsprechend oft stetig differenzierbar oder analytisch ist:

1. Lösung durch Vorsteuerung bzw. dynamische Systeminversion:
   Unter der Voraussetzung, dass das Prozessmodell (2.29) stabil ist und hierdurch das Prozessverhalten hinreichend genau beschrieben wird, kann eine Steuertrajektorie $u_\nu(t)$ ausgehend vom gewünschten Sollverlauf $w(t)$ bestimmt werden. Damit ergibt sich die dynamische Systeminversion, deren Wirkungsplan in Abb. 2.28 dargestellt ist.
   Der Entwurf der Vorsteuerung bzw. die dynamische Systeminversion ist Bestandteil von Abschnitt 2.6.3.1.

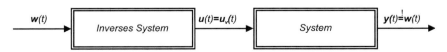

Abb. 2.28 Strukturbild Vorsteuerung.

2. Lösung durch den Entwurf einer Regelung:
   Ist hingegen das Modell instabil oder ungenau und wirken
   Störungen $d(t)$ auf den Prozess, so muss eine Regelung
   bestimmt werden. Aufgabe dieser Regelung ist es den Tra-
   jektorienfolgefehler $e(t) = w(t) - y(t)$ asymptotisch zu verringern und damit auch die Folgebewegung zu stabilisieren.

Ergänzt man die Vorsteuerung mit einem Regelungsalgorithmus, so ergibt sich
die Zwei-Freiheitsgrade-Struktur als strukturelle Lösungsmöglichkeit:

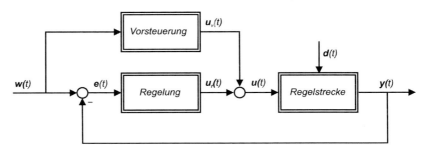

Abb. 2.29 Zwei-Freiheitsgrade-Struktur.

Die zwei Freiheitsgrade beim Entwurf bestehen hierbei in der Auslegung der
Vorsteuerung einerseits und der Regelung andererseits. Das Nominalverhalten
dieser Struktur wird durch die Vorsteuerung vorgegeben, so dass die Regelung die
Stabilisierung und das Störverhalten bestimmt. Die Struktur erlaubt den unabhängigen Entwurf des Führungs- und Störverhaltens, wodurch bei instabilen
Systemen zunächst die stabilisierende Rückführung entworfen und anschließend
das stabilisierte System zum Entwurf der Vorsteuerung verwendet wird.

Neben der Zwei-Freiheitsgrade-Struktur, die in Abschnitt 2.6.3.3 im Zusammenhang mit dem Gain-Scheduling-Verfahren benutzt wird, kann eine Zustandsregelung zur Lösung des Trajektorienfolgeproblems verwendet werden. Sie ist
Bestandteil des Abschnitts 2.6.3.2.

Der flache Ausgang y_f eines Systems (Gl. (2.29)) wird nicht immer mit den
Ausgangsgrößen y übereinstimmen, weshalb zur Lösung der Entwurfsaufgabe
zwei weitere Fälle zu unterscheiden sind:

1. Flacher Ausgang gleich dem Vektor der Ausgangsgrößen
   $(y_f = y)$:
   Entsprechen die Ausgangsgrößen $y = (y_1, y_2,..., y_m)$ den
   Komponenten des flachen Ausgangs $y_f = (y_{f1}, y_{f2},..., y_{fm})$, so
   sind die Trajektorien für die Zustandsgrößen x und die Eingangsgrößen u gemäß den Gl. (2.34) für den Sollverlauf w
   eindeutig bestimmt:

$$x = \psi_1\left(w, \dot{w}, \ldots, w^{(\beta)}\right)$$
$$= \psi_1\left(y_{fw}, \dot{y}_{fw}, \ldots, y_{fw}^{(\beta)}\right)$$

(2.47 a)

$$\begin{aligned}
\boldsymbol{u} &= \psi_2\left(\boldsymbol{w}, \dot{\boldsymbol{w}}, \ldots, \boldsymbol{w}^{(\beta+1)}\right) \\
&= \psi_2\left(\boldsymbol{y}_{fw}, \dot{\boldsymbol{y}}_{fw}, \ldots, \boldsymbol{y}_{fw}^{(\beta+1)}\right)
\end{aligned}$$

(2.47 b)

Die explizite Form dieser Gleichungen erlaubt es anhand der Solltrajektorien $\boldsymbol{y}_f = (y_{f1}, y_{f2}, \ldots, y_{fm})$ entweder iterativ oder als Ergebnis einer Optimierung, die Beschränkungen (Gl. (2.31)) für diese Größen offline zu berücksichtigen. Werden die zulässigen Trajektorien für $\boldsymbol{w}$ anhand einer Optimierung bestimmt, so kann die Lösung durch die Darstellung (Gl. (2.47)) vereinfacht werden, da die Systemgleichungen (Gl. (2.29)) nicht integriert werden müssen. Geht man dazu über Beschränkungen online zu berücksichtigen, ist das Auffinden geeigneter Solltrajektorien eine reine Optimierungsaufgabe, die durch den letztgenannten Sachverhalt erleichtert wird. Indem zusätzlich bei der Planung der Trajektorien für $\boldsymbol{w}$ der zulässige Bereich für die Zustands- und Stellgrößen nicht vollständig ausgenutzt wird, verbleibt beim Schließen des Regelkreises eine Reserve für den Regler, womit die Beschränkungen (Gl. (2.31)) auch im geschlossenen Kreis nicht verletzt werden. Bis auf Singularitäten der Funktion ψ_2, welche ebenfalls bei der Planung von $\boldsymbol{w}$ einbezogen werden können, existieren die Steuerfunktion $\boldsymbol{u}$ bei flachen Systemen immer [10].

2. Flacher Ausgang nicht gleich dem Vektor der Ausgangsgrößen ($\boldsymbol{y}_f \neq \boldsymbol{y}$):
Sind die Ausgangsgrößen $\boldsymbol{y}$ und der flache Ausgang $\boldsymbol{y}_f$ oder mindestens eine Komponente y_i von $\boldsymbol{y}$ nicht Bestandteil des flachen Ausgangs, so erhält man mit Gl. (2.34 a) durch Einsetzen in Gl. (2.29 b)

$$\boldsymbol{y} = \boldsymbol{h}\left(\psi_1\left(\boldsymbol{y}_f, \dot{\boldsymbol{y}}_f, \ldots, \boldsymbol{y}_f^{(\beta)}\right)\right)$$

(2.48)

und mit den Trajektorien der Sollwerte

$$\boldsymbol{w} = \check{\boldsymbol{h}}\left(\boldsymbol{y}_{fw}, \dot{\boldsymbol{y}}_{f,w}, \ldots, \boldsymbol{y}_{fw}^{(\beta)}\right)$$

(2.49)

eine (implizite) Differenzialgleichung für die gesuchten Trajektorien des flachen Ausgangs $\boldsymbol{y}_{fw}$. Diese Gleichung kann durchaus instabil sein, so dass bei der Planung der Sollverläufe darauf zu achten ist, dass die Beträge der Zustände und Eingangsgrößen beschränkt bleiben. Existiert keine analytische Lösung, so muss Gl. (2.49) numerisch gelöst werden. Beschränkungen der Zustands- und Eingangsgrößen lassen sich auch in diesem Fall bei der offline Planung berücksichtigen.

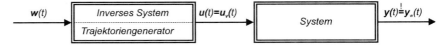

Abb. 2.30 Allgemeine dynamische Systeminversion.

Bei einer praktischen Umsetzung der Vorsteuerung oder Regelung werden die externen, oftmals von einem Anwender oder einer überlagerten Struktur vorgegebenen, Sollwertvorgaben $w(t)$ nicht notwendigerweise stetig differenzierbar sein, so dass die Verläufe zunächst in einem Trajektorien- oder Sollwertgenerator (z. B. im einfachsten Fall durch ein Filter) erzeugt werden müssen. Abb. 2.30 und Abb. 2.31 zeigen die sich für diesen allgemeinen Fall ergebenden erweiterten Wirkungspläne für die Vorsteuerung und die Zwei-Freiheitsgrade-Struktur mit den erzeugten stetig differenzierbaren Trajektorien y_w.

Der Einsatz eines Trajektoriengenerators ermöglicht zusätzlich die Berücksichtigung bekannter Totzeiten T_d zwischen dem Systemeingang und den Regelgrößen, indem die Sollwerte für die Regelung um die Totzeit verzögert gegenüber der Vorsteuerung ausgegeben werden.

$$y_w(t) = q\left(w(t - T_d)\right),\ T_d \in [0, \infty[\tag{2.50}$$

$$u_v(t) = \psi_2\left(y_{fw}(t), \dot{y}_{f,w}(t), \dots, y_{fw}^{(\beta+1)}(t)\right) \tag{2.51}$$

Der Entwurf des Trajektoriengenerators ist Bestandteil von Abschnitt 2.6.4.

2.6.3.1 **Vorsteuerungsentwurf und dynamische Systeminversion**

Zunächst wird in diesem Abschnitt die dynamische Systeminversion linearer Systeme betrachtet und die Begriffe der Links- und Rechtsinvertierbarkeit eingeführt. Auf dieser Grundlage wird dann anschließend auf den flachheitsbasierten Vorsteuerungsentwurf eingegangen. Damit soll gezeigt werden, dass die dynamische Systeminversion bzw. der Vorsteuerungsentwurf nicht auf flache Systeme beschränkt sind.

Die Inversion von Ein-/Ausgangssystemen lässt sich anschaulich für lineare Systeme ausgehend vom Zusammenhang zwischen der Zustandsraumdarstellung

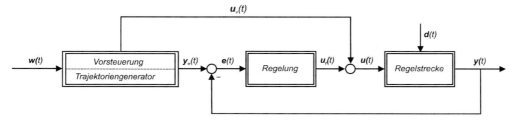

Abb. 2.31 Allgemeine Zwei-Freiheitsgrade-Struktur mit Trajektoriengenerator.

und der zugehörigen Übertragungsmatrix g darstellen. Bei einem linearen quadratischen System in Zustandsraumdarstellung ergibt sich der Zusammenhang zwischen dem Eingang u und dem Ausgang y nach der Laplace-Transformation, unter der Voraussetzung, dass $(sI - A)$ invertierbar ist zu

$$\left.\begin{array}{l} \dot{x} = Ax - Bu \\ y = Cx \end{array}\right\} \circ\!\!-\!\!\bullet\, y = C\,(sI - A)^{-1}\,Bu, \quad u, y \in \mathbb{R}^n. \tag{2.52}$$

Mit

$$G(s) = C\,(sI - A)^{-1}\,B \tag{2.53}$$

erhält man den Zusammenhang zwischen Ein- und Ausgang

$$y = G(s)u \quad \text{bzw.} \quad y = g\left(\frac{d}{dt}\right)u \tag{2.54}$$

mit der Übertragungsmatrix g, die gebrochenrationale Funktionen im Operator $\frac{d}{dt}$ enthält und eine andere formale Darstellung von $G(s)$ repräsentiert, indem s im Sinne der Laplace-Rücktransformation durch $\frac{d}{dt}$ ersetzt wurde. Diese Operatorenschreibweise erlaubt einen schnellen Übergang von der Polynomdarstellung im Laplace-Bereich in die Darstellung in Form von Differenzialgleichungen im Zeitbereich.

Man unterscheidet nun zwischen der

- *Linksinvertierbarkeit*: Ein System ist *linksinvertierbar*, wenn der Ausgangsrang gleich der Anzahl der Komponenten des Eingangs u ist. Hierdurch kann y als ein unabhängiger neuer Eingang eines Systems mit Ausgang u aufgefasst werden und das neue System mit Eingang y und Ausgang u heißt das inverse System. Es existiert dann eine Übertragungsmatrix $L\left(\frac{d}{dt}\right)$ mit der die Eingangsfunktionen für einen vorgegebenen Ausgang y bestimmt werden können:

$$u = L\left(\frac{d}{dt}\right)y. \tag{2.55 a}$$

Mit

$$y = g\left(\frac{d}{dt}\right)u \tag{2.55 b}$$

folgt

$$u = L\left(\frac{d}{dt}\right)g\left(\frac{d}{dt}\right)u = Iu \tag{2.55 c}$$

- *Rechtsinvertierbarkeit*: Ein System ist *rechtsinvertierbar*, wenn der Ausgangsrang gleich der Anzahl der Komponenten des Ausgangs y ist. Damit sind die Komponenten von y nicht verkoppelt, d. h., es können Trajektorien für y unabhängig voneinander vorgegeben werden, und es existiert keine Differenzialgleichung, die die Ausgangsgrößen miteinander verbindet. Es existiert eine Rechtsinverse $R\left(\frac{d}{dt}\right)$ mit

$$y = g\left(\frac{d}{dt}\right) R\left(\frac{d}{dt}\right) y = I y \tag{2.56}$$

Da die Komponenten bei Rechtsinvertierbarkeit von y unabhängig und frei vorgebbar sind, spricht man auch von *Ausgangssteuerbarkeit* des Systems.

Durch diese anschauliche Betrachtung, welche auch auf nichtlineare Systeme übertragbar ist, lässt sich schlussfolgern, dass die minimale Voraussetzung zur Bestimmung einer Vorsteuerung für ein System die Linksinvertierbarkeit ist. Sie gestattet die freie Wahl von Trajektorien für die Komponenten von y und durch Integration der Gleichungen (Gl. (2.55 a)) des linksinversen Systems kann u berechnet werden. Zwar können bei einem linksinvertierbaren System die Ausgänge nicht zwangsläufig entkoppelt voneinander vorgegeben werden, da sie ggf. über eine Differenzialgleichung miteinander verbunden sind, jedoch ist dies in konkreten technischen Anwendungsfällen nicht immer gefordert und eine Vorsteuerung kann bestimmt werden. In diesem Sinn ist die Rechtsinvertierbarkeit, als notwendige Bedingung zur Entkopplung der Komponenten des Ausgangs y, eine zusätzliche Bedingung beim Vorsteuerungsentwurf. Allgemein spricht man von *Invertierbarkeit* eines Systems, wenn sowohl die Links- als auch die Rechtsinverse existiert.

Vor diesem Hintergrund und der Definition 2.1 sind flache Systeme bezüglich des flachen Ausgangs y_f links- als auch rechtsinvertierbar. Somit ist die Flachheit für den reinen Vorsteuerungsentwurf sehr restriktiv. Darüber hinaus sind nur bestimmte Operatoren (z. B. der Differenzialoperator $\frac{d}{dt}$) bei der Inversion erlaubt. Man erkennt dies anhand der Gl. (2.34 b), da der Eingang u dynamikfrei, d. h. nur durch die Ableitungen des flachen Ausgangs, bestimmt wird. Diese Dynamikfreiheit der Linksinversen ist ein wesentliches Merkmal flacher Systeme. Die dynamische Systeminversion und die Bestimmung der Eingangsfunktion u_v ergibt sich bei flachen Systemen für den Fall $y_f = y$ durch Gl. (2.47 b):

$$u_v = \psi_2\left(w, \dot{w}, \ldots, w^{(\beta+1)}\right) \tag{2.57}$$

und für den Fall $y_f \neq y$ nach Auflösen der impliziten Differenzialgleichung (Gl. (2.49)):

$$w = \check{h}\left(y_{fw}, \dot{y}_{f,w}, \ldots, y_{fw}^{(\beta)}\right)$$
$$u_v = \psi_2\left(y_{fw}, \dot{y}_{f,w}, \ldots, y_{fw}^{(\beta+1)}\right). \tag{2.58}$$

Wie bereits angedeutet können zur Berechnung des Eingangs u zusätzliche oder andere Operatoren (z. B. die Integration) notwendig sein. Beispielsweise kann bei sog. *Liouville*-Systemen zwischen einem flachen und einem nichtflachen Systemteil unterschieden werden. Es ist jedoch möglich durch Integration von Komponenten des flachen Ausgangs des einen Systemteils eine Vorsteuerung für den nichtflachen anderen Systemteil zu finden und die Vorsteuerungsaufgabe zu lösen (s. hierzu [26]).

2.6.3.2 Regelung durch Zustandsrückführung

Als erstes Beispiel einer flachheitsbasierten Regelung wird nun die quasistatische Zustandsrückführung betrachtet. Ihr liegt zugrunde, dass flache Systeme nach einer Zustandstransformation in eine sog. verallgemeinerte Zustandsraumdarstellung [27]

$$\dot{z}_1 = z_2 \tag{2.59 a}$$

$$\dot{z}_{\kappa_1} = \varphi_1\left(\boldsymbol{z}, \boldsymbol{u}, \dot{\boldsymbol{u}}, \ldots, \boldsymbol{u}^{(\alpha_1)}\right) \tag{2.59 b}$$

$$\dot{z}_{\kappa_1 + \ldots + \kappa_{m-1} + 1} = z_{\kappa_1 + \ldots + \kappa_{m-1} + 2} \tag{2.59 c}$$

$$\dot{z}_{\kappa_1 + \ldots + \kappa_m} = \varphi_m\left(\boldsymbol{z}, \boldsymbol{u}, \dot{\boldsymbol{u}}, \ldots, \boldsymbol{u}^{(\alpha_m)}\right), \tag{2.59 d}$$

deren neuer Zustandsvektor $\boldsymbol{z}$ aus Komponenten des flachen Ausgangs und deren Zeitableitungen besteht, überführt werden können. Sie ist im weitesten Sinne verwandt mit der von linearen Systemen her bekannten Regelungsnormalform und wird daher auch als verallgemeinerte nichtlineare Regelungsform bezeichnet. Die Verallgemeinerung im Gegensatz zur klassischen Zustandsraumdarstellungen ist im Auftreten von Zeitableitungen des Eingangs $\boldsymbol{u}$ in den Ausdrücken begründet. In Gl. (2.59) stellen die natürlichen Zahlen $\varkappa_i$ systemabhängige Längen von Integratorketten dar.

Durch Einführung neuer Eingänge

$$v_i = \varphi_i\left(\boldsymbol{z}, \boldsymbol{u}, \dot{\boldsymbol{u}}, \ldots, \boldsymbol{u}^{(\alpha_i)}\right), \quad i = 1, \ldots, m \tag{2.60 a}$$

und Umkehrung der Funktionen erhält man die verallgemeinerte quasi-statische Zustandsrückführung

$$u_i = \breve{\varphi}_i\left(\boldsymbol{z}, \boldsymbol{v}, \dot{\boldsymbol{v}}, \ldots, \boldsymbol{v}^{(\chi_i)}\right), \tag{2.60 b}$$

welche bei einem System in verallgemeinerter Regelungsform (Gl. (2.59)) die Nichtlinearitäten kompensiert und das System in Brunovský-Normalform [28]

$$\dot{z} = \boldsymbol{A} \cdot \boldsymbol{z} + \boldsymbol{B} \cdot \boldsymbol{v} \tag{2.61}$$

mit

$$\dot{z}_1 = z_2 \tag{2.62 a}$$

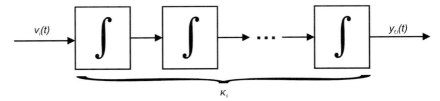

Abb. 2.32 Integratorkette der quasi-statischen Zustandsrückführung.

$$\dot{z}_{\kappa_1} = v_1 \tag{2.62 b}$$

$$\dot{z}_{\kappa_1 + \ldots + \kappa_{m-1} + 1} = z_{\kappa_1 + \ldots + \kappa_{m-1} + 2} \tag{2.62 c}$$

$$\dot{z}_{\kappa_1 + \ldots + \kappa_m} = v_m \tag{2.62 d}$$

überführt. Dabei kann Gl. (2.62) mit den höheren Ableitungen von y_f auch in kürzerer Form

$$y_i^{(\kappa_i)} = v_i, \quad i = 1 \ldots m \tag{2.63}$$

ausgedrückt werden [10]. Da in Gl. (2.60 a) auch Ableitungen von u und v auftreten, ist die Zustandsrückführung quasi-statisch. In der Darstellung der Gl. (2.62) besteht das System aus m entkoppelten Teilsystemen, die sich bezüglich ihrer neuen Eingänge v_i als instabile lineare Systeme in Form von Integratorketten verhalten (Abb. 2.32).

Daher stammt auch der Satz: *Flache Systeme können durch quasi-statische Zustandsrückführungen exakt linearisiert werden.*

Zur Stabilisierung von Gl. (2.62) kann man eine Eigenwertvorgabe für die Dynamik des Trajektorienfolgefehlers angeben, der die Bewegung entlang der Solltrajektorie y_{fw} (s. Gl. (2.49)) des flachen Ausgangs y_f stabilisiert. Wählt man für die neuen Eingänge den Zusammenhang

$$v_i = y_{fw,i}^{(\kappa_i)} - \sum_{j=0}^{\kappa_i - 1} k_{i,j} \cdot \left(y_{f,i}^{(j)} - y_{fw,i}^{(j)} \right), \quad i = 1 \ldots m \tag{2.64}$$

$$= z_{w,\kappa_i} - \sum_{j=0}^{\kappa_i - 1} k_{i,j} \cdot \left(z_{i,j} - z_{w,i,j} \right), \quad i = 1 \ldots m \tag{2.65}$$

und setzt ihn in die Gl. (2.63) ein, so ergeben sich die Differenzialgleichungen für die Folgefehler

$$e_i := y_{f,i} - y_{fw,i}, \quad i = 1, \ldots, m \tag{2.66}$$

zu

$$e_i^{(\kappa_i)} + \sum_{j=0}^{\kappa_i - 1} k_{i,j} \cdot e_i^{(j)} = 0, \quad i = 1, \ldots, m. \tag{2.67}$$

Die Parameter $k_{i,j}$ können durch die Vorgabe von Eigenwerten $\lambda_{i,j}, i = 1, \dots, m, \, j = 1, \dots, \kappa_i$ nach einem Koeffizientenvergleich so gewählt werden, dass die charakteristischen Polynome

$$\lambda^{(\kappa_i)} + \sum_{j=1}^{\kappa_i-1} \lambda^j \cdot k_{i,j} \overset{!}{=} \prod_{j=1}^{\kappa_i} (\lambda - \lambda_{i,j}), \quad i = 1, \dots, m \tag{2.68}$$

nur Wurzeln links der imaginären Achse besitzen. Damit ergibt sich der Wirkungsplan der flachheitsbasierten Zustandsregelung in Abb. 2.33 mit der quasi-statischen Zustandsrückführung (Gl. (2.60)), dem asymptotischen Folgeregler (Gl. (2.64) und dem Trajektoriengenerator. Die Struktur enthält zudem einen Block mit einem Beobachter für den Fall nichtmessbarer Zustandsgrößen x sowie zur Bestimmung des flachen Ausgangs y_f und dessen Zeitableitungen und damit des Zustands z.

Für den flachheitsbasierte Folgeregelkreis kann die Zustandsschätzung durch einen Beobachter oder ein erweitertes Kalman-Filter erfolgen. Der Entwurf basiert auf der Linearisierung des rückgekoppelten Folgeregelkreises aus Abb. 2.33 um die Solltrajektorien sowohl des Zustands x_w als auch des Eingangs u_w. Für das im Ergebnis zeitvariante System gilt das Separationsprinzip, so dass man bekannte Entwurfsverfahren anwenden kann (s. [10]).

Die gewonnene Zustandsregelung ist nicht in der Lage sprungförmige bzw. konstante Störungen d zu kompensieren. Um dies zu erreichen kann die Zustandsdarstellung (Gl. (2.63)) um den Störanteil d erweitert werden

$$y_i^{(\kappa_i)} = v_i + d_i, \quad i = 1 \dots m \tag{2.69}$$

Für das damit in der "gestörten" Brunovský-Form vorliegende System kann man die neuen Eingänge v_i mit einem Integralterm erweitern:

$$\begin{aligned}
v_i = y_{fw,i}^{(\kappa_i)} - k_{i,0} \cdot \int_0^t \left(y_{f,i}(\tau) - y_{fw,i}(\tau) \right) d\tau - \\
- \sum_{j=1}^{\kappa_i} k_{i,j} \cdot \left(y_{f,i}^{(j-1)} - y_{fw,i}^{(j-1)} \right), \quad i = 1 \dots m
\end{aligned} \tag{2.70}$$

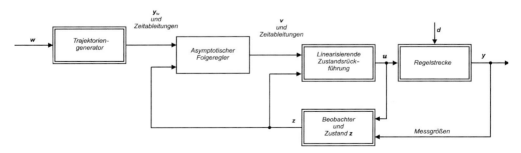

Abb. 2.33 Wirkungsplan der quasi-statischen Zustandsrückführung.

Setzt man diese Beziehung wiederum in Gl. (2.69) ein, ergeben sich die Fehler-differenzialgleichungen zu

$$e_i^{(\kappa_i)} + k_{i,0} \cdot \int_0^t \left(e_i(\tau) \right) d\tau + \sum_{j=1}^{\kappa_i} k_{i,j} \cdot e_i^{(j-1)} = d_i, \quad i = 1, \ldots, m. \tag{2.71}$$

mit der konstanten Störung d_i. Man kann dieses Integral-Differenzialgleichungs-system als äquivalent zu dem linearen Differenzialgleichungssystem

$$e_i^{(\kappa_i)} + \sum_{j=1}^{\kappa_i} k_{i,j} \cdot e_i^{(j-1)} = -k_{i,0} \cdot \rho_i \tag{2.72 a}$$

$$\dot{\rho}_i = e_i \tag{2.72 b}$$

$$\rho_i(0) = \frac{d_i}{k_{i,0}}, \quad i = 1, \ldots, m. \tag{2.72 c}$$

mit unbekannter Anfangsbedingung $\rho_i(0)$ auffassen. Durch Differenzieren von Gl. (2.71) ergibt sich der Zusammenhang

$$e_i^{(\kappa_i+1)} + k_{i,0} \cdot e_i + \sum_{j=1}^{\kappa_i} k_{i,j} \cdot e_i^{(j)} = 0, \quad i = 1, \ldots, m. \tag{2.73}$$

für den nun wieder die Eigenwerte ähnlich der Gl. (2.67) so vorgegeben werden, dass asymptotisch stabiles Verhalten auch im gestörten Fall erreicht wird. Da sich an der Ableitungsordnung der Zustandsrückführung (Gl. (2.70)) nichts ändert, bleiben alle anderen Blöcke in Abb. 2.33 unverändert.

Die flachheitsbasierte Folgeregelung auf Basis der Zustandsrückführung ist im Hinblick auf Modellierungsfehler (v. a. der Nichtlinearitäten) nicht sehr robust. Dies ist darin begründet, dass das Verfahren auf der Kompensation der Nichtlinearität durch die Zustandsrückführung (Gl. (2.60)) beruht. Im Fall von Modellunsicherheiten ist eine exakte Kompensation nicht möglich, wodurch kein lineares Ein-/Ausgangsverhalten vom Eingang v zum Systemausgang y garantiert werden kann. Dies hat zur Folge, dass die Fehlerdynamik ebenfalls nichtlinear ist und der lineare Entwurf der asymptotisch stabilisierenden Rückführung nicht mehr angewendet werden kann. Auch die Erweiterung (Gl. (2.70)) zur Kompensation der Störungen d kann vor diesem Hintergrund keine Verbesserung erzielen. Das im folgenden Abschnitt dargestellte Verfahren soll diesbezüglich Abhilfe schaffen.

2.6.3.3 Regelung durch Gain-Scheduling

In Abschnitt 2.6.3 wurde bereits die Zwei-Freiheitsgrade-Struktur als mögliche Variante zur Trajektorienfolgeregelung flacher Systeme angegeben. Der zu diesem Zweck notwendige Entwurf des Vorsteuerungsteils auf Basis der Flachheit war bereits Bestandteil von Abschnitt 2.6.3.1. Dort wurde bereits festgestellt, dass für das System (Gl. (2.29)) mit Störungen das Nominalverhalten durch die Vorsteuerung festgelegt wird und ein Rückführungsteil zur Stabilisierung und Störunterdrückung notwendig ist. In [29] wurde gezeigt, dass bei bekannter Anfangsbedingung durch die flachheitsbasierte Vorsteuerung eine exakte Linearisierung der nichtlinearen Regelstrecke entlang der vorgegebenen Trajektorien möglich ist und die Stabilität bei Verwendung von (mit D-Anteilen) erweiterten linearen PID-Reglern auf Basis von [30] bewiesen werden kann. In dieser Arbeit wurde auch bereits ein *flachheitsbasiertes Gain-Scheduling* erwähnt.

Ein Verfahren zur Trajektorienfolge, welches nicht auf der Flachheit basiert, jedoch die Zwei-Freiheitsgrade-Struktur nutzt, ist in [13] beschrieben. Der Unterschied in der Realisierung der Vorsteuerungskomponente besteht darin, dass ein Streckenmodell in Kombination mit exakten Linearisierungsmethoden eingesetzt wurde. Die auf diese Weise am Modell generierte Stellgröße wurde dann in einer Zwei-Freiheitsgrade-Struktur für die reale Strecke verwendet und durch eine Rückführung mit dem Gain-Scheduling Verfahren ergänzt.

Der Begriff des Gain-Scheduling entstammt ursprünglich der Tatsache, dass Reglereinstellungen in Abhängigkeit von Prozessgrößen verstellt werden und sich die Verstellung im Wesentlichen auf die Verstärkungsfaktoren (*gains*) bezieht [13]. Es ist ein in der Praxis weit verbreitetes Verfahren, was darauf zurückzuführen ist, dass es im Gegensatz zu den nichtlinearen Verfahren den von linearen Systemen her bekannten intuitiven Entwurf von Reglern ohne aufwändige Zustandstransformationen bietet und auf eine größere Klasse von Systemen anzuwenden ist. Hierdurch fällt eine physikalische Interpretation des Reglers meist leichter als bei anderen Verfahren. Diese Eigenschaften machen es auch attraktiv für den Einsatz im leittechnischen Umfeld, da das Verfahren der Anforderung gerecht wird für den Operator möglichst verständliche Regelungskonzepte zur Verfügung zu stellen. Die "Kosten" des Vorgehens bestehen im Stabilitätsnachweis, der nur bei langsamen Übergangsvorgängen und Anfangszuständen in der Nähe des Arbeitspunktes geführt werden kann [11]. Für den Fall schneller Arbeitspunktwechsel ist dies global schwierig und kann nur nachträglich nach dem Entwurf des Reglers mit *Ljapunovs direkter Methode* erfolgen. Sie ist mit dem bekannten Umstand behaftet eine geeignete *Ljapunov-Funktion* zu finden. Daher wird in den meisten Fällen durch intensive Simulationen überprüft, ob der gewählte Entwurf zumindest am Modell gewünschtes stabiles Verhalten erzeugt.

In diesem Abschnitt wird die Kombination von Flachheit und Gain-Scheduling-Verfahren vorgestellt, da sich für den methodischen Gain-Scheduling-Regelungsentwurf Vorteile, bedingt durch die Möglichkeit der differenziellen Parametrierung der nichtlinearen Regelstrecke (Gl. (2.29)), ergeben. Die bei der Linearisierung nichtlinearer Systeme notwendige Bestimmung von Arbeitspunkten oder Trajektorien für die Systemzustände x und Eingänge u wird durch die differenzielle Parametrierung eines flachen Systems durch den flachen Ausgang erheblich erleichtert. Dies wurde bereits in Abschnitt 2.6.2.2 bei der Bestimmung der Ruhelagen eines flachen Systems demonstriert und ergibt sich leicht aus Definition (Gl. 2.28). Darüber hinaus ist aufgrund der Beobachtbarkeit der nichtlinearen Regelstrecke bezüglich y_f der flache Ausgang ein natürlicher Kandidat für die *Scheduling-Variable*, wodurch ein Entwurfsschritt im ursprünglichen Gain-Scheduling-Verfahren konkretisiert werden kann.

Der methodische Reglerentwurf mit Gain-Scheduling erfolgt klassischerweise in fünf Schritten:

1. Bestimmung eines linearen Modells durch *Jacobi-Linearisierung* der Regelstrecke (Gl. (2.29)) um eine vorab bestimmte Familie von Arbeitspunkten des Systems. Dabei wird angenommen, dass die Arbeitspunkte von Parametern abhängen, die in einem Vektor σ zusammengefasst werden können. Man erhält die sog. *parametrierte Linearisierungsfamilie* der Regelstrecke.

2. Entwurf eines lokal linearen, vom Parametervektor σ abhängigen Reglers mit bekannten linearen Methoden für die parametrierte Linearisierungsfamilie der Regelstrecke aus Schritt 1 in den gewählten Arbeitspunkten.

3. Auswahl eines Vektors $\eta(t)$ von bekannten oder messbaren Systemgrößen oder von Funktionen der Systemgrößen, die die Nichtlinearität des Systems wiedergeben und in den Arbeitspunkten mit dem Parametervektor σ aus 1 und 2 übereinstimmen ($\eta(t) = \sigma$). Den Vektor der ausgewählten Größen $\eta(t)$ bezeichnet man als *Scheduling-Variable*. Dieser Schritt entfällt, wie bereits angedeutet, bei flachen Systemen.

4. Bestimmung eines nichtlinearen Gain-Scheduling-Reglers durch Einsetzen der Scheduling-Variablen η in die im Schritt 2 entworfenen parametrierten linearen Regler. Der so bestimmte nichtlineare Regler muss nach Linearisierung in den gewählten Arbeitspunkten mit dem zuvor entworfenen linearen Regler übereinstimmen. Dies ist eine notwendige Bedingung, damit die Linearisierung des geschlossenen nichtlinearen Regelkreises in den Arbeitspunkten mit dem beim Entwurf spezifizierten linearen Kreis übereinstimmt.

5. Untersuchung des globalen Regelverhaltens auf Stabilität und Robustheit. Im besten Fall kann dies analytisch erfolgen (s. [30]), meist sind jedoch aufgrund des lokalen (linearen) Entwurfs Simulationen notwendig.

Diese Entwurfsschritte werden nun vor dem Hintergrund der Flachheit genau beschrieben und ein Vorgehen für flache Systeme entwickelt.

Schritt 1 – Linearisierung der Regelstrecke

Im Unterschied zum Gain-Scheduling-Entwurf in Arbeitspunkten (s. Abschnitt 2.6.3.3) steht beim Reglerentwurf für das Trajektorienfolgeproblem (Gl. (2.28)) der Entwurf entlang der Solltrajektorie im Vordergrund und damit der Übergangsvorgang zwischen Arbeitspunkten. Demnach bietet es sich an das Verfahren zu erweitern [13] und die Linearisierung der Regelstrecke entlang der beginnend vom gewünschten Sollverlauf w ermittelten Trajektorien für die Zustände x_w und die Eingänge u_w durchzuführen. Sie können bei flachen Systemen, wie in Abschnitt 2.6.3 beschrieben, aus dem Verlauf der Trajektorien y_{fw} leicht bestimmt werden.

$$\boldsymbol{x}_w = \psi_1 \left(\boldsymbol{y}_{fw}, \dot{\boldsymbol{y}}_{fw}, \ldots, \boldsymbol{y}_{fw}^{(\beta)} \right) \tag{2.74}$$

$$\boldsymbol{u}_w = \psi_2 \left(\boldsymbol{y}_{fw}, \dot{\boldsymbol{y}}_{fw}, \ldots, \boldsymbol{y}_{fw}^{(\beta+1)} \right) \tag{2.75}$$

Dies ist ein Vorteil der flachheitsbasierten Vorgehensweise, da für nicht flache Systeme die Bestimmung der Trajektorien $\boldsymbol{u}_w$, $\boldsymbol{x}_w$ für einen gewünschten Verlauf nicht explizit und daher sehr aufwendig sein kann. Dann liefert die Linearisierung von Gl. (2.29) entlang der Nominaltrajektorien den Zusammenhang

$$\Delta \dot{\boldsymbol{x}} = \boldsymbol{A}(t) \cdot \Delta \boldsymbol{x} + \boldsymbol{B}(t) \cdot \Delta \boldsymbol{u} \tag{2.76 a}$$

$$\Delta \boldsymbol{y} = \boldsymbol{C}(t) \cdot \Delta \boldsymbol{x} \tag{2.76 b}$$

mit den jeweiligen Jacobi-Matrizen

$$\boldsymbol{A}(t) = \left. \frac{\partial \boldsymbol{f}(\boldsymbol{x}, \boldsymbol{u})}{\partial \boldsymbol{x}} \right|_{\boldsymbol{x}_w(t), \boldsymbol{u}_w(t)} \tag{2.76 c}$$

$$\boldsymbol{B}(t) = \left. \frac{\partial \boldsymbol{f}(\boldsymbol{x}, \boldsymbol{u})}{\partial \boldsymbol{u}} \right|_{\boldsymbol{x}_w(t), \boldsymbol{u}_w(t)} \tag{2.76 d}$$

$$\boldsymbol{C}(t) = \left. \frac{\partial \boldsymbol{h}(\boldsymbol{x})}{\partial \boldsymbol{x}} \right|_{\boldsymbol{x}_w(t)} \tag{2.76 e}$$

und den Abweichungen Δ von den Nominaltrajektorien $\boldsymbol{x}_w$, $\boldsymbol{u}_w$ und $\boldsymbol{y}_w$. Im Ergebnis erhält man ein zeitvariantes, lineares System. Betrachtet man nun einen festen, jedoch beliebigen Punkt auf der Nominaltrajektorie, der sich bei flachen Systemen entsprechend Abschnitt 2.6.2.2 zu

$$\sigma = [\boldsymbol{x}_{w0}, \boldsymbol{u}_{w0}] \tag{2.77}$$

$$= \left[\psi_1 \left(\boldsymbol{y}_{fw0}, \boldsymbol{0}, \ldots, \boldsymbol{0} \right), \psi_2 \left(\boldsymbol{y}_{fw0}, \boldsymbol{0}, \ldots, \boldsymbol{0} \right) \right] \tag{2.78}$$

$$= \psi \left(\boldsymbol{y}_{fw0} \right) \tag{2.79}$$

ergibt, so lässt sich Gl. (2.76) umformen

$$\Delta \dot{\boldsymbol{x}} = \boldsymbol{A}(\sigma) \cdot \Delta \boldsymbol{x} + \boldsymbol{B}(\sigma) \cdot \Delta \boldsymbol{u} \tag{2.80 a}$$

$$\Delta \boldsymbol{y} = \boldsymbol{C}(\sigma) \cdot \Delta \boldsymbol{x} \tag{2.80 b}$$

mit den zeitlich konstanten, arbeitspunktabhängigen Matrizen $\boldsymbol{A}(\sigma)$, $\boldsymbol{B}(\sigma)$ und $\boldsymbol{C}(\sigma)$. In dieser quasi-statischen Formulierung, kann nun das Gain-Scheduling-Verfahren angewendet werden.

Schritt 2 – Entwurf des lokal linearen Reglers

Prinzipiell ist beim Entwurf des lokal linearen Reglers zu unterscheiden, ob eine Ausgangsregelung oder eine Zustandsregelung entworfen wird. Da in der Zwei-Freiheitsgrade-Struktur eine Ausgangsregelung zum Einsatz kommt, soll nur dieser Fall betrachtet werden. Die Vorgehensweise bei Gain-Scheduling-Zustandsreglern (s. [12, 13]), der sog. *Extended Linearization*, kann durch die Betrachtung der Flachheitseigenschaft analog zur Ausgangsregelung vereinfacht werden.

Für den Entwurf der Ausgangsregelung soll die σ-parametrierte linearisierte Zustandsraumdarstellung

$$\Delta \dot{x}_R = L_1 (\sigma) \Delta x_R + L_2 (\sigma) \Delta e \tag{2.81 a}$$

$$\Delta u_R = K_1 (\sigma) \Delta x_R + K_2 (\sigma) \Delta e, \tag{2.81 b}$$

des nichtlinearen Reglers mit $e = y_w - y$

$$\dot{z} = \mu (z, e) \tag{2.82 a}$$

$$u_r = \nu (z, e) \tag{2.82 b}$$

verwendet werden. Für eine möglichst allgemeine Darstellung werden die folgenden Betrachtungen mit dem Vektor der Ausgangsgrößen y durchgeführt.

Nachdem σ einem Punkt der Nominaltrajektorie entspricht, ist die die kontinuierliche Parametrierung des Reglers (Gl. (2.81)) exakt und ergibt sich nicht anhand der sonst verwendeten Interpolation zwischen einzelnen stationären Arbeitspunkten. In dieser Darstellung müssen zum Entwurf des Reglers die Matrizen L_1, L_2, K_1 und K_2 bestimmt werden. Hierzu können alle bekannten, analytischen Verfahren der linearen Regelungstheorie verwendet werden. Beispielsweise kann man bei SISO-Regelstrecken das Frequenzkennlinien-Verfahren oder ein robustes Regelungsentwurfsverfahren ausnutzen und *parametrierte PI-Regler* der Art

$$\Delta \dot{x}_r = \frac{K_r (\sigma)}{T_n} \cdot \Delta e \tag{2.83 a}$$

$$\Delta u_r = \Delta x_r + K_r (\sigma) \cdot \Delta e \tag{2.83 b}$$

mit

$$L_1 (\sigma) = \frac{K_r (\sigma)}{T_n}, \ L_2(\sigma) = 0, \ K_1(\sigma) = 1, \ K_2(\sigma) = K_r (\sigma) \tag{2.83 c}$$

anhand der Gl. (2.81) entwerfen.

Schritt 3 und 4 – Bestimmung des nichtlinearen Gain-Scheduling-Reglers

Wie erläutert, stellt bei flachen Systemen der flache Ausgang eine natürliche Scheduling-Variable $\eta(t) = \psi \left(y_{fw}(t) \right)$ dar. Für einen festen Punkt auf der Nominaltrajektorie gilt daher stets

$$\eta_0 = \sigma \tag{2.84}$$

und man erhält den nichtlinearen Gain-Scheduling-Regler durch Ersetzen von σ in Gl. (2.81) mit $\eta(t)$.

$$\dot{x}_r = L_1\left(\eta(t)\right) x_r + L_2\left(\eta(t)\right) e \tag{2.85 a}$$

$$u_r = K_1\left(\eta(t)\right) x_r + K_2\left(\eta(t)\right) e, \tag{2.85 b}$$

Es muss nun noch verifiziert werden, ob die Linearisierung dieses Reglers um einen beliebigen Punkt der Nominaltrajektorie den linearen Regler (Gl. (2.81)) ergibt, damit die zugrunde gelegte lineare Entwurfsannahme für Punkte der Nominaltrajektorie auch für den geschlossenen Regelkreis mit dem nichtlinearen Regler (Gl. (2.82)) erfüllt ist. Auf der Nominaltrajektorie gilt

$$e_0 = x_{r0} = 0 \quad \text{sowie} \quad u_{r0} = 0, \tag{2.86}$$

da in der Zwei-Freiheitsgrade-Struktur der Gain-Scheduling-Regler nur bei Abweichungen von der Nominaltrajektorie eingreift. Die Linearisierung der Gl. (2.85)

$$\Delta \dot{x}_r = \left[\frac{\partial L_1}{\partial \eta}\frac{\partial \eta}{\partial x_r} x_r + L_1\left(\eta\right)\right]\Bigg|_{x_{r0},\eta_0} \Delta x_r +$$
$$+ \left[\frac{\partial L_2}{\partial \eta}\frac{\partial \eta}{\partial e} e + L_2\left(\eta\right)\right]\Bigg|_{e_0,\eta_0} \Delta e \tag{2.87}$$

$$= L_1\left(\sigma\right)\Delta x_r + L_2\left(\sigma\right)\Delta e \tag{2.88}$$

$$\Delta u_r = \left[\frac{\partial K_1}{\partial \eta}\frac{\partial \eta}{\partial x_r} x_r + K_1\left(\eta\right)\right]\Bigg|_{x_{r0},\eta_0} \Delta x_r +$$
$$+ \left[\frac{\partial K_2}{\partial \eta}\frac{\partial \eta}{\partial e} e + K_2\left(\eta\right)\right]\Bigg|_{e_0,\eta_0} \Delta e \tag{2.89}$$

$$= K_1\left(\sigma\right)\Delta x_r + K_2\left(\sigma\right)\Delta e \tag{2.90}$$

liefert den Beweis, dass der nichtlineare Regler (Gl. (2.85)) auf der Nominaltrajektorie mit dem linearen Regler (Gl. 2.81) übereinstimmt. Abbildung 2.34 zeigt den

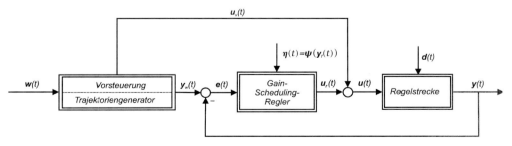

Abb. 2.34 Flachheitsbasierte Gain-Scheduling-Folgeregelung.

Wirkungsplan der entwickelten flachheitsbasierten Gain-Scheduling-Trajektorienfolgeregelung.

Bislang wurde nichts über die Bestimmung der Scheduling-Variablen $\eta(t)$ bzw. $y_{fw}(t)$ ausgesagt. Sie kann entweder aus Messgrößen bestimmt, beobachtet oder durch den Trajektoriengenerator erzeugt werden. Soll ein Beobachter vermieden werden, wenn der flache Ausgang nicht gemessen werden kann, so ist die Auswahl eindeutig, es muss der Trajektoriengenerator verwendet werden. Ist es hingegen möglich den flachen Ausgang zu messen oder entspricht er sogar den Regelgrößen, so bietet sich diese Wahl an, da damit die Reglerparameter bei Abweichungen von der Nominaltrajektorie zusätzlich verändert werden und auf diese Weise u. U. ein besseres Regelungsergebnis erzielt werden kann.

Schritt 5 – Bemerkungen zur Stabilität des Regelkreises
Grundsätzlich ist bei Gain-Scheduling-Reglern die Stabilität durch den quasi-statischen linearen Entwurf nicht gesichert, was eingangs dieses Abschnitts bereits erläutert wurde. Dies führt in der Literatur stets zu der Aussage, dass die zeitliche Ableitung der gewählten Scheduling-Variablen und damit das transiente Verhalten des Reglers möglichst klein sein soll. Verstärkt wird diese Aussage durch Betrachtung der Stabilitätsaussagen von Kelemen [30], bei der die Beschränktheit der zeitlichen Ableitung eine wesentliche Rolle spielt. Betrachtet man nun, wie im vorliegenden Fall, Übergangsvorgänge, so scheint diese Bedingung gerade vor dem Hintergrund der Auswahl einer Funktion des flachen Ausgangs, welcher inhärent auch schnelle Zustandsinformationen enthalten kann, als Scheduling-Variable auf den ersten Blick nicht zwangsläufig erfüllt. Jedoch kann durch eine sinnvolle Vorgabe einer Übergangstrajektorie durch den Sollwertgenerator garantiert werden, dass die Dynamik des Übergangsvorgangs hinreichend langsam ist und die Stabilität zumindest in der Umgebung der Nominaltrajektorie grundsätzlich gewährleistet werden kann. Im Umfeld der i. A. vergleichsweise langsamen verfahrenstechnischen Prozesse sollte dies keine Einschränkung sein. Für mechatronische Anwendungen mit schneller Dynamik hingegen bedarf die quasistationäre Betrachtungsweise weitergehender Untersuchungen. Man kann in einem solchen Fall auch direkt zu zeitvarianten Regelungsmethoden übergehen, welche ebenfalls flachheitsbasiert entworfen werden können (s. [20]).

2.6.4
Realisierung des Trajektoriengenerators

Die Vorgabe geeigneter Trajektorien $y_f(t)$ für den flachen Ausgang ist der letzte Schritt zur Lösung des Trajektorienfolgeproblems (Gl. (2.28)). Aus ihnen können alle weiteren Trajektorien des Systems bestimmt werden. Folgende Anforderungen müssen an Trajektorien für den flachen Ausgang erfüllt sein:
- Die Trajektorien müssen mindestens n-mal ($n = \beta + 1$) stetig differenzierbar sein, da die Bestimmung der Eingangstrajektorie aus Gl. (2.34 b) Ableitungen bis zur Ordnung ($\beta + 1$) erfordern.

- Die Trajektorien müssen bezüglich ihrer Übergangszeit T_t so gewählt sein, dass beim Übergang zwischen Anfangs- und Endpunkt, welche nicht notwendigerweise Ruhelagen sind, die Wertebereiche der Zustands- und Eingangsgrößen beschränkt bleiben und eine sinnvolle Dynamik des Übergangsvorgangs erzielt wird. In den folgenden Betrachtungen wird jedoch davon ausgegangen, dass die zulässigen Übergangszeiten T_t vorab bestimmt und hinterlegt werden können, womit auf die Lösung einer Optimierungsaufgabe zur Laufzeit zugunsten der Rechenzeit verzichtet wird. Erweiterungen zur Bestimmung von Trajektorien in Echtzeit unter Berücksichtigung von Beschränkungen im Sinne einer Optimierung finden sich in [31].

Es bleibt dennoch zu unterscheiden ob die Trajektorien *online*, d. h. in Echtzeit, oder vorab *offline* geplant werden können. Es wird zunächst der Fall betrachtet, bei dem die Trajektorien für den flachen Ausgang direkt bestimmt werden können, da dieser dem Systemausgang entspricht und eine Lösung der Differenzialgleichung (Gl. (2.49)) nicht erforderlich ist. Weiterhin werden die Betrachtungen auf eine Komponente $y_{f,i}$ des flachen Ausgangs y_f beschränkt. Um die Notation zu vereinfachen wird daher auf den Index i für eine Komponente des Vektors y_f verzichtet und stattdessen das Symbol y_f verwendet. In Abb. 2.35 ist ein typisches hinreichend glattes Trajektorienstück dargestellt. Es kann, neben der Stetigkeit n, über die Übergangszeit T_t parametriert werden. Für $T_t \to 0$ lässt sich das Trajektorienstück einer Sprungfunktion beliebig annähern. Im Anfangs- und Endpunkt $y_f(t_1)$

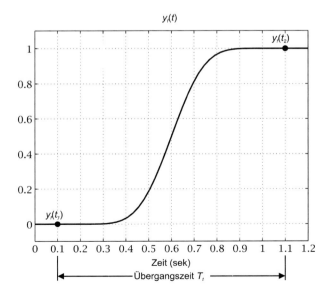

Abb. 2.35 Trajektorienstück für eine Komponente des flachen Ausgangs.

bzw. $y_f(t_2)$ bestimmen zusätzlich die Zeitableitungen von $\mathbf{y}_f$ den Verlauf, welche in den Ableitungstupeln

$$\tilde{y}_f(0) = \tilde{y}_{f0} = \left(y_{f0}, \dot{y}_{f0}, \ldots, y_{f0}^{(n)} \right) \tag{2.91 a}$$

$$\tilde{y}_f(T_t) = \tilde{y}_{fT_t} = \left(y_{fT_t}, \dot{y}_{fT_t}, \ldots, y_{fT_t}^{(n)} \right) \tag{2.91 b}$$

oder allgemein für einen beliebigen Punkt $y_f(\tau) \in [0, T_t]$

$$\tilde{y}_f(\tau) = \left(y_f, \dot{y}_f, \ldots, y_f^{(n)} \right) \tag{2.91 c}$$

zusammengefasst sind, wobei der Definitionsbereich des Trajektorienstücks $y_f(\tau)$ auf $\tau \in [0, T_T]$ festgelegt wurde. Der gesamte Verlauf einer Trajektorie für den flachen Ausgang kann durch Aneinanderreihen derartiger Teilstücke gebildet werden. Hierbei ist zu beachten, dass die Ableitungstupel der Punkte, die miteinander verbunden werden, übereinstimmen, damit ein stetiger Verlauf der Trajektorie gewährleistet ist.

Zur Bestimmung des gesuchten Trajektorienstücks kann man direkt ein Polynom angeben oder ein Gleichungssystem lösen. Beide Varianten werden im Folgenden erläutert. Die Ausführungen zur Bestimmung mit einem Gleichungssystem sowie die Betrachtungen zur Trajektoriengenerierung in Echtzeit sind teilweise angelehnt an [31].

2.6.4.1 Trajektorienplanung durch Lösung eines Gleichungssystems

Zunächst wird davon ausgegangen, dass das Trajektorienstück $\mathbf{y}_f$ als Linearkombination von noch nicht näher spezifizierten Basisfunktionen $\xi_j : [0, T_t] \to \mathbb{R}$ und dem Koeffizientenvektor $\mathbf{a}$ bestimmbar ist.

$$y_f = \sum_{j=1}^{N} \xi_j \cdot a_j = \boldsymbol{\xi} \cdot \mathbf{a} \quad \text{mit} \quad \mathbf{a}, \boldsymbol{\xi} \in \mathbb{R}^N \tag{2.92}$$

Mit den Ableitungstupeln (Gl. (2.91)) und dem Ansatz (Gl. (2.92)) erhält man zur Bestimmung des Koeffizientenvektors $\mathbf{a}$ ein lineares Gleichungssystem:

$$\left(\begin{array}{c} \tilde{y}_{f0} \\ \tilde{y}_{fT_t} \end{array} \right) = \left(\begin{array}{c} \tilde{\boldsymbol{\xi}}(0) \\ \tilde{\boldsymbol{\xi}}(T_t) \end{array} \right) \mathbf{a} \tag{2.93}$$

wobei $\tilde{\boldsymbol{\xi}}(\tau)$ der Matrix der Basisfunktionen $\boldsymbol{\xi} = (\xi_1, \ldots, \xi_N)$ und deren n ersten Zeitableitungen zum Zeitpunkt τ entspricht

$$\tilde{\boldsymbol{\xi}}(\tau) = \left(\begin{array}{ccc} \xi_1(\tau) & \cdots & \xi_N(\tau) \\ \vdots & \ddots & \vdots \\ \xi_1^{(n)}(\tau) & \cdots & \xi_N^{(n)}(\tau) \end{array} \right) . \tag{2.94}$$

Das Ableitungstupel $\tilde{y}_f(\tau)$ kann nun durch Lösen von Gl. 2.93 aus den Ableitungstupeln $\tilde{y}_{f0}$ und $\tilde{y}_{fT_T}$ des Anfangs- und Endpunktes und $\tilde{\boldsymbol{\xi}}(\tau)$ für $N = 2(n + 1)$ bestimmt werden

$$\tilde{y}_f(\tau) = \tilde{\boldsymbol{\xi}}(\tau)\boldsymbol{a} = \tilde{\boldsymbol{\xi}}(\tau)\left(\begin{array}{c}\tilde{\boldsymbol{\xi}}(0)\\\tilde{\boldsymbol{\xi}}(T_t)\end{array}\right)^{-1}\left(\begin{array}{c}\tilde{y}_{f0}\\\tilde{y}_{fT_t}\end{array}\right) \tag{2.95}$$

$$= \boldsymbol{F}(\tau)\tilde{y}_{f0} + \boldsymbol{H}(\tau)\tilde{y}_{fT_t}. \tag{2.96}$$

Dies setzt voraus, dass die Matrix

$$\left(\begin{array}{c}\tilde{\boldsymbol{\xi}}(0)\\\tilde{\boldsymbol{\xi}}(T_t)\end{array}\right) \tag{2.97}$$

invertiert werden kann und die Basisfunktionen $\boldsymbol{\xi} = (\xi_1, \ldots, \xi_N)$ damit entsprechend gewählt sind.

Wird bei einem Verfahren zur Trajektoriengenerierung nur der Anfangs- und der Endpunkt bzw. Anfangs- und Endableitungstupel $\tilde{y}_{f0}$ und $\tilde{y}_{fT_t}$ verändert, so muss lediglich Gl. (2.96) neu berechnet werden. Bei Veränderung von T_t ist jedoch eine erneute Berechnung der Inversen von Matrix (Gl. (2.97)) notwendig [31].

2.6.4.2 Trajektorienplanung durch einen Polynomansatz

Eine Möglichkeit zur Bestimmung eines geeigneten n-mal stetig differenzierbaren Übergangs zwischen dem stationären Anfangs- und Endpunkt $\tilde{y}_{f0} = (y_{f0}, 0, \ldots, 0)$ und $\tilde{y}_{fT_t} = (y_{fT_t}, 0, \ldots, 0)$ in der Übergangszeit T_t liefert die Auswertung des folgenden Ausdrucks:

$$\zeta_n(t) = \frac{\int_0^t \tau^n(1-\tau)^n d\tau}{\int_0^1 \tau^n(1-\tau)^n d\tau}, \qquad \zeta_n : [0,1] \to \mathbb{R} \tag{2.98}$$

und Einsetzen in

$$y_f(t) = y_{f0} + \zeta_n\left(\frac{t}{T_t}\right)(y_{fT_T} - y_{f0}). \tag{2.99}$$

Eine ähnliche Funktion wird auch in [31] angegeben, jedoch mit der Erweiterung, dass sowohl der Anfangs- als auch der Endpunkt nicht stationär sind. Zu diesem Zweck werden zwei weitere Funktionen y_{fa} und y_{fb} mit beliebigen Ableitungstupeln $\tilde{y}_{fa}(0) = \tilde{y}_{f0}$ und $\tilde{y}_{fb}(0) = \tilde{y}_{fT_t}$ eingeführt, die n-mal differenzierbar sind

$$\tilde{y}_{fa}(t) = \sum_{i=0}^{n} y_{f0}^{(i)}\frac{t^i}{i!}, \qquad y_{fa} : [0, T_t] \to \mathbb{R} \tag{2.100}$$

$$\tilde{y}_{fb}(t) = \sum_{i=0}^{n} y_{fT_t}^{(i)}\frac{t^i}{i!}, \qquad y_{fb} : [-T_t, 0] \to \mathbb{R}. \tag{2.101}$$

Mit Gleichung (Gl. (2.98)) ergibt sich das Trajektorienstück dann zu

$$y_f(t) = y_{fa}(t) + \zeta_n\left(\frac{t}{T_t}\right)(y_{fb}(t - T_t) - y_{fa}(t)) \tag{2.102}$$

mit den beliebigen Ableitungstupeln $\tilde{y}_{f0}$ und $\tilde{y}_{fT_T}$.

2.6.4.3 Trajektorienplanung in Echtzeit

In diesem Abschnitt soll gezeigt werden, wie auf Basis der Ergebnisse aus Abschnitt 2.6.4.1 ein einfacher Echtzeit-Trajektoriengenerator erzeugt werden kann. Die Einfachheit bezieht sich auf die fehlende Berücksichtigung von Beschränkungen, die wie eingangs erwähnt lediglich in einer offline Planung der Übergangszeit T_t berücksichtigt werden (vgl. hierzu auch Kapitel 7). Dies kann zu einem sehr konservativen Trajektoriengenerator führen, stellt jedoch bei den vergleichsweise langsamen verfahrenstechnischen Prozessen keine wesentliche Einschränkung dar. Die Erzeugung eines Trajektorienstücks soll zeitdiskret erfolgen. Dabei sei angenommen, dass die Übergangszeit

$$T_t = i \cdot T_a, \qquad i \in \mathbb{N} \tag{2.103}$$

ein ganzzahliges Vielfaches der Abtastzeit T_a ist und mit dem zusätzlichen Index k die Werte der entsprechenden Größen zum Zeitpunkt $k \times T_a$ bezeichnet werden. Aus Darstellungsgründen sei auch hier immer nur eine Komponente des flachen Ausgangs $\boldsymbol{y}_f$ und eine Komponente des Sollverlaufs $\boldsymbol{w}$ ohne den zugehörigen Index i berücksichtigt.

Da bei der Anwendung in Leitsystemen meist sprunghafte Änderungen der Führungsgröße $\boldsymbol{w}$ verlangt sind, kann bei der Planung der Trajektorien davon ausgegangen werden, dass der Endpunkt stets ein stationärer Zustand ist und sich das Ableitungstupel des Sollwerts $\tilde{w}_{T_t,k} = \left(w_k, \dot{w}_k, \ldots, w_k^{(n)} \right)$ und des flachen Ausgangs $\tilde{y}_{fT_t,k}$ zum Zeitpunkt $kT_a + T_t$ zu

$$\tilde{y}_{fT_t,k} = (y_{fT_t,k}, 0, \ldots, 0) = y_{fT_t,k} \tag{2.104}$$

$$\tilde{w}_{T_t,k} = (w_{T_t,k}, 0, \ldots, 0) = w_{T_t,k} \tag{2.105}$$

reduziert.

Der Trajektoriengenerator ergibt sich dann durch Algorithmus 2.1. Man erhält als Ergebnis ein lineares, zeitinvariantes, zeitdiskretes System, dessen Stabilität durch geeignete Wahl von T_a und der Wahl der Basisfunktionen $\boldsymbol{\xi}$ sichergestellt werden muss (vgl. [31]).

Werden auf diese Weise Trajektorien für alle Komponenten des flachen Ausgangs erzeugt, so können nun in einem weiteren Block ausgehend von Definition 2.1 die Zustände $\boldsymbol{x}_w$ und die Eingänge $\boldsymbol{u}_w$ berechnet

$$\boldsymbol{x}_w \left((k+1)T_a \right) = \boldsymbol{\psi}_1 \left(\tilde{\boldsymbol{y}}_f \left((k+1)T_a \right) \right) \tag{2.106}$$

$$\boldsymbol{u}_w \left((k+1)T_a \right) = \boldsymbol{\psi}_2 \left(\tilde{\boldsymbol{y}}_f \left((k+1)T_a \right) \right), \tag{2.107}$$

und einem Regelungsalgorithmus zur Verfügung gestellt werden, der das System um die Solltrajektorie $\boldsymbol{w}$ stabilisiert.

Algorithmus 2.1 Erzeugung eines Trajektorienstücks

Benötigt: Im vorangegangenen Schritt berechnetes Trajektorienstück $y_{f,k-1}$ bzw. Ableitungstupel $\tilde{y}_{f,k-1}$ und Sollwert w_k zum aktuellen Zeitpunkt bzw. Ableitungstupel $\tilde{w}$.

Ausgabe: Trajektorienstück $y_{f,k} : [kT_a, kT_a + T_t] \rightarrow \mathbb{R}$, das y_f auf dem Intervall $[k\cdot T_a, (k+1)T_a]$ definiert bzw. das zugehörige Ableitungstupel $\tilde{y}_f\left((k+1)T_a\right)$

1: $\tilde{y}_{fT_t} := \tilde{w}_k(kT_a)$;

2: $\tilde{y}_{f0} := \tilde{y}_{f,k-1}(kT_a)$;

3: Berechnung des Trajektorienstücks $y_{f,k} : [kT_a, kT_a + T_t]$ zwischen $\tilde{y}_{f0}$ und $\tilde{y}_{fT_t}$ durch Lösen des Gleichungssystems (Gl. (2.93));

4: $\tilde{y}_f\left((k+1)T_a\right) := \tilde{y}_{f,k}\left((k+1)T_a\right)$, dies kann mit Gl. (2.96) erfolgen.

In Abb. 2.36 ist der Algorithmus veranschaulicht für Änderungen von $w(t)$ zum Zeitpunkt kT_a und $(k+5)T_a$ sowie eine Änderung der Übergangszeit von T_{t1} auf T_{t2} zum Zeitpunkt $(k+5)T_a$. Zunächst wird aus dem aktuellen Sollwert w_k ein Trajektorienstück mit der Übergangszeit T_{t1} durch Lösung des Gleichungssystems (Gl. (2.93)) erzeugt. Dabei entspricht $y_{f0,k}$ dem aktuellen Ableitungstupel bzw. dem stationären Wert von $y_{f,k-1}(kT_a)$. $y_{fT_{t1},k}$ wird, da es ebenfalls einem stationären Wert

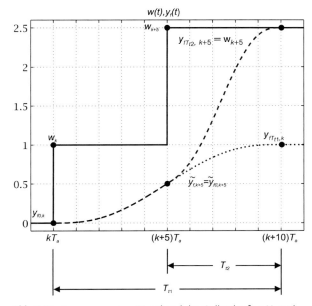

Abb. 2.36 Erzeugung von $y_f(t)$ anhand des Sollverlaufs $w(t)$ und gleichzeitiger Änderung der Übergangszeit von T_{t1} nach T_{t2}.

entspricht, gleich w_k gesetzt. Zum Zeitpunkt $(k + 5)T_a$ ändert sich sowohl w_{k+5} als auch die Übergangszeit von T_{t1} *zu* $T_{t2} = \frac{T_{t1}}{2}$. *Das nun zu planende Trajektorienstück wird mit dem aktuellen Ableitungstupel* $\tilde{y}_{f,k+5}$ *und dem wieder stationären Endwert* $y_{fT_{t2},k+5} = w_{k+5}$ *zum Zeitpunkt $(k + 5)T_a$ bestimmt. Damit entsteht durch sukzessives Aneinandersetzen von Trajektorienstücken das gesamte Ableitungstupel für $\tilde{y}_f(t)$.*

Falls der flache Ausgang nicht dem Systemausgang entspricht, können da lediglich stationäre Werte der Sollgröße w_k betrachtet werden, die Differenzialgleichung (Gl. (2.49)) kann vereinfacht werden:

$$w_k = \breve{h}\left(y_{fw,k}, 0, \ldots, 0\right) \tag{2.108}$$

$$y_{fw,k} = \breve{h}^{-1}\left(w_k\right) \tag{2.109}$$

und entsprechend können die Sollwerte $y_{fw,k}$ für die flachen Ausgänge bestimmt werden. In Algorithmus 2.1 sind dann alle w_k durch $y_{fw,k}$ zu ersetzen.

2.6.5
Zusammenfassung

In diesem Kapitel wurde durchgängig der Vorsteuerungs- und Regelungsentwurf für ein Trajektorienfolgeproblem unter Ausnutzung der Flachheitseigenschaft eines Systems mit konzentrierten Parametern dargestellt. Die zugrundeliegende Idee der Flachheit, alle Systemgrößen durch den flachen Ausgang beschreiben zu können, ist nicht auf diese Systemklasse beschränkt, sondern wurde bereits auf Systeme mit verteilten Parametern [32, 22, 23, 24] und Totzeitsysteme [33, 25] angewendet. Auch sind die hier erläuterten Methoden der Regelung flacher Systeme nur ein Ausschnitt der bereits in der Literatur angegebenen Vorgehensweisen. In [29] und [34] wurden erweiterte PID-Strukturen (*extendend PID, generalized PID*) zur Regelung eingeführt, aber auch das *Sliding-Mode* und *Backstepping-Verfahren* [35] wurden bereits im Kontext der Flachheit dargestellt. Das beschriebene flachheitsbasierte Gain-Scheduling bietet aufgrund des Vorgehens beim Entwurf einen verständlichen Zugang zur Regelung flacher Systeme und wird damit der Forderung nach Bedienbarkeit in Leitsystemen gerecht. Nachteilig wirkt sich jedoch der nur schwer zu führende Stabilitätsnachweis aus. Im Abschnitt zur dynamischen Systeminversion wurde festgestellt, dass die Flachheit zum Vorsteuerungsentwurf sehr restriktiv ist und in konkreten technischen Anwendungsfällen oftmals die Linksinvertierbarkeit eines Systems ausreichend ist, um Vorsteuerungen zu bestimmen. Da die Zwei-Freiheitsgrade-Struktur in Kombination mit dem Gain-Scheduling nicht auf flache Systeme beschränkt ist, kann sie als Regelungsmethode für in diesem Sinne "vorsteuerbare" Systeme ebenfalls zur Anwendung kommen. Ein wesentliches Merkmal der flachheitsbasierten Vorgehensweise ist die Vorgabe von stetig differenzierbaren Trajektorien für die Komponenten des flachen Ausgangs. Neben der Notwendigkeit aufgrund der *improperness* (entspricht für lineare Systeme dem Fall Zählergrad kleiner Nennergrad der Übertragungsfunktion) eines invertierten dynamischen Systems ist die Vorgabe eines stetigen Übergangs für die Regelung günstig, da nicht wie bei einem Sprung unerwünschte Frequenzen des Systems angeregt werden. Damit kann ein Überschwingen der Systemantwort im geschlossenen Kreis vermieden werden. Im folgenden Kapitel werden die beschriebenen Verfahren auf einen Neutralisationsprozess angewendet und in der TIAC-Umgebung umgesetzt.

2.7
Rapid Control Prototyping
Philipp Orth

Zahlreiche technische Systeme aus den klassischen Ingenieurdisziplinen, die z. B. mechanische, thermische und chemische Prozesse beinhalten, wurden in den letzten Jahrzehnten um elektronische Anteile ergänzt. Dies hat zu einer ganzen Reihe von Innovationen geführt, die ohne einen interdisziplinären Ansatz nicht möglich gewesen wären. Solche Systeme finden sich heute in nahezu allen Lebensbereichen wieder.

Die Aufhebung der räumlichen Trennung verschiedener Komponenten eines Prozesses ging mit Synergieeffekten einher. Neben der räumlichen wurde dabei naturgemäß auch die funktionelle Trennung immer weiter aufgehoben, um Optimierungen zu ermöglichen. Deshalb muss ein solcher Prozess oder eine solche Anlage über den gesamten Entwicklungszyklus hinweg als Gesamtsystem betrachtet werden. Dies hat neben höheren interdisziplinären Anforderungen an Ingenieure auch zur bedeutenden Stärkung der Steuerungs-, Regelungs-, und Automatisierungstechnik geführt, da deren Grundlagen für nahezu alle hochentwickelten technischen Prozesse von entscheidender Bedeutung sind.

Konsequenterweise hat diese Entwicklung auch zu neuen Entwurfsmethoden im Bereich der Regelungs- und Steuerungstechnik geführt, mit denen sowohl der Interdisziplinarität als auch der Forderung nach ganzheitlichen Entwürfen Rechnung getragen werden soll. Einer der erfolgversprechendsten und somit sehr verbreiteten Entwicklungsprozesse in diesem Umfeld ist der des *Rapid Control Prototyping* (RCP). Er unterstützt einen integrierten, rechnergestützten Entwicklungsprozess für automatisierte Systeme. Die Anpassung dieses bisher vornehmlich im Bereich der Mechatronik etablierten Entwurfsverfahrens für einen Einsatz in der Prozessleittechnik ist ein wesentlicher Inhalt dieses Buches.

Ein Beispiel für den industriellen Einsatz des Rapid Prototyping bei der Entwicklung des eigentlichen Automatisierungsalgorithmus findet sich im Bereich der Regelungstechnik. Die Veränderungen der Entwicklungsprozesse für Regelungen in den vergangenen Jahrzehnten sind sehr stark mit der Entwicklung von Rechner- und Softwaretechnologien verbunden. Die Möglichkeit auch schwer beherrschbare Prozesse zu regeln, die konventionell zum Teil überhaupt nicht zu regeln sind, haben durch die Integration von Rechnertechnik in Automatisierungseinrichtungen stark zugenommen. Um Berechnungen und Simulationen bei der Geräteentwicklung durchführen zu können, muss durch die Modellbildung eine adäquate Beschreibung des *Systems* gefunden werden. Durch die Erstellung von *Modellen* zur *Simulation von Prozessen* konnte die Entwicklung von Regelungen um einen wichtigen Aspekt erweitert werden, da z. B. die Strukturauswahl einer Regelung anhand der Erkenntnisse erfolgen kann, die mit Modellbildung und Simulation zu erreichen sind. Mit ausreichend verfügbarer Rechnerleistung können Regelungen mit vertretbarem Zeitaufwand in der Simulation erprobt werden. Die gewachsenen Rechenkapazitäten der Automatisierungsgeräte ermöglichen zusätzlich, die – gegebenenfalls nicht messbaren – Zustandsverläufe solcher mathematischen Modelle im Gerät parallel zu berechnen und bei der Regelung zu berücksichtigen.

Für die Mehrzahl aller Schritte eines solchen Entwicklungsprozesses stehen mittlerweile Softwarepakete zur Verfügung, die den jeweiligen Entwicklungsschritt unterstützen und an die Sichtweise des jeweiligen Entwicklers angepasst sind. So stehen z. B. für die Modellierung unterschiedlichste graphische Werkzeuge zur Verfügung, die in ihrer Darstellungsweise und auch den Modellierungsansätzen die gewohnte Begriffswelt der zugehörigen Disziplin oder auch Branche verwenden. Nachteilig ist allerdings, dass vielfach der Übergang zwischen den einzelnen Entwicklungsumgebungen nicht reibungsfrei verläuft. So ist häufig der Fall anzutreffen, in dem an einem sehr einfachen Prozessmodell innerhalb einer Simulation verschiedene Automatisierungsstrategien erprobt werden. Eine Übernahme der Ergebnisse in die zur Implementierung verwendete Umgebung erfolgt aber anschließend dadurch, dass die Strategie dort erneut manuell umgesetzt wird.

Typische Entwurfsschritte beim RCP umfassen die Beschreibung der Dynamik des zu automatisierenden Systems, dessen Modellbildung mit anschließendem Regelungs- und Steuerungsentwurf sowie die Erprobung der Lösung in verschiedenen Umgebungen von der reinen Simulationsumgebung bis hin zum realen System. Die Methode des RCP basiert nämlich im Wesentlichen auf der Idee, die Entwicklung eines automatisierten Systems mit einer Simulation von Prozess und Automatisierung zu beginnen. Aus dem Simulationsmodell der Automatisierung wird im Laufe des Entwicklungsprozesses der Programmcode für die Zielplattform generiert. Durch die Verlagerung der Entwicklung der Automatisierungsalgorithmen in größtenteils graphische Umgebungen kann bei dieser Vorgehensweise, dank der hohen Übersichtlichkeit durch die graphische Abstraktion, sehr effizient und vergleichsweise fehlerarm entwickelt und programmiert werden. In verschiedenen Industriebranchen, in denen Software zur Automatisierung technischer Systeme entwickelt wird, wird die Methode bereits angewendet. Hierbei handelt es sich vornehmlich um die Entwicklung kontinuierlicher Regelungen und Steuerungen.

Unter dem Sammelbegriff Rapid Prototyping finden sich in vielen gänzlich unterschiedlichen Industrien ähnliche Techniken. Gängige Bezeichnungen von computerunterstützten Methoden beginnen vielfach mit *Computer Aided* und führen zu Akronymen wie CAD, CAE, CAM etc. Ihnen ist gemein, dass durch den Computer unterstützte Verfahren eine sehr schnelle Generierung von Prototypen *und* Produkten erlauben und die Erfahrungen mit diesen Prototypen für den weiteren Entwicklungsprozess genutzt werden.

In der Produktionstechnik wird – als ein Beispiel für ein mit dem im weiteren Dargestellten nicht in Verbindung stehendes Verfahren – unter Rapid Prototyping eine Reihe verschiedener neuer Fertigungsverfahren subsumiert, die das Ziel haben, vorhandene Daten aus einem dreidimensionalen Konstruktions-Programm

(*Computer Aided Design*) möglichst schnell und automatisch in Werkstücke umzusetzen. Es handelt sich vielfach um Verfahren, die Werkstücke schichtweise aufbauen. Aus Gründen von Stückkosten, Produktionsgeschwindigkeit, Haltbarkeit,
Optik etc. werden solche Werkstücke nur sehr selten in Endprodukten eingesetzt.

Beim Entwurf und der Detaillierung von Software und ihrer Architektur wird
das Rapid Prototyping mit *Computer Aided Software Engineering* oder auch als
Computer Aided Systems Engineering (CASE) bezeichnet, wodurch deutlich wird,
dass dieser Prozess nicht nur ein zur Erstellung von Prototypen geeigneter ist,
sondern ein durchaus für die Serie tauglicher *Entwicklungs*-Prozess. Ein wesentlicher Grund liegt dabei darin, dass die Stückkosten bei der Softwareentwicklung
annähernd unabhängig vom Entwurfsprozess sind, während Rapid Prototyping
bei der Hardwareentwicklung einen zumeist relativ teuren Herstellungsprozess
bedingt und deshalb allenfalls für Einzelstücke oder sehr kleine Serien attraktiv ist.
Für CASE werden etwa Beschreibungsmittel wie die *Unified Modelling Language*
(UML) genutzt [36], typische Detailfunktionen z. B. eines eingebetteten Systems
bei der Interaktion mit einem technischen Prozess bleiben hierbei aber vielfach
unberücksichtigt und benötigen die spezielleren Beschreibungsmittel der Automatisierungstechnik [37]. Bei der Entwicklung eingebetteter Systeme hingegen
wird unter Rapid Prototyping vielfach auch der kombinierte Entwicklungsprozess
von Hardware, Betriebssoftware und Systemarchitektur verstanden.

2.7.1
Begriffe

Ein wichtiges Merkmal der RCP-Methode ist, dass sie einen *modellgestützten
Entwurf* vorsieht. An den entworfenen Algorithmus selber werden hingegen keine
besonderen Anforderungen gestellt – so kann im Falle der Entwicklung kontinuierlicher Regelungen der Entwurf etwa mit Einstellregeln für PID-Regler geschehen oder auch ein modellgestützter Regler umgesetzt werden.

Während der Entwicklung eines technischen Systems wird die Genauigkeit
eines Modells für Prozess und Automatisierung in etlichen Iterationsschritten
erhöht. Die Modellverbesserungen werden im Anschluss durch eine automatische
Codegenerierung direkt in den Programmcode für das Automatisierungssystems
übernommen. Anmerkend sei gesagt, dass diese Vorgehensweise zumeist bedingt,
dass vom Beginn einer Entwicklung bis zu ihrem Ende ein einziges Software-
Werkzeug oder zumindest eine einzige durchgängige Toolkette eingesetzt wird.
Die beiden für den modellgestützten Entwurf eines technischen Systems zentralen
Begriffe Modell und System werden im Folgenden kurz erläutert.

2.7.1.1 System
In der Automatisierungstechnik wird unter dem Begriff *System* ein Gerät oder ein
konkreter oder abstrakter Prozess verstanden, gekennzeichnet durch

- die Systemgrenze als physikalische oder gedachte Abgrenzung gegenüber der Umgebung,

- die Eingangs- und Ausgangsgrößen, welche die Systemgrenzen passieren,
- die inneren Größen, die als Zustände bezeichnet werden,
- das Verhalten, welches die Beziehung zwischen Eingängen,
  Zuständen und Ausgängen wiedergibt.

Hierbei kann ein solches System grundsätzlich auch aus Komponenten zusammengesetzt sein. Insbesondere bei der Behandlung komplexer Systeme ist es sehr hilfreich, ein System hierarchisch zu strukturieren und als Kombination mehrerer Komponenten darzustellen. Diese Komponenten können weiter detailliert werden und ebenfalls als eigenständige Systeme angesehen und als solche behandelt werden. Ein- und Ausgänge dieser Komponenten oder Teilsysteme können mit Ein- bzw. Ausgängen des Gesamtsystems und auch mit Aus- bzw. Eingängen anderer Teilsysteme verknüpft sein [38, 39].

2.7.1.2 Modell

Modelle können reale Systeme mit bestimmten Eigenschaften in gewissen Grenzen beschreiben. Es ist dabei die Aufgabe des Modellierers, eine Modellform für das zu beschreibende System zu wählen. Hierbei entscheidet vor allem die zu lösende Aufgabe, welche Modellform gewählt werden sollte. Ebenso kann dieses Modell gänzlich oder teilweise physikalisch motiviert sein. In diesem Fall spricht man von White- bzw. Grey-Box-Modellierung in Abgrenzung zur rein datengetriebenen Bildung von Black-Box-Modellen anhand von Identifikationsmessungen.

Insbesondere der Aspekt der Modellgenauigkeit ist in diesem Kontext von Interesse. Ebenfalls eine wichtige Frage ist, ob die Modellform eine entsprechende Detailtreue ermöglicht. Gleichzeitig soll der Aufwand bei der Erstellung des Modells nicht zu hoch werden, so dass ein Modell lediglich so genau zu gestalten ist, wie es zur Lösung der jeweiligen Problemstellung notwendig ist. Soll ein System in einer bestimmten Modellform wiedergegeben werden, hängt die Art und Detailtreue der Modellierung dementsprechend wesentlich von der Problemstellung ab.

Die Darstellung des für die Problemstellung Relevanten ist also die Hauptaufgabe bei der Modellbildung, die in unterschiedlichsten Modellformen erfolgen kann. Beim Rapid Control Prototyping werden sowohl ereignisdiskrete als auch kontinuierliche Systembeschreibungen bei der Modellbildung angewandt. Im Rahmen dieses Buches für das RCP von Advanced Control und die Integration in Prozessleitsysteme soll aber vornehmlich das RCP überwiegend kontinuierlicher Prozesse behandelt werden.

2.7.2
Vorgehensweise

Die Idee des *Rapid Control Prototyping* ist die Kombination und Integration der aus klassischen Entwicklungsprozessen bekannten Methoden zu einem neuen Entwicklungsprozess, um die genannten Nachteile zu kompensieren. Eine Voraussetzung für diesen Ansatz bildet eine *durchgängige* Werkzeugkette, wie man sie beispielsweise von den integrierten Entwicklungsumgebungen zur Softwareerstellung her kennt. Auch hier führt der Begriff des *Prototyping*, wie beim Rapid Prototyping durch CASE, eigentlich in die Irre, da mit der Methode des RCP der letzte entworfene Prototyp das Produkt darstellt oder darstellen kann. Ein diesbezüglich zu berücksichtigender Aspekt ist hierbei der Preis der Zielhardware, d. h. des Geräts, auf dem der Automatisierungsalgorithmus schließlich dauerhaft ausgeführt wird. Allerdings sind Steuerungsprogramme im Bereich der Produktions- und Prozessautomatisierung in der Regel keine "Massenware", so dass eventuelle Mehrkosten für leistungsfähigere Hardware durch die Aspekte Engineeringaufwand und -qualität aufgewogen werden können.

Beispiele für einen erfolgreichen Einsatz der RCP-Methode finden sich in der Automobilindustrie, in der u. a. MATLAB/Simulink als Entwicklungsumgebung für Steuergeräte eingesetzt wird. Die Modellierung kontinuierlicher Prozesse und Steuerungen erfolgt dort in einer wirkungsplanähnlichen Darstellung. In dieser Umgebung können auch Zustandsautomaten wie etwa Statecharts zur Beschreibung von Abläufen und ebenso Hochsprachen wie z. B. C–Code eingebunden werden. Aus der graphischen Programmierumgebung kann C–Code für das Modell der Automatisierung erzeugt werden, der auf den unterschiedlichsten Zielplattformen wie PCs, DSPs oder Mikroprozessoren lauffähig ist. Ein Beispiel einer RCP-Plattform stellen Autobox-Signalprozessoren der Firma dSPACE dar, welche während der Entwicklung von Automatisierungsfunktionen in Prototypenfahrzeugen zum Einsatz kommen. Vielfach werden kritische Teile des maschinell generierten C–Codes und selten sogar des Assembler-Codes auf Fehler kontrolliert, diese Schritte können allerdings mit einer entsprechenden Zertifizierung von Codegenerator bzw. Compiler entfallen. Mehrere namhafte Automobilhersteller und -zulieferer betreiben mittlerweile auch die Versionspflege von Automatisierungsfunktionen und Modellen für einige Entwicklungsbereiche auf der Basis von Simulink-Modellen.

2.7.2.1 Konventionelle Entwicklungsprozesse

Die Veränderungen der Entwicklungsprozesse für Regelungen sind in den vergangenen Jahrzehnten sehr stark mit der Entwicklung von Rechner- und Softwaretechnologien verbunden. Der ursprüngliche Entwicklungsprozess für Regler erfolgte immer am Prozess und ohne Rechnerunterstützung. Dies gilt sowohl für die ersten mechanischen (Drehzahl-) Regler am Ende des 19. Jahrhunderts als auch für die in den meisten Gebieten erfolgreich eingesetzten Regler vom PID-Typ. Insbesondere für die Regler vom PID-Typ wurden zur Unterstützung bei der Auslegung im Laufe der Zeit zahlreiche Verfahren vorgeschlagen, denen in den meisten Fällen ein heuristischer Ansatz zu Grunde liegt. Aber auch diese heuristischen Ansätze verwenden meistens Informationen über den zu regelnden Prozess, die mit Hilfe einfacher Modellvorstellungen über den Prozess abgebildet werden. Aufgrund der Schwierigkeiten, zuverlässige Einstellregeln für komplexere Regelalgorithmen zu finden, ist man mit diesem Vorgehen weitestgehend auf den

Einsatz von einschleifigen PID-Reglern beschränkt. Der Vorteil dieser Vorgehensweise liegt darin, dass die Regelung unmittelbar in Betrieb genommen werden kann, wenn ein passendes Auslegungsverfahren zur Verfügung steht und mit einem PID-Regler eine ausreichende Regelgüte erreichbar ist.

Die Möglichkeiten auch Prozesse zu regeln, die z. B. aufgrund ihres Totzeitverhaltens oder auch ihres Mehrgrößencharakters nur schwierig und schlecht oder gar nicht konventionell zu regeln waren, nahmen mit der Einführung der analogen und digitalen Rechnertechnik stark zu. Beispielhaft seien hier die Zustandsregler erwähnt, die ein weites Feld neuer Anwendungen erschlossen. Ihr Einsatz führte auch dazu, dass für die Auslegung der Regler verstärkt auf immer realistischere Modelle der Prozesse zurückgegriffen wurde. Dies wurde zusätzlich dadurch unterstützt, dass von Seiten der Prozessentwickler und auch der Anlagenbetreiber mit wachsender Rechnerleistung immer mehr Modelle zur Simulation von Prozessen erstellt wurden. Damit erfuhr der Entwicklungsprozess für Regelungen eine erste Ergänzung, da zumindest die Strukturauswahl der Regelung aufgrund der aus der Modellbildung gewonnenen Erkenntnisse erfolgen konnte.

Die nächste Erweiterung im Entwicklungsprozess ergab sich unmittelbar dadurch, dass ausreichend Rechnerleistung zur Verfügung stand, um die Regelung mit vertretbarem Zeitaufwand in sehr genauen Simulationen erproben zu können. Dies eröffnete die Möglichkeit, sowohl unterschiedliche Strukturen als auch verschiedene Parameter bereits in diesem Stadium einer Überprüfung unterziehen zu können – ohne dadurch wertvolle Ressourcen zu verbrauchen oder gar den Prozess in Gefahr zu bringen. Weiterhin ist es seither auch möglich, Personal an Simulatoren zu schulen und auf diese Weise kostengünstig und sicher Erfahrungen auch mit komplexeren Systemen und Regelungen zu vermitteln.

Zurzeit findet aufgrund der stetig wachsenden Verfügbarkeit von immer höherer Rechenleistung ein weiterer Schritt der Integration darüber hinaus gehender Möglichkeiten in den Regelungs- und Steuerungsentwurf statt. In diesem Schritt werden zunehmend Prozessinformationen in Form von zum Teil sehr umfangreichen Modellen unmittelbar im Regler eingesetzt.

2.7.2.2 V-Modell

Ein Entwicklungsprozess, der für Entwicklungsaufgaben weit verbreitet ist, wird mit dem sog. V-Modell in Abb. 2.37 beschrieben. Dabei wird, startend auf einem hohen Abstraktionsniveau wie z. B. einer Spezifikation der Aufgabenstellung, auf der linken Seite des V-Modells das System entworfen und dieser Zweig mit immer höherem Detaillierungsgrad nach unten verfolgt. An der unteren Spitze wird die höchste Detaillierung z. B. in Form des auf dem Zielsystem umgesetzten Binär-Codes für den Automatisierungsalgorithmus erreicht. Nun folgt mit der Aggregation der entworfenen Teile der Aufstieg auf dem rechten Zweig des V-Modells, bei dem der Detaillierungsgrad wieder abnimmt. In diesem Zweig finden sich typischerweise Tests, die von einzelnen Komponenten über Module aus mehreren Komponenten bis hin zur Inbetriebnahme des Gesamt-

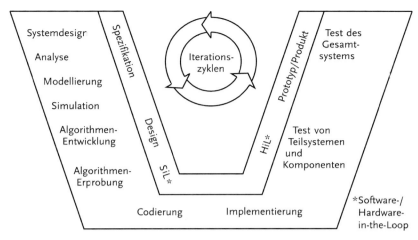

Abb. 2.37 Vorgehensweise beim RCP: V-Modell.

prozesses und somit zur Erfüllung der Aufgabenstellung mittels eines Prototyps oder eines Produktes führen. Dies bildet den Abschluss des rechten Zweiges des V-Modells [39].

Für den Entwurf einer Automatisierungslösung kann der Entwicklungsprozess beim RCP nach dem V-Modell exemplarisch in mehrere Schritte aufgeteilt werden. Diese Schritte können in der in Abb. 2.37 dargestellten Reihenfolge durchgeführt werden, einzelne Schritte ausgelassen oder übersprungen werden und es können sich jederzeit Iterationsschleifen ergeben. Ist der gewählte Algorithmus z. B. aufgrund von Einschränkungen auf der Zielhardware nicht in Echtzeit zu berechnen, müsste ein anderer Algorithmus entworfen werden – es sei denn, eine Änderung der Hardwarearchitektur wäre ebenfalls zulässig. Mit Hilfe dieser systematischen Vorgehensweise lassen sich Änderungen, Korrekturen und Fehlerbehandlung deutlich komfortabler und mit besseren Qualitätsstandards durchführen als mit herkömmlichen Entwicklungsprozessen. Gegenüber dem traditionellen V-Modell werden beim Entwicklungsprozess mit RCP zusätzlich auch horizontale Verbindungen in Vor- und Rückwärtsrichtung zugelassen, um bereits frühzeitig simulierte Komponenten zu testen, deren Implementierungs- oder Hardwaredetails unter Umständen nur teilweise festgelegt sind.

Schritte beim Entwicklungsprozess nach dem V-Modell sind:

- Formulierung der Aufgabenstellung und Erstellung von Lasten- und Pflichtenheft,
- Analyse und Modellbildung des zu automatisierenden Prozesses,
- Simulation von Prozess und Automatisierungslösung zur Entwicklung und Erprobung geeigneter Regelungs- und Steuerungsalgorithmen,
- Codierung und Implementierung der Algorithmen auf der Zielhardware,

- Test der programmierten Regler-/Steuereinheit in einzelnen Komponenten und – je nach Anforderungen und Komplexität – in immer größeren Teilsystemen,
- Inbetriebnahme und Test der Regelung/Steuerung am realen Prozess.

Für die Mehrzahl aller Schritte eines solchen Entwicklungsprozesses stehen mittlerweile Softwarepakete zur Verfügung, die den jeweiligen Entwicklungsschritt unterstützen und an den jeweiligen Entwickler des Schrittes angepasst sind. So stehen zum Beispiel für die Modellierung unterschiedlichste graphische Werkzeuge zur Verfügung, die in ihrer Darstellungsweise und der zugrunde liegenden Modellform die gewohnte Arbeitsumgebung der zugehörigen Disziplin oder Branche verwenden.

Problematisch bei diesem Ansatz sind unter anderem die Schnittstellen zwischen den verschiedenen Werkzeugen für die einzelnen Schritte. So ist durchaus nicht immer gewährleistet, dass eine Modellierung, die mit einem branchenüblichen Modellierungswerkzeug entworfen wurde, unmittelbar in eine Umgebung übernommen werden kann, die die Systemanalyse oder den Regelungs- und Steuerungsentwurf unterstützt. Auch die unterschiedlichen Darstellungsformen der einzelnen Werkzeuge können Probleme aufwerfen, wenn nicht alle am Entwicklungsprozess beteiligten sämtliche Darstellungsformen der Werkzeuge kennen und verstehen. Zudem birgt auch jegliche Konvertierung von Modellen und Daten immer Risiken in sich.

Nicht zuletzt ist im traditionellen V-Modell das iterative Vorgehen zunächst nur in vertikaler Richtung enthalten. Probleme bei Komponententests können so erst erkannt werden, nachdem die Entwicklungsschritte bis zu diesem Punkt durchgeführt worden sind. Denkbar wäre aber zum Beispiel auch ein Komponententest unmittelbar im Anschluss an die Reglerentwicklung, mit Hilfe von realen oder auch simulierten Komponenten, sofern die Entwicklungsumgebung diese Möglichkeit zur Verfügung stellt. Es ist demnach zusätzlich ein horizontales Vorgehen wünschenswert. Einen Ansatz zur Lösung dieser Problematik bietet der Entwicklungsprozess *Rapid Control Prototyping*.

2.7.2.3 Entwicklungsprozess RCP

Im Bereich des RCP werden nun die zuvor erstellten Modelle genutzt, um mit breiter Software-Unterstützung modellbasierte Entwicklung der Automatisierungsfunktionen zu betreiben und automatisiert Tests durchführen zu können. Die technischen Rahmenbedingungen sind hierfür zunächst in einem Lastenheft fest zu halten. Hierbei ist genau zu spezifizieren, welche Funktionen entwickelt werden sollen und unter welchen technischen Rahmenbedingungen (Signalverarbeitung, Rechenleistung der verwendeten Hardware, Sicherheitsaspekte, Echtzeitanforderungen etc.) dies geschehen kann. Im Lastenheft werden alle Spezifikationen festgehalten, die der Auftraggeber umgesetzt sehen möchte – natürlich ist es möglich, dass im Lastenheft Anforderungen formuliert werden, die theoretisch oder praktisch nicht erfüllbar sind, deren Umsetzung zu teuer wird oder Ähnliches. Bereits an dieser Stelle greift der RCP-Entwicklungsprozess, da Simulationsmodelle als *ausführbares Lastenheft* genutzt werden können. Im Pflichtenheft wird anschließend vom Auftragnehmer die Problemlösung festgelegt.

Die wesentliche Anforderung an ein RCP-System besteht darin, die Entwicklungsschritte zum Entwurf einer Regelung durch eine durchgängige Werkzeugkette abzubilden. Einzelne Schritte sind dabei:

- Simulation,
- Regelungs-/ Steuerungsentwurf,
- graphische Programmierung der Regelung/ Steuerung – die Symbolik soll hierbei für einen möglichst großen Anwenderkreis leicht verständlich sein,
- Erprobung mit Hilfe eines RCP-Rechner-Systems (SiL),
- Codegenerierung, Optimierung und Portierung auf die Zielhardware,
- Betrieb der Zielhardware am simulierten Prozess (HiL),
- Dokumentation.

Die Reihenfolge der Schritte kann dabei durchaus anders gestaltet sein. Beispielsweise kann die Erprobung mit Hilfe eines RCP-Rechners entfallen oder es kann nötig werden, nach der Code-Generierung den Regel-/ Steuerungsalgorithmus anzupassen und aus diesem Grunde die ersten Schritte zu wiederholen.

Der Grad der Standardisierung und Automatisierung soll möglichst hoch sein, um den Entwicklern wiederkehrende Arbeiten abzunehmen und dadurch Fehlerquellen auszuschalten. Durch die Erhöhung des Abstraktionsgrades, wie es beim RCP durch die graphische Programmierung geschieht, kann in der gleichen Zeit von einem Programmierer effizienter kodiert werden. Beispielsweise ist die Programmierung in höheren Programmiersprachen bezüglich einer Problemstellung in aller Regel einfacher und effizienter als die Lösung der Aufgabe auf Assembler-Ebene. Gleiches gilt für die graphische Programmierung, durch welche der Entwurfsingenieur sich mehr auf die Problemlösung als auf die programmiertechnische Umsetzung konzentrieren kann. Andererseits muss durch eine RCP-Umgebung sichergestellt werden, dass vorhandener C–Code weiterhin Verwendung finden kann und dass eine manuelle Nachoptimierung möglich ist.

Durch den Einsatz der graphischen Programmierung wird die Dokumentation vereinfacht, da diese Art der Softwareentwicklung bereits als Dokumentation dienen kann. Bei der C–Code-Generierung soll der erstellte Quelltext automatisch kommentiert werden, damit dieser für Menschen lesbarer wird. Die Kommentierung soll dabei vom Benutzer beeinflussbar sein, um sie den individuellen Erfordernissen anpassen zu können. Erwähnenswert ist, dass eine Rückdokumentation zur höheren Ebene in die graphische Programmierumgebung bei Änderungen von Strukturen oder Parametern im generierten C–Code in der Regel nicht möglich ist. Problematisch wird dies, wenn der erzeugte Programm-Code manuell modifiziert wird, und diese Änderungen im weiteren Verlauf nicht im graphischen Modell nachgeführt werden, so dass sie bei einer erneuten Codegenerierung verloren gehen.

2.7.3
Simulationskonfigurationen

Durch die Nutzung von Simulationsmodellen während der Entwicklung ergeben sich neue Möglichkeiten des Testens, die in Abb. 2.38 illustriert werden:

- Als *Systemsimulation* wird der Vorgang bezeichnet, wenn das Modell aller untersuchten Komponenten auf einem oder mehreren Rechnern simuliert wird.
- Wird der reale Prozess oder Teile hiervon über geeignete Schnittstellen mit dem auf einem Entwicklungsrechner simulierten Automatisierungsalgorithmus verbunden, spricht man von *Software-in-the-Loop*-Simulation (SiL).
- Wird der zu automatisierende Prozess auf einem Entwicklungsrechner simuliert und mit der RCP-Zielhardware – der Automatisierungshardware – verbunden, spricht man von *Hardware-in-the-Loop*-Simulation (HiL).

Software-in-the-Loop und Hardware-in-the-Loop sind mächtige Methoden, eine schnelle, sichere und kostengünstige Regelungs- und Steuerungsentwicklung zu betreiben. Einerseits wird der Algorithmus auf einer Prototyping-Plattform am realen Prozess getestet, ohne Einschränkungen bezüglich Rechenleistung, Speicherkapazität, Rechengenauigkeit usw. (SiL). Auf diese Weise wird untersucht, ob die Algorithmen der Automatisierung den Anforderungen gerecht werden. Dabei können interne Größen wie Parameter und Zustände online geändert bzw. visualisiert werden. Andererseits werden Einschränkungen und Besonderheiten der für das Serienprodukt verwendeten Hardware berücksichtigt (HiL), indem diese an dem simulierten Prozess betrieben wird. Die hier vorgestellten Arten von Simu-

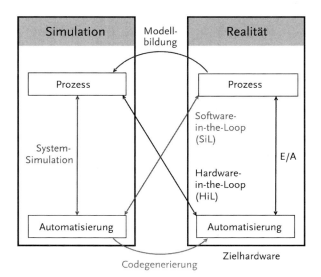

Abb. 2.38 Erweiterte Testmöglichkeiten beim RCP.

lation werden in der Literatur teilweise unterschiedlich definiert und mit anderen Namen belegt – z. B. bei der Entwicklung mechanischer Komponenten. Zum Teil wird die Systemsimulation auch plakativ als *virtuelle Inbetriebnahme* bezeichnet, da viele Entwurfsfehler bereits in dieser Phase zu Tage treten und beseitigt werden. Bei der Entwicklung von Automatisierungsgeräten ist es aber sinnvoll, den Ort der Ausführung des Algorithmus zur Kennzeichnung von SiL und HiL heranzuziehen und deshalb die oben gegebenen Definitionen zu verwenden [40].

2.7.3.1 Systemsimulation

Der Begriff der Systemsimulation wird in unterschiedlichen Disziplinen – nicht nur im Zusammenhang mit der Erstellung von Regelungskonzepten – verwendet. Hierunter fällt zunächst einmal das Bestreben, ein real existierendes oder sich noch in der Entwicklung befindliches System anhand von Gleichungen abzubilden und in Simulationsstudien zu untersuchen. Mit unterschiedlichen Zielen der Modellierung werden beispielsweise mechanische oder thermische Vorgänge, chemische Reaktionen oder Ähnliches abgebildet. Oftmals stellen bei der Simulation von verfahrenstechnischen Prozessen oder Fertigungsprozessen geeignete Parametersätze, die als Stellgrößen zu gewünschten Produkteigenschaften führen, ein Ergebnis der Untersuchung dar.

Das Verhalten einer Regelung wird entscheidend von der Dynamik der Regelkreisglieder bestimmt. Daher ist es für die Untersuchung bzw. Auslegung eines Regelungskonzepts erforderlich, die Dynamik des Prozesses zu modellieren. Die in diesem Kapitel beschriebenen Entwurfsverfahren können anhand der Simulation des Prozessmodells durchgeführt werden. Ziel ist der Entwurf einer den Anforderungen genügenden Regelung bzw. Steuerung. Hierzu steht zunächst einmal die volle Rechenleistung der Simulationsplattform zur Verfügung, die es erlaubt, auch anspruchsvollere Algorithmen für die Regelung zu verwenden. Hiermit ist es auch möglich, zu untersuchen, inwiefern aufwändigere Verfahren wie z. B. modellgestützte prädiktive Regelungen durch ein besseres Gesamtverhalten des geregelten Prozesses den gerätetechnischen Mehraufwand gegenüber konventionellen PID-Regelungen rechtfertigen können. Bei einer Systemsimulation ist Echtzeitverhalten in der Abarbeitung des Regelalgorithmus nicht notwendig, da die Prozesssimulation in derselben Entwicklungsumgebung implementiert ist und die Modellzeit so auch langsamer (oder schneller) als die Realzeit ablaufen kann.

Eine Begrenzung bezüglich der Rechengenauigkeit, die ein reales Automatisierungsgerät mit sich bringen kann, kann bei Bedarf bereits während der Systemsimulation berücksichtigt werden: Das ist z. B. durch die Verwendung von Erweiterungen zur Beschränkung auf Festkomma-Arithmetik möglich. Von einigen Tools wird die Möglichkeit unterstützt, bezogen auf einzelne Blöcke oder Teilsysteme komfortabel zwischen verschiedenen Datentypen zu wählen. In der Simulation kann auf diese Weise eine hohe Genauigkeit bei der Wiedergabe der Prozessdynamik mit Fließkomma-Berechnungen in einem Teilsystem erreicht werden, obwohl in einem anderen Teilsystem die Einschränkungen der Genauigkeit des Automatisierungsalgorithmus auf der Zielhardware exakt wiedergegeben werden.

2.7.3.2 Software-in-the-Loop

Unter *Software-in-the-Loop* (*SiL*) wird die prototypische Implementierung des Regelalgorithmus auf einer Prototyping-Plattform und der Ablauf in Echtzeit verstanden. Hierzu werden typischerweise Tools verwendet, die es erlauben, für den in der Systemsimulation verwendeten und in der Regel graphisch implementierten Algorithmus automatisch Binär-Code zu generieren. Die Prototyping-Plattform, die mit dem Entwicklungsrechner identisch sein kann, wird über geeignete Schnittstellen mit dem realen Prozess verbunden. Ziel ist es, die verwendeten Algorithmen am Prozess zu untersuchen und das in der Systemsimulation erzielte Verhalten der Regelung zu überprüfen. Die Prototyping-Plattform ist deshalb mit sehr leistungsfähigen Komponenten bestückt, so dass in Bezug auf Rechenleistung, Speicherkapazität, Auflösung der Messaufnehmer usw. keine oder nur geringe Einschränkungen für den verwendeten Algorithmus entstehen. Die Untersuchung des Algorithmus steht in dieser Phase absolut im Vordergrund.

Alternativ oder sukzessive kann auch die für ein Seriengerät vorgesehene Zielhardware eingesetzt werden, wodurch der Leistungsbedarf der Algorithmen gegenüber der Prototyping-Plattform typischerweise eingeschränkt wird. Im Falle der Nutzung von speziellen Mikrocontrollern werden sog. Evaluierungs-Boards eingesetzt, die speziell für das Testen von Mikroprozessoren bereitgestellt werden. Diese Boards bieten sich an, um die Entwicklung von Platinen mit daraus resultierendem Aufwand zu vermeiden. Unter Zuhilfenahme dieser Evaluierungs-Boards wird bereits der Zielprozessor verwendet, aber noch nicht in seiner endgültigen Hardwareumgebung. Der Einsatz spezifischer Platinen und Mikrocontroller ist beim Einsatz des Rapid Control Prototyping in der Großserie z. B. in der Automobilindustrie üblich. In der Prozessindustrie dürfte der notwendige Entwicklungsaufwand für eine solche Lösung in der Regel aber nicht kompensiert werden können.

Bei Verfügbarkeit des realen Prozesses oder einzelner Teilprozesse ergänzt eine SiL-Simulation die Systemsimulation bei der iterativen Auswahl eines geeigneten Algorithmus. Durch die Verbindung von abstrakter Modellebene und realer Anwendung mit automatischer Code-Generierung stellt SiL einen wesentlichen Schritt im Rapid Control Prototyping dar. Im Bereich der Forschung und Vorentwicklung kann die SiL–Lösung zudem bereits das Ergebnis des gesamten Entwicklungsprozesses darstellen (z. B. bei der Untersuchung von Prototypen und alternativen Konzepten).

Falls der reale Prozess nicht verfügbar ist, kann anstelle des Prozesses eine Prozesssimulation verwendet werden, die jedoch Echtzeitverhalten aufweist und mit den gleichen Kommunikationsmöglichkeiten (Sensorik- und Aktorik-Schnittstellen) ausgestattet ist. Diese Prozesssimulation wird auf separaten leistungsfähigen Echtzeit-Simulationsrechnern implementiert und kann z. B. notwendig werden, wenn der reale Prozess aus Sicherheitsgründen nicht verfügbar ist.

2.7.3.3   Hardware-in-the-Loop

Unter *Hardware-in-the-Loop* (*HiL*) wird die Untersuchung eines Prototyps des Automatisierungsalgorithmus verstanden, der auf der Zielhardware abläuft und mit einem simulierten Prozess verbunden ist, der auf einem Echtzeit-Simulationsrechner ausgeführt wird. Ziel ist es, den Prototypen auf seine vollständige Funktionsfähigkeit, Robustheit und Sicherheit hin zu untersuchen, was anhand von automatisierbaren Tests leichter und risikofreier mit einer Prozesssimulation durchführbar ist. Der Test in allen Betriebsbereichen des Automatisierungsalgorithmus schließt auch die Untersuchung von prozessseitigen Fehlerfällen ein. Diese lassen sich in einer Simulation vergleichsweise einfach einstellen und reproduzieren, zudem entfällt auch hier das Sicherheitsrisiko.

2.7.4
Entwurfsumgebung

Die meisten der in diesem Buch vorgestellten Verfahren basieren auf standardisierten Rechenvorschriften. Die seit den siebziger Jahren beobachtbare rasante Entwicklung im Bereich der Mikrocomputer ermöglichte es, auch komplexe Rechenvorschriften zu automatisieren und dem Benutzer Werkzeuge zur einfachen Implementation und Analyse zur Verfügung zu stellen. Speziell im universitären Bereich sowie in der Industrie werden Rechnerwerkzeuge heute intensiv eingesetzt, da sie zu verkürzten Entwicklungszeiten bei der Lösung eines technischen Problems beitragen.

Eine erste Sammlung von Rechnerwerkzeugen waren die LINPACK/EISPACK Routinen, die in den siebziger Jahren zumeist an Universitäten in den USA entwickelt wurden. Diese Routinen beinhalten erprobte numerische Verfahren für algebraische Standardberechnungen und wurden den Benutzern kostenlos zur Verfügung gestellt. Anfang der achtziger Jahre entwickelte dann *Cleve Moler* an der University of Mexico aus der mittlerweile sehr umfangreich gewordenen Sammlung numerischer Routinen ein integriertes Werkzeug, mit dem auch komplexere Programme auf der Basis von Matrizendarstellungen aus einer Kombination dieser Routinen entwickelt werden konnten. Dieses Werkzeug nannte er MATrizen-LABoratorium oder auch kurz MATLAB [41]. Gleichzeitig wurden eine Reihe weiterer Werkzeuge auf Basis der LINPACK/EISPACK Routinen erarbeitet, deren Weiterentwicklung jedoch zum größten Teil eingestellt wurde.

Das oben erwähnte Ur-MATLAB jedoch stellt die Basis für die heute wichtigsten kommerziell verfügbaren Rechnerwerkzeuge für numerische Berechnungen ohne die häufig übliche Beschränkung auf spezielle Einsatzgebiete dar. Ausgehend vom Ur-MATLAB entwickelten Moler und Little unter Einbindung einer graphischen Benutzeroberfläche das Programm MATLAB weiter und vertrieben es über ihre Firma The MathWorks. Als Hardware-Plattform wurde dabei vornehmlich der PC-Bereich betrachtet. Gleichzeitig entwickelte die Firma Integrated Systems das Ur-MATLAB speziell für den Workstationbereich zum Produkt MATRIXx weiter, das jetzt von National Instruments vertrieben wird. Die aktuellen Versionen sind zurzeit unter Windows, Linux und OS/X verfügbar und besitzen graphische

Benutzerschnittstellen. Aufbauend auf den Numerikwerkzeugen MATLAB und MATRIXx wurden Toolboxen für spezielle Anwendungsbereiche durch die genannten Firmen, durch Universitäten – vielfach auch im Auftrag der genannten Firmen – und durch andere Anbieter entwickelt. So stellt etwa die *Control System Toolbox* ein Beispiel einer herstellerseitig entwickelten Toolbox für den Bereich der Regelungstechnik dar. Als Autoren der kommerziellen *Model Predictive Control Toolbox* führt The MathWorks die drei Professoren A. Bemporad, M. Morari und N. L. Ricker.

Auch für den Bereich der Simulationen sind in den letzten Jahren nicht zuletzt durch die Verfügbarkeit leistungsfähiger Rechner verschiedene Rechnerwerkzeuge entwickelt worden. Erwähnt seien hier zunächst die Simulationsaufsätze Simulink und SystemBuild für die Simulation dynamischer Systeme zu den Produkten MATLAB und MATRIXx. Beide Simulationswerkzeuge bedienen sich einer blockorientierten Darstellungsweise, bei der das modellierte dynamische System graphisch als Wirkungsplan dargestellt wird.

2.7.4.1 Codegenerierung

Durch die Verwendung graphischer Programmierwerkzeuge wird die Abstraktionsebene (beispielsweise von der Programmiersprache C ausgehend) um eine weitere Stufe angehoben. Man spricht in diesem Zusammenhang auch von Programmiersprachen der vierten Generation, da der Programmierung im Vergleich mit einer Hochsprache eine weitere Abstraktionsebene hinzugefügt wurde (siehe Abb. 2.39). In der gleichen Zeit lassen sich auf diese Weise komplexere Aufgaben lösen, als dies in der klassischen Programmierung möglich war. Für die Systembeschreibung und -simulation werden deshalb häufig Oberflächen verwendet, welche ein graphisches Programmieren unterstützen. Diese Tools sind in der Regel PC-basiert und werden, dem Gedanken der Durchgängigkeit Rechnung tragend, auch für die Programmierung der Zielhardware eingesetzt.

Graphisch programmierte Software wird im Rahmen vieler RCP-Toolketten über einen Codegenerator in eine Zwischenstufe auf Basis einer Hochsprache

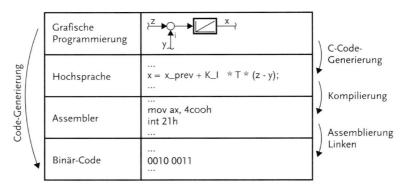

Abb. 2.39 Abstraktionsebenen der Softwareentwicklung.

übersetzt. Dieser Vorgang wird mit Codegenerierung bezeichnet, auf RCP-Plattformen wird zumeist C–Code generiert. Diese Sprache ist für viele Zielplattformen verfügbar und durch ihren betriebssystemnahen Charakter für die Unterstützung verschiedener Zielhardware sehr gut geeignet, auch in Bezug auf Echtzeitanforderungen. Eine Codegenerierung ist in ähnlicher Form auch in gewöhnlichen graphischen Programmierumgebungen notwendig, z. B. bei einer Programmierung mit der graphischen Ablaufsprache nach IEC 61131–3 [42]. Ausgehend von der Zwischenebene der Hochsprache wird der Code durch einen Compiler *kompiliert* und damit in Assembler übersetzt. Durch Assemblieren dieses Assembler-Codes entsteht schließlich der Binär-Code, welcher auf der Zielhardware ausführbar ist. Häufig findet die Kompilierung und Assemblierung in einem Schritt statt. Unter Codegenerierung wird zumeist der Gesamtvorgang von der graphischen Programmierung bis zur Implementierung auf der Zielhardware subsumiert.

Große Vorteile der automatischen Codegenerierung ergeben sich durch die folgenden Aspekte: Die Qualität des Codes ist gleich bleibend und reproduzierbar, insbesondere ist sie nicht abhängig von der Tagesform und Person des Programmierers. Fehler, welche im Codegenerator enthalten sind und die entdeckt werden, können an zentraler Stelle beseitigt werden. Die Qualität des Codegenerators verbessert sich dementsprechend, je mehr Fehler entdeckt und anschließend beseitigt werden. Zudem stehen mit den Verifikationsmethoden der Informatik zunehmend komplexe Prüfverfahren für einen praktischen Einsatz zur Verfügung. Des Weiteren wird die Zeitspanne für die Umsetzung komplexer Regelalgorithmen durch die Verwendung graphischer Programmierumgebungen mit anschließender Codegenerierung stark verkürzt.

Die Möglichkeit, die Codegenerierung unterschiedlichen Anforderungen anzupassen, ist ein weiterer Vorteil: Der Codegenerator kann beispielsweise speziell für Testzwecke abgestimmten Source-Code generieren oder sog. Serien-Code. Ersterer dient dem Untersuchen des Codes, des programmierten Algorithmus und der Fehlersuche, benötigt deshalb eine gute Lesbarkeit. Hierzu gehört neben einer (automatischen) Kommentierung und nachvollziehbaren Benennung von Funktionen und Variablen etwa die Berechnung von Zwischenergebnissen, die auch bei der graphischen Programmierung etwa als Signal in einem Blockdiagramm vorkommen. Letzterer optimiert im Gegensatz dazu bereits den erzeugten Quelltext bezüglich Speicherbedarf, Rechenzeit und Ressourcen. Vor allem bei einer Serienproduktion mit großen Stückzahlen muss die vorhandene, zumeist geringe Speicher- und Rechenkapazität der Automatisierungshardware möglichst ausgeschöpft werden. Allerdings wird auch bei Einzelstücken die Einhaltung von Echtzeitanforderungen durch die Optimierung erleichtert – eine Optimierung in dieser Hinsicht ist deshalb auch für die Prozessindustrie unerlässlich.

Automatisch erstellter Source-Code wird anschließend durch einen vom Zielsystem abhängigen Compiler übersetzt. Dabei können häufig weitere Optimierungen, beispielsweise in Bezug auf Programmgröße oder Ausführgeschwindigkeit, durch den Compiler vorgenommen werden.

Die automatische Codegenerierung nimmt aus den eben genannten Gründen in der Industrie einen immer größer werdenden Stellenwert ein und ist wichtiger

Bestandteil des RCP. Das ist unter anderem auch darauf zurückzuführen, dass die Qualität der automatischen Codegenerierung ständig verbessert wurde und ein mit manuell erstelltem Code vergleichbares und teilweise sogar höheres Niveau erreicht wird.

2.7.4.2 Echtzeitprogrammierung

In diesem Abschnitt soll kurz auf Besonderheiten bei der Echtzeitprogrammierung eingegangen werden. Echtzeit bedeutet nach Definition nicht, dass der betreffende Algorithmus in Verbindung mit dem Automatisierungsgerät schnell sein muss. Vielmehr ist ausschlaggebend, dass das System innerhalb einer definierten Zeit auf ein bestimmtes Ereignis reagiert. Diese Anforderung muss in Echtzeitumgebungen sicher erfüllt werden. Man spricht in diesem Zusammenhang auch von zeitlich deterministischem Verhalten. In vergleichsweise langsamen Prozessen, wie sie beispielsweise in Kohlekraftwerken, Hochöfen und vielen anderen Anlagen vorkommen, können dabei auch Zeiten im Minutenabstand vollkommen ausreichend sein. Im Vergleich hierzu sind z. B. bei Lageregelungen in Flugzeugen oder bei Anti-Blockier-Systemen um mehrere Größenordnungen kleinere Zeiten notwendig. Echtzeitfähigkeit wird im Allgemeinen dadurch erreicht, dass die Geschwindigkeit des Automatisierungsgeräts gegenüber der Dynamik des zu automatisierenden Prozesses ausreichend hoch ist.

Die Programmierung von echtzeitfähiger Software kann entweder synchron oder asynchron erfolgen: Die synchrone Programmierung zeichnet sich dadurch aus, dass alle abzuarbeitenden Programmteile, die als Tasks bezeichnet werden, immer in der gleichen Reihenfolge und in einem regelmäßigen Zeittakt abgearbeitet werden. Dabei ist es möglich, einzelne Tasks nur zu Vielfachen des Zeittaktes aufzurufen. Diese Form der Programmierung wird für zyklisch wiederkehrende Aufgaben eingesetzt. Wichtig ist, dass der Programmablauf, also die Aufrufreihenfolge der einzelnen Tasks, vor der Ausführung bekannt ist. Dadurch gelingt es bei synchroner Programmierung leichter, zu beurteilen, ob die Zielhardware leistungsfähig genug ist, da eine Abschätzung zur sicheren Seite hin einfach durch Addition der Einzelausführzeiten der Tasks bestimmt werden kann, die im ungünstigsten Fall in einem Zeitschritt aufgerufen werden. Eine Berücksichtigung von Prioritäten, wie es im Folgenden bei der asynchronen Programmierung beschrieben wird, findet beim synchronen Programmieren nicht statt.

Die asynchrone Programmierung wird unter anderem eingesetzt, wenn auf unvorhersehbare Ereignisse reagiert werden muss. Soll beispielsweise eine Anlage über einen Not-Aus-Schalter jederzeit in einen sicheren Zustand überführt werden können, müsste dieser Schalter mit den Mitteln der synchronen Programmierung in zyklischen Abständen abgefragt werden, was erstens zu einer permanenten Verlangsamung des Programms führt und zweitens zu einer Verzögerung von bis zu einer Zykluszeit, bis das Programm auf den Schalter reagiert. Bei der asynchronen Programmierung werden nun verschiedene Ereignisse durch Interrupt-Anforderungen oder ähnliche Mechanismen direkt bei deren Eintreten bearbeitet. Dabei kommt es vor, dass mehrere Tasks um die Rechenzeit konkurrieren. Dann wird nach einem Prioritätensystem entschieden, welcher Task Rechenzeit bekommt.

Grundlegend für Echtzeitbetriebssysteme ist zum einen die Eigenschaft, bestimmte Tasks in definierten Zeitabschnitten auszuführen und zum anderen, auf auftretende Ereignisse direkt, d. h. in einem definierten Zeitraum, zu reagieren. Sowohl das Wechseln zwischen Tasks wie auch die Reaktion auf Ereignisse ist häufig prioritätsgesteuert. Beispielsweise besitzen Tasks, die Sicherheitsaspekte überwachen, eine hohe Priorität, da deren sofortige Ausführung im Bedarfsfall gewährleistet sein muss. Wird ein Task niedriger Priorität ausgeführt und soll ein höher priorisierter Task ausgeführt werden, wird der Task mit der niedrigeren Priorität durch den Scheduler des Betriebssystems unterbrochen, der andere Task ausgeführt und anschließend der unterbrochene Task weiter abgearbeitet. Bei Abhängigkeiten zwischen mehreren Tasks kann es unter Umständen zu Deadlocks kommen, auf deren Vermeidung hier nicht eingegangen werden soll.

Für die Auslegung der Hardware muss die maximale Prozessorbelastung durch die Programmabarbeitung abgeschätzt werden, was häufig zu Projektbeginn schwerfällt, da erst im Laufe der Softwareentwicklung der tatsächliche Rechenbedarf genau bekannt wird. Aber auch die Abschätzung der Rechenlast vorhandenen Codes ist nicht jederzeit leicht zu vollziehen. Zudem ist etwa bei iterativen Algorithmen wie Online-Optimierungsverfahren darauf zu achten, dass der Algorithmus nicht nur nach beliebig langer Zeit terminiert, sondern nach einer vorgegebenen Zeit oder einer äquivalenten Vorgabe von maximal auszuführenden Rechenschritten. Unter Berücksichtigung der bereits bezüglich der Codegenerierung angesprochenen Anforderungen bei der Hardwareeinbindung kann innerhalb einer RCP-Toolkette aber zumindest aus programmiertechnischer Sicht eine relativ späte Festlegung auf die Zielhardware erfolgen.

2.7.4.3 Software-Werkzeuge

Bei den signalorientierten Simulationsprogrammen besitzt das Paket aus MATLAB/Simulink/Real-Time-Workshop der Firma The MathWorks annähernd ein Monopol, zumindest gibt es derzeit kein ähnlich universell einsetzbares Werkzeug dieser Verbreitung im Bereich der Automatisierungstechnik, das auch in vielen anderen technischen Bereichen das populärste Werkzeug für die Simulation und Analyse von linearen und nichtlinearen dynamischen Systemen mit konzentrierten Parametern darstellt. Da über eine programmspezifische Skriptsprache und andere Schnittstellen eigene Erweiterungen hinzugefügt werden können, kann ein Anwender die bereits zahlreichen Analysemöglichkeiten ausbauen. Die Hauptumgebung zur Simulation dynamischer Systeme stellt Simulink dar, in dem in einer – einem Wirkungsplan ähnlichen – Oberfläche modelliert wird. MATLAB und Simulink arbeiten im Interpretermodus. Das bedeutet, dass in eine Arbeitsumgebung eingegebene mathematische Ausdrücke sofort ausgeführt werden können und dass Simulink-Modelle anhand des Blockdiagramms berechnet werden. Ein Compilierungsvorgang zur Erzeugung eines lauffähigen Codes ist deshalb prinzipiell nicht erforderlich.

Durch Stateflow kann Simulink auch um die Modellierung ereignisdiskreter Systeme erweitert werden. Da Stateflow-Charts einige essentielle Eigenschaften ereignisdiskreter Systeme erst über die Programmierung in C-ähnlichem Code ermöglichen – zum Teil kann und muss in den Diagrammen auch direkt C–Code eingegeben werden –, stehen sie nur eingeschränkt für Analyseverfahren zur Verfügung. Statt Stateflow könnte auch ein weiteres Beschreibungsmittel über die sehr offenen Möglichkeiten zur Integration eigener Quelltexte eingebunden werden.

Über den Real-Time-Workshop erzeugt MATLAB C–Code, der auf x86er-Prozessoren oder Mikroprozessoren lauffähig ist. SiL und HiL sind über Simulationen in weicher und harter Echtzeit ebenso möglich [39].

Das gleichfalls signalorientierte Programm LabVIEW der Firma National Instruments stellt vornehmlich ein Programm zur Messdatenerfassung dar. Allerdings werden teilweise auch kleinere Steuerungen mit einer Benutzeroberfläche auf Basis von LabVIEW erstellt. Diese können dann als Standalone-Anwendung kompiliert werden. Eine Erzeugung von Programmcode für spezielle DSPs ist möglich. Ein Beispiel für eine objekt-orientierte Simulations-Umgebung ist Dymola der Firma Dynasim, in der der freie Modellierungsstandard Modelica umgesetzt ist. Mittels einer physikalischen Modellbeschreibung, hauptsächlich basierend auf der Modellierung mit Fluss- und Potenzialgrößen, kann in vielen Anwendungsfällen eine größere Übersicht erzielt werden. Für die formelmäßige Berechnung mathematischer Ausdrücke wie zum Beispiel die Integration oder Ableitung einer gegebenen Funktion $f(x)$ stehen die kommerziellen Produkte Maple, Mathcad und Mathematica zur Verfügung.

Das Programmpaket MATLAB/Simulink/Real-Time-Workshop soll hier etwas ausführlicher vorgestellt werden, da es bei der in den letzten beiden Kapiteln des Buches beschriebenen Integration von höheren Regelungsverfahren zum Einsatz kommen wird. Das in Abb. 2.40 dargestellte Beispiel beschreibt die Arbeitsweise von MATLAB. In einem Kommandofenster werden nach dem Prompt "$>>$" zunächst die Matrizen A, B, C und D erzeugt, die ein Zustandsraummodell ergeben. Bereits bei der Zuweisung können komplexe Ausdrücke genutzt werden, indem Funktionen geschachtelt ineinander eingesetzt werden. Ein einfaches Beispiel ist mit der Funktion zur Transposition gegeben, die sich wie bei der Eingabe von B statt als *transpose([1 0])* auch als angehängtes Apostroph abkürzen lässt. Auch lässt sich die Multiplikation zweier Matrizen wie z. B. $A \times B$ mit einem einfachen Befehl bewerkstelligen.

Eine Sammlung von Befehlen im Kommandofenster kann in einem sog. m-File abgespeichert werden. Die Definition eigener Funktionen ist ebenfalls sehr leicht möglich und so gelöst, dass sie durch MATLAB von den mitgelieferten Funktionen nicht unterschieden werden. Damit ist es möglich, Programme zu erstellen, die komplexe Berechnungsvorgänge abbilden. Ein Beispiel für solch ein Programm ist der Befehl *step(A,B,C,D)*, mit dem die Sprungantwort des Zustandsraummodells mit den zuvor eingegebenen Matrizen berechnet und im Graphikbildschirm dargestellt wird.

Der *step*-Befehl entstammt der Control System Toolbox, die dem Rechnerwerkzeug MATLAB speziell für regelungstechnische Anwendungen hinzugefügt wer-

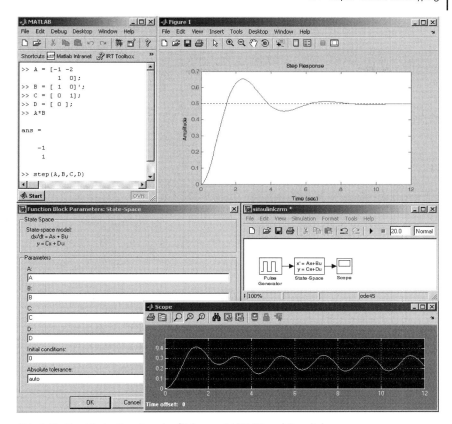

Abb. 2.40 Graphische Benutzeroberfläche von MATLAB und Simulink.

den kann. Mittlerweile ist eine große Anzahl an Toolboxen für diverse Anwendungsbereiche verfügbar. Als Beispiele seien die System Identification Toolbox, in die viele gängige Identifikationsverfahren integriert sind, und die Optimization Toolbox genannt, die eine Reihe von Werkzeugen zur Optimierung bereitstellt. Mit dem MATLAB-Compiler kann aus einer Befehlsfolge in MATLAB sogar automatisch C–Code erzeugt werden, der dann in eigenen Anwendungsprogrammen genutzt werden kann. Dies ermöglicht das Rapid Prototyping numerischer Algorithmen, indem aus der komfortablen Entwicklungsumgebung MATLAB direkt eine Implementierung unter Windows oder Linux möglich wird.

Die für das Rechnerwerkzeug MATLAB erhältliche Simulationsumgebung Simulink erlaubt, dynamische Systeme aus elementaren Blöcken aufzubauen. Die Darstellung der Systeme wird auch als blockorientiert bezeichnet. Diese Art der Darstellung gestattet dem Benutzer, eine graphische Programmierung seiner Systeme vorzunehmen, indem er vordefinierte Blöcke aus bereitgestellten Bibliotheken auswählt, diese bezüglich seiner Anwendung parametrisiert und dann die Signalpfade zwischen den Blöcken mit Linien festlegt. Eine vollkommen freie

Programmierung der Funktionen eines Blockes ist ebenfalls möglich: diese Eigenschaft kann gleichermaßen zur schnellen Umsetzung komplexer Signalverarbeitungsalgorithmen wie zur Anbindung externer Programmbibliotheken genutzt werden, wodurch z. B. auch auf die Schnittstellen von I/O-Hardware zugegriffen werden kann. Auch Simulink kann in Verbindung mit dem Real-Time-Workshop C–Code aus den Simulationsmodellen erzeugen. Im Gegensatz zur Codegenerierung von MATLAB kann Simulink auch für viele Mikroprozessoren Code erzeugen, so dass ein Rapid Prototyping der Software von hierauf basierenden Geräten oder einzelner Teilfunktionen möglich wird.

Eine wesentliche Erweiterung von Simulink wiederum ist Stateflow, mit dessen Hilfe ereignisdiskrete Abläufe in Form von Statecharts modelliert und unter Simulink simuliert werden können. Eine Einbindung in die Codegenerierung von Simulink ist für Stateflow gegeben. Neben diesem Produkt gibt es ein großes Angebot weiterer Toolboxen und Blocksets, die auf Simulink aufbauen und dieses um Funktionen bzw. Blockbibliotheken erweitern.

2.7.4.4 Toolketten

Mit Tools von dSPACE und The MathWorks ist RCP von der Modellierung bis zu der Implementierung auf verschiedenen Zielsystemen möglich, z. B. auf Basis von Industrie-PCs oder Mikrokontrollern. Auch ist mit dem Werkzeug Dymola und anderen Programmen, die C–Code für MATLAB/Simulink generieren, eine graphische Programmierung insofern möglich, als der generierte Code bei der Generierung des Codes für die RCP-Plattformen weiterverwendet werden kann. Die hier gegebene Programm- und Hardwareauswahl stellt keine Marktübersicht dar und gibt lediglich einige Komponenten einer sehr häufig eingesetzten universellen Entwicklungsumgebung wieder.

Die Firma dSPACE bietet Hardware für den prototypischen Betrieb von Automatisierungsalgorithmen auf einem RCP-System an: dSPACE-Boxen werden typischerweise im Rahmen von SiL-Simulationen eingesetzt. Zudem wird mit Target Link eine Software zur automatischen Codegenerierung für verschiedene Zielplattformen vertrieben, welche die Automatisierungsalgorithmen für HiL-Simulationen und den Einsatz im endgültigen Produkt umsetzt.

Die dSPACE-Hardware kann entweder individuell durch modulare Komponenten den Erfordernissen entsprechend zusammengestellt oder als Komplettsystem bezogen werden. Für die modulare Variante stehen dabei unterschiedliche Gehäusegrößen, Steckkarten und Netzanschlüsse zur Verfügung. Über sog. Connection-Panel können über BNC–Verbindungen die Prozess-Signale mit den EA-Karten des Systems verbunden werden, Karten für den Feldbusanschluss stehen ebenfalls zur Verfügung. Ein solchermaßen modular aufgebautes System kann auch als Mehrprozessorsystem aufgebaut werden. Es kommen Signalprozessoren der Firma Texas Instruments zum Einsatz.

Bei der Modellbildung setzt der Codegenerator Target Link der Firma dSPACE auf MATLAB/Simulink auf. Der aus Simulink-Modellen erstellte C–Code kann direkt auf eine Gruppe ausgewählter Zielplattformen übertragen werden (z. B.

Motorola MPC555, Infineon C167, Hitachi SH2, Texas Instruments und andere). Target Link ist ein leistungsfähiger Codegenerator, der seit vielen Jahren auf dem Markt etabliert ist und weite Verbreitung genießt. Er gilt als sehr effizient und sicher, weshalb er insbesondere in der Automobilindustrie und in der Flugzeugindustrie eingesetzt wird.

Die Firma The MathWorks bietet eine weitere Möglichkeit an, eine RCP-Umgebung aufzubauen. Die graphische Modellierung erfolgt ebenfalls mit Hilfe von MATLAB/Simulink, die Codegenerierung übernimmt der Real-Time Workshop. Als mögliche Zielhardware für den Betrieb des Reglers auf einer RCP-Plattform wird die PC-basierte xPC-Target-Box angeboten. Diese ist modular aufgebaut und kann mit unterschiedlichen EA-Karten versehen werden. Durch die kompakte Bauform können allerdings nicht beliebig viele Karten verwendet werden.

Evaluierungs-Boards zum Einsatz in der RCP-Kette basieren auf dem Mikrocontroller, der später auf der Zielhardware zum Einsatz kommt, und bieten über entsprechende Anschlüsse wie z. B. Pfostenstecker die Möglichkeit, die Peripherie des Controllers zu nutzen. Häufig sind auch zusätzliche, für das Auffinden von Fehlern gedachte, Erweiterungen vorhanden. Zu diesen Boards werden in der Regel entsprechende Softwarepakete mitgeliefert. Diese enthalten einen Compiler, größtenteils für die Sprache C, einen Linker und Source-Code zum Ansprechen der Peripherie des Controllers und häufig auch den Source-Code eines kleinen Echtzeitbetriebssystems. Teilweise wird eine direkte Unterstützung durch MATLAB/Simulink angeboten, so dass Blöcke zur Verfügung stehen, welche es ermöglichen, die Peripherie wie z. B. digitale Ein- und Ausgänge des Mikrocontrollers direkt anzusprechen.

Sowohl der Real-Time Workshop von The MathWorks als auch Target Link der Firma dSPACE bieten die Möglichkeit, bei vorhandenem C–Compiler für die Zielhardware den Codegenerierungsprozess zu automatisieren. Dabei wird allgemein festgelegt, wie der Binär-Code aus einem graphischen Modell zu generieren ist, anschließend erfolgt die Codegenerierung per Knopfdruck. Falls nicht vom Hersteller mitgeliefert, müssen hierbei in MATLAB/Simulink Blöcke als Treiber zur Kommunikation mit den Ein- und Ausgängen des Controllers programmiert werden.

Zusätzlich zu den Blöcken für die Ein- und Ausgabe muss ein Echtzeitbetriebssystem zur Verfügung gestellt werden. Wie die xPC-Box der Firma The MathWorks werden auch andere PC-Systeme angeboten, welche in RCP-Umgebungen eingesetzt werden können, da sie mit entsprechender Peripherie und einem Echtzeitbetriebssystem ausgestattet sind. Die Kommunikation mit diesen PCs erfolgt dabei häufig über ein Netzwerk, im einfachsten Teil lediglich mit den Teilnehmern RCP-Plattform und Entwicklungsrechner. Vorteilhaft an diesen Systemen ist, dass sie mit Standard-Hardware aufgebaut sind, welche in großer Stückzahl verfügbar und somit preiswert erhältlich ist. Als Betriebssysteme kommen solche auf der Basis von Linux, Windows oder spezielle Echtzeitbetriebssysteme in Betracht.

Die Ansätze und Bestrebungen, RCP unter Linux zu betreiben, sind besonders reizvoll, da dessen Stabilität bekanntermaßen hoch und der Source-Code frei verfügbar ist. Außerdem kann das System unentgeltlich bezogen werden, wodurch

Kosten eingespart werden können. Für echtzeitfähige Linux-Varianten wird z. T. auch der Begriff Embedded Linux verwendet. Diese Bezeichnung weist u. U. auch nur auf einen besonders kompakten Betriebssystemkern hin, zeigt aber auch, dass hiermit nicht nur PC-basierte, sondern auch weniger komplexe und kostengünstigere Hardware-Architekturen als Zielsystem in der RCP-Toolkette dienen können. Grundvoraussetzung ist, dass ein C–Compiler zur Verfügung steht, um ausführbaren Binär-Code für das Zielsystem zu generieren. Beispielsweise kann die Erweiterung RT-Linux mittels frei erhältlicher Software als Target im Real-Time Workshop verwendet werden.

Mit SIMCOM der Firma LTSoft können Simulink-Modelle in C–Code transformiert werden, der als Funktionsblock in das Funktionsbausteinsystem iFBSpro eingebunden wird. Die Funktionsbausteine für iFBSpro können auch manuell in der Programmiersprache C geschrieben werden, wodurch eine sehr freie Erweiterung des Systems möglich ist und etwa eine direkte Hardwareanbindung des Funktionsbausteinsystems gelingt. iFBSpro basiert auf offenen Konzepten des Lehrstuhls für Prozessleittechnik der RWTH Aachen. Es stellt eine stabile Laufzeitumgebung dar, die auf einem auf Geschwindigkeit und hohe Verfügbarkeit ausgerichteten Objektmodell beruht. Dieses Infrastrukturmodell ist vergleichsweise leicht zu portieren. iFBSpro ist zurzeit verfügbar für Windows (NT, 2000, XP), Unix und Linux, OpenVMS und für den Mikrocontroller MC164.

2.7.5
Toolintegration am Beispiel einer Petrinetz-Anwendung

In der Automatisierungstechnik werden sehr viele verschiedene Beschreibungsmittel eingesetzt. Berücksichtigt man lediglich ereignisdiskrete Steuerungen, bleibt immer noch eine Vielzahl verschiedener genutzter Modellformen [37]. Hierzu gehören etwa die IEC 61131–3 und Elemente der *Unified Modelling Language* (UML).

Der modellgestützte Entwurf von Automatisierungssystemen ist – wie bereits beschrieben – die Basis des RCP-Entwicklungsprozesses, der bisher vornehmlich beim Entwurf von kontinuierlich zu beschreibenden Regelungssystemen eingesetzt wird. In der ereignisdiskreten Steuerungstechnik ist kein vergleichbares Vorgehen etabliert. Im Grunde fehlen hierzu sowohl geeignete durchgängige Werkzeugketten als auch entsprechende Entwurfsmethoden.

Um die Entwicklung solcher Methoden zu erleichtern, wurde am Institut für Regelungstechnik der RWTH Aachen das Tool Netlab weiterentwickelt. Ergebnisse der unternommenen Anstrengungen zur Etablierung einer RCP-Toolkette für den Steuerungsentwurf stehen mit der weiter entwickelten Petrinetz-Anwendung Netlab und der zugehörigen Toolbox für MATLAB zum kostenlosen Download zur Verfügung. Die Netlab-Toolbox ist zurzeit das einzige bekannte Werkzeug, welches die direkte Einbindung von Petrinetzen in eine RCP-Toolkette mit der Basis MATLAB/Simulink ermöglicht. Die zugrunde liegenden Ansätze bei der Integration eines eigenen Entwurfswerkzeugs in die existierende Toolkette sollen im Folgenden vorgestellt und anhand eines Demonstrationsbeispiels illustriert werden.

2.7.5.1   Rapid Prototyping diskreter Systeme

Bei RCP-fähigen Entwicklungsumgebungen ist es in der Regel möglich, eigene Beschreibungsmittel zur Modellierung so zu integrieren, dass der Entwickler von Steuerungslösungen nicht nur auf die vom Hersteller der Entwicklungsumgebung angebotenen Werkzeuge festgelegt ist. Für einen durchgängigen Entwurf muss neben der Möglichkeit zur Simulation des entworfenen hybriden Gesamtsystems auch die Erzeugung von Code zur Ausführung des Automatisierungsalgorithmus auf einer echtzeitfähigen Plattform vorgesehen werden [43].

Statt der Nutzung der SPS-Programmiersprachen, die mit der IEC 61131–3 definiert wurden, soll im Rahmen der hier aufgestellten Toolkette als Zielsprache ANSI–C gewählt werden – anderenfalls wäre die Nutzung innerhalb der später vorgestellten Entwurfsumgebung für Advanced Control zur Einbindung in die Leittechnik nicht möglich, da der Automatisierungsalgorithmus nicht als Funktionsbaustein ausgeführt werden könnte. Zudem ist auch die Codegenerierung der genutzten Kern-Entwicklungsumgebung MATLAB/Simulink auf C–Code ausgerichtet. ANSI–C wird über die Nutzung von Crosscompilern auf sehr vielen Plattformen unterstützt, und die Einbindung in die SPS-Programmiersprachen ist nach der Norm IEC 61131–3 grundsätzlich möglich, auch wenn dies bei der Nutzung einer konventionellen Hardware-SPS normalerweise nicht der Fall ist [42, 44].

Unter MATLAB steht für die Modellierung ereignisdiskreter Teilsysteme das Werkzeug Stateflow zur Verfügung. Hiermit können Statecharts größtenteils in Übereinstimmung mit der UML modelliert werden. Diese Diagramme werden in C–Code übersetzt, der dann sowohl für die Ausführung in der Simulation als auch den Ablauf auf einem Steuergerät kompiliert werden kann.

Im Bereich der Grundlagenforschung wurden im letzten Jahrzehnt viele Beschreibungsformen hybrider Systeme entwickelt und verbessert, die ebenfalls eine Trennung hybrider Systeme in ereignisdiskrete und kontinuierliche Anteile vorsehen. Insbesondere wurden einige auf Petrinetzen basierende Ansätze in Bezug auf die Modellierung, Analyse und Synthese untersucht [45], deren Modellformen sich z. T. auch als Implementierungssprache eignen könnten. Für die Einbindung von Petrinetzen in eine Werkzeugkette für den Steuerungsentwurf muss ein entsprechender Editor zur Verfügung gestellt werden, der C–Code zur Einbindung innerhalb der RCP-Umgebung erzeugen kann. Da die Nutzung von Petrinetzen wegen der großen Verwandtschaft mit der Ablaufsprache und der höheren graphischen Ausdruckskraft attraktiv ist, wird im folgenden Abschnitt deshalb das Petrinetz-Werkzeug Netlab und das benutzte hybride Modell vorgestellt.

2.7.5.2   Hybrides Modell

Die Beschreibung von ereignisdiskreten Systemen, die mit kontinuierlichen Modellteilen interagieren, führt zu einer hybriden Modellbildung. Diese Trennung soll auch hier aufrechterhalten werden, so dass diskrete und kontinuierliche Teilsysteme getrennt beschrieben werden. Bei dem zugrunde liegenden Modell handelt es sich um das Petrinetz-Zustandsraum-Modell (PNZRM) nach Abb. 2.41, bei

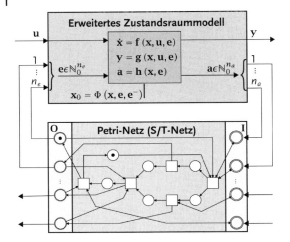

Abb. 2.41 Modellform des Petrinetz-Zustandsraum-Modells.

dem die diskreten Teile eines hybriden Systems mit Hilfe von S/T-Netzen und die kontinuierlichen Systemteile über geschaltete Differenzialgleichungssysteme in Form eines erweiterten Zustandsraummodells dargestellt werden [45–47].

Die Kopplung der Modellteile erfolgt über in die jeweiligen Teilmodelle integrierte und an den realen Prozess angelehnte Schnittstellen. Auf diese Weise können kontinuierliche und diskrete Teilmodelle beliebig untereinander gekoppelt werden, was insbesondere die modulare und übersichtliche Modellierung ermöglicht. Hierzu werden S/T-Netze um Eingangsstellen erweitert, deren Markierung dem Wert eines der Stelle zugeordneten Eingangssignals entspricht. Diese Stellen werden über Kommunikationskanten mit den Transitionen des Netzes verbunden, so dass deren Schaltfähigkeit zusätzlich eingeschränkt wird. Zudem werden gewöhnliche Stellen als Ausgangsstellen deklariert, so dass ihre Markierung auch als Ausgangssignal des Blockes dient.

Änderungen von Markenfluss und Invarianten ergeben sich durch diese Definition der Schnittstellen nicht, wodurch die Anwendbarkeit der Analysemethoden von S/T-Netzen auf die diskreten Teilsysteme erhalten bleibt. Durch diese Aufteilung ist somit eine blockorientierte Modellbildung unter Simulink möglich, bei der Netlab zur Modellierung ereignisdiskreter Blöcke mit Petrinetzen genutzt werden kann.

2.7.5.3 Netlab

Netlab ist eine unter Windows lauffähige Petrinetz-Anwendung, besitzt eine intuitiv zu bedienende graphische Benutzeroberfläche und wird vornehmlich in Forschung und Lehre eingesetzt. Mit Netlab ist es auch möglich, den ereignisdiskreten Teil eines PNZRM zu erstellen und zu bearbeiten.

Als Dateiformat nutzt Netlab die *Petri Net Markup Language* (PNML), die mittlerweile als Norm im Entwurfsstadium vorliegt und einen einheitlichen Rahmen für Dateiaustauschformate der unterschiedlichen Softwarewerkzeuge bietet

[48, 49]. Die PNML ist ein XML-basiertes Meta-Modell, mit dem es möglich ist, alle Klassen von Petrinetzen einheitlich zu beschreiben. Das heißt, dass der grundsätzliche Aufbau des Dateiformats gleich ist, so dass z. B. die in jedem Petrinetz vorkommenden Elemente wie Stellen, Transitionen oder Kanten zwischen den Dateiformaten unterschiedlicher Netzklassen austauschbar sind. Das Meta-Modell der PNML muss für die Wiedergabe einer konkreten Netzklasse konkretisiert werden. Hierzu wurde eine für die Netzklasse spezifische Petrinetz-Typ-Definition definiert. Da mit der Petrinetz-Typ-Definition von S/T-Netzen ein Beispiel für die PNML gegeben ist, lässt sich dieses sehr einfach an die Wiedergabe des diskreten Teils des PNZRM anpassen.

In allen Formen von PNML besitzen Objekte ein Graphics-Element als untergeordneten XML-Knoten, mit dem Knoten und Kanten viele Eigenschaften zugeordnet werden können, die keinen Einfluss auf die Netzstruktur und den sich hieraus ergebenden Automatisierungsalgorithmus haben. Viele dieser Graphikeigenschaften wurden bereits vor der breiten Durchsetzung der graphischen Benutzeroberflächen auf Betriebssystemebene für den Einsatz in Petrinetz-Werkzeugen gefordert [50]. Da gerade die graphischen Eigenschaften im Sinne einer besseren Verständlichkeit sind, unterstützt Netlab das Graphics-Element der PNML vollständig (siehe auch Abb. 2.43).

Neben der Bearbeitung in der graphischen Benutzeroberfläche und der Datenhaltung sind mit Netlab auch textuelle und graphische Auswertungen der Netzstruktur möglich: Hierzu gehört die Ausgabe der Netzmatrizen, es ist eine Darstellung der Invariantenbasen möglich, Erreichbarkeits- und Überdeckungsgraph können erstellt und angezeigt werden etc. Eine rein diskrete Simulation ist mit Netlab ebenfalls möglich, bei der der Anwender das Schalten der aktivierten Transitionen manuell durchführt. Diese Methoden sind in den meisten Petrinetz-Werkzeugen verfügbar, zum Teil auch über die Integration weiterer Werkzeuge. Erst durch den Einsatz von Netlab unter MATLAB/Simulink hebt sich dieses Werkzeug von anderen Petrinetz-Werkzeugen ab.

Netlab ermöglicht zudem die graphische Anzeige der S- und T-Invarianten und deren fortlaufende Berechnung. Hierdurch kann der Modellierende bereits während des Editierens prüfen, ob etwa jede Stelle von einer T-Invarianten überdeckt ist und das Netz somit die notwendige Bedingung für eine vollständige Reversibilität erfüllt. Diese Interaktion ermöglicht eine schnelle und korrekte Programmierung und geht damit über die grundsätzlichen Stärken von Petrinetzen bei der Darstellung hinaus.

2.7.5.4 Netlab-Toolbox für MATLAB/Simulink

Über eine COM-Schnittstelle stellt Netlab relevante Informationen über ein Netz zur Verfügung. Hiermit kann unter MATLAB etwa durch die Befehle:

```
H = actxserver('Netlab.Document');
h.Load(which('beispiel.net'));
N = h.GetMatrix('N');
h.Close;
```

ein Netz geladen werden und die Netzmatrix in die Variable N eingelesen werden. Diese steht damit einer Weiterverarbeitung in eigenen Algorithmen zur Verfügung, die im Anschluss wiederum Einfluss auf Netzmarkierung und -struktur nehmen können. Die Beeinflussung des Netzes oder der Aufbau neuer Netze über diese Schnittstelle ist bisher bloß prototypisch für einzelne Syntheseverfahren realisiert, ein Ausbau dieser Funktionen ist allerdings geplant. Über diese Schnittstelle stellt Netlab auch die Generierung einer Simulink-S-Function in C–Code zur Verfügung. Häufig genutzte Befehle stehen zudem direkt als Befehl zur Verfügung, wie etwa der oben erläuterte Zugriff auf die Netzmatrix:

N = nlgetmat('beispiel.net');.

Die Netlab-Toolbox beinhaltet neben diesen MATLAB-Funktionen auch ein Simulink-Blockset. Der Anwender kommt bei der Benutzung eines Netlab-Blocks unter Simulink lediglich mit einem Netlab-spezifischen Dialog und mit der eigentlichen Anwendung in Berührung. Hierbei dient Netlab der Programmierung und der rein diskreten Simulation und Analyse des Netzes. In dem angesprochenen Dialog können einige Simulationseigenschaften eingestellt werden. Hierzu gehört etwa eine exakte Erkennung des Schaltzeitpunktes bei der Nutzung von Integrationsalgorithmen mit variabler Schrittweite. Ebenso lässt sich angeben, ob es möglich sein soll, die generierte S-Function durch den Real-Time Workshop weiter zu verarbeiten, oder ob der Netzzustand während der Simulation unter Simulink in einem weiteren Fenster graphisch wiedergegeben werden soll (Abb. 2.42).

Der Ein- und Ausgangssignalvektor des Blockes wird über die Indizes der Ein- und Ausgangsstellen definiert. Da bei steuerungstechnischen Anwendungen ty-

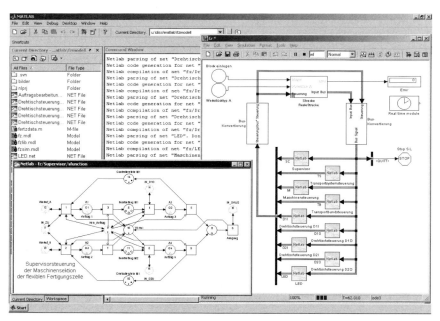

Abb. 2.42 SiL-Simulation mit Netlab und Simulink.

pischerweise sehr viele Signale ausgetauscht werden, ist dieser Weg allerdings u. U. nicht praktikabel – bei Änderungen an den Schnittstellen des Blockes müssten deshalb sowohl das Netz als auch die entsprechenden Simulink-Signale angepasst werden. Stattdessen bietet sich bei der Verwendung des Netlab-Blocks die Nutzung von Simulink-Bussen an, da bei gleichem Namen von Simulink-Signal und Netlab-Stelle diese Verknüpfung automatisch vorgenommen werden kann. So befinden sich im Beispiel der Abb. 2.42 zum Teil mehr als 100 Signale einem Signalbus.

Nutzt man Echtzeiterweiterungen für Simulink und eine ausreichend schnelle Anbindung von I/O-Hardware, lassen sich auch Software-in-the-Loop-Simulationen (SiL) aufbauen, die ein echtes Rapid Prototyping von diskreten Steuerungen ermöglichen. In Abb. 2.42 ist eine solche Simulation dargestellt, an die ein realer Modellprozess mit je etwa 50 Ein- und Ausgangssignalen über Feldbus angeschlossen ist. Im Beispiel wurde bei einer Zykluszeit von 10 ms durch Simulink über TwinCAT I/O auf Profibus-DP-Module zugegriffen.

Die Nutzung von Petrinetzen zur Umsetzung diskreter Steuerungen unter Simulink bietet zurzeit kein anderes Werkzeug. Bei der Analyse rein diskreter Netze bietet es im Wesentlichen die gängigen Methoden an. Mit Netlab wird also versucht, die Modellform des PNZRM innerhalb der gängigen automatisierungstechnischen Entwicklungsumgebung MATLAB/Simulink zu etablieren. Ein großer Vorteil beim RCP ist, dass aufgrund des zur Verfügung stehenden Prozessmodells die bisher fast ausschließlich in der Forschung genutzten Analyse- und Syntheseverfahren nun nutzbringend und vergleichsweise leicht während der Entwicklung eingesetzt werden können. Durch die leichte Programmier- und Erweiterbarkeit der geschilderten Umgebung ergibt sich auch die Möglichkeit der Erforschung formaler Methoden gleichzeitig bei hohem Abstraktionsgrad und – aufgrund der Toolkette – großer Praxisnähe.

2.7.5.5 Beispiel

Die Umsetzung der Lösung eines typischen ereignisdiskreten Problems mit Netlab ist in Abb. 2.43 dargestellt. In diesem Beispiel soll die Steuerung eines Schaltgetriebes den Gangwechsel automatisch vornehmen, ausgehend von der Motordrehzahl und dem Getriebezustand. Das Beispiel entspricht dem mit Stateflow mitgelieferten Demonstrationsmodell sf_car [51].

Als Ausgangssignal wird von dem Netlab-Block der Zustand der Stelle *o1* ausgegeben, deren Markierung dem gewählten Gang entspricht. Zudem wird bei einer Markierung der Ausgangsstelle *o2* im Simulink-Modell ein zurückgesetzter Integrator als Timer gestartet. Als Eingangssignale stehen die Markierungen der Stellen *i1* bis *i3* zur Verfügung, die Auskunft darüber geben, ob die Motordrehzahl unter- (*i1*) bzw. oberhalb (*i2*) der zulässigen, von der Übersetzung abhängigen Grenzen liegt und ob der bereits angesprochene Timer *i3* abgelaufen ist.

Zu Beginn befindet sich das Schaltgetriebe im ersten Gang, und die Gangwechselautomatik ist im stationären Betrieb (*Steady*). Dreht der Motor zu hoch,

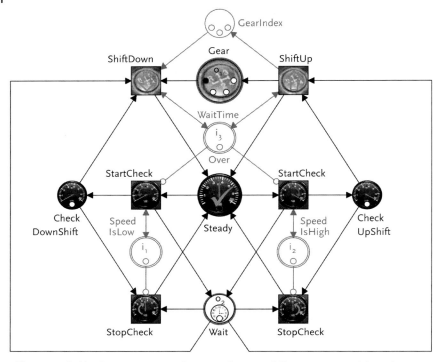

Abb. 2.43 Schaltlogik eines automatischen Getriebes – Modellierung unter Netlab – vgl. [PN17].

wird die Eingangsstelle *i2* mit einer Marke belegt, so dass eine der Transitionen *StartCheck* schalten kann und die Stelle *Check UpShift* markiert ist. Fällt die Markierung von *i2* auf null zurück, bevor der Timer abgelaufen ist, kann die Transition *StopCheck* schalten und den Ausgangszustand herstellen. Anderenfalls wird nach der Wartezeit die Eingangsstelle *i3* markiert, so dass die Transition *ShiftUp* schalten kann. Hierdurch wird die Markierung der Stelle *o1* um eins erhöht, der Timer gestoppt und die Gangwechselautomatik befindet sich erneut im stationären Betrieb. Von diesem Zustand ausgehend können nun weitere Wechsel in höhere oder niedrige Gangzahlen stattfinden.

Vergleicht man die Simulationsergebnisse des beschriebenen Modells mit denen der Stateflow-Variante, ergeben sich keine relevanten Differenzen zwischen den Verläufen von Motordrehzahl, Fahrzeuggeschwindigkeit und gewählter Übersetzung.

2.7.5.6 Vergleich der Netlab-Toolbox für MATLAB/Simulink mit Stateflow

Zu bemerken ist, dass mit Netlab nicht die Komplexität von Stateflow erreicht wird. So muss in dem obigen Beispiel die Prüfung der Schaltbedingung durch eine Ungleichung extern umgesetzt werden, auch der Timer kann nicht innerhalb des S/T-Netzes realisiert werden. Unter Stateflow stehen dem Modellierenden viele

Wege offen, indem in der sehr mächtigen Action Language Befehle notiert werden. Bereits die dargestellte Synchronisation bei der Ausführung des Gangwechsels kann in Stateflow nicht graphisch ausgedrückt werden. Die verschiedenen Möglichkeiten der Notation von Befehlen an Transitionen und in Zuständen vereinfachen das Verständnis eines Stateflow-Charts nicht. Zudem ist sogar die Ausführung von C–Code in den Diagrammen möglich, so dass auch hier der Vorteil der graphischen Programmierung verloren geht. Netlab hingegen verzichtet bewusst auf die Möglichkeiten solcher textuellen Annotationen.

Die Vorteile des PNZRM gegenüber konventionellen SPS-Programmiersprachen und gegenüber Stateflow äußern sich einerseits in der geschilderten graphischen Ausdruckskraft und andererseits darin, dass es der Anwendung von formalen Methoden für Petrinetze und das PNZRM zugänglich ist. Durch die Nutzung dieses Beschreibungsmittels und der Schnittstellen von Netlab ist auch die Möglichkeit der Erforschung neuer Methoden des modellgestützten Steuerungsentwurfs auf der Basis von Petrinetzen gegeben. Weiterhin ist es das einzige Tool, mit dem Petrinetze zum Ablauf unter Simulink umgesetzt werden können, zudem steht es kostenfrei zur Verfügung. Insgesamt stellt Netlab neben Stateflow eine sehr sinnvolle Ergänzung von MATLAB/Simulink dar.

2.7.6
Zusammenfassung

Durch den Einsatz einer RCP-Toolkette, die den oben beschriebenen Anforderungen an eine integrierte Toolkette genügt, lässt sich insgesamt also eine große Zahl von Vorteilen erzielen:

- Der Aufbau von Prozesskenntnissen bezüglich eines neuen Systems, das real noch nicht existiert, ist durch die Simulation möglich. Für die Schulung von Anlagenfahrern kann etwa das Prozessmodell aus dem Engineering eingesetzt werden, wobei diese Vorgehensweise sowohl aufgrund von Sicherheitsaspekten wie aus Kostengründen attraktiv ist. Zudem helfen die Erfahrungen mit dem Simulationsmodell während des gesamten Engineerings.
- Die Erfassung von Messwerten, Datenaufbereitung und Visualisierung ist in der Entwurfsumgebung möglich.
- Die einfache Variation und Optimierung von Struktur und Kennwerten kann etwa zur Durchführung von Parameterstudien genutzt werden.
- Unterschiedliche Automatisierungsalgorithmen lassen sich schnell, einfach und kostengünstig realisieren, demonstrieren und erproben.
- Es besteht keine praxisrelevante Beschränkung der zur Verfügung stehenden Rechenzeit bei der Erprobung komplexer Regelungsverfahren. Stattdessen können zuverlässige Aussagen über die wenigstens benötigte Rechenleistung der

Zielhardware oder über die maximale Rechenlast der zum Einsatz kommenden Algorithmen getroffen werden. Zudem sind die für SiL und HiL verwendeten Hardware-Komponenten flexibel und wieder verwendbar.

- Analysemethoden, die auf der Zielhardware nicht zur Verfügung stehen, können während der Prototyping-Phase genutzt werden.

- Auch kritische Szenarien können gezielt in einer HiL-Simulation getestet werden.

- Funktionstests können sehr leicht automatisiert durchgeführt werden. Die Tests können zusätzlich an – so weit sinnvoll – beliebig modifizierten Strecken und Streckenmodellen durchgeführt werden.

- Das Testen in der Simulation ist kostengünstig, da keine Eingriffe in reale Prozesse erfolgen. Zudem ist die Realisierung je nach Anwendung deutlich einfacher, wenn das Szenario real nur aufwändig zu konstruieren ist.

- Durch die graphische Programmierung ergeben sich Vorteile, da bereits das graphische Modell als Dokumentation dienen kann. Durch die Verwendung einer einheitlichen Werkzeugkette kann die Dokumentation zudem zentral in der Entwicklungsumgebung durchgeführt werden.

- Die graphische Programmierung erhöht die Wiederverwendbarkeit von Blöcken, Teilsystemen und ganzen Modellen. Insbesondere ist der Grad der Wiederverwendbarkeit größer als bei textuell programmierter Software.

- Die Verwendung von graphischen Modellen stellt ein *einheitliches Beschreibungsmittel* für die am Entwicklungsprozess beteiligten Personen dar, in dem die mit Modellentwicklung, Simulation, Programmierung oder Anderem Beschäftigten ihr Arbeitsfeld mit klaren Schnittstellen zu den weiteren Beteiligten wieder erkennen.

- Die Sicherheit der entwickelten Lösung wird wesentlich durch die Blockorientierung mit definierten Ein- und Ausgängen, die Überprüfung neuer Automatisierungsalgorithmen in der Simulation, den Rückgriff auf vorhandene Blockbibliotheken und die hohe Nachvollziehbarkeit bei der graphischen Programmierung erhöht.

- Durch die Möglichkeit des Top-Down-Entwurfs kann ein Modell als *ausführbares Lastenheft* vorgegeben werden.

Literatur

[1] Richalet, J.; Rault, A.; Testud, J. L.; Papon, J.: *Model predictive heuristic control – Application to industrial processes*. Automatica 14 (2) (1978), S. 413–428.

[2] Cutler, C. R.; Ramaker, B. L.: *Dynamic matrix control – a computer control algorithm*. Proc. Joint American Control Conference, 1980, Paper WP5-B.

[3] Garcia, C. E.; Prett, M.; Morari, M.: *Model predictive control: theory and practice – a survey*. Automatica 25 (1989), Nr. 3, S. 335–348.

[4] Camacho, E. F.; Bordons, C.: *Model Predictive Control*. 2. Auflage, Springer 2004.

[5] Maciejowski, J. M.: *Predictive Control with Constraints*. Pearson Education Limited 2002

[6] Dittmar, R; Pfeiffer B.-M.: *Modellbasierte prädiktive Regelung – Eine Einführung für Ingenieure*. Oldenburg Verlag 2004.

[7] Fliess, M.; Levine, J.; Martin, Ph.; Rouchon, P.: *On differentially flat nonlinear systems*. In: *Nonlinear Control Systems Design* (M. Fliess, Ed.) Pergamon Press 1992, S. 408–412.

[8] Fliess, M.; Levine, J.; Martin, Ph.; Rouchon, P.: *Sur les systèmes non linéaires différentiellement plats*. In: C. R. Acad. Sci. Paris Sér. I Math. (1992), Nr. 315, S. 619–629.

[9] Fliess, M.; Levine, J.; Martin, Ph.; Rouchon, P.: *Flatness and defect of non-linear systems*. Int. J. Control 61 (1995), Nr. 6, S. 1327–1361.

[10] Paulus, Th.: *Integration flachheitsbasierter Regelungs- und Steuerungsverfahren in der Prozessleittechnik*. VDI–Verlag Düsseldorf, (Fortschr.-Ber. VDI-Reihe 8) – RWTH Aachen Diss. 2006.

[11] Rugh, W. J.; Shamma, J. S.: *Research on gain scheduling*. Automatica (2000), Nr. 36, S. 1401–1425.

[12] Wang, Jianliang; Rugh, Wilson J.: *Feedback Linearization Families for Nonlinear Systems*. Transactions on Automatic Control 32 (1987), October, Nr. 10, S. 935–940.

[13] Klatt, Karsten-Ulrich: *Nichtlineare Regelung chemischer Reaktoren mittels exakter Linearisierung und Gain-Scheduling*, Universität Dortmund, Diss., 1995.

[14] Horowitz, I. M.: *Synthesis of Feedback Systems*. Academic Press, 1963.

[15] Rothfuß, R.: *Anwendung der flachheitsbasierten Analyse und Regelung nichtlinearer Mehrgrößensysteme*, Universität Stuttgart, Diss., 1997.

[16] Slotine, Jean J.; Li, Weiping: *Applied Nonlinear Control*. New Jersey, Prentice-Hall International, Inc., 1991 – ISBN 0–13–040049–1.

[17] Isidori, Alberto: *Nonlinear Control Systems 3*. Springer New York, 1989 – ISBN 3–540–50601–2.

[18] Kalman, R. E.: *On the General Theory of Control Systems*. In: *Proc. 1th Int. Congress on Automatic Control*. Moskau, 1960.

[19] Schwarz, Helmut: *Nichtlineare Regelungssysteme*. München R. Oldenbourg, 1991 – ISBN 3–486–21833–6.

[20] Liermann, M.: *Entwurf einer flachheitsbasierten Vorsteuerung und einer linear zeitvarianten Trajektorienfolgeregelung für eine hydraulische Modellpresse beim Thixoforming*, RWTH Aachen, Diplomarbeit, 2004.

[21] Lévine, J.: *On Flatness Necessary and Sufficient Conditions*. In: *Proceedings of the 6th Nonlinear Control and System Design Symposium, NOLCOS*, 2004.

[22] Fleck, Ch.; Paulus, Th.; Abel, D.: *Flatness based open loop control for a parabolic partial differential equation with a moving boundary*. In: *CD-Rom Proc. Europ. C. Conf. ECC, 2003*.

[23] Fleck, Ch.; Paulus, Th.: *Eine Methode zur Bestimmung eines flachen Ausgangs und Parametrierung der Lösung für gewisse Systeme mit örtlich verteilten Parametern*. In: *Tagungsband GMA Fachausschuss 1.41, Theoretische Verfahren der Regelungstechnik*, ISBN 3–9501233–4-2, Interlaken, GMA, 2003.

[24] Fleck, Ch.; Paulus, Th.: *Ein Beitrag zur flachheitsbasierten Randsteuerung von*

hyperbolischen partiellen Differential-
gleichungen. In: *Tagungsband GMA
Fachausschuss 1.41, Theoretische Verfahren der Regelungstechnik,* ISBN
3–9501233–5-0, Interlaken, GMA,
2004.

[25] Fleck, Ch.; Paulus, Th.; Schoenbohm,
A.; Abel, D.; Ollivier, F.: *Flatness based
open loop control for the twin roll strip
casting process.* In: *Proceedings of the 6th
Nonlinear Control and System Design
Symposium, NOLCOS,* 2004.

[26] Sira-Ramírez, H.; Castro-Linares, R.:
*On the regulation of a helicopter system:
A trajectory planning approach for the
Liouvillian model.* In: *Proc. 5th European
Control Conference ECC'99,* 1999 –
Paper S0823.

[27] Rudolph, Joachim: *Control of flat systems by quasi-static feedback of generalized states.* Int. J. Control 71 (1998),
Nr. 5, S. 745–765.

[28] Kailath, Thomas: *Linear Systems.*
Prentice-Hall International, 1980 –
ISBN 0–13–536961–4.

[29] Hagenmeyer, V.; Zeitz, M.: *Zum
flachheitsbasierten Entwurf von linearen
und nichtlinearen Vorsteuerungen.* at –
Automatisierungstechnik 52 (2004),
S. 3–12.

[30] Kelemen, Matei: *A Stability Property.*
In: IEEE Transactions on Automatic
Control 31 (1986), Nr. 8, S. 766–768.

[31] von Löwis, Johannes: *Flachheitsbasierte
Trajektorienfolgeregelung elektromecha-
nischer Systeme,* TU Dresden, Diss.,
2002.

[32] Rudolph, J.: *Flatness Based Control of
Distributed Parameter Systems.* Steue-
rungs- und Regelungstechnik. Shaker,
2003. – ISBN 3–8322–1211–6.

[33] Rudolph, J.: *Flachheit: Eine nützliche
Eigenschaft auch für Systeme mit Totzeiten.* at – Automatisierungstechnik
53 (2005), Nr. 4, S. 178–188.

[34] Fliess, Michel ; Marquez, Richard ;
Delaleau, Emmanuel: *State Feedbacks
Without Asymptotic Observers and
Generalized PID Regulators.* Springer,
2000 (Lecture Notes in Control and
Information Sciences 258), S. 367–384.

[35] Rudolph, J.: *Rekursiver Entwurf stabiler
Regelkreise durch sukzessive Berücksich-

tigung von Integratoren und quasi-statische Rückführungen.* at – Automatisierungstechnik 53 (2005), Nr. 8,
S. 389–399.

[36] OMG *Unified Modelling Language
Specification*: Version 1.4, Object
Management Group, 2001.

[37] Verein Deutscher Ingenieure und
Verband der Elektrotechnik, Elektro-
nik und Informationstechnik, *VDI/
VDE 3681: Einordnung und Bewertung
von Beschreibungsmitteln aus der Automatisierungstechnik,* Richtlinie, 2004.

[38] Deutsches Institut für Normung. *DIN
19226, Leittechnik, Regelungstechnik und
Steuerungstechnik.* Februar 1994.

[39] Abel, D.: *Rapid Control Prototyping,*
Umdruck zur Vorlesung, Institut für
Regelungstechnik, RWTH Aachen,
2003, http://www.irt.rwth-aachen.de/
download/rcp/pdf/rcp.pdf.

[40] Schloßer, A.; Bollig, A.; Abel, D.: *Rapid
Control Prototyping in der Lehre.* at –
Automatisierungstechnik 52 (2004),
Heft 2, S. 75–80, Oldenbourg Verlag.

[41] Moler, C. B.: MATLAB User's Guide,
University of Mexico, Computer Sci-
ence Department, 1981.

[42] DIN EN 61131–3: *Speicherprogram-
mierbare Steuerungen, Teil 3: Programmiersprachen.* Deutsche Norm, 1993.

[43] Orth, Ph.; Bollig, A.; Abel, D.: *Rapid
Prototyping of Sequential Controllers
with Petri Nets.* In: 16th IFAC World
Congress, Preprints (DVD), Paper
2975, 3.–8. Juli 2005, Prag, Tsche-
chien.

[44] v. Aspern, Jens: *SPS-Softwareentwick-
lung mit IEC 61131.* Hüthig, Heidel-
berg 2000.

[45] Chouikha, M.; Decknatel, G.; Drath,
R.; Frey, G.; Müller, Ch.; Simon, C.;
Thieme, J.; Wolter, K.: *Petri net based
descriptions of discrete-continuous
systems.* Automatisierungstechnik 48
(2000), Nr. 9, S. 415–425.

[46] Orth, Ph.: Fortschritt-Berichte VDI
Reihe 8. Bd. 1085: *Rapid Control
Prototyping diskreter Steuerungen mit
Petrinetzen.* VDI–Verlag, Düsseldorf,
Deutschland, 2005.

[47] Müller, Ch.: Fortschritt-Berichte VDI
Reihe 8. Bd. 930: *Analyse und Synthese*

diskreter Steuerungen hybrider Systeme mit Petri-Netz-Zustandsraummodellen. VDI–Verlag, Düsseldorf, Deutschland, 2002.

[48] Lehrstuhl für Theorie der Programmierung der Humboldt-Universität zu Berlin: *Petri Net Markup Language.* http://www.informatik.hu-berlin.de/top/pnml/.

[49] Kindler, E.: International Electrotechnical Commission (Hrsg.): ISO/IEC 15909–2, Normentwurf, *High-level Petri Nets – Transfer Syntax.* März 2004.

[50] Jensen, K.: *Computer Tools for Construction, Modification and Analysis of Petri Nets.* In: Brauer, W. (Hrsg.); Reisig, W. (Hrsg.); Rozenberg, G. (Hrsg.): Petri Nets: Applications and Relationships to Other Models of Concurrency Bd. 255, Springer, 9 1986, S. 4–19.

[51] The MathWorks Inc.: *Using Simulink and Stateflow in Automotive Applications – VII. Automatic Transmission Control.* Simulink-Stateflow Technical Examples. 1998. Auch als Stateflow-Demo (sf_car) mitgeliefert.

3
Aufbau und Struktur der Leitsysteme

Gerd-Ulrich Spohr

3.1
Übersicht

Prozessleitsysteme haben die Aufgabe, die Betriebsleitung bei der Führung ihrer Anlagen und bei der Steuerung und Überwachung ihrer Produktionsprozesse zu unterstützen. In einem allgemeinen Sinn umfassen Prozessleitsysteme alle leittechnischen Einrichtungen zwischen den in der sog. Feldebene prozessnah eingesetzten Sensoren und Aktoren und dem Anlagenfahrer, der die Aufgabe hat, den komplexen Produktionsprozess zu überwachen und in einem vorgeschriebenen Betriebszustand zu halten.

Im Rahmen der Aufgabenstellung ist es daher erforderlich, dass das Prozessleitsystem eine Reihe unterschiedlicher Funktionen erbringt. Diese lassen sich folgendermaßen klassifizieren:

- Prozessführungsfunktionen: Dies sind Automatisierungsfunktionen, die ein selbsttätiges Führen von Anlageneinheiten und Prozessabläufen durch das Prozessleitsystem als Folge von Bedienung durch einen Operator ermöglichen. *Beispiel*: Als Folge einer Bedienhandlung "Dosiere 100 l aus Behälter A in Reaktor B" sorgen entsprechende Automatisierungsfunktionen dafür, dass die dazu notwendigen Ventile geöffnet, der Stoffstrom gemessen, die Durchflussrate geregelt und bei Erreichen der gewünschten Stoffmenge wieder geschlossen werden.
- Prozesssicherungsfunktionen: Diese wirken unabhängig von den Vorgaben der Führungsfunktionen in den Prozess ein und sorgen dafür, dass sich der Prozess in einem sicheren Zustand befindet. Aufgrund der hohen Verfügbarkeitsanforderungen und speziellen ausführungstechnischen Bestimmungen werden diese Funktionen oft in einer eigenen, sog. "Schutzebene" realisiert.

Integration von Advanced Control in der Prozessindustrie: Rapid Control Prototyping.
Herausgegeben von Dirk Abel, Ulrich Epple und Gerd-Ulrich Spohr
Copyright © 2008 WILEY-VCH Verlag GmbH & Co. KGaA, Weinheim
ISBN: 978-3-527-31205-4

Beispiel: Bei Erreichen des maximalen Füllstandes eines Reaktors wird das Zulaufventil durch eine Sicherungsfunktion geschlossen und verriegelt, so dass ein Überlaufen verhindert wird. Erst nach Unterschreiten des maximalen Füllstandes wird das Ventil für die Bedienung durch andere Funktionen wieder freigegeben.

- Anzeigefunktionen: Diese stellen dem Bediener Informationen über den Zustand der Anlage und des Prozesses in übersichtlicher und konzentrierter Form zur Verfügung.
  Beispiel: die Füllstandsanzeige für einen Reaktor in graphischer und alphanumerischer Form.
- Bedienfunktionen: Diese geben dem Bediener die Möglichkeit interaktiv über graphische oder alphanumerische Eingabefelder Schalthandlungen auszuführen oder bedienbare Variable zu verändern.
  Beispiel: das Ein- bzw. Ausschalten eines Motors über ein graphisches Schaltersymbol oder die Veränderung des Sollwertes eines Reglers durch numerische Werteingabe oder Betätigung eines Schieberegler-Symbols.
- Melde- und Alarmfunktionen: Diese informieren den Bediener explizit über das Eintreten bestimmter Ereignisse und können gegebenenfalls in Verbindung mit Prozessführungsfunktionen automatische Reaktionen auf diese Ereignisse einleiten.
  Beispiel: Bei Überschreitung eines Grenzwertes wird eine entsprechende Meldung auf dem Bildschirm angezeigt und bei entsprechender Projektierung ein korrespondierendes Gerät abgeschaltet.
- Archivierfunktionen: Diese speichern eingetretene Ereignisse und Zustandsverläufe dauerhaft in einer auswertbaren Form und dienen so der nachträglichen Analyse von Prozessvorgängen.
  Beispiel: Meldungs- und Alarmarchive oder Messwertaufzeichnungen in Kurvenform.
- Protokoll- und Auswertefunktionen: Diese können aufgrund eines bestimmten Anlasses Archivdaten und aktuelle Daten auslesen, auswerten und ausdrucken.
  Beispiel: Protokoll einer erfolgten Dosierung (Anfangszeit, Endzeit, Menge, Ereignisse).

Ordnet man alle von einem Leitsystem zu erbringenden Funktionen unter dem Gesichtspunkt der funktionalen Abstraktion in ein Ebenenmodell der Prozessführungsfunktionen, so können grundsätzlich Aussagen zu ihrer Automatisierung getroffen werden. Auf den unteren Hierarchieebenen (einzelne Aktoren, Gruppen von Messstellen, ...) sind viele parallele Funktionen mit hohen Eingriffshäufigkeiten anzutreffen. Diese Funktionen eignen sich vorrangig für eine selbst-

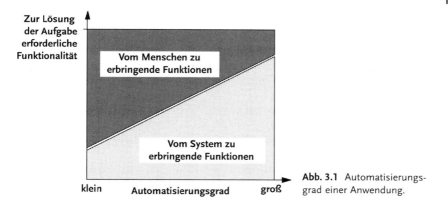

Abb. 3.1 Automatisierungsgrad einer Anwendung.

tätige Bearbeitung durch leittechnische Einrichtungen und können somit weit-gehend automatisiert werden. Auf den höheren Ebenen (Teilanlagen, Anlage, ...) nimmt die Eingriffshäufigkeit der Prozessführung im Allgemeinen ab, gleich-zeitig ist hier eine umfassende Beurteilung des Anlagenzustandes erforderlich und mehrere Handlungsoptionen sind möglich. Typischerweise werden auf die-sen Ebenen dem Anwender verschiedene Fahrweisen zur Auswahl vorgeschlagen, die dann selbst wieder automatisierte Abfolgen von Eingriffen beinhalten.

Die Automatisierung der Funktionen erfolgt im Allgemeinen entsprechend der hierarchischen Gliederung der Prozessführungsfunktionen von unten nach oben. Verschiedene Teilanlagen können dabei zunächst einen durchaus unterschiedli-chen Automatisierungsgrad aufweisen, d. h., Produktionsbereiche mit hoher ma-

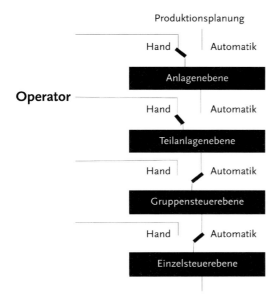

Abb. 3.2 Mögliche Inter-
aktionsebenen für Bediener.

nueller Eingriffshäufigkeit und vollautomatisierte Abschnitte (z. B. Verpackung) sind in einer Anlage vorzufinden und werden von demselben Prozessleitsystem kontrolliert. Die zur Lösung der geforderten Aufgabe insgesamt benötigte Funktionalität wird bei der Planung der Anlage im Projektlastenheft beschrieben. Ein Teil dieser Funktionalität wird, wie in Abb. 3.1 dargestellt, durch den Anlagenfahrer, der andere Teil durch das Prozessleitsystem erbracht.

Mit dem Begriff "automatisch" wird eine Funktion gekennzeichnet, die durch das Prozessleitsystem selbsttätig ausgeführt wird. Der Automatisierungsgrad gibt an, welchen Anteil am Gesamtumfang die automatischen Funktionen eines konkreten Leitsystems besitzen können.

Festzuhalten bleibt, dass der Gesamtumfang der Führungsaufgabe unabhängig vom Automatisierungsgrad zu sehen ist. Jede Funktion, die nicht automatisch abläuft, muss vom Anlagenfahrer ausgeführt werden. Durch Umschalten unterlagerter Ebenen auf die Befehlsart "HAND", welche eine Abkopplung von der im Leitsystem implementierten Automatisierungsfunktion bewirkt, kann der momentane Automatisierungsgrad auch kleiner als der durch die Projektierung festgelegte Automatisierungsgrad eingestellt werden. Die dann erforderliche Koordinierung der Funktionen muss in diesem Fall zusätzlich vom Anlagenfahrer geleistet werden (Abb. 3.2).

3.2
Komponenten und Aufbautechnik

Dezentrale Prozessleitsysteme bestehen aus mehreren einzelnen Komponenten, die über einen Systembus miteinander gekoppelt sind. Zwischen den einzelnen Komponenten findet eine Arbeitsteilung statt, die je nach Prozessleitsystem unterschiedlich organisiert ist. Eine allgemeine Gliederung ist die Trennung in

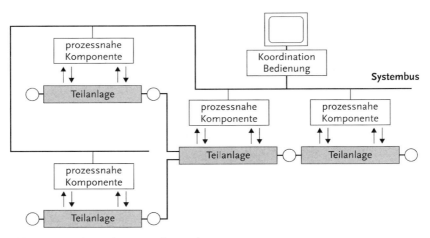

Abb. 3.3 Typische Struktur eines dezentralen Systems.

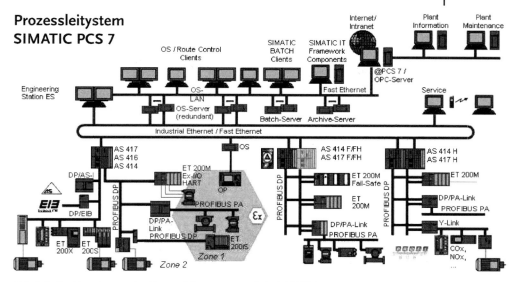

Abb. 3.4 Struktur eines realen Prozessleitsystems am Beispiel PCS7.

prozessnahe Komponenten (PNK) und prozessferne Komponenten (PFK). Dabei zählen alle Komponenten, die Eingangs- bzw. Ausgangs-Schnittstellen zu den Sensoren und Aktoren im Feld besitzen, zu den prozessnahen Komponenten. Komponenten ohne direkte Verbindung zu Prozesssignalen werden als prozessferne Komponenten bezeichnet.

Die prozessnahen Komponenten sind im Allgemeinen entsprechend der Anlagenstruktur gegliedert. Jeder Teilanlage ist nach Möglichkeit eine prozessnahe Komponente zugeordnet. Die prozessnahe Komponente übernimmt die Steuerung und Überwachung der ihr zugeordneten Teilanlagen. Sie ist autark funktionsfähig in der Form, dass sie ihre Steuer- und Überwachungsaufgaben selbstständig lösen kann. Dies führt zu der für Prozessleitsysteme typischen dezentralen Systemstruktur (Abb. 3.3).

In prozessfernen Komponenten sind die Funktionen ausgelagert, die nicht direkt zur prozessnahen Steuerung und Überwachung gehören. Solche Funktionen sind zum Beispiel zentrale Bedien- und Beobachtungsfunktionen, Archivier-, Auswerte-, Protokollier-, Produktionssteuer-, Rezeptverwaltungsfunktionen, aber auch Engineering- und Diagnosefunktionen.

Nachfolgend ist diese dezentrale Struktur als Übersicht am Beispiel des Prozessleitsystems SIMATIC PCS7 dargestellt (Abb. 3.4).

3.2.1
Prozessnahe Komponenten

Als prozessnahe Komponenten kommen Leitsystem-Controller zusammen mit ihren jeweiligen Peripheriebaugruppen zum Einsatz (Abb. 3.5). Die sog. Remote-

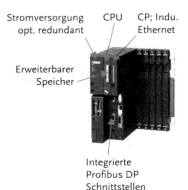

Stromversorgung opt. redundant   CPU   CP; Indu. Ethernet

Erweiterbarer Speicher

Integrierte Profibus DP Schnittstellen

Abb. 3.5 S7–400 Controller des Leitsystems PCS7.

I/O-s sind ausgelagerte Peripheriebaugruppen und somit ebenfalls zu den prozessnahen Komponenten zu zählen.

Ein Leitsystem-Controller ist eine modular aufgebaute, computerähnliche elektronische Baugruppe, welche für Steuerungs- und Regelungsaufgaben in der Automatisierungstechnik eingesetzt wird und speziell für die Anforderungen und Betriebsbedingungen in Produktionsanlagen ausgelegt wurde. Controller bestehen in der Regel aus einem Zentralteil, oft kurz nur als CPU bezeichnet, sowie Stromversorgungs- und Kommunikationsbaugruppen. Hinzu kommen je nach Einsatz zusätzliche Peripherie-Baugruppen.

Eine Remote-I/O ist eine Baugruppe, welche Daten der Sensoren und Aktoren aus dem Feld dem Zentralteil eines Leitsystem-Controllers über ein angeschlossenes Bussystem zur Verfügung stellt (Abb. 3.6). Im Gegensatz zu gewöhnlichen I/O-Baugruppen, die zusammen mit dem Leitsystem-Controller auf einem gemeinsamen Baugruppenträger angeordnet sind und somit in der Regel in zentralen Schalträumen zum Einsatz kommen, werden Remote-I/O-Baugruppen weitgehend dezentral in Nähe der im Feld installierten Sensoren und Aktoren betrieben. Aufgrund der raueren Umgebungsbedingungen im Feld werden an die Bauform von Remote-I/O naturgemäß höhere Anforderungen in Bezug auf Robustheit und Temperaturbereich gestellt. Für den Einsatz in explosionsgefährdeten Bereichen gibt es spezielle eigensichere Remote-I/O-Baugruppen, bei denen

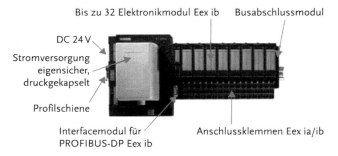

Bis zu 32 Elektronikmodul Eex ib   Busabschlussmodul

DC 24 V

Stromversorgung eigensicher, druckgekapselt

Profilschiene

Interfacemodul für PROFIBUS-DP Eex ib   Anschlussklemmen Eex ia/ib

Abb. 3.6 Remote-I/O-Station des Leitsystems PCS7.

durch konstruktive Maßnahmen der gesamte Energieinhalt auf ein als Zündquelle unkritisches Maß begrenzt ist. Diese können dann ohne weitere Schutzmaßnahmen im Ex-Bereich betrieben und vor allen Dingen auch gewartet werden.

Der Einsatz eines Bussystems zur Kommunikation zwischen den dezentralen Geräten und dem zentralen Leitsystem-Controller reduziert die Kosten für die Verdrahtung enorm, da die vieladrigen Verbindungen zwischen Feldgeräten und I/O-Baugruppen vergleichsweise kurz gehalten werden können und die digitalisierte Information dann über ein einzelnes Buskabel transportiert werden kann.

Eine direkte Kommunikation zwischen sog. intelligenten Feldgeräten und Zentralteil ist ebenfalls möglich, da bei diesen die Information bereits in digitalisierter Form vorliegt und ohne Zwischenschaltung weiterer Wandler mit einem der standardisierten Feldbusse, z. B. Profibus PA oder Fieldbus Foundation, weitergeleitet werden kann. Intelligente Feldgeräte erfreuen sich zunehmender Beliebtheit, da neben der reinen Sensor- bzw. Aktorfunktion oft auch weitergehende Überwachungs-, Diagnose- und Kalibrierfunktionen implementiert werden und so der Informationsumfang erhöht und die Leitsystem-Controller von Zusatzaufgaben entlastet werden.

Aufgrund der unterschiedlichen funktionellen Ausstattung lassen sich die Peripheriebaugruppen in drei Klassen einteilen:

- intelligente Einzelsteuerbaugruppen, die die Funktionalität einer Einzelsteuereinheit komplett abdecken,
- Interface-Baugruppen, die als mehrkanalige Signalwandler dienen,
- Feldbusbaugruppen zur Ankopplung intelligenter Aktoren und Sensoren über einen Feldbus.

Zu den intelligenten Einzelsteuerbaugruppen gehören z. B. Reglerbaugruppen, Dosierbaugruppen, Motor- und andere gerätespezifische Steuerbaugruppen. Intelligente Einzelsteuerbaugruppen übernehmen die komplette, autarke Steuerung eines einzelnen Aktors inklusive der dazu erforderlichen Verarbeitung von Rückmeldesignalen.

Zu den Interface-Baugruppen zählen z. B. Eingangsbaugruppen zum Speisen und Erfassen von Zwei-Leiter-Messumformern; zum Verarbeiten der Signale von NAMUR-Initiatoren, Dehnungsmessstreifen und mechanischen Kontakten; zum Erfassen von Thermoelement- und PT100-Signalen einschließlich Linearisierung; für Frequenzeingänge mit gestuften Messbereichen; und zum Verarbeiten von Einheitssignalen in den Bereichen von 0/4 bis 20 mA, 0 bis 10 V, 0/24 V, BCD-Eingängen, Verarbeitung von HART-Signalen usw. Als entsprechende Ausgangsbaugruppen werden benötigt: die Ausgabe von Einheitssignalen (Strom/Spannung) mit der Möglichkeit des Anschlusses normierter Lasten (24-V-DC), Leistungsausgänge für Magnetventile, Ausgänge mit potenzialfreien Kontakten, Pulsausgänge für integrierende Stellantriebe usw.

Feldbusbaugruppen dienen der Ankopplung eines Feldbuszweiges, über den intelligente Aktoren und Sensoren und Remote-I/O-Baugruppen digitalisierten Informationsaustausch mit dem Controller abwickeln können. Bei eigensicheren

Feldbussen (Profibus PA, FF) übernimmt die Feldbusbaugruppe auch die Stromversorgung der angeschlossenen Geräte.

Die Zentraleinheit einer prozessnahen Komponente besteht in der Regel aus
einem speziellen Prozessor mit ausreichend dimensioniertem RAM-Speicher,
einer Anschaltung an die Systemkommunikation sowie einem Rückwandbus,
auf den die verschiedenen Peripheriebaugruppen aufgesteckt werden können.
Zusätzliche Baugruppen zur Realisierung einer lokalen Bedien- und Beobachtungsfunktion oder zur lokalen Archivierung sind in manchen Systemen verfügbar.

Ein entscheidender Punkt ist, dass die prozessnahe Komponente ein Echtzeit-
Betriebssystem besitzt und mit ihrer Objekt- und Kommunikationsstruktur in den
Gesamtverbund des Prozessleitsystems integriert ist. Dies bedeutet, dass die
Systemfunktionen der prozessnahen Komponente z. B. eine zentrale Projektie-
rung unterstützen und die entsprechenden Dienste für die Bedien-, Beobach-
tungs-, Archivier-, Alarmier- und Meldefunktionen zur Verfügung stellen.

Der Zentralteil führt das im Speicher hinterlegte Programm zyklisch in deter-
ministischen Zeitintervallen aus. Die typischen Zykluszeiten bei Prozessleitsystemen reichen von ca. 100 ms bis zu mehreren Sekunden pro Zyklus.

3.2.2
Prozessferne Komponenten

Die prozessfernen Komponenten müssen eine Reihe unterschiedlicher Aufgaben
ausführen. Die Aufgaben unterscheiden sich nicht nur in ihren Inhalten, sondern
auch in Ihren Anforderungen bezüglich Echtzeitanforderung, Speicher- und Re-
chenzeitbedarf, Ausfallsicherheit usw.

Die HMI-Komponenten (*Human Machine Interface*) stehen dabei für den Benutzer im Blickpunkt als der Repräsentant des Prozessleitsystems, da die meisten
anderen Komponenten in Schalträumen bzw. im Feld installiert werden und somit
den Blicken entzogen sind. Der Bildschirm der HMI-Konsole dient dem Operator
quasi als "Fenster" zum Prozess und ist in der Regel die einzige Informations-
quelle, um den aktuellen Zustand der Anlage zu beurteilen. Daher kommt der
Aufbereitung und der übersichtlichen Darstellung der Informationen eine entscheidende Bedeutung zu.

Da auf dem Bildschirm eine Vielzahl von Informationen unterschiedlicher
Priorität und Herkunft dargestellt werden müssen, hat sich eine Aufteilung in
mehrere, fest vorgegebene Bildschirmbereiche bewährt (Abb. 3.7).

Bei PCS7 finden wir die Aufteilung in einen Übersichts-, Arbeits- und einen
Tastensatzbereich. Ganz oben, außerhalb dieser Bereiche, finden wir zusätzlich
die sog. Alarmzeile, in der der jeweils aktuellste Alarm mit Uhrzeit und Text
angezeigt wird.

Der Übersichtsbereich dient dazu, in konzentrierter Form die wichtigsten Informationen über den Zustand der gesamten Anlage darzustellen. Die Anlage
kann dazu in bis zu 16 Teilanlagen untergliedert werden, für die jeweils ein
Textfeld zur Verfügung gestellt wird. Hinter dem jeweiligen Textfeld wird in

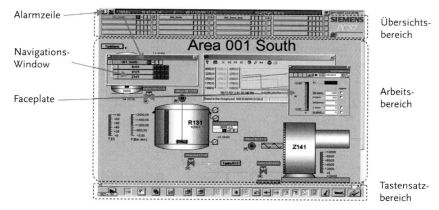

Abb. 3.7 Typische Bedienoberfläche am Beispiel PCS7.

vier weiteren, farblich codierten Feldern angezeigt, ob in der zugeordneten Teilanlage aktuelle Alarme, Warnungen, Meldungen oder Systemnachrichten anstehen. Mit einem Blick auf den Übersichtsbereich kann somit festgestellt werden, ob und wenn ja, wo in der Anlage ein vom Normalfall abweichender Zustand aktuell vorliegt.

Im Tastensatzbereich am unteren Bildschirmrand werden dem Anwender kontextsensitive Bedientasten angeboten, die abhängig vom Inhalt des darüber liegenden Arbeitsbereiches sinnvolle Bedienhandlungen ermöglichen und dazu mit der Maus angeklickt werden können.

Der eigentliche Arbeitsbereich nimmt den größten Teil des Bildschirms ein. In diesem Bereich können die Informationen sowohl in graphischer als auch alphanumerischer Form dargestellt werden. Ist die Darstellung größer als der darstellbare Bildausschnitt, so werden am rechten und unteren Rand entsprechende Scroll-Balken eingeblendet, mit deren Hilfe man sich dann in der Darstellung bewegen kann. Im Arbeitsbereich können auch zusätzliche Fenster eingeblendet werden, die zusätzliche Informationen oder Werkzeuge beinhalten. Alle Darstellungen sind jedoch auf den Arbeitsbereich begrenzt und können den Übersichts- und den Tastensatzbereich nicht überschreiben. Dadurch sind zu jeder Zeit eine Übersicht über die Gesamtanlage und ein direkter Eingriff über die Bedienelemente sichergestellt.

Bei der Vielfalt der darzustellenden Informationen einer Anlage ist eine hierarchische Gliederung der gesamten Anlage und somit auch deren Darstellungen für einen schnellen, zielgerichteten Zugriff zwingend erforderlich. Schon beim Anlagenentwurf wird diese in der Regel in mehrere Teilanlagen gegliedert. Innerhalb einer Teilanlage gibt es normalerweise mehrere, miteinander verbundene verfahrenstechnische Einrichtungen (Units), wie z. B. Reaktoren, Behälter, Wärmetauscher usw. Jede dieser verfahrenstechnischen Einrichtungen wird nun durch mehrere Mess- und Regel-Stellen (oft auch Tag, Equipment-Module oder PLT-Stelle genannt) automatisiert. Die PLT-Stellen bilden daher in der Regel die unterste Stufe der Anlagenhierarchie und stellen alle Informationen zu einer bestimmten Funktion an einem bestimmten Ort in der Anlage zur Verfügung, z. B. die Temperaturmessung am Behälter 123 in der Teilanlage XYZ, mit aktueller Temperatur, evtl. vorhandenen Grenzwerten und daran gekoppelten Warn- bzw. Alarm-Meldungen.

Eine solche hierarchische Gliederung lässt sich am besten in Form einer Baumstruktur organisieren und verwalten, wie sie z. B. auch vom Datei-Manager von Microsoft Windows her bekannt ist. Beim Klicken auf eine Teilanlage in dem Übersichtsbereich öffnet sich daher ein sog. Navigations-Fenster im Arbeitsbereich mit einer strukturierten Liste der unterlagerten Units und PLT-Stellen. Hier kann die gewünschte Darstellung durch Anklicken ausgewählt werden, diese wird dann im Arbeitsbereich angezeigt.

Bei der Darstellung gibt es nun noch bezüglich Informationsumfang und Abstraktionsgrad eine ganze Reihe von Möglichkeiten (Abb. 3.8).

Bei der Darstellung einer Teilanlage oder einer Unit wird in der Regel ein graphisches Bild (manchmal sogar in 3D) der entsprechenden verfahrenstechnischen Einrichtungen mit den verbindenden Rohrleitungen bevorzugt. Zusätzlich werden komprimierte Bilder der zugeordneten PLT-Stellen mit den wichtigsten aktuellen Informationen in Form sog. Bausteinsymbole eingeblendet. Durch Anklicken eines solchen Bausteinsymbols öffnet sich das Faceplate des Bausteins, ein Fenster mit den wesentlichen Informationen und Bedienmöglichkeiten zu

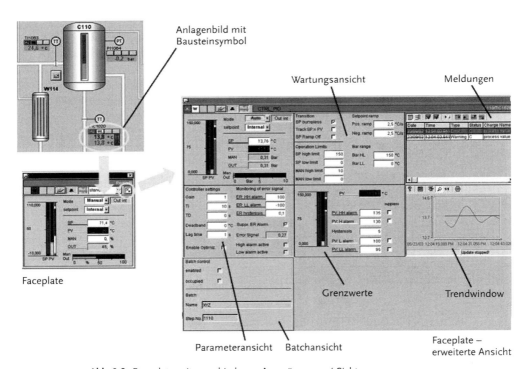

Abb. 3.8 Faceplate mit verschiedenen Ausprägungen / Sichten.

dieser PLT-Stelle und auf die typischen Anforderungen des Operators zugeschnitten. Von hier aus kann man zusätzlich in die erweiterte Faceplate-Ansicht der PLT-Stelle verzweigen. Hier werden nun alle zu dieser Stelle existierenden Informationen in verschiedenen Sichten organisiert angeboten. Dies ist die detaillierte Stufe der Darstellung. Durch entsprechende Anwahl im Navigations-Fenster kann man natürlich auch direkt in dieses Bild springen, ohne den "Umweg" über das Anlagenbild und das Bausteinsymbol zu machen.

Die Faceplates sind standardisierte Darstellungen, die vom Hersteller des Systems vorbereitet und in Form von Bibliotheken mitgeliefert werden. Beim Engineering der Anlage erfolgt die Zuordnung zur jeweiligen PLT-Stelle meist durch Auswahl eines der erforderlichen Funktion entsprechenden Funktionsbausteins, wobei dann im Hintergrund das dazugehörige Faceplate und ggf. erforderliche Bausteinsymbole bereitgestellt werden. Die Verknüpfung zu den entsprechenden Variablen erfolgt automatisch durch das System.

Auf den höheren Ebenen der Anlagenhierarchie dominiert die Darstellung in freier Graphik. Die Bestandteile der Anlage werden mehr oder weniger abstrakt in Form eines Anlagenfließbildes angeordnet, welches selbst wieder in mehrere Stufen und Teilbilder gegliedert werden kann. Zusätzlich werden in diese Graphiken die wesentlichen Informationen in Form von numerischen Daten und farblich codierten Symbolen eingeblendet. Das Leitsystem bietet hier eine Fülle von Möglichkeiten. Die oberste Priorität bei der Gestaltung der Bilder sollten Übersichtlichkeit, klare Darstellung und schneller Zugriff haben. Wie schon erwähnt ist der Bildschirm für den Operator das (einzige) Fenster zum Prozess, und deshalb sind bei der Gestaltung dessen Anforderungen insbesondere auch in kritischen Situationen zu berücksichtigen. Es ist daher bewährte Praxis, dass gerade die Anlagen-Bedienbilder in enger Kooperation mir den späteren Betreibern entworfen werden.

Neben der Darstellung der Anlage mit den aktuellen Prozesswerten und der Bereitstellung von Bedienelementen gehört die optische und akustische Anzeige von Meldungen und Alarmen zu den ganz wesentlichen Aufgaben der HMI-Komponenten. Meldungen und Alarme werden normalerweise in Text-Form in einer oder mehreren Tabellen dargestellt, wobei hier in der Regel Sortierungen nach Typ, Priorität oder Herkunftsort möglich sind. Die auslösenden Ereignisse liegen in Form binärer Variablen vor, seien es z. B. Schalthandlungen oder die Über- bzw. Unterschreitung eingestellter Grenzwerte. Typischerweise wird mit einer Meldung oder Alarm die Bezeichnung und der aktuelle Wert der betroffenen Prozessvariablen, die exakte Uhrzeit des auslösenden Ereignisses (Auflösung bis hinunter in den ms-Bereich), ein frei wählbarer Meldetext, ggf. eine Priorität und Typ sowie der Quittierstatus übertragen und angezeigt. Erstes Sortierkriterium bei der Anzeige ist in der Regel die Uhrzeit, jedoch sind auch andere Filterkriterien möglich. Auf der Basis von Meldungs-/Alarm-Typ und Priorität lassen sich spezielle Anzeigen für unterschiedliche Zielgruppen (z. B. Operator, Wartungspersonal o. Ä.) generieren.

Je nach Anforderung der zeitlichen Auflösung wird der Zeitstempel entweder im Controller oder, bei sehr hohen Anforderungen, direkt auf der I/O-Baugruppe erzeugt. Voraussetzung ist natürlich eine über das gesamte Prozessleitsystem hinweg einheitlich synchronisierte Uhrzeit. Der sog. Quittierstatus wird ebenfalls an der Meldungsquelle verwaltet. Wir unterscheiden hier, ob das auslösende Ereignis noch vorliegt oder bereits wieder "gegangen" ist und ob die entsprechende Meldung von einem Operator zur Kenntnis genommen und per Tastendruck "quittiert" wurde. Insbesondere bei großen Anlagen mit vielen Bedienstationen ist es wichtig, dass durch eine entsprechende Strukturierung des Alarmsystems sichergestellt wird, dass Quittierungen nur durch das jeweils zuständige Personal vorgenommen werden können. Selbstverständlich werden alle Meldungen und Alarme und alle Bedienhandlungen zusammen mit Datum, Uhrzeit und ggf. Namen des Bedienenden in einem permanenten elektronischen Log-Buch registriert und können auf Wunsch ausgedruckt werden.

In der Praxis hat sich die sog. "Loop in Alarm"-Funktion als sehr vorteilhaft erwiesen. Bei einem aktiven Alarm wird hinter der entsprechenden Teilanlage im Übersichtsbereich ein farbiges Feld aktiviert. Durch einfaches Anklicken dieses Feldes springt die Darstellung im Arbeitsbereich in das entsprechende Detailbild des Kreises, der den Alarm verursacht hat. Dadurch ist eine extrem schnelle Navigation bei kritischen Situationen gegeben.

Die Beurteilung des laufenden Prozesses erfordert oftmals, dass der zeitliche Verlauf einzelner Prozessvariablen untereinander oder mit Informationen aus der Vergangenheit verglichen werden muss. Daher werden für wichtige Prozessvariablen, in manchen Branchen grundsätzlich für alle, sog. Kurvenarchive angelegt. Der Wert der einzelnen Variablen wird dabei in einem vorgegebenen Zeitzyklus zusammen mit Namen, Datum und Uhrzeit abgespeichert. Die so entstandene Datenreihe kann dann als Kurvendiagramm mit beliebigen Skalierungen ausgegeben werden. In das gleiche Diagramm können dann auch noch andere Variablen oder aber historische Daten der gleichen Variablen eingeblendet werden.

Je nach Abtastzyklus und Anzahl der Variablen können die Kurvenarchive einen ganz erheblichen Umfang annehmen, insbesondere wenn die historischen Daten mehrerer Jahre im System verfügbar gehalten werden sollen. In solchen Fällen hat sich der Einsatz eines zentralen Archiv-Servers bewährt, der ausschließlich für die Speicherung von Variablen-Zeitreihen, Meldungen und Alarmen zuständig ist und die Aufgabe heute oft unter Verwendung eines etablierten Datenbank-Systems, wie z. B. Microsoft SQL-Server, verrichtet. Durch den Einsatz von Standard-Datenbanksystemen wird auch der Export der Daten erleichtert und deren Auswertung mit beliebigen Offline-Werkzeugen sichergestellt.

Neben den bisher beschriebenen Kernaufgaben der prozessfernen Komponenten werden dort in zunehmendem Maße auch "höherwertige" Aufgabenstellungen bearbeitet.

Ein wichtiger Vertreter ist die rezepturgesteuerte Produktion von Stoffen in sog. Batch-Betrieben. Neben den kontinuierlichen Verfahren, bei denen ein oder mehrere Ausgangsstoffe beim ununterbrochenen Fluss durch die Anlage durch chemische Reaktion verändert und in das Endprodukt verwandelt werden, gibt es auch die diskontinuierlichen oder Batch-Verfahren, bei denen diese Umwandlung in diskreten Schritten und separierbaren Stoffmengen, den Chargen, erfolgt. Bei Batch-Verfahren kann in der Regel ein Rezept als Abfolge definierter Bearbeitungsschritte und Zusatzstoffe erstellt und für eine bestimmte Produktmenge normiert werden. Mithilfe eines solchen Rezeptes können dann auf geeigneten Anlagen beliebige Mengen des gleichen Produktes hergestellt werden, indem man entweder das Ursprungsrezept n-mal wiederholt oder die Rezeptparameter an die geänderten Mengengerüste durch entsprechende Skalierungsfaktoren anpasst.

Voraussetzung für eine automatisierte Batch-Verarbeitung ist die Gliederung der Anlage in einzelne, weitgehend autarke verfahrenstechnische Einrichtungen (*Units*), die ihrerseits dann eine Reihe von verfahrenstechnischen Funktionen (*Operations*) zur Verfügung stellen. Als Beispiel sei hier ein Reaktor (Unit) genannt, der die Funktionen Dosieren, Temperieren, Rühren, Evakuieren und Ablassen zur Verfügung stellt. Ein auf diesen Reaktor bezogenes Teilrezept für eine Bearbeitung könnte nun aus folgenden Schritten bestehen:

- Stoff A dosieren, xxx kg,
- Stoff B dosieren, yyy kg,
- Evakuieren, zzz hP,
- Rühren,
- Temperieren, 95 °C, 120 min,
- Evakuieren, Umgebungsdruck,
- Temperieren, 25 °C,
- Ablassen.

Die Rezepte werden normalerweise in einer graphisch-orientierten Darstellung definiert, die an die Notation zur Beschreibung von Ablaufsteuerungen (SFC) angelehnt ist (dazu mehr im Abschnitt Engineering). Das gesamte Rezept für die Produktion eines Stoffes kann sich nun aus mehreren apparatebezogenen Teilrezepten zusammensetzen, die sequentiell und/oder parallel abgearbeitet werden müssen. Dabei sind auch Transportschritte vorgesehen, bei denen ein Teilprodukt aus einem Apparat in einen anderen zur Weiterverarbeitung umgefüllt werden muss.

Moderne Batch-Anlagen sind in der Regel als Mehrprodukt-Anlagen ausgelegt, d. h. es können gleichzeitig mehrere Produkte produziert werden, wobei die Apparate der Anlage temporär unterschiedlichen Produktionsrezepten zugeordnet werden. Die Rezepte in solchen Anlagen werden flexibel gestaltet, indem die Teilrezepte nicht auf konkrete Apparate sondern Apparate-Klassen ausgelegt werden. Daher kann vom Batch-System zur Laufzeit entschieden werden, welcher "geeignete" Apparat gerade frei ist und für das aktuelle Teilrezept genutzt werden kann.

Große Batch-Anlagen sind so etwas wie die "hohe Kunst" der verfahrentechnischen Anlagenautomatisierung und können einen bemerkenswerten Komplexitätsgrad erreichen. Neben der Steuerung zur Laufzeit verfügen Batch-Systeme natürlich auch über die notwendigen Werkzeuge zur Rezeptur-Erstellung und -Verwaltung.

Hier erfolgt mehr oder weniger fließend der Übergang zu den Aufgaben der Management-Execution-Systeme (MES). Der Schwerpunkt dieser Systeme liegt in den Bereichen Materialverwaltung, Produktverfolgung, Produktionsdisposition,

Logistik und Produktionsoptimierung. Die verschiedenen Aufgaben können anhand der in der ISA S95 festgelegten Systematik beschrieben werden. Der Einsatz von MES-Systemen wird in den nächsten Jahren rapide zunehmen, da hier mit relativ geringem Aufwand signifikante Verbesserungen der Produktivität einer Anlage erreicht werden können. Durch den technischen Fortschritt bei den PCs und Datenbanken sind die Voraussetzungen erfüllt, auch umfangreiche und komplexe Problemstellungen ausreichend schnell und mit überschaubarem finanziellem Aufwand bearbeiten zu können.

Für die Hardware-technische Realisierung der prozessfernen Komponenten sind zwei Grundstrukturen üblich.

Bei den sog. Einzelplatzsystemen werden alle prozessfernen Funktionen zusammen mit ihren jeweiligen Visualisierungs- und Bedienfunktionen auf ein und demselben Rechner realisiert. Aufgrund der hohen Belastung des Prozessors durch die Vielzahl parallel ablaufender Funktionen sind die mit dieser Architektur handhabbaren Mengengerüste begrenzt, so dass sie in der Praxis nur bei kleineren Anlagen oder als Einstiegslösung zum Einsatz kommen. Die Vorteile liegen im kompakten Aufbau und den geringen Investitionen.

Bei größeren Anlagen hat sich inzwischen das Client-Server-Modell durchgesetzt. Hierbei werden die prozessfernen Funktionen auf einem oder mehreren Servern realisiert, im Extremfall können sogar für eine einzelne prozessferne Funktion ein oder mehrere dedizierte Server zum Einsatz kommen. Die Anzeige und Bedienung der Funktionen erfolgt dezentral über Terminals (Clients), die über ein Bussystem mit den Servern verbunden sind. Von einem Terminal kann gleichzeitig auf alle Server zugegriffen werden, dem Anwender stehen also alle prozessfernen Funktionen unter einer gemeinsamen Bedienoberfläche parallel zur Verfügung. Durch die Verteilung der Aufgaben auf mehrere Server ist eine feinstufige Anpassung der jeweiligen Prozessorbelastung an die Erfordernisse der Anlage möglich. Auch bei Anlagenerweiterungen und dadurch bedingten Mengenrüstsprüngen kann durch Zukauf von Servern und Neuverteilung der Aufgaben der reibungslose Betrieb der Anlage sichergestellt werden. Die Anzahl der Terminals und somit der Bedienplätze kann vom Anwender in weiten Grenzen selbst bestimmt werden. Zunehmend werden Bedienplätze auch über Internet/Intranet betrieben und erlauben so Zugriff über große Entfernungen. Den vielen Vorteilen dieser Architektur steht ein erhöhter Aufwand bei der Anfangsinvestition entgegen.

3.2.3
Kommunikation und Bussystem

Der Systembus ist der Nervenstrang des Prozessleitsystems. Deshalb werden hohe Anforderungen an seine Leistungsfähigkeit und Verfügbarkeit gestellt.

Über den Systembus werden z. B. folgende Dienste abgewickelt:

- Versorgen der Beobachtungsfunktionen mit aktuellen Daten aus den prozessnahen (und anderen prozessfernen) Komponenten,

- Übermittlung von Bedienbefehlen, Quittierbefehlen und Befehlen aus zentralen Prozess- und Produktionsführungsfunktionen,
- Versorgung der zentralen Archive mit den erforderlichen Archivdaten,
- Übermittelung der Meldungen und Alarme an die Meldeempfänger,
- Objektmanipulation und Objektinformation zur Durchführung des zentralen Engineering,
- Laden von Maßnahmen (Produktionsvorschriften, Ausführungsvorschriften),
- interne Update-Funktionen bei Ausfall und Wiederinbetriebnahme einzelner Komponenten,
- Uhrzeitsynchronisation.

Der Systembus eines Prozessleitsystems sollte folgende technische Eigenschaften besitzen:
- hohe Verfügbarkeit,
- Unempfindlichkeit gegen elektrische und elektromagnetische Einflüsse,
- deterministisches Verhalten auch bei Last,
- möglichst offene Architektur im Sinne internationaler Standards bzw. De-facto-Standards,
- hard- und softwaregerechter Ein- und Ausbau neuer Teilnehmer im laufenden Busbetrieb möglich (PLT-Hot-Plugging).

Gerade die Anforderungen an Verfügbarkeit und Deterministik gehen weit über die der typischen Bürokommunikation hinaus. So verwundert es auch nicht, dass bei der Einführung der Prozessleitsysteme um 1980 bevorzugt proprietäre Systeme der verschiedenen Hersteller zu Einsatz kamen. Diese Kommunikationssysteme waren auf die oben angeführten Anforderungen hin optimiert worden, wegen der geringen Stückzahl der Komponenten jedoch vergleichsweise teuer und aufgrund der proprietären Ausführung war eine Kommunikation über Systemgrenzen hinweg praktisch unmöglich.

Mit zunehmender Verbreitung der Prozessleitsysteme wuchs die Forderung nach einer preiswerten, systemübergreifenden Kommunikation unter Verwendung von Standards aus der Bürokommunikation.

Anfang der siebziger Jahre des vorigen Jahrhunderts hatte die Firma Rank Xerox ein Bussystem zur Verbindung von Minicomputern entwickelt, welches ab 1985 genormt (IEEE 802.3) wurde und unter dem Namen ETHERNET weltweite Verbreitung erlangt hat. Es bedurfte jedoch noch einer ganzen Reihe von technischen Verbesserungen, bis dieses Kommunikationssystem auch für den Einsatz in der Leittechnik einer industriellen Produktionsanlage geeignet war.

Das ursprüngliche Ethernet benutzt das CSMA/CD-Zugriffsverfahren (*Carrier Sense Multiple Access / Collision Detection*). Alle Teilnehmer sind dabei an ein gemeinsames Buskabel angeschlossen (in der Anfangszeit in der Regel ein Koaxi-alkabel) und haben gleichberechtigt Zugriff auf dieses Medium. Sendet ein Teil-nehmer eine Nachricht, so wird das anhand der Trägerfrequenz erkannt, alle anderen Teilnehmer können diese Nachricht abhören und stellen ihren eigenen Sendewunsch solange zurück, bis das Medium wieder frei ist. Sobald dies der Fall ist, platziert irgendein anderer Teilnehmer seine Nachricht, die wiederum von allen anderen empfangen werden kann. Wenn zwei Teilnehmer gleichzeitig ihre Nachricht senden, wird dieser Zustand aufgrund der Überlagerung der Träger-frequenzen erkannt und als Fehlerzustand gewertet. Beide Teilnehmer brechen daraufhin ihren jeweiligen Sendeversuch ab, starten eine Zufallszeit und ver-suchen nach deren Ablauf erneut Zugriff auf das Medium zu bekommen. Da das Ethernet schon bei seiner Einführung eine vergleichsweise hohe Datenrate von 10 Mbps zur Verfügung stellte und die Anzahl der angeschlossenen Teilnehmer an eine lokale Busstruktur gering war, fielen die durch Kollisionen verursachten Verzögerungen in der Regel nicht ins Gewicht.

Dies änderte sich mit der Größe der Busstrukturen und der Anzahl der ange-schlossenen Teilnehmer. Mit dem Anstieg der Busauslastung nahm die Kollisions-wahrscheinlichkeit überproportional zu und in empirisch ermittelten Installations-regeln wurde empfohlen, die mögliche Bandbreite nur zu 50% auszunutzen, um eine mehr oder weniger regelmäßige Kommunikation aller Teilnehmer zu gewähr-leisten. Prinzipiell ist das beschriebene Zugriffsverfahren in dieser Form nicht deterministisch und eine maximale Reaktionszeit kann daher nicht garantiert wer-den. Daher wurde Ethernet zunächst als für die Leittechnik ungeeignet abgelehnt.

Im Rahmen der weiteren Verbreitung des Ethernets in der Bürokommunikation wurden mit den sog. Hubs, Routern und Switches technische Hilfsmittel ent-wickelt, die eine enorme flächenmäßige Erweiterung der Netze und Erhöhung der Teilnehmerzahl bei gleichzeitiger Verkleinerung der sog. Kollisionsdomänen er-möglichten. Gerade die Entwicklung der Switching-Technologie machte das Ether-net für den Einsatz in der Automatisierungstechnik wieder interessant.

Switches sind intelligente Baugruppen, die den Anschluss von einem oder mehreren Teilnehmern an ein Ethernet ermöglichen. Jeder der Teilnehmer ist dabei sternförmig über eine eigene Leitung mit dem Switch verbunden. Switches sind in der Lage, den gesamten Datenstrom auf dem Ethernet zu analysieren und Nachrichten für die angeschlossenen Teilnehmer selektiv herauszufiltern und direkt weiterzuleiten. Des Weiteren haben sie die Möglichkeit Datenpakete zwi-schenzuspeichern und so Kollisionen zu vermeiden.

Die Weiterentwicklung des Ethernets brachte auch neue Übertragungsmedien hervor, neben paarweise verdrillten Kupferleitungen (*twisted pair*) werden heute auch optische Lichtwellenleiter eingesetzt. Gleichzeitig stieg die mögliche Über-tragungsbandbreite über 100 Mbps bis auf aktuell 1 Gbps.

Ein modernes Hochleistungs-Ethernet, wie es heute als Systembus für Prozess-leitsysteme eingesetzt wird, besteht daher aus einer Reihe von Switches, die untereinander in der Regel durch optische Lichtwellenleiter verbunden sind (Abb. 3.9). Die Verwendung von Lichtwellenleitern sorgt für eine weitgehende Immunität gegenüber EMV-Einflüssen und ermöglicht große Entfernungen bei hoher Bandbreite. So kann bei Verwendung spezieller Glasfasern die Entfernung zwischen zwei Switches bis zu 30 km betragen, und das bei einer Bandbreite von 100 Mbps. Die eigentlichen Teilnehmer, d. h. die Controller, HMI-Server und Konsolen des Leitsystems, sind jeweils über eigene Twisted-pair-Leitung mit den zahlreichen Ports der Switches verbunden. Aufgrund der Intelligenz der Switches erfolgt die Kommunikation im Netzverbund kollisionsfrei.

Um das Thema Verfügbarkeit/Redundanz zufrieden stellend zu lösen, können die Switches zu einer Ring-Struktur verbunden werden. Da Ethernet eine logische Linienstruktur erwartet, fungiert einer der Switches, der Redundanz-Manager, als virtueller (offener) Schalter. Dadurch wird der Ring wieder zur logischen Linie. Bei Ausfall eines Switches oder Unterbrechung der optischen Leitung wird der Fehler erkannt und der virtuelle Schalter geschlossen, so dass wieder eine durchgehende logische Linie entsteht. Da die Umschaltung in weniger als 0,3 s erfolgt und somit noch innerhalb der im TCP/IP üblichen Überwachungszeiten liegt, erfolgt der gesamte Vorgang transparent und ohne Folgen für die Kommunikation. Somit kann das Kommunikationssystem gegen Einfach-Fehler geschützt werden. Bei noch höheren Verfügbarkeitsanforderungen kann die gesamte Ring-Struktur doppelt ausgeführt werden.

Die oben beschriebenen technischen Entwicklungen haben dazu geführt, dass bei den meisten derzeit am Markt verfügbaren Prozessleitsystemen die Systemkommunikation auf der Basis von Ethernet und dem TCP/IP-Protokoll abgewickelt werden.

Die Feldbussysteme dienen der Kommunikation zwischen den Feldgeräten, Remote-I/O-Baugruppen und den Prozess-Controllern. Hier ist das Datenaufkommen nicht so hoch wie auf der Systembusseite, dafür sind die Anforderungen an das Echtzeitverhalten und die Deterministik noch höher. Als standardisierte Feldbussysteme haben sich heute in der Prozessindustrie der Profibus und der Fieldbus-Foundation-Bus weltweit etabliert.

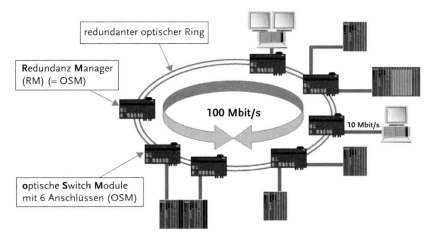

Abb. 3.9 Kommunikationssystem als optische Ringstruktur.

Der Profibus nutzt zur Steuerung der Kommunikation eine Kombination aus Token-passing- und Master-Slave-Verfahren. Bei mehreren gleichberechtigten Kommunikationsteilnehmern (Master) an einem Bus wird die Kommunikationsberechtigung (Token) der Reihe nach von einem zum anderen weitergereicht. Ist ein Master im Besitz der Kommunikationsberechtigung, so kann er seinerseits die ihm zugeordneten Partner (Slaves) abfragen und deren Nachrichten entgegen nehmen. Danach wird er die Kommunikationsberechtigung weitergeben. Da die Art und Anzahl der Teilnehmer und Telegramme projektiert werden, können im voraus Aussagen über die maximale Busauslastung und maximalen Reaktionszeiten gemacht werden.

Als physikalische Medien stehen für den Profibus sowohl Twisted-pair-Kupferleitungen als auch Lichtwellenleiter auf der Basis von Glasfaser bzw. Kunststoff zur Verfügung. Die maximale Bandbreite beträgt 12 Mbps. Zur Erhöhung der Verfügbarkeit ist auch beim Profibus eine redundante Auslegung aller relevanten Komponenten möglich.

In Zukunft werden aber auch echtzeitfähige Ethernet-Implementierungen in die Feldbusebene vordringen. Hier ist insbesondere PROFINET zu erwähnen, welches, genauso wie PROFIBUS, von der PNO (Profibus-Nutzer-Organisation) spezifiziert und weiterentwickelt wird. Mit PROFINET IRT (*Isochronous Real Time*) wurde gerade eine Variante vorgestellt, die bei einer Bandbreite von 100 Mbps eine garantierte Zykluszeit < 1 ms und einen maximalen Jitter von < 1 µs realisieren kann. Damit sind nun auch sehr anspruchsvolle Echtzeit-Applikationen, wie z. B. die winkelgenaue Synchronisierung mehrerer motorgetriebener Achsen, über einen solchen Bus möglich. Auch wenn dies sicher nicht das primäre Anwendungsgebiet in der verfahrenstechnischen Industrie sein wird, so werden doch über die Anbindung komplexer Produktionsmaschinen (z. B. Verpackungsmaschinen, Portioniermaschinen u. Ä.) die Anforderungen an die Feldbussysteme weiter steigen und eine Verbreitung der Ethernet-Varianten vorantreiben.

Für den Einsatz in explosionsgefährdeten Anlagen werden spezielle eigensichere Varianten von Profibus und FF angeboten, bei denen die Stromversorgung der Teilnehmer ebenfalls über den Bus erfolgt und die Gesamtenergie auf ein als Zündquelle ungefährliches Maß begrenzt ist. Systembedingt wurde dabei die Bandbreite auf ca. 32 kbps und die maximale Teilnehmerzahl auf derzeit 32 pro Segment begrenzt.

3.3
Redundanzstrukturen

Die Verfügbarkeit des Prozessleitsystems wird durch Ausfallhäufigkeit und Ausfalldauer seiner einzelnen Komponenten bestimmt. Bei einem Ausfall des Prozessleitsystems oder eines Teils des Prozessleitsystems fällt im Allgemeinen die gesamte Produktionsanlage oder zumindest die betroffene Teilanlage mit aus.

Seit der Einführung der Prozessleitsysteme spielen daher die Überlegungen zur Sicherstellung einer ausreichenden Verfügbarkeit eine entscheidende Rolle bei der Planung und Auslegung einer Produktionsanlage.

Muss eine Teilanlage eine besonders hohe Verfügbarkeit ausweisen, oder hat eine Teilanlage eine derartige Schlüsselfunktion, dass ein Ausfall aus wirtschaftlicher oder sicherheitstechnischer Sicht nicht tolerierbar ist, dann ist über die redundante Ausführung aller zum Betrieb der Teilanlage erforderlichen Komponenten zu entscheiden. Dabei ist es wichtig, dass wirklich alle erforderlichen Komponenten in die Überlegungen mit einbezogen werden, d. h., neben den Komponenten des Leitsystems müssen auch die Sensoren und Aktoren (Ventile, Klappen) sowie die mechanischen Aggregate (Pumpen, Rührer, Filter usw.) mit betrachtet werden. Bei einer redundanten Auslegung spielt die Abwägung des verbleibenden Ausfallrisikos und der damit verbundenen Kosten im Vergleich zu den erhöhten Investitionen einer Redundanz die entscheidende Rolle.

Bei der Gestaltung von Redundanzstrukturen lässt man sich von den folgenden Überlegungen leiten.

In vielen Anlagen verschiedener Industriebranchen dürfen einzelne Teilanlagen durchaus für eine gewisse Zeit ausfallen. Die Produktion kann dann entweder kurzfristig unterbrochen werden und auf die Reparatur warten oder über vorhandene und produktionstechnisch redundante Teilanlagen umgelenkt werden. Durch die dezentrale Struktur der Controller ist, bei richtig gewählter Zuordnung, durch den Ausfall einer prozessnahen Komponente jeweils nur eine der redundanten Teilanlagen betroffen. Daher ist in diesen Fällen eine möglichst feingranulare, modulare Gliederung der Anlage und des Leitsystems von Vorteil.

Hier ist eine zusätzliche Redundanz auf Seiten des Prozessleitsystems in der Regel nicht erforderlich.

Bei durchlaufenden Kontiprozessen, die, wie in einigen Branchen üblich, drei bis fünf Jahre ohne Unterbrechung betrieben werden, kann die Störung des Prozesses durch den Ausfall irgendeiner Komponente nicht toleriert werden. Deshalb müssen bei der Planung die Ausfallwahrscheinlichkeiten und die jeweiligen Auswirkungen eines Ausfalls für jede einzelne Komponente betrachtet werden. Dies gilt für die für die prozessfernen und prozessnahen Komponenten sowie die Peripheriebaugruppen des Leitsystems genauso wie für die einzelnen Sensoren und Aktoren sowie die Apparate und Maschinen der Anlage. Bei der Auslegung muss also entschieden werden, bis zu welchem Grad Redundanz erforderlich ist und welches Restrisiko tolerierbar ist. In diesen Anlagen werden in der Regel alle Komponenten des Prozessleitsystems redundant ausgeführt. Das eröffnet zusätzlich die Möglichkeit, eventuell erforderliche Wartungsarbeiten oder Updates an einzelnen Komponenten durchführen zu können, ohne dass die kontinuierliche Produktion der laufenden Anlage gefährdet wird.

Mit dem Verzicht auf eine integrierte Bedien- und Beobachtungsfunktion in den dezentralen prozessnahen Komponenten werden ein redundantes Bussystem und die redundante Realisierung der Operatorfunktionen in den prozessfernen Komponenten in der Regel erforderlich. Nur so kann die Anzeige- und Bedienmöglichkeit der gesamten Anlage jederzeit sichergestellt werden. Eine Backup-Bedienung mit lokalem Eingriff auf die prozessnahen Komponenten bei einem Ausfall des Bussystems ist bei den heute am Markt verfügbaren Systemen im Allgemeinen nicht mehr möglich.

Moderne Leitsysteme bieten ein modulares Redundanzkonzept, das besagt, dass für jede Einheit eines Systems, z. B. Controller, HMI-Server, HMI-Terminal, Remote-I/O, Peripheriebaugruppe oder Feldbus, separat entschieden werden kann, ob diese Einheit redundant ausgeführt werden soll oder nicht. Voraussetzung dafür ist aber auch, dass die Software des Leitsystems ebenfalls sauber strukturiert und in einzelne SW-Module unterteilt ist. Diese SW-Module müssen einzelnen HW-Komponenten zuweisbar sein und dort autonom ablaufen können. Um diese SW-Module redundanztauglich zu machen, müssen weiterhin Mechanismen bereitgestellt werden, die eine stoßfreie Übernahme der Funktion bei parallel, auf separater Hardware laufenden Modulen und die erforderliche Synchronisation ermöglichen. Mit einem solchen Konzept können feingranulare, modulare Leitsystemstrukturen aufgebaut werden, die eine weitgehend flexible Planung der Redundanzfunktionen und so eine Anpassung an die konkrete Aufgabenstellung ermöglichen. Das Ziel sollte dabei sein, eine Hard- und Software-Struktur zu erstellen, die gegenüber allen erdenkbaren Einfach-Fehlern tolerant reagiert und so einen störungsfreien Betrieb ermöglicht. Drei Gründe sprechen für so ein modulares Redundanzkonzept:

- Nur abgegrenzte, in sich geschlossene Einheiten lassen sich überhaupt sinnvoll redundieren.
- Durch die Modularisierung ergeben sich Redundanzknoten, die die einzelnen Redundanzeinheiten voneinander trennen. Durch diese Redundanzknoten erhöht sich die Verfügbarkeit des Systems.
- Redundanz ist teuer. Es ist sinnvoll, nur die Einheiten redundant auszulegen, bei denen es im konkreten Anwendungsfall erforderlich ist.

Die praktische Ausführung der Redundanz muss also bei jeder Anlage individuell entschieden werden und hängt stark von den jeweiligen Betriebsbedingungen ab.

3.4
Projektierung / Parametrierung der leittechnischen Funktionen

Die Programmierung leittechnischer Funktionen für Prozessleitsysteme erfolgt grundlegend anders, als man es z. B. von der Programmerstellung für Personalcomputer gewohnt ist. Dies hat zumindest teilweise historische Gründe, die auf die massiven Akzeptanzprobleme beim Einsatz der Vorgänger der Prozessleitsysteme, den sog. Prozessrechnern, zurückzuführen sind.

3.4.1
Funktionsbausteine

Vor der Einführung der Prozessrechner wurden leittechnische Funktionen in verdrahteter Einzelgerätetechnik realisiert. Dabei wurden zur Lösung einer Aufgabe, z. B. einer Durchflussregelung, einzelne Geräte, wie Messblende, Druck-messumformer, Kompaktregler, Grenzwertkarte, Anzeiginstrument, elektro-pneumatischer Wandler und Regelventil zu einer Struktur verdrahtet. Nachteile dieser überaus robusten Technologie waren einerseits der hohe Platzverbrauch sowie die geringe Flexibilität, da jede kleine Änderung der Aufgabenstellung mit erheblichem Umverdrahtungsaufwand und somit Kosten verbunden war. Zur Erhöhung der Flexibilität wurden Anfang der 70er Jahre die Prozessrechner (z. B. PDP-11, VAX-750 der Fa. DEC) zur Realisierung der leittechnischen Funktion eingeführt. Dabei wurden die elektrischen Sensor- bzw. Aktorsignale digitalisiert und in ein für den Rechner verarbeitbares Format gewandelt. Die leittechnischen Funktionen wurden in Form von Algorithmen als Software im Prozessrechner implementiert. Die Programmierung erfolgte mit den damals üblichen Hoch-sprachen, z. B. FORTRAN, oder aus Effizienzgründen direkt im Assemblercode des jeweiligen Prozessors. Dies hatte zur Folge, dass für die Realisierung bzw. Änderung einer Leitfunktion neben dem Prozessleittechniker in der Regel auch noch ein Computerspezialist mit intimen Programmierkenntnissen erforderlich war. Dies führte bei den Betreibern zu massiven Akzeptanzproblemen, da ins-besondere bei unerwarteten Störungen kompetentes Servicepersonal schwierig zu beschaffen war. Daher wurde die Forderung erhoben, die Programmierung von Leitfunktionen so zu gestalten, dass sie von einem Prozessleittechniker ohne intime Hochsprachen- und Computerkenntnisse beherrscht werden konnte.

Dieser Forderung wurde mit der Einführung der Prozessleitsysteme Ende der 70er Jahre Rechnung getragen. Die Grundidee war recht einfach. Prozessleittech-niker waren von der Einzelgerätetechnik her durchaus in der Lage, zur Lösung leittechnischer Aufgaben komplexe Strukturen aus einzelnen Geräten zusammen-zubauen. Dabei waren ihnen die Funktion und die Eigenschaften der Geräte aufgrund der Gerätebeschreibung bekannt, ohne dass sie jedoch detaillierte Infor-mationen über die interne Konstruktion der Geräte besaßen. Auf die Software übertragen führte dies zur Entwicklung der Funktionsbausteintechnik.

Funktionsbausteine sind Softwaremodule, die für jeden Bausteintyp in einen Bausteinrahmen und einen Bausteinkern gegliedert sind. Der Bausteinrahmen enthält Ein- und Ausgangsinformationen sowie allgemein zugängliche Parameter und stellt damit das Bausteininterface zur Außenwelt dar. Im Bausteinkern ist der eigentliche Algorithmus des Bausteins meist in Form einer Hochsprache oder eines daraus abgeleiteten Compilats abgelegt. Bei der Verwendung eines Bausteins wird vom gewählten Typ eine Instanz gebildet, d. h. in der Regel eine Kopie des Bausteinrahmens abgelegt und mit individuellem Namen versehen. Diese Instanz kann nun mit ihren Ein- und Ausgangsvariablen mit anderen Bausteininstanzen "verschaltet" und so mit Informationen versorgt werden. Bei der Bearbeitung der Instanz werden die aktuell anliegenden Informationen genommen, damit der Algorithmus im Bausteinkern angesprungen und nach Durchlauf die resultieren-den Ergebnisse als Ausgangsinformation der Instanz abgelegt (Abb. 3.10).

Für jeden Bausteintyp existiert eine Funktionsbeschreibung, aus der die Funk-tion und die Bedeutung der Ein- und Ausgangssignale sowie der Parameter hervorgehen. Anhand dieser Funktionsbeschreibung ist der Prozessleittechniker

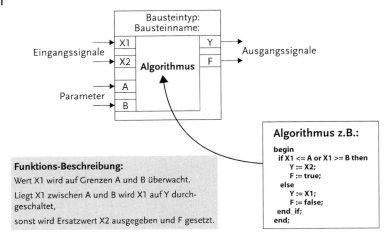

Abb. 3.10 Prinzipieller Aufbau eines Funktionsbausteins.

in der Lage, den zur Verfügung stehenden Funktionsumfang zu beurteilen und für seine Zwecke geeignet einzusetzen. Die genaue Kenntnis der Details des internen Algorithmus ist dazu nicht erforderlich. Da ein Softwarebaustein im Gegensatz zu mechanischen oder elektrischen Geräten keinem Verschleiß unterliegt, kann bei einem einmal getesteten Baustein von der dauerhaften Fehlerfreiheit des Algorithmus ausgegangen werden. Ursachen für Störungen sind daher nur in der Verschaltung der Bausteine zu suchen.

Aufgrund der einfachen Handhabung wurde die Funktionsbausteintechnik sehr schnell akzeptiert und wird bei praktisch allen derzeit am Markt verfügbaren Prozessleitsystemen eingesetzt. Von den Herstellern werden umfangreiche Bausteinbibliotheken mit mehr oder weniger komplexen Funktionen bzw. Teilfunktionen zur Verfügung gestellt. Das Spektrum reicht von einfachen logischen und mathematischen Operationen bis zu kompletten PID- oder Fuzzy-Logic-Reglern.

Einige Systeme bieten dem Anwender zusätzlich die Möglichkeit eigene Funktionsbausteine zu entwickeln. Bei SIMATIC PCS7 wird dazu die nach IEC 61131 standardisierte Programmiersprache *Structured Text* verwendet, eine PASCAL-ähnliche Hochsprache, die zu sauberen Programmstrukturen zwingt und bis auf wenige Ausnahmen alle Funktionen und Freiheitsgrade moderner Sprachen zur Verfügung stellt. Mit der gleichen Sprache wurden auch die vom Hersteller mitgelieferten Bausteine erstellt. Anwenderbausteine können daher genauso in Bibliotheken zusammengefasst und Dritten zur Verfügung gestellt werden. Die Bausteine werden von einem Compiler auf dem Engineering-System übersetzt und als ablauffähiger Maschinencode auf den jeweiligen Leitsystem-Controller geladen.

Im Rahmen des hier beschriebenen Projektes war die Möglichkeit zur Definition eigener Bausteine eine wesentliche Voraussetzung zur Integration der APC-Funktionen. Darauf wird in den folgenden Kapiteln noch näher eingegangen werden.

3.4.2
Graphischer Editor

Für die Handhabung und Verschaltung von Funktionsbausteinen hat sich bei fast allen Systemen eine graphische Bedienoberfläche durchgesetzt. Ordnungskriterium ist in der Regel der Bearbeitungsplan für eine einzelne Messstelle. Die für die Funktionen der Stelle benötigten Baustein-Instanzen werden aus der Bausteinbibliothek mit der Maus ausgewählt und per Drag-and-drop auf dem Plan platziert (Abb. 3.11).

Der erforderliche Datenaustausch zwischen den Bausteinen wird ebenfalls in graphischer Form als Verbindungslinien projektiert. Dazu werden je Verbindung jeweils ein Ausgang und ein Eingang markiert. Der Editor legt dann automatisch eine entsprechende Verbindung an, deren Linienführung dabei von einem Routinealgorithmus bestimmt wird. Parametrierungen werden durch Selektion der Variablen und der Eingabe des Wertes in ein entsprechendes Fenster vorgenommen. Mit Hilfe des graphischen Editors kann für jede Messstelle der benötigte Funktionsumfang inklusive der dazu benötigten Datenverbindungen und Parameterwerte in übersichtlicher und intuitiv erlernbarer Weise definiert werden.

Um die Handhabbarkeit und Übersichtlichkeit weiter zu verbessern wurde bei PCS7 die sog. Plan-in-Plan-Technik eingeführt. Dabei kann ein kompletter Plan mit seinen komplexen Verbindungen in einem anderen, übergeordneten Plan wie ein einzelner Baustein dargestellt werden. Dazu werden für die notwendigen externen Verbindungen sog. Plananschlusspunkte definiert, die damit das Interface des Planes darstellen. Im übergeordneten Plan wird dieser dann wie ein

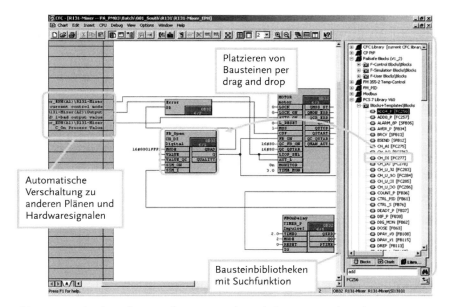

Abb. 3.11 Graphischer Editor zur Platzierung und Verschaltung von Funktionsbausteinen.

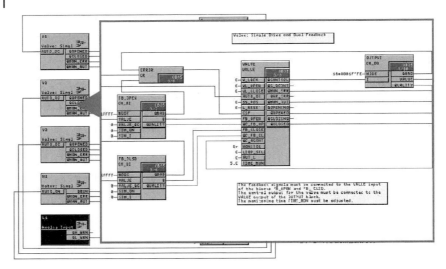

Abb. 3.12 Beispiel für die Plan-in-Plan-Darstellung.

Baustein mit den Plananschlusspunkten als Ein- und Ausgängen dargestellt und kann dort auch wie ein Baustein verschaltet werden. Bei Doppelklick auf einen solchen Baustein wird der dahinterliegende komplette Plan mit allen Inhalten dargestellt. Diese Methode ermöglicht eine erhebliche Reduktion der Komplexität in der Darstellung. Komplexe Funktionen können im Detail geplant und dann auf einer höheren Planebene als ein Block dargestellt werden. Da dieser Vorgang über mehrere Hierarchiestufen hinweg fortgeführt werden kann, ist ein nahezu beliebiger Abstraktionsgrad erreichbar. Andererseits kann durch entsprechende Selektion in die notwendige Detaillierungstiefe abgetaucht werden (Abb. 3.12).

Während die Plan-in-Plan-Technik häufig als organisatorisches Hilfsmittel für eine übersichtliche Projektstruktur verwendet wird, kann daraus auch noch ein weiteres Werkzeug abgeleitet werden. Wenn ein Plan erfasst und mit Plananschlusspunkten versehen wurde, besteht grundsätzlich auch die Möglichkeit, den so definierten Funktionsumfang als neuen Bausteintyp zu definieren. Dazu werden dann vom System die Quellcodes der verwendeten Bausteine zusammengefasst, um die internen Verbindungen und Parametervorgaben ergänzt und dann als neuer Bausteintyp kompiliert. Auf diese Weise können graphisch neue Bausteintypen auf der Basis von vorhandenen Bausteinen definiert werden. Auch diese Methode wurde im Rahmen des Projektes zur Integration der APC-Funktionen genutzt.

3.4.3
Bausteinbearbeitung und Ablaufsystem

Die Leitsystem-Controller sind in der Regel mit einem Echtzeit-Betriebssystem ausgerüstet. Dieses organisiert nicht nur die Bearbeitung des Anwenderprogramms durch zyklischen Aufruf der Funktionsbausteine, sondern stellt auch durch entsprechende Hintergrunddienste die zeitgenaue Kommunikation mit dem HMI und anderen Controllern sowie das Schreiben und Lesen der Informationen der Peripheriebaugruppen sicher.

Typischerweise stehen bei einem Controller pro Sekunde Rechenzeit ca. 700–800 ms für die Bearbeitung des Anwenderprogramms zur Verfügung, während der Rest für die oben genannten Systemdienste reserviert ist.

Jede Instanz eines Funktionsbausteins benötigt bei der Bearbeitung eine typspezifische Rechenzeit. Diese liegt je nach Typ bei ca. 6 µs für einfache Überwachungen bis zu ca. 165 µs für einen komplexen Regler-Baustein. Die Auslastung eines Controllers wird also vom Verhältnis der Summe der Bearbeitungszeiten aller Bausteininstanzen zur maximal verfügbaren Bearbeitungszeit bestimmt.

Zur besseren Anpassung an die Aufgabenstellungen werden vom System verschiedene Bearbeitungszyklen bereitgestellt. So ist z. B. bei einer schnellen Druckregelung eine Bearbeitung im 100–250-ms-Takt erforderlich, während eine Temperaturmessung auf Grund der Trägheit üblicherweise nur im 1–2-s-Takt abgefragt werden muss.

Die zu einer Funktion benötigten und daher oft auf einem Plan platzierten Bausteine werden für die Bearbeitung zu Ablaufgruppen zusammengefasst. Das System stellt in der Regel einen (oder mehrere) schnellen Grundzyklus zur Verfügung. Die Ablaufgruppen können nun entweder direkt im Grundzyklus, d. h. so schnell wie möglich, abgearbeitet werden, oder es werden Untersetzungs- und Phasenverschiebungsfaktoren angewendet und damit die Bearbeitung auf ein Vielfaches des Grundzyklus verzögert. Durch den Phasenverschiebungsfaktor kann dabei der Start der Gruppe um ein oder mehrere Zyklen variiert werden.

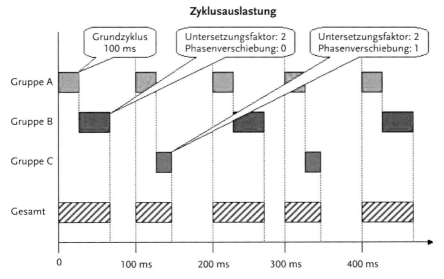

Abb. 3.13 Beispiel für die Planung einer möglichst gleichmäßigen Zyklusauslastung.

Durch diese Mechanismen kann die Gesamtbelastung des Prozessors gleichmäßig über die Zeit verteilt werden. Dies ist für die Funktionsfähigkeit des Systems wichtig, da alle Regelalgorithmen eine Bearbeitung in äquidistanten Zeitintervallen voraussetzen. Die kurzfristige Überlastung eines Bearbeitungszyklus kann dabei toleriert werden, eine dauerhafte Überlastung führt jedoch zur Verletzung des Äquidistanzkriteriums und damit zu fehlerhaften Ergebnissen.

Daher sollte aus Sicherheitsgründen die Summe der maximalen Bearbeitungszeiten aller Bausteininstanzen immer unter der zur Verfügung stehenden Bearbeitungszeit im jeweiligen Zyklus liegen. Dies kann vom Anwender im Vorfeld anhand der bekannten maximalen Bearbeitungszeiten der Bausteintypen überprüft werden, welche in der Regel vom Hersteller in Form von Tabellen mitgeliefert werden.

Problematisch wird die Sache bei komplexen, vom Anwender selbst geschriebenen Funktionsbausteinen. Die Bearbeitungszeit eines Bausteins hängt direkt vom internen Zustand und den gerade bearbeiteten Teilen des implementierten Algorithmus ab. Je nachdem welcher Zweig durchlaufen wird, kann dabei die benötigte Bearbeitungszeit um mehrere Größenordnungen variieren.

Die Erfahrung zeigt, dass dieser Effekt insbesondere bei komplexen Bausteinen mit internen mathematischen Modellen auftritt. Während im "eingeschwungenen" Zustand nur wenige mathematisch anspruchsvolle Operationen durchgeführt werden müssen, steigt der Rechenaufwand z. B. in der Identifizierungsphase sprunghaft auf ein Vielfaches an, Faktoren > 100 sind hier keine Seltenheit. Dies führt zu der Frage, wie man so einen Baustein in die Bearbeitung einplant. Geht man von der maximal erforderlichen Bearbeitungszeit aus, so wird ein großer Teil der "kostbaren" verfügbaren Bearbeitungszeit der Komponente für einen einzigen Baustein reserviert, der diese Zeit aber nur recht selten (in der Identifizierungsphase) tatsächlich ausnutzt. Plant man den Baustein mit seiner typischen (und damit wesentlich kürzeren) Bearbeitungszeit ein, so kann es passieren, dass es zu massiven Zyklusüberlastungen kommt, falls im laufenden Betrieb eine Identifizierungsphase erforderlich wird und diese nicht innerhalb weniger Zyklen abgeschlossen werden kann. Dies kann im Extremfall zu Fehlfunktionen auf der betroffenen Komponente führen.

Sicher kann man durch geschickte Wahl der Algorithmen, Prioritätssteuerung und andere Maßnahmen die geschilderte Problematik mildern, das grundsätzliche Problem des stark schwankenden Rechenzeitbedarfs bleibt aber erhalten.

Dies hat uns bewogen, einen anderen Lösungsansatz zu verfolgen. Der eine komplexe Baustein wird dabei in zwei miteinander kommunizierende Bausteine aufgeteilt. Zusätzlich wird der zweite Baustein auf einen anderen Rechner ausgelagert, der jedoch über ein Bussystem mit dem Leitsystem kommuniziert. Der ausgelagerte Baustein kann nun "beliebig" viel Rechenzeit beanspruchen ohne die zyklische Bearbeitung auf dem Leitsystem in irgendeiner Form zu beeinträchtigen. Da inzwischen sehr preiswerte Box-PCs mit integrierten Feldbusschnittstellen verfügbar sind, sehen wir darin eine sinnvolle Ergänzung der bestehenden Leitsysteme um mathematisch anspruchsvolle, komplexe Aufgabenstellungen feldnah und mit hoher Zuverlässigkeit zu lösen.

Die Implementierung einer solchen Lösung wird im Weiteren am Beispiel der APC-Funktion erläutert.

3.4.4
Ablaufsteuerungen

Neben den zyklischen Mess-, Regel- und Überwachungsfunktionen müssen in der Regel auch asynchrone, ereignisorientierte Aufgaben bearbeitet werden. Dazu dienen die sog. Ablaufsteuerungen, die als *Sequential Function Charts* (SFC) programmiert werden. Die wesentlichen Elemente einer Ablaufsteuerung sind eine Reihenfolge von Schritten, die jeweils durch Übergänge, die sog. Transitionen, voneinander getrennt werden. Zu diesen Übergängen können jeweils individuelle Übergangsbedingungen definiert werden, bei deren Erfüllung diese Transition freigeschaltet wird oder "zündet", wie es im Fachjargon heißt. Jedem Schritt können eine Reihe von Aktionen zugeordnet werden, die dann bzw. so lange ausgeführt werden wie dieser Schritt "aktiv" ist. Weitere wichtige Elemente einer Ablaufsteuerung sind die Verzweigung in mehrere, alternative Schrittketten und deren Wiederzusammenführung sowie die gleichzeitige Bearbeitung mehrerer paralleler Ketten mit anschließender Synchronisation.

Die Definition solcher Ablaufstrukturen, bei denen es sich im Prinzip um eine Form der Petri-Netze handelt, wird in graphischer Form mit einer in der IEC 1131 standardisierten Symbolik vorgenommen. Im Leitsystem PCS7 ist dafür ein spezieller regelbasierter SFC-Editor verfügbar. Ausgehend von einem Startschritt werden die nachfolgenden Schritte in der richtigen Reihenfolge platziert. Die notwendigen Transitionen zwischen den Schritten werden dabei vom System automatisch hinzugefügt. Auch bei der Definition von Parallel- oder Alternativ-Verzweigungen reagiert der Editor kontextsensitiv und erlaubt nur den Regeln entsprechende Bearbeitungsschritte (Abb. 3.14).

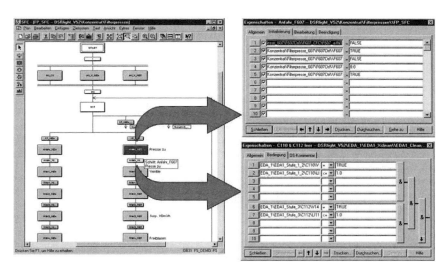

Abb. 3.14 Graphischer Editor zur Erstellung von Ablaufplänen
(*Sequential Function Chart*, SFC).

Nachdem auf diese Weise die grundlegende Ablaufstruktur definiert wurde, wird nun in einem zweiten Schritt diese Struktur mit "Leben" gefüllt, d. h. die jeweiligen Aktionen und Transitionsbedingungen festgelegt. Ausgehend von einem Startschritt bleibt ein Schritt jeweils so lange aktiv, bis eine der direkt folgenden Transitionen "zündet" und dann die Aktivität auf den hinter dieser Transition liegenden Schritt übertragen wird. Mit dem "Aktivitäts-Token" wandert auch die Bearbeitung der Aktionen vom ursprünglichen Schritt zum Folgeschritt. In einem den Regeln entsprechenden Ablaufnetz kann, außer bei Parallelverzweigung, grundsätzlich nur ein Schritt aktiv sein und für die weitere Bearbeitung muss nur der Zustand der Bedingungen der auf diesen Schritt folgenden Transition beobachtet werden. Dies stellt eine besonders effiziente Bearbeitung zur Laufzeit sicher, da der Aufwand unabhängig von der Größe der Ablaufstruktur ist.

Die Definition der Aktionen bzw. der Weiterschaltbedingungen der Transitionen erfolgt ebenfalls im SFC-Editor durch Anklicken des jeweiligen Schrittes oder der Transition. Bei den Transitionsbedingungen wird eine Tabelle eingeblendet, bei der die einzelnen Zeilen am Ende über eine Logik miteinander verknüpft werden. Pro Zeile kann eine Bedingung formuliert werden, wobei das Ergebnis dieser Bedingung eine binäre Größe sein muss. Es können also sowohl binäre Schalt-Variablen abgefragt werden als auch analoge Variablen miteinander verglichen werden, da das Ergebnis dieses Vergleiches selbst wieder als binäre Variable vorliegt. Das binäre Ergebnis jeder Zeile wird anschließend entsprechend der eingeblendeten Logik miteinander verknüpft und so das Gesamtergebnis der Transitionsbedingung ermittelt. Die jeweiligen Logik-Konfigurationen können dabei aus einem Menü ausgewählt werden. Damit die in den Zeilen verwendeten Variablen weitestgehend fehlerfrei definiert werden, können sie entweder per Drop-down-Liste aus den bisher definierten Variablen ausgewählt oder per Drag-and-drop direkt aus geöffneten Funktionsplänen übernommen werden. Bei der Definition der Aktionen ist die Vorgehensweise ähnlich. Hier werden binäre oder numerische Werte vom Anwender vorgegeben und den ausgewählten Variablen zugewiesen. Die Variablenauswahl erfolgt hier ebenfalls per Liste oder Drag-and-drop (Abb. 3.15).

Die so definierte Ablaufsteuerung wird bei PCS7 vom System automatisch auch in das HMI-System übertragen, so dass dem Operator zur Laufzeit eine graphische Darstellung der Ablaufstruktur zur Verfügung steht und in der der jeweils aktive Schritt gekennzeichnet ist. In der Detaildarstellung sieht er die ausgelösten Aktionen und kann auch den Zustand der Weiterschaltbedingungen beurteilen. Letzteres ist insbesondere bei der Lokalisierung eventueller Störungen von erheblicher Bedeutung.

In manchen Situationen kommt es vor, dass die gleiche Ablaufsequenz mehrfach benötigt wird und außerdem gegen Manipulationen geschützt sein soll. Dann ist es sinnvoll, diese Sequenz als Funktionsbaustein zu definieren. Dazu werden zunächst ein Bausteinrahmen definiert und dann Anschlusspunkte für die externen Variablen angelegt, sowohl als Eingänge als auch als Ausgänge. Nun kann die Ablaufsequenz ganz normal projektiert werden, lediglich die Transitionsbedingungen und Aktionen werden nicht direkt den externen Variablen zugewiesen,

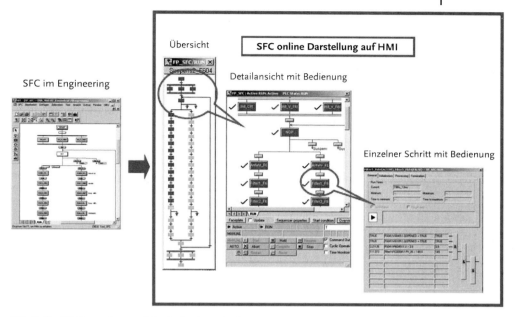

Abb. 3.15 SFC-Darstellung auf der Bedienkonsole des Operators.

sondern auf die Ein- bzw. Ausgänge des Bausteinrahmens geführt. Damit ist die Definition einer Ablaufsequenz als Funktionsbaustein abgeschlossen. Der so definierte Baustein kann als Instanz wie jeder andere Funktionsbaustein in einen CFC (Continuous Function Chart; auch: Funktionsbausteinplan) platziert werden. Die für die Transitionsbedingungen und Aktionen benötigten Variablen werden auf die entsprechenden Ein- und Ausgänge des Bausteins verschaltet und so die Ablaufsequenz mit der Umgebung verknüpft.

Mit Hilfe der so definierten Ablaufbausteine können die für ein Batch-System benötigten Funktionsgruppen wie Units oder Equipment-Module recht einfach realisiert werden. Diese Gruppen bestehen in der Regel aus mehreren PLT-Stellen, die von einer Ablaufsteuerung koordiniert werden. Da der prinzipielle Ablauf bei einer verfahrenstechnischen Funktion "Dosieren" immer gleich ist, kann man diese Sequenz gut als Baustein hinterlegen. Dieser Ablaufbaustein kontrolliert dann die unterlagerten PLT-Stellen, die ihrerseits durch die Plan-in-Plan-Technik ebenfalls als Baustein dargestellt und mit den relevanten Ein- und Ausgängen des Ablaufbausteins verschaltet werden können.

4
Prozessführung als Systemfunktion

Ulrich Epple

4.1
Begriffe, Modelle

4.1.1
Allgemeines Prinzip

Zur Grundstruktur technischer Prozesse gehört die Trennung des *steuernden Systems* vom *gesteuerten System*. Das steuernde System bezeichnet hier ein rein funktionales System bestehend aus der Summe der Steuerfunktionen. Wie in Abb. 4.1 dargestellt, gehört das steuernde System zur Informationswelt, das gesteuerte System zur physikalischen Welt. Das steuernde System kann über die

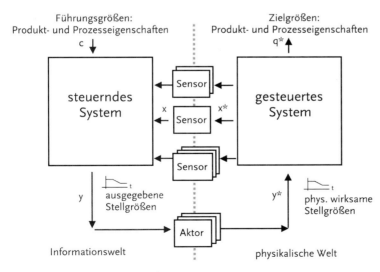

Abb. 4.1 Steuerndes System und gesteuertes System.

Integration von Advanced Control in der Prozessindustrie: Rapid Control Prototyping.
Herausgegeben von Dirk Abel, Ulrich Epple und Gerd-Ulrich Spohr
Copyright © 2008 WILEY-VCH Verlag GmbH & Co. KGaA, Weinheim
ISBN: 978-3-527-31205-4

Aktoren auf das gesteuerte System einwirken und über Sensoren Informationen über den Zustand des gesteuerten Systems erlangen.

Zur Unterscheidung der tatsächlichen, jedoch unbekannten physikalischen Eigenschaften von den in der Informationswelt bekannten Mess-, Stell-und Sollwerten werden die physikalischen Eigenschaften in diesem Kapitel mit einem * gekennzeichnet.

4.1.2
Steuerndes System

Der Begriff *Steuerfunktion* wird hier im Sinne des englischen Begriffs *Control* als allgemeiner Oberbegriff verwendet und bezeichnet alle kontinuierlichen, diskreten, binären, rückgeführten und nicht rückgeführten Funktionen zur Erzeugung der Stellgrößen. Steuerfunktionen können sowohl soft-als auch hardwaretechnisch auf die unterschiedlichste Art und Weise realisiert sein. Für den technologischen Prozess ist dies jedoch ohne Bedeutung. Interessant ist ausschließlich der von den Steuerfunktionen erzeugte funktionale Wirkzusammenhang. Aus diesem Grund rechnet man das steuernde System der Informationswelt zu.

Steuerfunktionen sind spezielle leittechnische Funktionen, ihnen gemeinsam ist die direkte oder indirekte Einwirkung auf den Prozess über die Aktoren. So zählen Alarmfunktionen, Archivierfunktionen usw. zwar zu den leittechnischen Funktionen, jedoch nicht zu den Steuerfunktionen.

Die Steuerfunktionen selbst lassen sich auf Grund ihrer Aufgabenstellung und ihrer Wirkungsweise in drei unterschiedliche Kategorien einteilen:

- Sicherungsfunktionen,
- Ablauf-Führungsfunktionen und
- Nachführ-Führungsfunktionen.

Aufgabe der Sicherungsfunktionen ist es, unzulässige Prozesszustände zu verhindern. Aufgabe der Ablauf-Führungsfunktionen ist es, vorgegebene Stellgrößenverläufe zu realisieren und Aufgabe der Nachführ-Führungsfunktionen ist es, bestimmte Zielgrößen automatisch vorgegebenen Sollwertverläufen nachzuführen. Sowohl die Führungsfunktionen als auch die Sicherungsfunktionen greifen konkurrierend auf die Aktoren zu. Die Sicherungsfunktionen sind unabhängig von den Führungsfunktionen und haben im Konfliktfall Priorität.

Sicherungsfunktionen

Zu einem korrekt geplanten Produktionsprozess gehört es, dass im Normalbetrieb der Prozess durch die Führungsfunktionen konfliktfrei so im zulässigen Bereich geführt wird, dass keine Sicherungsfunktion "aktiv" eingreifen muss. Betrachtet man zum Beispiel eine Eisenbahnstrecke, dann wird die getrennte Realisierung und das Zusammenspiel deutlich. Die Führungsfunktion wird aus dem Fahrplan abgeleitet. Sie steuert die Abfahrt und die Geschwindigkeit des Zugs auf der Strecke. Im ungestörten Fall sind alle Signale im Augenblick der Durchfahrt grün und der Zug erreicht wie geplant sein Ziel. Bei Störungen des Betriebsablaufs

Sicherungsfunktion Trockenlaufschutz:
Wenn der Behälter leer ist, dann darf die Pumpe nicht pumpen

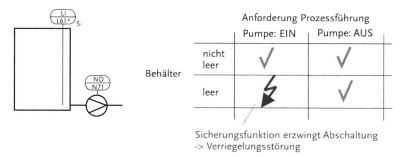

Abb. 4.2 Zusammenspiel zwischen Sicherungs- und Führungsfunktionen.

oder schlecht geplanter Führung kann es geschehen, dass der Zug einen gerade belegten Gleisabschnitt nutzen will. Dies wird durch die Sicherungsfunktionen verhindert. Sie bringen unabhängig von den Wünschen der Führungsfunktion den Zug durch ein rotes Signal zum Halten. Dies ist ein aktiver Eingriff in die Prozessführung. Gegen die Vorgaben der Prozessführung wird der Zug gestoppt, der geplante Ablauf ist gestört. Ein rotes Signal vor einer Strecke, in der zurzeit kein Zug einfahren will, ist dagegen kein aktiver Eingriff der Sicherungsfunktionen. Der geplante Fahrplanablauf wird nicht behindert. Diese strikte gedankliche und realisierungstechnische Trennung zwischen Sicherungs-und Führungsfunktionen wird auch für das im Folgenden beschriebene prozesstechnische Führungskonzept vorausgesetzt. Betrachtet man z. B. die Steuerung einer Pumpe, dann entspricht der Trockenlaufschutz einer Sicherungsfunktion und das (rezeptgesteuerte) An-und Abschalten einer Führungsfunktion. Die Sicherungsfunktion greift wie in Abb. 4.2 dargestellt nur dann aktiv in den Ablauf ein, wenn der Vorlagebehälter leer ist und die Pumpe fördern soll. Dies führt dann zu einer sog. Verriegelungsstörung. Der Prozessablauf ist gestört. Festzuhalten bleibt, dass im Normalfall die Sicherungsfunktionen nie aktiv in die Prozessführung eingreifen. Im Normalfall wird die Funktionalität des steuernden Systems ausschließlich durch die Führungsfunktionen bestimmt.

Ablauf-Führungsfunktionen
Industrielle Prozesse sollen einem festgelegten Ablauf folgen. Zur Realisierung dieses Ablaufs wird in der Prozessentwicklung neben den Anlagenparametern und den Eigenschaften der Eingangsprodukte auch der Sollverlauf der Stellgrößen festgelegt. Es ist eine Grundannahme jedes reproduzierbaren Produktionsprozesses dass sich, wenn der Sollverlauf der Stellgrößen in der vorgeschriebenen Weise realisiert wird, der gewünschte Prozessverlauf einstellt und letztendlich das Produkt mit den gewünschten Eigenschaften ergibt. Die operative Realisierung des vorgeschriebenen Stellgrößenverlaufs ist eine Aufgabe der Prozessführung. Führungsfunktionen, die diese Aufgabe übernehmen, bezeichnet man als *Ablauf-Füh-*

rungsfunktionen. Der Verlauf ist typischerweise eine rein zeitgesteuerte oder kombiniert zeit/ereignisgesteuerte Abfolge von Stellwerten und Stellwertübergängen, bei Kontiprozessen oft auch nur die Vorgabe eines fest einzustellenden Stellwerts als Betriebspunkt. Ablauf-Führungsfunktionen haben typischerweise keine Sollwerteingänge. Sie kennen weder die interessierenden Zielgrößen, noch haben sie Kenntnis über den gewünschten Prozessverlauf und die Prozessziele. Ihre Aufgabe ist ausschließlich die korrekte Abwicklung des vorgegebenen Stellwertprogramms.

Nachführ-Führungsfunktionen

Es gibt auch Führungsfunktionen deren Aufgabe darin besteht, eine ganz bestimmte Zielgröße (im MIMO-Fall auch mehrere Zielgrößen) gemäß einem von außen vorgegebenen Sollwert einzustellen bzw. einem vorgegebenen Sollwertverlauf nachzuführen. Solche Führungsfunktionen bezeichnet man als *Nachführ-Führungsfunktionen*. Eine Nachführ-Führungsfunktion besitzt einen Führungseingang, an dem der einzustellende Sollwert vorgegeben wird. Sie erfüllt ihre Aufgabe selbsttätig. Dazu werden ihr ein oder mehrere Aktoren exklusiv zugeordnet, über die sie auf die Strecke und letztendlich auf die Zielgröße einwirken kann.

4.1.3
Gesteuertes System

In technischen Prozessen entspricht das gesteuerte System der physikalischen Anlage mit dem darin befindlichen Produktsystem. Die Zielgrößen sind die interessierenden physikalischen Anlagen-und Produkteigenschaft. Wie in Abb. 4.3 verdeutlicht, schließt die Anlage das Produktsystem physikalisch vollständig ein, das heißt, dass durch die Anlage sämtliche Randbedingungen und Wechselwirkungen der Umgebung mit dem Produktsystem festgelegt werden.

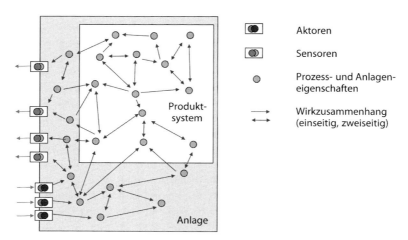

Abb. 4.3 Wirkungszusammenhänge zwischen technischer Anlage und Produkt.

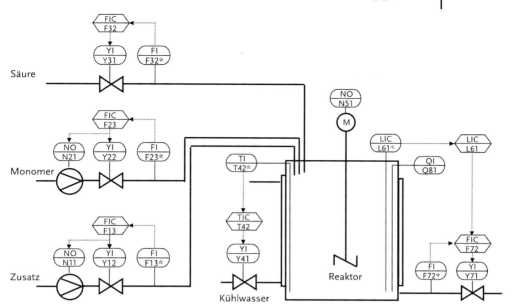

Abb. 4.4 Beispiel: Polymerisationsprozess in einem Rührkesselreaktor.

Während des Produktionsprozesses sind die Zustände der Anlage und des Produktsystems über die Rand-und Quellbedingungen miteinander eng (und meist komplex) verkoppelt. Von außen kann während des Prozessverlaufs auf dieses verkoppelte System nur über die Aktoren eingegriffen werden.

In Abb. 4.4 ist als Beispiel ein Rührkesselreaktor dargestellt. In diesem Reaktor soll eine exotherme Semibatch-Polymerisation durchgeführt werden.

Die Reaktion findet unter ständigem Zudosieren, Rühren und Kühlen statt. Eine interessierende Qualitätsgröße am Ende des Prozesses ist z. B. die resultierende Kettenlängenverteilung.

Die Eigenschaften des Ausgangsprodukts werden bestimmt durch die Eigenschaften der Eingangsprodukte und den Prozessverlauf. Um ein Produkt mit bestimmten Eigenschaften zu produzieren, kann also neben der Wahl geeigneter Eingangsprodukte und Eingangsprodukteigenschaften auch der Prozessablauf geeignet ausgelegt werden. Die Erstellung eines entsprechenden Prozessablaufplans erfolgt im Rahmen der Prozessentwicklung durch die Prozesstechnik. Der erstellte Prozessablaufplan muss sich mit den zur Verfügung stehenden Stellgrößen auch operativ umsetzen lassen. Bei der Erstellung und operativen Umsetzung des Prozessablaufplans spielt die *Strecke* eine wichtige Rolle. Die Strecke beschreibt, wie in Abb. 4.5 dargestellt, den Wirkzusammenhang zwischen den Stellgrößen und den einzustellenden Produkt-bzw. Prozesseigenschaften. Eingangsgrößen in eine Strecke sind immer Stellgrößen, Ausgangsgrößen sind die einzustellenden Produkt-bzw. Prozesseigenschaften. Die einzustellenden Produkt-bzw. Prozesseigenschaften werden als *Zielgrößen* bezeichnet.

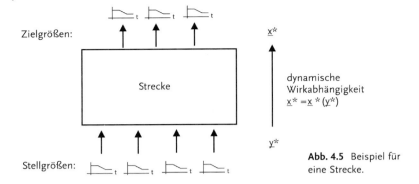

Zielgrößen: $\underline{x}^*$

dynamische
Wirkabhängigkeit
$\underline{x}^* = \underline{x}^*(\underline{y}^*)$

Strecke

$\underline{y}^*$

Stellgrößen:

Abb. 4.5 Beispiel für
eine Strecke.

Unabhängig von aller Sensorik und der gesamten Regelungs-und Steuerungs-struktur wird der Prozess alleine durch den zeitlichen Verlauf der Stellgrößen getrieben. Die gesamte Prozessführung hat nur eine Aufgabe, nämlich entspre-chend geeignete zeitliche Verläufe der Stellgrößen zu erzeugen.

4.2
Strukturierung der Führungsaufgabe

4.2.1
Aufbau von Aktoreinheiten mit Nachführ-Führungsfunktionen

Wie in Abb. 4.3 dargestellt, stehen in der Strecke eine Vielzahl von Prozessgrößen in einer komplexen gegenseitigen dynamischen Abhängigkeit. Es erscheint zu-nächst schwierig, hier einfache Ordnungsschemen und Zusammenhänge heraus-zuziehen. Dem ist aber nicht so. Bei einer genaueren Betrachtung zeigt sich, dass die Wirkungen zwischen den Prozessgrößen oft eine deutliche Vorzugsrichtung zeigen. So ist die Konzentration im Behälter vom Zustrom abhängig, der Zustrom jedoch nicht von den Konzentrationen im Behälter. In der Praxis ist es in vielen Fällen möglich, mit einer oder mehreren Stellgrößen, unabhängig von den ande-ren Stellgrößen, eine bestimmte Prozessgröße gezielt einzustellen. In Abb. 4.6 ist eine solche Situation dargestellt. In der Führungseinheit *Durchfluss* ist eine Nach-führ-Führungsfunktion für den Durchfluss realisiert, die den Stellwert y_s (die Ventilstellung) so einstellt, dass die Zielgröße x_q (der reale Durchfluss) dem Soll-wert w_q (Solldurchfluss) nachgeführt wird. Ziel der Auslegung der Führungsfunk-tion ist es, x_q dynamisch immer nahe am Sollwert w_q zu halten. Im Idealfall wäre $x_q(t) = w_q(t)$. Im realen Fall muss die Nachführ-Führungsfunktion in der Lage sein, $x_q(t)$ in einem zulässigen Toleranzband um $w_q(t)$ zu halten.

Gelingt dies und dies ist eine Grundannahme jeder betrieblichen Prozessfüh-rungsstrategie, dann kann von überlagerten Führungsaufgaben aus gesehen die Funktionseinheit, bestehend aus der Führungseinheit *Durchfluss*, dem Aktor *Ven-tilstellung* und der zugehörigen Teilstrecke V *entilstellung – Durchfluss*, als ein

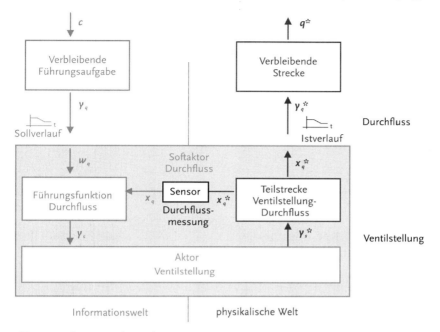

Abb. 4.6 Aufbau einer Aktoreinheit.

künstlich erzeugter "Soft"-Aktor *Durchfluss* angesehen werden. Mit ihm kann der Durchfluss als Stellwert direkt eingestellt werden. Im Folgenden wird eine solche Einheit als *Aktoreinheit* bezeichnet. Mit dem Begriff soll sowohl auf die äußere Funktion als Aktor als auch auf die innere Aufbaustruktur als Funktionseinheit hingewiesen werden.

4.2.2
Gliederung der Strecke und Prozessführungsaufgabe mit Aktoreinheiten

Für überlagerte Führungsaufgaben können Aktoreinheiten wie "normale" Aktoren verwendet werden. Damit lässt sich das Konzept der Generierung von Aktoreinheiten mit Hilfe von Nachführ-Führungsfunktionen rekursiv anwenden. Man erhält die typische hierarchische Stapelung von Nachführ-Führungsfunktionen, bei der eine Stellgröße der überlagerten Einheit jeweils einer Führungsgröße der unterlagerten Einheit entspricht.

In Abb. 4.7 ist eine typische Hierarchiestufe für das Beispielsystem aus Abb. 4.4 dargestellt: Auf der untersten Ebene werden die Einzelführungseinheiten mit allen ihren Elementen und ihren Aktoren und Einzelstrecken jeweils zu einer Aktoreinheit zusammengefasst. So besteht die Aktoreinheit "Ventil Y22" z. B. aus der Ventilsteuereinheit, dem Antrieb, dem internen Stellungsregler usw. Insgesamt setzt diese Aktoreinheit die vorgegebene Stellgröße "Ventilstellung" in die physikalische Ventilstellung um. Auf der nächsten Ebene werden eine Durchfluss-Führungsein-

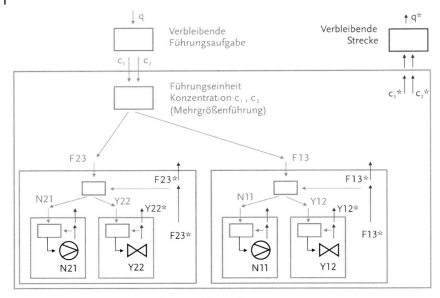

Abb. 4.7 Hierarchische Schachtelung von Aktoreinheiten.

heit (hier z. B. ein PID-Durchflussregler), die beiden Aktoren für die Pumpe N21 (Ein/Aus) und die Ventilstellung Y22, die entsprechende Durchflussstrecke und die Durchflussmessung zu einer Aktoreinheit "Durchfluss F23" zusammengefasst. Diese Aktoreinheit setzt die vorgegebene Stellgröße "Durchfluss" in den physikalischen Durchfluss um. In einem weiteren Schritt kann man sich vorstellen, die beiden Durchflussaktoren und eine entsprechende Führungseinheit zu einer Mehrgrößen-Konzentrationsaktoreinheit zusammenzufassen. Diese setzt die vorgegebenen Stellgrößen $Q81.c1$ und $Q81.c2$ in entsprechende physikalische Konzentrationen um. Nach diesem einfachen Schema werden in der Prozesstechnik Aktoreinheiten hierarchisch zusammengebaut. Aus dem Aufbau ergeben sich einige grundlegende Eigenschaften von betrieblichen Führungssystemen:

- Strukturierung der Strecke Durch das Konzept der Aktoreinheiten wird die Strecke in einzelne Teilstrecken zerlegt, die entweder unabhängig voneinander zu sehen sind oder in einer einseitigen Wirkabhängigkeit aufeinander aufbauen. In Abb. 4.8 ist ein solcher Wirkbaum der Teilstrecken des Beispielsystems abgebildet.
  Geht man von dem in Abb. 4.3 dargestellten komplexen Wirknetzwerk zwischen den Prozess-und Produkteigenschaften aus, dann war ein solches Ergebnis zunächst nicht zu erwarten. In der technischen Anwendung zeigt sich jedoch, dass
  - mit den Stellgrößen bestimmte Prozesseigenschaften gezielt und unabhängig voneinander eingestellt werden können,

– bestimmte Prozesseigenschaften nur einseitig aufeinander wirken (Durchfluss auf Konzentration aber
nicht umgekehrt),
– durch die Prozessführung selbst Wirkrichtungen erzwungen werden. Stellgrößen (auch durch Aktoreinheiten eingestellte Stellgrößen) sind immer als Eingangsgrößen in die überlagerten Teilstrecken zu sehen. Der
Verlauf der Stellgrößen wird durch die Aktoreinheit
erzwungen. Eventuell vorhandene physikalische Rückwirkungen werden in der Aktoreinheit eliminiert!
(Bemerkung: Diese Eigenschaft wird bei der Modellbildung und Simulation an vielen Stellen noch nicht
richtig ausgenutzt!)

Aufgrund dieser Gegebenheiten lassen sich in technischen Prozessen die Strecken
weitgehend in gerichtete hierarchisch strukturierte Netzwerke gliedern.
- Verkürzung der offenen Reststrecke
  Die in den Aktoreinheiten enthaltenen Teilstrecken treten
  nach außen nicht mehr auf, ihre Wirkung wird intern durch
  die Führungseinheiten eliminiert. Damit verkürzt sich die
  offene Reststrecke. Um wieder im Beispiel zu bleiben: Ist q
  eine Qualitätsgröße des erzeugten Produkts, dann ist eine
  Ursprungsstrecke z. B. Y 22 → q. Durch den Softaktor verkürzt sich die verbleibende Reststrecke auf F 22 → q. Man
  beachte noch einmal, dass die durch Nachführ-Führungs-

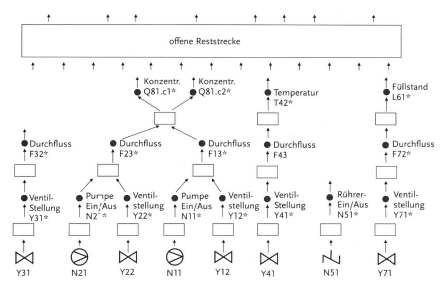

Abb. 4.8 Gerichteter Wirkbaum der Teilstrecken.

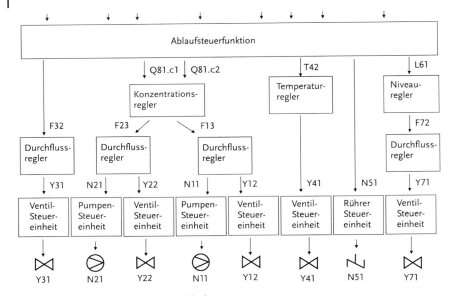

Abb. 4.9 Führungsstruktur der Beispielanlage.

funktionen geführten Prozessgrößen Eingangsgrößen in die Reststrecke sind. Umgekehrt gibt es keine Rückwirkung der Reststrecke auf die geführten Teilstrecken.

- Strukturierung der Prozessführung
  Entsprechend der Gliederung der Strecke gliedert sich auch die Prozessführungsaufgabe. Jeder Teilstrecke wird eine Teilführungsaufgabe zugeordnet. Die einzelnen Teilführungsaufgaben können durch eigenständige autonome Führungseinheiten gelöst werden. Jede Führungseinheit hat Zugriff auf die Eingangsgrößen ihrer Teilstrecke und treibt die Teilstrecke in der Weise, dass die Ausgangseigenschaften den vorgegebenen Sollverläufen folgen. In Abb. 4.9 ist die Führungsstruktur des Beispielsystems dargestellt. Jeder Teilstrecke aus Bild 4.8 ist eine Führungseinheit zugeordnet. Die Führung der offenen Reststrecke erfolgt durch eine Ablauf-Führungsfunktion (nach "Rezept"). Dies ist die Grundlage jedes hierarchischen Führungskonzepts.
- Abstraktion von elementaren Stellgrößen Die Basis bei der Beschreibung einer Prozessführungsaufgabe sind immer die ihr zur Verfügung stehenden Stellgrößen. Diese legen die Semantik der Beschreibung fest. Durch den Einsatz von Aktoreinheiten können auf jeder Ebene die Details der unterlagerten Ebenen gekapselt werden. Die Formulierung der Führungsaufgabe kann letztendlich durchgängig "prozess-

technisch" erfolgen. So kann z. B. die Aufgabe der Ablauf-Führungsfunktion in Abb. 4.9 unter Verwendung von Stellgrößen wie Konzentrationen ($Q81.c1$, $Q81.c2$), Durchflüssen ($F31$), Füllständen ($L61$) usw. prozesstechnisch formuliert werden. Eine Ventilstellung kommt in der Beschreibung nicht mehr vor.

4.2.3
Ablauf-Führungsfunktionen und offene Reststrecke

Für industrielle Produktionsprozesse ist es heute noch typisch, dass die operative Prozessführung die eigentlichen technologischen Qualitätszielgrößen nicht kennt. Sie kennt vielmehr nur physikalisch meist einfacher zu beschreibende operative Zielgrößen. Der Produktion liegt folgende Annahme zugrunde: Wenn das Produkt nach vorgeschriebenem Verfahren (Herstellvorschrift, Rezept) hergestellt wird und die operativen Zielgrößen im Toleranzbereich liegen, dann ist davon auszugehen, dass auch die technologischen Qualitätszielgrößen im Toleranzbereich liegen. Die Überprüfung dieser Annahme erfolgt außerhalb der operativen Prozessführung z. B. in der Qualitätssicherung (oder Reklamationsanalyse). Das Schema ist in Abb. 4.10 dargestellt. Die Verkleinerung der offenen Reststrecke ist ein strategisches Ziel der Anwender. Das heißt, man möchte mit Nachführ-Führungsfunktionen direkter an die interessierenden Produkteigenschaften herankommen. Dazu müssen jedoch entsprechend spezifische Messungen zur Verfügung stehen. Es besteht daher ein

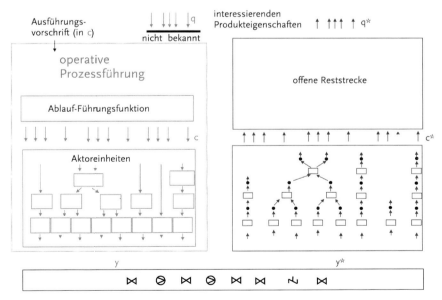

Abb. 4.10 Ablauf-Führungsfunktionen und offene Reststrecke.

großes Interesse an neuen Verfahren zur betrieblichen Online-Messung von komplexen technologischen Prozessgrößen. So kommen z. B. in der Prozess-industrie zunehmend optische Messverfahren zum Einsatz, mit denen sich die chemischen Eigenschaften des Produkts direkt im Produktionsprozess bestim-men lassen.

4.2.4
Gliederung von Ablauf-Führungsfunktionen

Eine Ablauf-Führungsfunktion gibt den von der Ausführungsvorschrift (dem Rezept) vorgegebenen zeitlichen Verlauf der Stellgrößen an die Aktoren aus. Die Echtzeitsynchronisation erfolgt entweder durch eine Uhr (z. B.: 5 Minuten heizen) oder reaktiv durch Rückmeldungen aus dem physikalischen System (z. B.: wenn Temperatur x erreicht, dann schalte den Rührer ab). Die Funktionalität von Ablauf-Führungsfunktionen lässt sich durch Schrittketten beschreiben. Schritt-ketten sind eine besondere Form zur Beschreibung von kontinuierlich-diskreten Steuerabläufen. Als Beschreibungssprache ist eine Mischung aus UML-State Charts und Sequential Function Charts, wie sie in Abb. 4.11 erläutert ist, beson-ders geeignet.

Auf Besonderheiten der objektorientierten Einbindung und die kontinuierlich-diskreten Aspekte der schrittinternen Funktionalität wird später eingegangen. Hier interessiert zunächst insbesondere die einfache Möglichkeit, das Schrittnetz-werk zu verfeinern und zu strukturieren. Dazu bietet die Struktur die beiden in Abb. 4.12 dargestellten Möglichkeiten an:

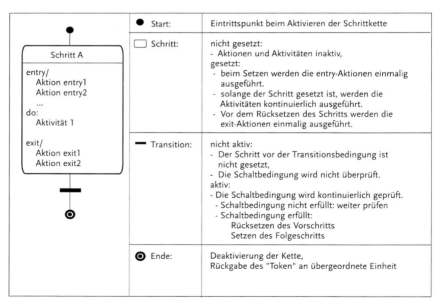

Abb. 4.11 Schrittketten zur Beschreibung von Ablauf-Führungsfunktionen.

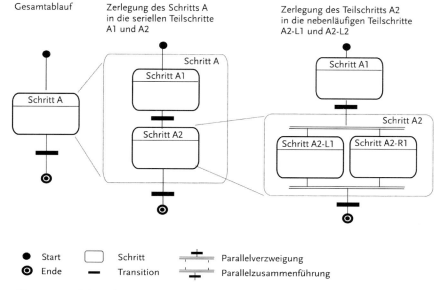

Gesamtablauf

Zerlegung des Schritts A
in die seriellen Teilschritte
A1 und A2

Zerlegung des Teilschritts A2
in die nebenläufigen Teilschritte
A2-L1 und A2-L2

● Start   ☐ Schritt   ╪ Parallelverzweigung
◉ Ende   ▬ Transition ╪ Parallelzusammenführung

Abb. 4.12 Parallele und sequentielle Verfeinerung von Schrittketten.

- Ersetzung durch eine sequentielle Kette aus zwei Schritten
  Wenn es im internen methodischen Ablauf eines Schritts
  einen definierten Zwischenzustand gibt, der grundsätzlich
  erreicht und über definierte Bedinungen wieder verlassen
  wird, dann kann der Schritt in eine sequentielle Kette bestehend aus zwei Teilschritten mit einer internen Transition
  zerlegt werden.
- Ersetzung durch zwei nebenläufige Teilschritte Beziehen
  sich die Wirkungen der Aktionen und Aktivitäten eines
  Schritts auf zwei nebenläufig unabhängige Teilprozesse,
  dann können diese separiert und der Schritt in zwei nebenläufige Teilschritte zerlegt werden. In diesem Fall werden
  beide Schritte parallel bearbeitet, das heißt, es sind zwei
  Schritte gesetzt. Nebenläufige Ketten haben immer eine gemeinsame Einstiegstransition und eine gemeinsame Aus-
  stiegstransition!

Eine solche Verfeinerungsmöglichkeit unterstützt den Top-Down-Entwurf von
Ablaufsteuerfunktionen. Ausgehend von einer allgemeinen Gesamtbetrachtung
kann die Funktionalität Schritt für Schritt verfeinert und dann auch so umgesetzt
werden. Die Verfeinerung geht so lange, bis die interne Ablauffunktion eines
Schritts sinnvoll keine sequentielle oder nebenläufige Trennung mehr zulässt.
Über diese "finalen" Schritte erfolgt dann die eigentliche Stellwertausgabe. Darauf
wird später noch eingegangen.

4.3
Führungseinheiten als Standardkomponenten

In dem im Folgenden dargestellten Konzept werden sowohl Ablauf-Führungs-funktionen als auch Nachführ-Führungsfunktionen in modularen Führungseinheiten gekapselt. Die Kapseln organisieren eine objektorientierte Daten-, Ablauf- und Kommunikationsumgebung und binden die Führungsfunktionen konzeptionell und systemtechnisch in die leittechnische Umgebung ein. Auf der Grundlage eines generischen Führungsmodells lassen sich die Kapseln weitgehend standardisieren [1]. Damit lassen sich Führungseinheiten projektierungsarm im dezentralen Netzwerk als Standardkomponenten hantieren. In den folgenden Abschnitten werden die wesentlichen Merkmale des allgemeinen Führungsmodells erläutert. Abb. 4.13 gibt eine Übersicht über den prinzipiellen Aufbau der Führungseinheit.

Der Auftragsempfang, die Fahrweisenwahl und -steuerlogik, der Ablauf-und Steuerrahmen für die Fahrweisen, die Statusverwaltung und die Auftragsausgabe lassen sich in ihrer Struktur und in wesentlichen Elementen für alle Führungseinheiten standardisieren. Damit können alle Führungseinheiten systemweit und über alle vertikalen Ebenen hinweg einheitlich hantiert und behandelt werden.

4.3.1
Der Führungseingang

Eine Führungseinheit besitzt zwei Aufgaben: eine verwaltungstechnische und eine operative. Als Verwaltungseinheit überwacht und verwaltet sie die ihr -tem-

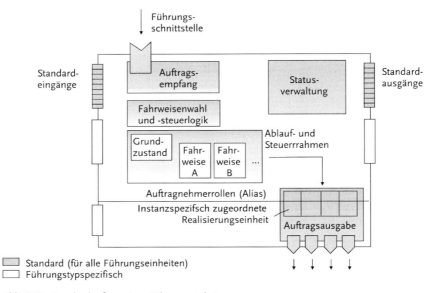

Abb. 4.13 Standardaufbau einer Führungseinheit.

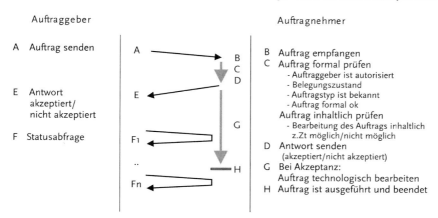

Auftraggeber

A Auftrag senden

E Antwort
  akzeptiert/
  nicht akzeptiert

F Statusabfrage

Auftragnehmer

B Auftrag empfangen
C Auftrag formal prüfen
  - Auftraggeber ist autorisiert
  - Belegungszustand
  - Auftragstyp ist bekannt
  - Auftrag formal ok
  Auftrag inhaltlich prüfen
  - Bearbeitung des Auftrags inhaltlich
    z.Zt möglich/nicht möglich
D Antwort senden
  (akzeptiert/nicht akzeptiert)
G Bei Akzeptanz:
  Auftrag technologisch bearbeiten
H Auftrag ist ausgeführt und beendet

Abb. 4.14 Ablauf eines Auftrags.

porär oder dauerhaft – zugeordneten unterlagerten Führungseinheiten. Als operative Einheit führt sie Führungsaufträge, die sie von übergeordneten Auftraggebern erhalten hat, aus. Sie erhält ihre Führungsaufträge über den Führungseingang, eine spezielle Diensteschnittstelle. Zur Durchführung des Auftrags kann sie die ihr zugeordneten unterlagerten Führungseinheiten nutzen. Sie tut dies, indem sie selbst wiederum Unteraufträge an die unterlagerten Führungseinheiten vergibt und die Ausführung dieser Unteraufträge kontrolliert. Dies ist ein weltweit einheitliches Prinzip jedweder hierarchischen Führung. Ein Kernelement des hier verfolgten Konzepts ist die Einführung einer separaten, standardisierten Diensteschnittstelle zur Vergabe von Aufträgen. Über diese Schnittstelle können netzwerkweit von einem Auftraggeber Aufträge jedweden Inhalts in standardisierter Form an einen Auftragnehmer übermittelt werden. Umgekehrt kann sich der Auftraggeber über standardisierte Zustandsausgänge jederzeit eine Übersicht über den Fortschritt der Auftragsbearbeitung und den allgemeinen Zustand des Auftragnehmers verschaffen. Die Auftragsschnittstelle ist durch folgende Festlegungen charakterisiert.

Protokoll
Die Schnittstelle kennt nur eine Protokollform: Die Übertragung des Auftrags mit synchroner Bestätigung des Empfangs (Abb. 4.14). Der Auftrag enthält folgende Informationen: Identifikation des Auftraggebers, Identifikation des Auftragnehmers, aufgerufener Auftragsdienst, Diensteparameter. In der Antwort wird dem Auftraggeber mitgeteilt, ob der Auftrag angekommen ist, ob er verstanden wurde und ob er ausgeführt werden kann. Danach ist die gesamte Auftragsvergabe beendet. Eine asynchrone Rückinformation des Auftragnehmers an den Auftraggeber über den Verlauf der Auftragsbearbeitung oder die Fertigstellung des Auftrags erfolgt nicht. Will der Auftraggeber Kenntnis über den Stand erlangen, dann muss er den Status des Auftragnehmers abfragen. Dieser enthält in standardisierter Form die entsprechenden Informationen. Kann ein eintreffender Auftrag nicht

unmittelbar bearbeitet werden, dann wird er verworfen. Der Auftragnehmer besitzt keine Warteschlange für eingehende Aufträge.

Befehlsarten

Über die Führungsschnittstelle werden folgende Arten von Befehlen und Aufträgen übergeben:

- Befehle zur Belegungsverwaltung (Belegen, Freigeben ...),
- Operative Führungsaufträge (Fahrweisen aktivieren, Sollwerte vorgeben ...),
- Parametrieraufträge (Parameter setzen ...),
- Durchreicheaufträge (Befehle an untergeordnete Einheiten routen).

Belegung und Berechtigung

Ein Auftragnehmer kann so konfiguriert werden, dass er nur Aufträge von bestimmten Auftraggebern annimmt. Alle Führungseinheiten besitzen einen einheitlichen Belegungsalgorithmus. Zu jedem Zeitpunkt können Sie nur von einem Auftraggeber belegt sein. Nur dieser kann ihnen Aufträge senden. Die Belegung und Freigabe erfolgt im allgemeinen über spezielle Standardaufträge. Ausnahmen sind die erzwungenen Übergänge durch *ZwangHand* oder Hardwareschalter *ZwangVorOrt*. Ein freigegebener Auftragnehmer kann von jedem berechtigten Auftraggeber belegt werden. Die Auftraggeber werden klassifiziert nach *Automatik, Hand, VorOrt*.

4.3.2
Standardisierte Zustände

Für Führungseinheiten sind bestimmte Zustände und Zustandsübergänge allgemein standardisiert. Sie werden an den Ausgängen zur Verfügung gestellt und erlauben es Auftraggebern und anderen Interessenten sich über den Zustand der Einheit zu informieren. Dabei handelt es sich um folgende Zustände:

Befehlszustand

Der Befehlszustand zeigt in klassifizierter Form an, von wem die Führungseinheit zurzeit Befehle annimmt. Die klassifizierten Befehlszustände und ihre Übergänge sind in Abb. 4.15 dargestellt. Der Befehlszustand stellt zusätzlich eine Kennung zur Verfügung, die den Befehlsgeber und den Produktionsauftrag kenntlich macht. Im Normalfall erfolgt ein Befehlsgeberwechsel immer über den Zustand *Frei*. Dies gilt auch, wenn von einem Automatik-Befehlsgeber auf einen anderen Automatik-Befehlsgeber gewechselt wird. Dieser Ablauf bedeutet auch, dass z. B. ein Automatik-Befehlsgeber eine Einheit erst explizit freigeben muss, bevor ein Operator auf sie zugreifen kann. Für diesen Fall gibt es aus Sicherheitsgründen für den Notfall eine Zwangsumschaltung. Aktoren besitzen in ihrer Hardwaresteuerlogik oft einen Schalter mit dem sie auf einen Vor-Ort-Betrieb z. B. zur Durchführung von Service-oder Wartungsmaßnahmen umgeschaltet werden können.

Im Allgemeinen sollte dieser Schalter nur betätigt werden, wenn der Aktor von der Warte aus in den Befehlszustand *Frei* versetzt wurde. Es kann jedoch nicht verhindert werden, dass der Schalter in irgendeinem anderen Befehlszustand betätigt wird und damit ein *ZwangVorOrt*-Übergang erfolgt. Zwangsumschaltungen werden grundsätzlich über das Meldesystem archiviert.

Betriebszustand

Der Betriebszustand gibt auf unterschiedlichen Ebenen Auskunft über die Aktivität der Einheit. Auf der untersten Ebene wird entschieden, ob sich die Führungseinheit als Softwaremodul überhaupt in der Bearbeitung befindet (Block in Bearbeitung, Block nicht in Bearbeitung). Im Zustand "Block in Bearbeitung" wird die Blocklogik aktiviert. Die Führungseinheit "lebt", sie kann Befehle und Aufträge annehmen. In Abb. 4.16 sind beispielhaft die nun relevanten Zustände dargestellt. Da es sich um eine Führungseinheit handelt ist es von besonderer Bedeutung, ob die Einheit Zugriff auf den Prozess besitzt oder nicht. Als Hauptzustände werden daher zunächst die Zustände "Führungsfunktion Off-Line" und "Führungsfunktion On-Line" festgelegt. Innerhalb des Zustands "Führungsfunktion Off-Line" kann sich eine Führungseinheit z. B. in den Unterzuständen "Außer Betrieb", "Synchronisieren" oder "Nachführen" befinden. Nur im Zustand "Führungsfunktion On-Line" beschäftigt sich die Führungseinheit nicht mit sich selbst, sondern bestimmt den Zustand ihrer Aktoreinheit. In diesem Hauptzustand zeigt der Betriebszustand der Führungseinheit den prozesstechnischen Betriebszustand der Aktoreinheit an. Dabei unterscheidet man zwischen einem Grundzustand (Motor aus, Ventil geschlossen ...), der im Allgemeinen der energielosen, sicheren Lage entspricht, und aktiven Fahrweisen. Aktoreinheiten können mehrere aktive

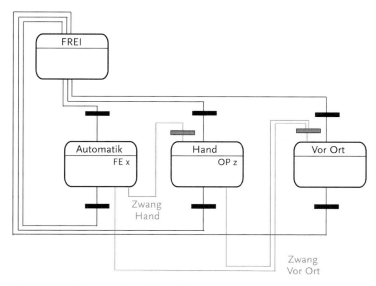

Abb. 4.15 Befehlszustände und ihre Übergänge.

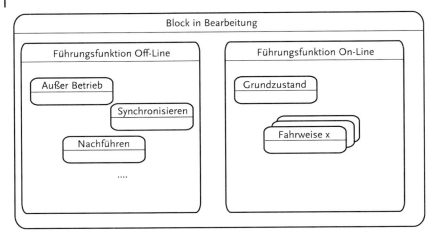

Abb. 4.16 Struktur der Betriebszustände.

Fahrweisen unterstützen. Jede Funktionseinheit kann zu jedem Zeitpunkt nur von einem Beleger belegt sein und auch nur einen Auftrag bearbeiten. Es ist also immer höchstens eine Fahrweise aktiv. Sowohl im Grundzustand als auch in den aktiven Fahrweisen hat die Führungseinheit die Kontrolle über die ihr zugeordnete prozesstechnische Einheit.

Ablaufzustand
Die Grundstruktur jeder Fahrweise in einer Führungseinheit basiert auf einer Schrittkette. Generell enthält die Schrittkette Anfahrschritte, Kontischritte und Abfahrschritte, die je nach Aufgabenstellung nach einem unterschiedlichen Schema durchlaufen werden. Man beachte, dass auch die Kontibetriebsweisen dadurch abgedeckt werden. In diesem Fall bleibt die Fahrweise eben so lange im Kontischritt stehen, bis ein expliziter Befehl zum Abfahren kommt. In einer Führungseinheit ist zu jedem Zeitpunkt immer nur eine Fahrweise oder der Grundzustand aktiv. Die Reaktion auf auftragsgesteuerte Fahrweisenwechsel ist typspezifisch.

Störzustand
Der Störzustand signalisiert summarisch den Meldezustand der Führungseinheit. Er ist zweigeteilt: auftragsbezogen und einheitsbezogen.

4.3.3
Verriegelung

Führungseinheiten wirken über ihre Auftragsausgänge letztendlich auf die Aktoren und den Prozess. Zur Sicherstellung der Einhaltung von Zwangsbedingungen sind für alle Führungseinheiten entsprechende Verriegelungsfunktionen vorzusehen. Das Konzept sieht vor, dass alle Führungseinheiten ein einheitliches Verriegelungskonzept unterstützen. Folgende Eingänge sind definiert:

- Laufverriegelung
  Erzwingt den Wechsel und Verbleib in der sicheren Stellung
  (i.A. Grundzustand). Bei einem erzwungenen Wechsel in die
  sichere Stellung werden an alle unterlagerten Einheiten über
  die Auftragsschiene Abfahraufträge ausgelöst.
- Anfahrverriegelung
  Ist die Einheit aktiv, dann hat die Anfahrverriegelung keine
  Wirkung. Ist die Einheit im sicheren Zustand, dann erzwingt
  die Anfahrverriegelung den Verbleib in diesem Zustand.
- Stop
  Vorgesehen für Folgeverriegelungen. Hat die gleiche
  Wirkung wie die Laufverriegelung, führt jedoch beim
  Ansprechen nicht zu einer Verriegelungsstörung.

4.3.4
Auftragsvergabe an unterlagerte Auftragnehmer

Alle Führungseinheiten außer den Einzelführungseinheiten, die auf der untersten
Ebene direkt die Aktoren ansteuern, erfüllen ihre Funktion durch Vergabe von
Aufträgen an unterlagerte Führungseinheiten. Diese Auftragsvergabe ist nicht
trivial. Im Allgemeinen sind Führungseinheiten typisiert, das heißt: Die Aufträge
werden innerhalb der Einheit bezüglich der im Typ spezifizierten Rollen vergeben
und müssen nun in der Instanz auf die aktuellen Realisierungseinheiten verschaltet werden. Dies erfolgt im Auftragsausgangsblock. Dazu ein Beispiel: Ein in der
Logik der Führungseinheit erzeugter Auftrag "Öffne Ablassventil" bezieht sich auf
die im Typ deklarierte Rolle "Ablassventil". Die Zuordnung, welches Ablassventil
gemeint ist, muss instanzspezifisch oder in bestimmten Fällen sogar situationsabhängig (Disposition) dem Auftragsausgang mitgeteilt werden. Wie in Abb. 4.13
angedeutet, kann man sich die Realisierung als eine einfache Rangierung vorstellen. Die aktuell zugeordneten Auftragnehmer können der Führungseinheit
dynamisch über parametrier- bzw. verquellbare Eingänge mitgeteilt werden.

4.3.5
Autarke Funktionalität

Innerhalb des hierarchischen Konzepts hat jede Führungseinheit eine abgegrenzte
definierte Aufgabe, die sie unabhängig von der Funktionalität anderer Führungseinheiten lösen muss. Diese Unabhängigkeit der eigenen Funktionalität von der
Funktionaliät anderer Führungsfunktionen baut im Wesentlichen auf drei grundlegenden Annahmen auf, die hier noch einmal in der Übersicht dargestellt werden
sollen:

- Keine Beeinflussung der eigenen Teilstrecke durch parallel
  arbeitende Führungseinheiten
  Eine Führungseinheit wird dann als parallel angesehen,
  wenn sie auf einen eigenen Satz von Aktoren zugreift und die

durch diese Aktoren manipulierten Prozesseigenschaften keinen wesentlichen Einfluss auf das Verhalten der eigenen Strecke besitzen. Im Idealfall ist der Quereinfluss null. In den meisten realen Fällen ist er vernachlässigbar klein. Ist der Quereinfluss klein aber spürbar, dann muss mit einer entsprechend robust ausgelegten Prozessführung die Störung stabil in den Toleranzgrenzen gehalten werden. Ist der Quereinfluss zu groß, dann müssen die parallelen Führungseinheiten entkoppelt oder zu einer Mehrgrößenführungseinheit zusammengelegt werden.

- Keine Beeinflussung der eigenen Teilstrecke durch unterlagerte Führungseinheiten
  Grundlage ist die Annahme, dass die unterlagerte Führungseinheit ihre Aufgabe ideal erfüllt und die Prozesseigenschaft wie geplant einstellt. Fehler wirken wie Störeingänge in die überlagerte Teilstrecke.
- Keine Beeinflussung der eigenen Teilstrecke durch überlagerte Führungseinheiten
  Überlagerte Führungseinheiten dienen der Auftrags-und Sollwertvorgabe. Die Fähigkeit zur Umsetzung von zulässigen Aufträgen und Sollwertverläufen sind Bestandteil der Funktionalität einer Nachführ-Führungseinheit. Voraussetzung ist allerdings, dass die Vorgaben "zulässig" sind, das heißt auch, sich dynamisch in einem zulässigen Bereich halten. Welche Grenzen dabei einzuhalten sind, wird durch die Fähigkeiten der unterlagerten Prozessführungseinheiten und ihrer Strecken bestimmt. Zu jeder Nachführ-Führungseinheit gehört daher immer eine Aussage über die zulässige Dynamik in der Auftrags-und Sollwertvorgabe. Diese Aussage liegt heute im Allgemeinen nicht vor. Ideal wäre eine automatisierte Festlegung aus dem Entwurf selbst heraus. Neue Entwurfskonzepte im Bereich des Vorsteuerentwurfs und der Trajektorienplanung bieten dazu einen methodischen Ansatz [5].

4.3.6
Wahl der Führungsmethode

Wie erläutert lösen Führungsfunktionen ihre Aufgabe eigenständig und unabhängig von anderen Führungsfunktionen. Damit kann für jede Führungseinheit separat eine geeignete Führungsmethode ausgewählt, entworfen und realisiert werden. In der hierarchischen Prozessführung lassen sich also komplexe und einfache Verfahren beliebig mischen. Dies ist in der Praxis von großem Vorteil, da aufwändige Methoden gezielt nur dort eingesetzt werden sollten, wo sie für die Lösung der Führungsaufgabe erforderlich sind. Entgegen einer weitverbreiteten

Ansicht, die zusätzlich durch den mißverständlichen Begriff "höhere Regelungs-funktionen" gestützt wird, entstehen oft gerade auf unterlagerten Ebenen an-spruchsvolle Führungsaufgaben, die den Einsatz einer entsprechend fortgeschrit-tenen Methode erfordern.

In Abschnitt 2 wurden die üblichen Methoden in einer Übersicht dargestellt. Aus Sicht der Prozessführung können die Methoden nach der Art der Rück-führung von Messinformationen in drei Kategorien eingeteilt werden: Keine Rückführung von Messinformationen, Rückführung von Messinformationen an diskreten Zeitpunkten, kontinuierliche Rückführung von Messinformationen. Aus Sicht der Produktqualität ist alleine die Genauigkeit maßgebend, mit der ein vorgegebener Sollablauf oder Sollverlauf realisiert wird. Mit einem einfachen zeitgesteuerten Ablauf kann also idealerweise das gleiche Ergebnis erzielt werden wie mit einem komplexen hochwertigen Regelalgorithmus. Treten allerdings Störungen und Modellierungsfehler auf, dann wird ein hochwertiges Verfahren die Abweichungen in engeren Grenzen halten können und damit zu besseren Ergebnissen führen.

4.3.6.1 Führungsfunktionen ohne Verwendung von Messinformation

Sind die physikalischen Zielgrößen nicht bekannt oder stehen keine Messinfor-mationen zur Verfügung, dann muss die Prozessführungsfunktion ohne Korrek-tur arbeiten. Störungen und Modellfehler werden in diesem Fall durch die Pro-zessführungsfunktion nicht erkannt und können zu Abweichungen führen. Für Einstellfunktionen sollten Führungsfunktionen ohne Rückführung von Messin-formationen grundsätzlich vermieden werden. Sie kommen im Allgemeinen nur dann zum Einsatz, wenn eine Messung der Zielgrößen prinzipiell nicht möglich, zu kostspielig oder zu unsicher ist oder überlagerte Aktoreinheiten entsprechende Abweichungen sicher ausregeln können. Ablauf-Führungsfunktionen müssen prinzipiell ohne die Kenntnis der letztendlich interessierenden Zielgrößen aus-kommen.

4.3.6.2 Führungsfunktionen mit Verwendung von Messinformationen an diskreten Zeitpunkten

Abschaltung bei Zielerreichung

Es gibt eine Reihe von typischen Anwendungsfällen, in denen die einzustellende Prozessgröße einem einzustellenden Endwert entspricht. Dazu gehören z. B. Füllvorgänge, Dosierungen, Positioniervorgänge, Aufheizschritte usw. Cha-rakteristischerweise spielt bei diesen Vorgängen die Art und Weise, wie dieser Wert erreicht wird, eine zweitrangige Rolle. Soll z. B. ein Flurförderfahrzeug in eine bestimmte Position gebracht werden, ist die Fahrtrajektorie für den Prozess unerheblich. Wichtig ist die genaue Position am Ende des Prozessschritts. Ein anderes typisches Beispiel ist das Einbringen einer Vorlage: Für die Aufgabe "Lege 231 A in Behälter *B01* vor" ist die Zuflusstrajektorie von zweitrangiger Bedeutung.

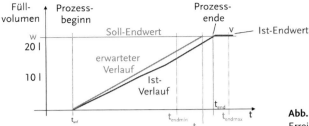

Abb. 4.17 Abschaltung beim Erreichen eines Endwerts.

Wichtig ist, dass sich am Ende des Füllvorgangs genau 23 lA in *B01* befinden. In der Prozessführung werden derartige Aufgabenstellungen im Allgemeinen über binäre Grenz-bzw. Endschalter realisiert. Unabhängig von der Zeit wird beim Erreichen des Endwerts der Vorgang abgeschaltet und der aktuelle Prozessschritt beendet. In Abb. 4.17 ist der Verlauf eines Dosiervorgangs dargestellt. Bei der Verwendung der Abschaltung bei Zielerreichung als Führungsstrategie sind aus leittechnischer Sicht folgende Rahmenbedingungen zu beachten:

- Die Übergangstrajektorie, insbesondere die Übergangzeit bis zum Erreichen des Ziels, darf keinen nennenswerten Einfluss auf die Qualität des Produkts besitzen. Zur Überwachung des Prozessverlaufs und um ein Hängenbleiben der Steuerung zu vermeiden kann um den erwarteten Abschaltzeitpunkt ($t_{enderwartet}$) ein Zeitrahmen ($[t_{endmin}, t_{endmax}]$) vorgegeben werden, innerhalb dessen das Ziel erreicht werden muss.
- Der Abschaltvorgang muss so gestaltet sein, dass der Zielwert punktgenau getroffen wird. Hier ist insbesondere die Abschaltdynamik zu beachten, z. B. der Bremsvorgang bei einer Positionierung, der Nachlauf bei einer Dosierung oder die Restwärmeabgabe der Heizung nach dem Abschalten. Es ergeben sich zwei Forderungen: eine relativ genaue Schätzung des Nachlaufs zur Einstellung der Schaltgrenze und eine extrem kurze Reaktionszeit der Prozessführung und der Aktorik auf das Abschaltsignal. In der Prozesstechnik gibt es nur ganz wenige Funktionen, die eine schnelle Reaktion der Prozessführung und der Aktorik erfordern. Im Allgemeinen sind Reaktionszeiten um 1 s ausreichend. Druck-und Antriebsregelungen werden typischerweise in unterlagerten speziellen schnellen Systemeinheiten realisiert. Damit werden die Zeitanforderungen der Abschaltfunktionen (typisch 5 ms−100 ms) in vielen Fällen zu dem bestimmenden Faktor. In der Praxis ist zu prüfen, ob der Aufwand, der durch die ca. 100-fache Verkleinerung der Reaktionszeit entsteht, nicht sinnvoller in eine verbesserte Messwerterfassung und Stellwertausgabe investiert werden kann (z. B. mehrwertige Mess-und Stellgrößen mit Sanftabschaltung).

- Nach dem Erreichen des Endwerts wird die Prozessführung abgeschaltet. Danach darf sich der erreichte Zustand durch Eigendynamik des Systems nicht mehr ändern (Vorlagemenge bleibt erhalten). Im anderen Fall (Flüssigkeit kühlt sich durch Wärmeverluste wieder ab) muss der Nachfolgeschritt unmittelbar eingeleitet werden.

Erfassung der Istwerte an diskreten Zeitpunkten und Korrektur der Prozessführung in den Folgeabschnitten

In diesem Fall wird der Prozessverlauf in diskrete Zeitabschnitte eingeteilt. Beim Eintreten in einen Abschnitt werden sowohl die Zeitverläufe der Führungsgrößen als auch die Zeitverläufe der dazu auszugebenden Stellgrößen als bekannt vorausgesetzt. Im Abschnitt werden die Stellgrößen gemäß dem vorliegenden Zeitplan ausgegeben. Es erfolgt keine Kontrolle des Verlaufs der Zielgrößen. Am Ende des Abschnitts werden zu einem diskreten Zeitpunkt die aktuellen Zielgrößen gemessen. Aus dieser Information werden unter Zuhilfenahme der verfügbaren Streckenkenntnisse neue Trajektorien für die Steuergrößen und je nach Strategie auch die Führungsgrößen für den nächsten Abschnitt bestimmt. MPC-Regler sind z. B. eine typische Unterart dieser Gruppe von rückgekoppelten Prozessführungsfunktionen.

4.3.6.3 Kontinuierliche Regelung

Grundlage der kontinuierlichen Regelung ist eine kontinuierliche Rückführung der gemessenen Zielgrößen. (In leittechnischen Anwendungen werden die Zielgrößen zwar nicht kontinuierlich gemessen, jedoch in so kurzen Zeitintervallen, dass ein quasi-kontinuierlicher Informationsfluss angenommen werden kann.) Ziel der kontinuierlichen Regelung ist es, den Prozess ständig, auch während Übergangsvorgängen, auf der vorgegebenen Solltrajektorie zu halten. Der Regelalgorithmus muss daher nicht nur in der Lage sein, Störungen schnell und effizient auszuregeln, sondern auch dynamische Übergänge der Zielgrößen gemäß den vorgegebenen Führungstrajektorien zu realisieren. Voraussetzung ist die Vorgabe der Führungsgrößen in einer Art und Weise, dass die gewünschten Zielgrößenverläufe mit physikalisch zulässigen und technisch sinnvollen Stellgrößenverläufen realisiert werden können. Sprungförmige Setpoint-Verstellungen z. B., wie heute in der Praxis üblich, sind physikalisch nicht realisierbar und führen zwangsweise zu problematischen Regeldifferenzen. Als Standardmethode hat sich der klassische PI-Regler insbesondere bei Vorgabe eines konstanten Sollwerts in der Praxis bestens bewährt, zeigt aber doch Schwächen im Führungsverhalten. Durch Hinzufügen einer Vorsteuerung erhält man eine kombinierte Struktur mit hoher Leistungsfähigkeit. Die theoretischen Grundlagen für solche Strukturen wurden in den letzten Jahren wesentlich erweitert [2, 3]. Sowohl die klassischen PID-Regler als auch die modernen kombinierten Verfahren zählen im Sinne der Rückkopplungsdynamik zu den kontinuierlichen Regelungen.

4.4
Synthese der Führungsarchitektur

Beim Aufbau der Führungsstruktur können zwei unterschiedliche Strategien verfolgt werden: ein Bottom-Up-Entwurf ausgehend von den Fähigkeiten der Anlage und ein Top-Down-Entwurf ausgehend von den Anforderungen des Prozesses. Im Ergebnis zeigt sich, dass für den Gesamtentwurf nur eine Kombination beider Verfahren in Frage kommt. Wie in Abb. 4.18 dargestellt, wird es für den anlagenspezifischen Bottom-Up-Entwurf von Ebene zu Ebene schwieriger und komplexer die verschiedenen möglichen Prozessabläufe in einer einheitlichen Steuerung zusammenzufassen.

Umgekehrt müssen bei der Verfeinerung der Prozesssteuerung im Top-Down-Entwurf immer mehr anlagentechnische Realisierungsdetails in der prozessspezifischen Beschreibung berücksichtigt werden. Aus diesem Grund bleibt nur die Lösung auf den unteren Führungsebenen anlagenspezifisch definierte Führungseinheiten mit auf den oberen Führungsebenen prozessspezifisch definierten Führungseinheiten zu kombinieren.

4.4.1
Anlagenzugeordnete Führungseinheiten

Ausgangspunkt des Bottom-Up-Entwurfs ist die Fähigkeit der verfahrenstechnischen Anlage zur Prozessführung. Diese drückt sich in den vorhandenen Aktoren aus. Im ersten Schritt wird jedem Aktor eine Führungseinheit zugeordnet. Diese Führungseinheit fasst alle Verwaltungs-und Führungsfunktionen die den Aktor betreffen zusammen. Die Führungseinheiten aller Aktoren bilden die Einzelleitebene. Die Auftragsmöglichkeiten an die Einzelleitebene spiegeln die Möglichkeiten der Anlage zur Prozessbeeinflussung vollständig wieder. Die zur Verfügung gestellten Auftragsdienste bilden eine erste Sprachebene, auf der die übergeordneten Führungsfunktionen unabhängig von automatisierungstechnischen Realisierungsdetails formuliert werden können.

prozessspezifisch definierte
Führungseinheiten

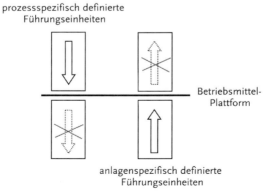

Betriebsmittel-
Plattform

anlagenspezifisch definierte
Führungseinheiten

Abb. 4.18 Kombination von anlagenspezifisch definierten und prozessspezifisch definierten Führungseinheiten.

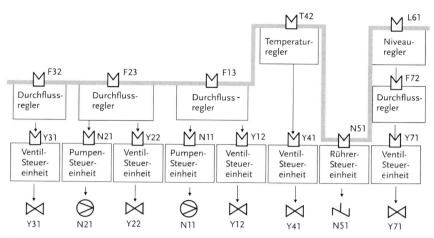

Abb. 4.19 Anlagenzugeordnete Führungseinheiten.

Aufbauend auf dieser Einzelleitebene können nun, müssen jedoch nicht, übergeordnete Führungseinheiten spezifiziert werden. Dabei werden mehrere Aktoren die zusammen eine Wirkgruppe bilden, also z. B. gemeinsam eine bestimmte Prozessgröße beeinflussen, durch eine koordinierende Führungseinheit gesteuert. Inwieweit dies möglich ist, hängt von der Struktur und dem Zweck der Anlage ab. So kann in der Beispielanlage (Abb. 4.4) z. B. die Pumpe N21 und das Ventil Y22 zu einem Durchflussaktor F23 anlagentechnisch zusammengefasst und durch eine Führungseinheit gesteuert werden. Eine Zusammenfassung des Rührers N51 und des Ablassventils Y71 ist dagegen nicht sinnvoll. Diese beiden Aktoren lösen in einer flexiblen Batch-Anlage zusammen keine gemeinsame Führungsaufgabe.

Geht man nach diesem Muster vor, dann erhält man schließlich eine Landschaft aus disjunkten Führungshierarchien bestehend jeweils aus einem Stapel von Führungseinheiten. Jede Führungshierarchie bildet eine bestimmte Fähigkeit der Anlage zur Prozessbeeinflussung ab. Diese wird durch die Funktionalität ihrer obersten Führungseinheit repräsentiert. Die Gesamtheit der obersten Führungseinheiten beschreibt alle prozesstechnisch sinnvollen Fähigkeiten der Anlage zur Prozessbeeinflussung. Abb. 4.19 zeigt für die Beispielanlage (Abb. 4.18) die anlagenzugeordneten Führungseinheiten in ihrem hierarchischen Aufbau.

Verwaltungstechnisch werden anlagenzugeordnete Führungseinheiten mit der Teilanlage dauerhaft implementiert und sind – wie Rohrleitungen -ständig verfügbare und fest zugeordnete Ressourcen der Teilanlage. Realisierungstechnisch werden die Führungseinheiten beim Bau der Anlage einmal instanziert und bleiben dann für die Lebensdauer der Anlage persistent implementiert. Im Normalfall sind sie ständig in Betrieb (*Block in Bearbeitung*) und bereit entsprechende Aufträge zu empfangen und zu bearbeiten. Wenn kein Auftrag vorhanden ist, sind sie im *Grundzustand* und überwachen die ihnen unterlagerten Führungseinheiten und anlagentechnischen Einrichtungen. Überlagerte Einheiten halten im Normalfall auch dann, wenn kein Auftrag vorhanden ist, die Belegung der unterlagerten Einheiten aufrecht.

Die dargestellten anlagenzugeordenten Führungshierarchien entsprechen mit ihren exklusiv zugeordenten Aktoren und Strecken den aus der Rezeptnorm [4] bekannten *technical units*. Im deutschen Sprachgebrauch sind mehrere Bezeichnungen gebräuchlich. Da sie eine eigenständige Funktionalität darstellen, unabhängig von anderen Einheiten arbeiten und für sich handhabbar und disponierbar sind, können sie den *technischen Betriebsmitteln* zugeordnet und auch entsprechend als *technische Betriebsmittel* bezeichnet werden.

4.4.2
Prozesszugeordnete Führungseinheiten

Ausgangspunkt der Synthese des prozessspezifischen Teils der Führungsfunktionalität ist die Zerlegung eines Produktionsprozesses in Teilprozesse. Mit dem Prozess zerlegt sich auch das Führungsproblem. Am Ende landet man bei Teilprozessen, die man nicht mehr zerlegen kann oder will. Die Koordination der Teilprozesse erfolgt im Allgemeinen durch die Produktionsfeinplanung und wird hier nicht weiter betrachtet. Die konkrete Durchführung eines Teilprozesses in einer Anlage ist Aufgabe der Prozessführung. Im Folgenden wird dabei ein allgemeiner Ansatz verfolgt: während die klassische Rezeptfahrweise nur Produktionsprozesse im engeren Sinne kennt, werden im allgemeinen Fall alle operativen Prozesse mit in Betracht gezogen. Dazu gehören neben den eigentlichen Produktionsprozessen z. B. logistische Prozesse (Umpumpen von Behälter A nach Behälter B, LKW-Abfüllung, ...), Reinigungsprozesse (Teilmanuelles Spülen der

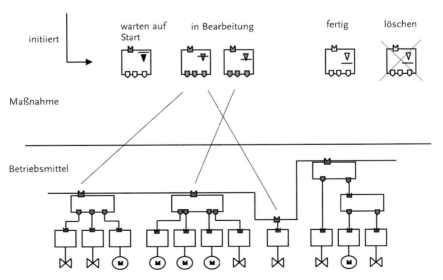

Abb. 4.20 Ablauf einer Maßnahme

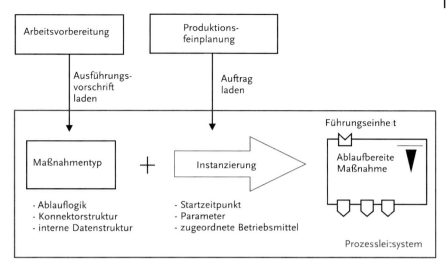

Abb. 4.21 Erzeugen einer Maßnahme.

Rohrleitung ...), Prüfprozesse (Kalibrieren des Sensors, Prüfen der Überfüllsicherung, ...), Instandsetzungsprozesse (Austausch der Pumpe, ...). Die Durchführung eines Teilprozesses wird durch eine Ablauf-Führungseinheit gesteuert. Diese bezeichnet man allgemein als *Maßnahme*. Bei der Durchführung handelt es sich jeweils um einen einmaligen temporären Vorgang. Wie in Abb. 4.20 dargestellt, wird dabei die Maßnahme durch die Produktionsfeinplanung dynamisch erzeugt, zum gewünschten Zeitpunkt aktiviert, arbeitet dann wie eine normale Führungseinheit, steuert die Durchführung des Teilprozesses, kommt zu einem Endpunkt, wird archiviert und gelöscht.

Maßnahmen sind also nur temporär im System vorhanden. In ihrer aktiven Phase belegen sie die benötigten Betriebsmittel und steuern den Prozess durch Vorgabe entsprechender Befehle und Aufträge an die Betriebsmittel. Im Bereich der Rezeptsteuerung [4] nutzt man als sprachliche Basis zur Beschreibung des Prozessablaufs sog. Grundoperationen. Grundoperationen entsprechen *elementaren Diensten* der Anlage zur Produktbeeinflussung wie z. B. Rühren, Erhitzen, Evakuieren usw. (nicht zu verwechseln mit den komplexeren verfahrenstechnischen Grundoperationen). Zur Ankopplung an die Betriebsmittelschnittstelle muss eine Abbildung jedes Grundoperationstyps auf die zur Verfügung stehenden Führungseingänge erfolgen. Nur wenn dies 1:1 möglich ist, ergibt sich eine einfach handhabbare und verständliche Führungsstruktur. Dies ist jedoch nicht automatisch der Fall, sondern muss durch enge Abstimmung der unterschiedlichen Abteilungen und strikte Standardisierung frühzeitig geplant werden.

Jede Maßnahme referenziert auf einen Maßnahmentyp in dem ihre *Ausführungsvorschrift* (bei Produktionsmaßnahmen das *Rezept*) hinterlegt ist. Die Ausführungsvorschrift wird in der Arbeitsvorbereitung (z. B. Rezepterstellung) erstellt und unter einem eindeutigen Typnamen (Produktname, Rezeptvariante) im System hinterlegt. Die Maßnahme selbst wird durch die Auftragsplanung (z. B. in der Produktionsfeinplanung) erzeugt. (Produziere eine Menge A des Produkts X nach Rezept B um C Uhr in Teilanlage D.) In Abb. 4.21 ist das Schema dargestellt. Das Ergebnis des Instanzierungsvorgangs ist eine im System geladene Führungseinheit "Maßnahme", die sich in nichts von den fest projektierten Führungseinheiten unterscheidet. Sie besitzt eine Fahrweise, die die Ausführungsvorschrift in einer Schrittkette umsetzt und sich selbst terminiert.

Literatur

[1] Enste, U.: *Generische Entwurfsmuster in der Funktionsbausteintechnik und deren Anwendung in der operativen Prozessführung.* Fortschritt-Berichte VDI Band 8 Nr. 884. VDI–Verlag, 1991.

[2] Graichen, K. und M. Zeitz: *Inversionsbasierter Vorsteuerentwurf mit Ein-und Ausgangsbeschränkungen.* at Automatisierungstechnik, 54:187–199, 2006.

[3] Hagenmeyer, V. und M. Zeitz: *Flachheitsbasierter Entwurf von linearen und nichtlinearen Vorsteuerungen.* at Automatisierungstechnik, 52:3–12, 2004.

[4] Namur: *Anforderungen an Systeme zur Rezeptfahrweise.* NAMUR, NE Auflage, 92.

[5] Zeitz, M.: *Vorsteuerung – nichts ist so praktisch wie eine gute Theorie.* In: *ACPLT-Kolloquienreihe,* Aachen, 6 2006. Lehrstuhl für Prozessleittechnik, RWTH Aachen.

5
Der Grundgedanke des TIAC-Konzeptes

Reiner Jorewitz

Zunächst soll in diesem Kapitel die Motivation für das TIAC-Konzept und seine zentralen Punkte vorgestellt werden. Anschließend werden die einzelnen Elemente aus dem Blickwinkel der Regelung als Prozessführungsaufgabe im Detail betrachtet.

5.1
Einführung

Während eine Reihe von höheren Regelungsverfahren seit Jahren, wenn nicht Jahrzehnten, in der Forschung und der exemplarischen Implementierung erprobt und umgesetzt worden sind, findet in der Prozessindustrie primär der klassische PID-Regler Anwendung, der gegebenenfalls um (Selbst-)Adaptionsmechanismen ergänzt worden ist. In gewissem Maße hat die modellprädiktive Regelung in der chemischen Industrie Einzug gehalten, jedoch in der Regel "aufgesetzt", d. h. außerhalb des Prozessleitsystems im engeren Sinne, was mit möglichen Integrationsschwierigkeiten oder Engpässen bei der Kommunikation verbunden ist. Warum aber finden wenige Ansätze, auch wenn sie für sich technisch ausgereift sind, ihren Weg aus der Werkzeugkiste des Regelungstechnikers in die leittechnische Praxis? Der Hauptgrund liegt in unterschiedlichen Mentalitäten[1] bzw. Prioritäten beim "Regelungstechniker" einerseits und beim "Leittechniker" andererseits, was sich auch in ihren Anforderungen an Technologien, ihren Werkzeugen und ihren Softwareumgebungen niederschlägt.

Die regelungstechnische Entwicklung findet primär an Hochschulen und in firmeninternen Forschungsabteilungen statt. Sie wird von Fachleuten am exemplarischen Einzelfall durchgeführt. Anspruchsvolle Werkzeuge mit hoher, auf-

---

[1] Dies zieht sich bis zum divergierenden Sprachgebrauch durch: Regleralgorithmen werden in der Regelungstechnik "Regelungsmethoden" oder "Regelungsstrategien" genannt. Im Folgenden wird jedoch die eher in der Prozessleittechnik genutzte Formulierung "Reglerfahrweisen" genutzt werden.

Integration von Advanced Control in der Prozessindustrie: Rapid Control Prototyping.
Herausgegeben von Dirk Abel, Ulrich Epple und Gerd-Ulrich Spohr
Copyright © 2008 WILEY-VCH Verlag GmbH & Co. KGaA, Weinheim
ISBN: 978-3-527-31205-4

wendiger Funktionalität finden Anwendung. Obwohl sie häufig eine spezielle Methodik für spezielle Anwendungsfälle einsetzen, bieten viele Parametriermöglichkeiten eine große Flexibilität. Kurz gesagt erfordert effektive, komplexe Software die Bedienung des Fachmanns. Darüber hinaus ist die regelungstechnische Forschung dadurch geprägt, dass häufig schnelle Umsetzungen und Versuche, sei es im Labor oder als Simulation, durchgeführt werden können, wobei die Frage der integrativen Einbindung auch im Sinne von Schutz- und Verriegelungslogiken eher nachrangig betrachtet werden.

Bei der leittechnischen Umsetzung kommt es, unabhängig davon ob kontinuierliche oder chargenweise Prozesse vorliegen, darauf an, eine Anlage möglichst lange im dauerhaften Betrieb zu halten. Deshalb wird bevorzugt auf althergebrachte, bewährte, häufig fest projektierte Funktionalität zurückgegriffen, um hohe Verlässlichkeit zu erzielen. Zudem sollen sich sowohl die Bedienmannschaft im Normalbetrieb der Anlage als auch der Ingenieur beim Neueinrichten oder Modifizieren der Automatisierungslösung leicht in eine ihnen neue Anlage einfinden, was weiterhin den Druck zu bekannten, einheitlichen Werkzeugen und Oberflächen erhöht. Insbesondere bei validierungspflichtigen Anlagen wird ein einheitliches Handling der Schutz- und Verriegelungslogiken in einem System angestrebt. Aus dieser leittechnischen Sicht ist jeder höhere Regelungsmechanismus ein Fremdkörper, der mehr oder minder aufwendig in das System integriert werden muss, dessen Handhabung in seiner vollen Komplexität der Bedienmannschaft nicht möglich ist und der zunächst einmal unkalkulierbare Stillstandszeiten mit sich bringt.

Diese Problematik lässt sich auf mehrere Anwendungsfelder der Prozessleittechnik verallgemeinern, wie beispielsweise Diagnose, Validierung, *Asset Management*, *Control Loop Monitoring*. Allen ist gemein, dass sie zusätzlichen Nutzen bringen, methodisch jedoch das klassische Leitsystem sprengen und häufig nur problematisch integriert werden können, wenn nicht gleich eine Lösung außerhalb aufgesetzt wird. Konzeptionell lässt sich das Problem durch Klassifizierung der Funktionalitäten behandeln. Die untere Ebene stellt die Schutzfunktionalität zur Verfügung, welche durch Hardware und Verriegelungslogiken realisiert wird, und die mittlere Ebene die Auslegungsfunktionalität, d. h. die Basisautomatisierung. Darüber befinden sich beliebige Zusatzfunktionalitäten. Hierbei sorgt die jeweilige Ebene dafür, dass ihre Funktionalität gewährleistet wird, und erlaubt der übergeordneten Ebene nur dann den Durchgriff, falls ihre eigene Funktionalität hierdurch nicht gestört wird. Auf den Punkt gebracht sind gehobene Regelungsverfahren wünschenswert, die Verlässlichkeit der Basisautomation muss jedoch garantiert bleiben.

Eine mögliche Lösung besteht im Komponentenansatz. Bei diesem wird ein immer gleicher Rahmen entsprechend der bestehenden und beherrschten Technologie implementiert. In dessen Innerem können nach genau definierten Regeln über genau definierte Schnittstellen flexible, völlig frei gestaltbare Komponenten eingefügt werden. Da der Rahmen selbst entscheiden kann, ob die entsprechende Komponente vertrauenswürdig genug ist, um genutzt zu werden, oder ob eine fest implementierte Rückfallkomponente genutzt werden soll, ist funktionale Sicherheit, wenn auch nicht unbedingt die optimale Funktionsausführung, gewährleistet. Andererseits kann die eingeklinkte Komponente, solange sie der Schnittstelle mit ihren Bedingungen genügt, schnell und ohne sich um Integrationsaspekte zu kümmern, eingebunden, getestet und modifiziert werden (*Rapid Control Prototyping*). Auf diese Weise werden sowohl die Bedürfnisse der regelungstechnischen Entwicklung als auch die der prozessleittechnischen Praxis erfüllt. Da diese Komponenten bereits funktional/logisch getrennt sind, können sie auch physikalisch getrennt realisiert werden, so dass der Regelungsalgorithmus auf einem separaten Rechner, der beispielsweise wie ein Feldgerät angesprochen wird, läuft. So belastet er das Leitsystem abgesehen von der Feldbus-Kommunikation nicht und reagiert dennoch mit der schnellsten Taktrate, nämlich der des Feldbusses.

Konkret wird der Rahmen als Funktionsbaustein realisiert, da alle Prozessleitsysteme die eine oder die andere Funktionsbausteinsprache [1] beherrschen. Damit gestaltet sich das komplette Handling aus leittechnischer Sicht wie gehabt, d. h. die Projektierung eines erweiterungsfähigen Reglers durch den Ingenieur verläuft wie die eines klassischen PID-Reglers (von der Verriegelung bis zur Verschaltung von Soll- und Ist-Werten) und das Bedienbild für den Operator ist geringfügig erweitert an das des klassischen PID angelehnt.

Höhere Regelungsverfahren besitzen mehrere Betriebszustände, wie beispielsweise "Initialisierung", "Identifikation" oder "Einsatzbereit", welche zum einen intern verwaltet und andererseits an den Rahmen mitgeteilt werden müssen. Dieser koordiniert die verschiedenen Reglerfahrweisen und entscheidet anhand des Betriebzustandes und eigener Funktionsüberprüfungen, welche Fahrweise den Pro-

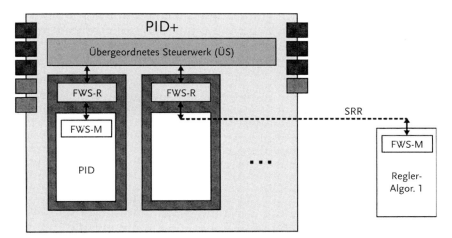

Abb. 5.1 Das TIAC-Konzept besteht aus zwei Komponenten, dem Reglerrahmen (hellgrau) mit nachladbaren Fahrweisen (weiß), welche mittels einer Schnittstelle (gestrichelte Pfeilverbindungen) über den Feldbus miteinander kommunizieren. Der Rahmen sieht äußerlich wie ein PID-Funktionsblock mit zusätzlichen Konnektoren aus und besitzt den klassischen PID als Rückfallfahrweise im Inneren. Daneben sind die Fahrweisensteuerwerke (FWS) im Rahmen und in der Reglermethode implementiert, sowie das übergeordnete Steuerwerk im Rahmen.

zess gerade regeln soll. Somit existieren als generische Bestandteile ein Zustandssteuerwerk für jede Fahrweise und ein übergeordnetes Zustandssteuerwerk zur
Koordination. Da die Möglichkeit, Einzelfahrweisen unabhängig vom Rahmen
implementieren zu können, immer gegeben sein soll, muss das Zustandssteuerwerk im Prinzip jeweils komplett einmal in der Fahrweise und einmal im Rahmen
realisiert werden. Zwischen Rahmen und Fahrweise wird eine generische Schnittstelle definiert, welche unter anderem diese Steuerwerke synchronisiert (Abb. 5.1).

5.1.1
Das Zustandssteuerwerk der Einzelfahrweisen

Um alle möglichen Reglerfahrweisen gleich behandeln zu können, wird ein
generisches Zustandssteuerwerk definiert, auf das sich alle Fahrweisen abbilden
lassen. Hierbei kann es vorkommen, dass bestimmte Zustände für einzelne Regler
nicht mit einem internen Verhalten verknüpft sind, z. B. falls eine Initialisierung
oder eine Synchronisation nicht notwendig ist. Dennoch können solche Fahrweisen auf dieses Steuerwerk abgebildet werden.

Dieses Zustandssteuerwerk muss sowohl im Rahmen als auch in der einzelnen
Fahrweise implementiert werden. Die Synchronisierung erfolgt im Wesentlichen
über die Zustände des anderen: Die Transitionsbedingungen innerhalb der Fahrweise werden mit Hilfe der Zustände des Steuerwerkes im Rahmen sowie der
fahrweiseninternen Bewertungsergebnisse definiert. Die Transitionsbedingungen
des Einzelsteuerwerkes werden anhand der Zustände der Fahrweise und der
Wünsche (d. h. der Zustände) des übergeordneten Steuerwerkes definiert.

Ein guter Kandidat für ein solches Zustandssteuerwerk ist in Abb. 5.2 dargestellt. Das Steuerwerk gliedert sich in vier Zustände, in denen die Fahrweise
für lange Zeiträume verweilen kann ("0", "Ready", "Stand-by" und "Active"), sowie
zwei Zustände, die den Wechsel von einem der ersten vier zu einem anderen
durchführen ("Init" und "Sync"). Diese Zustände können noch weiter in Unter-
zustände unterteilt werden.

Bei der Neuimplementierung einer Fahrweise sowie nach ihrem kompletten
Versagen befindet sich diese in einem nicht näher spezifizierten "0"-Zustand.
Während der Initialisierung ("Init") wird die Struktur der Fahrweise, ihr internes
Speicherhandling usw. bestimmt. Beispielsweise wird der Prädiktionshorizont bei
modellprädiktiven Reglern an die Anwendungserfordernisse angepasst. Nach
erfolgreicher Initialisierung befindet sich die Fahrweise im "Ready"-Zustand.

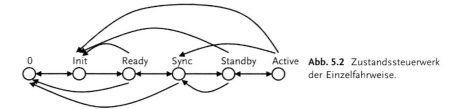

Abb. 5.2 Zustandssteuerwerk
der Einzelfahrweise.

Während der Synchronisation passt sich die Fahrweise an den momentanen Arbeitspunkt des Prozesses an, so dass sie im "Stand-by"-Zustand jederzeit die Regelung übernehmen könnte. Das heißt natürlich, dass die Fahrweise im "Stand-by" ständig nachgeführt wird.

Orthogonal dazu wird ein Identifikationszustand eingeführt. Jede Fahrweise kann in jedem Zustand (also auch wenn sie selbst nicht aktiv den Prozess regelt) die Forderung stellen, zu Analysezwecken den Prozess mit einer kleinen Störung zu beaufschlagen. Das übergeordnete Steuerwerk entscheidet, ob diese Störung zugelassen wird.

5.1.2
Das Zusammenspiel der Fahrweisen

Das übergeordnete Zustandssteuerwerk hat für eine zuverlässige Funktion des Gesamtbausteins zu sorgen, muss also unter Berücksichtigung der Anwenderinteressen entscheiden, ob und welche Fahrweise den Prozess regeln darf oder muss. Als Struktur wird Abb. 5.3 vorgeschlagen.

Der "0"-Zustand bezeichnet wiederum einen unspezifizierten Ursprungszustand, "Init" den Initialisierungszustand und "Stellen" den initialisierten Zustand des offenen Regelkreises mit externer Stellwertvorgabe – in der Praxis "manuell" genannt. Von diesem kann entweder zur Rückfallfahrweise, dem festen PID, oder einer von möglicherweise mehreren gehobenen Reglermethoden gewechselt werden. Schließlich ist der Wechsel zwischen den verschiedenen Reglerfahrweisen möglich.

Während die meisten Transitionen gemäß dem Handling eines klassischen PID-Reglers ausgeführt werden können, bedürfen die Wechsel zwischen den Reglerfahrweisen einer genaueren Betrachtung. Bei der Bestimmung, unter welchen Bedingungen Fahrweisenwechsel zulässig bzw. notwendig sind, lassen sich drei Grundregeln formulieren:

- Aufwärts-Wechsel (in gehobene Methode): nur bei funktionsbereiter Methode,
- Abwärts-Wechsel (in die Rückfallmethode): immer bei versagendem Regelkreis,
- Identifizieren: nur bei hinreichend ruhigem Regelkreis.

Zwei Aspekte sind hierbei von Interesse: Zum einen sind Definitionen, wie beispielsweise "hinreichend" ruhiger Regelkreis oder "zu schlimmer" und damit

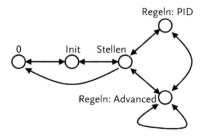

Abb. 5.3 Das übergeordnete Zustandssteuerwerk zur Koordinierung der Einzelsteuerwerke.

"versagender" Regelkreis, durchaus mit Interpretationsspielraum verbunden. Je nach Anwendung und "Firmenphilosophie" ist es letztlich eine Designentscheidung, wie konservativ oder progressiv der Fahrweisenwechsel ausgelegt wird. Zum anderen muss eine Bewertung mit regelungstechnischen Ansätzen erfolgen. In dem Maße, in dem das hier vorgeschlagene TIAC-Konzept großflächig eingeführt wird und das Parametrieren und Konfigurieren sich im Wesentlichen auf das Herunterladen einfacher Dateien in den Rahmen reduziert, kann nicht mehr davon ausgegangen werden, dass der richtige Regler an die richtige Stelle "eingeklinkt" wird. Damit genügt es nicht mehr sich auf die Selbstanalyse der Fahrweise bezüglich ihrer momentanen Fitness zu verlassen. Die regelungstechnischen Komponenten im Rahmen werden weiter unten näher besprochen.

5.1.3
Die Schnittstelle

Die Schnittstelle zwischen Reglerrahmen und Einzelfahrweise gliedert sich in Betriebs-, Prozess- und Parameterschnittstelle. Die Betriebsschnittstelle übermittelt die Zustände von Reglerfahrweise bzw. -rahmen jeweils zum anderen und dient zur Synchronisierung der Zustandssteuerwerke von beiden. Dies schließt den Wunsch nach Identifikation durch Aufschalten einer Störgröße und deren Freigabe ein. Die Prozessschnittstelle übermittelt die klassischen Größen des Regelkreises: Soll-, Ist- und Stellwerte. Die Parameterschnittstelle erlaubt die individuelle Übermittlung weiterer Größen. Beispielsweise können allgemeine Beschränkungen, wie maximale Stellwerte oder Stellwertänderungen, ebenso behandelt werden wie fahrweisenspezifische Angaben, wie Prädiktionshorizonte. Zudem können Informationen über die Reglerkomponenten im Rahmen übermittelt werden, z. B. ab welcher Performance auf die Rückfallfahrweise gewechselt wird.

Die Betriebs- und die Prozessschnittstelle sind generisch, also unabhängig vom Anwendungsfall, während die Parameterschnittstelle individuell genutzt werden kann, um beliebige Größen in die Einzelfahrweise einzuschleusen. Da in den meisten Anwendungen die Parameter aktuell sein müssen, werden die gesamten Schnittstellen komplett zyklisch übertragen.

5.1.4
Regelungstechnische Komponenten

Die Reglerfahrweise stellt erwartungsgemäß die zentrale regelungstechnische Komponente dar. Daneben tritt jedoch an diversen Punkten der Wunsch nach Bewertung von Reglerperformance auf. Die Qualität der aktuell im Eingriff befindlichen Fahrweise muss ebenso bewertbar sein (geschlossener Regelungskreis), wie die Fähigkeit einer Fahrweise, die Regelung aktiv zu übernehmen, abschätzbar sein sollte (offener Regelungskreis). Beide Tests sind sowohl auf Seiten der Fahrweise als auch des Rahmens zu implementieren. Als fünfter Punkt muss der sichere Wechsel in die Rückfallfahrweise garantiert werden. Alle Einzelaufgaben sind für die Erfüllung der Gesamtaufgabe hinreichend gelöst, stellen jedoch zugleich ein Feld für mögliche Optimierungen dar.

5.2
Die Komponenten der Regelung im Detail

5.2.1
Regeln als Prozessführungsaufgabe

Entsprechend dem allgemeinen Ansatz des hierarchischen Prozessführungskonzeptes stellt eine Regelung keine eigene Prozessführungseinheit dar, sondern muss als Komponente innerhalb einer Einzel- oder Gruppensteuereinheit betrachtet werden, deren allgemeine Aufgabe darin besteht, einen oder mehrere vorgegebene Sollwerte für bestimmte Prozessgrößen möglichst gut einzustellen bzw. zu halten. Dies umfasst auch das Nachfahren von Trajektorien, da es sich hierbei lediglich um zeitlich variierende Sollwerte handelt.

Damit handelt es sich bei der Regelung um eine Prozessführungskomponente, die für viele unterschiedliche technische Einrichtungen genutzt werden kann. Regelungen finden sich daher auch als Bestandteil einer übergeordneten verfahrenstechnischen Funktionalität, wie beispielsweise bei der Durchführung eines Dosiervorgangs. Bei einem solchen Dosiervorgang wird die gesamte zu dosierende Menge eines Stoffes als Sollwert vorgegeben und der Vorgang zu einem bestimmten Zeitpunkt initiiert. Aufgabe der Regelung ist es, die Stellvorrichtung derart zu beeinflussen, dass die Solldosiermenge erreicht wird. Um von einer Regelung sprechen zu können, muss neben der aktiven Beeinflussung eines Stellgliedes auch die Rückführung eines Istwertes der zum Sollwert gehörenden Prozessgröße in der Regelung realisiert sein. Während es sich bei dem Istwert im klassischen Fall um eine Messung der Prozessgröße handelt, muss dies generell nicht der Fall sein. So kann der Istwert ebenso gut berechnet, geschätzt oder einer Kennlinie entnommen werden. Die interne Methodik der Regelung bleibt davon unverändert. Umgekehrt ist es für die Gesamtfunktionalität des Dosierens unwesentlich, wie aus der Vorgabe von Ist- und Sollwert eine Stellgröße generiert wird, solange dies dazu führt, dass der Dosiervorgang auf definierte Art und Weise durchgeführt wird. Dazu müssen offensichtlich die wesentlichen Randbedingungen des Dosiervorgangs konkret definiert werden. Die Definition des Verhaltens der Prozessführungseinheit verschiebt sich dadurch von der Festlegung einer konkreten regelungstechnischen Methodik auf die konkrete und detaillierte Beschreibung der Funktionalität.

Es ist offensichtlich, dass durch Vorgabe der Methodik bestimmte Aspekte des Verhaltens der Prozessführungseinheit impliziert werden. Andererseits fehlen wesentliche Verhaltensaspekte wie beispielsweise die maximale Dauer oder der maximale Zufluss eines Dosiervorgangs. In der entsprechenden Methodik spiegeln sich derartige Aspekte in den zugehörigen Methodenparametern wider. Bei einer methodenunabhängigen funktionalen Beschreibung muss dieses in den

Parametern verborgene Wissen als expliziter Bestandteil der Prozessführungsaufgabe beschreibbar und überprüfbar sein. Damit wird das aufgabenspezifische Wissen von der Entwurfsphase einer Prozessführungseinheit in deren Betriebsphase verlagert. Mit anderen Worten bedeutet dies, dass nicht die gesamte Prozessführungseinheit für die spezielle Aufgabe entworfen werden muss, sondern dass ihre unterlagerten Komponenten (z. B. die Regelung) den jeweils formulierten Anforderungen genügen müssen.

Auch wenn es auf den ersten Blick so scheint, dass dadurch der Entwurfsaufwand lediglich verlagert wird, ist dies tatsächlich nicht der Fall. Durch den aufgabenorientierten Ansatz wird die Flexibilität sowohl in der Entwurfs- als auch in der Betriebsphase erhöht. Insbesondere letzteres kann zur Einführung von autonomen, selbstadaptiven Prozessführungseinheiten genutzt werden, die ihre jeweilige Regelungsstrategie an die aktuelle Prozesssituation anpassen. Dazu müssen allerdings auch die anderen Komponenten einer Prozessführungseinheit in ihrer Beziehung zu der Regelung betrachtet werden. Insbesondere gewinnen Komponenten zur Überwachung bzw. Überprüfung der Funktionserfüllung der Regelung an Bedeutung.

Im Folgenden werden die verschiedenen Komponenten einer regelnden Prozessführungseinheit vorgestellt. Dabei handelt es sich um Komponenten, wie sie in spezieller Form auch in derzeitigen Regler-Funktionsbausteinen in den Prozessleitsystemen teilweise vorkommen, obwohl diese nicht das allgemeine hierarchische Prozessführungskonzept realisieren. In den handelsüblichen Prozessleitsystemen wird die Regelung als eigenständige Funktionalität angesehen, und deren Einbindung in übergeordnete am Prozess orientierte Funktionalitäten muss im Verlauf der Projektierung des Prozessleitsystems umgesetzt werden. Durch geeignete Funktionsbausteinmakros kann in den meisten Prozessleitsystemen aber ein Pendant zu den Prozessführungseinheiten des hierarchischen Prozessführungskonzeptes geschaffen werden.

5.2.2
Reglermethode

Ein wesentliches Kernstück einer regelnden Prozessführungseinheit ist die eigentliche Reglermethode. Diese kapselt die Logik, wie aus den Vorgaben von Soll- und Istwerten und weiteren zusätzlichen parametrischen Größen die Stellvorgaben generiert werden. Eine derartige Logik kann beliebig einfach, aber auch beliebig komplex sein. Ein einfaches Beispiel stellt die Zweipunktregelung dar, die für eine Regelgröße zwei Grenzwerte kennt, deren Über- bzw. Unterschreitung jeweils zur Ausgabe eines anderen Stellwertes führt. Ein deutlich komplexeres Beispiel sind nichtlineare modellprädiktive Mehrgrößenregler, die auf Basis eines Streckenmodells die optimalen Stellgrößen für ein bestimmtes Zeitintervall berechnen.

In einer abstrakten Komponentensicht haben diese doch sehr unterschiedlichen Methoden eine erhebliche Gemeinsamkeit: Sowohl ihre Schnittstelle als auch ihre Funktionalität sind praktisch identisch. Diese Tatsache findet man in jedem Buch, das das Thema Regelungstechnik behandelt, auf den ersten Seiten, wenn das allgemeine Wirkschaltbild einer Regelung vorgestellt wird. In ihren konkreten Einsatzmöglichkeiten unterscheiden sich die jeweiligen Reglermethoden natürlich erheblich, da sie für völlig unterschiedliche Typen von Regelstrecken entworfen wurden.

5.2.3
Fahrweisenwahl

In der Prozessautomatisierung wird gegenwärtig in den meisten Fällen lediglich eine Prozessführungsstrategie realisiert. Diese Strategie muss dann unabhängig von äußeren Vorgaben oder Prozessbegebenheiten gefahren oder als Alternative nicht gefahren werden. In letzterem Falle obliegt es der Geschicklichkeit und Erfahrung des Operators, ob und wie der Prozess stabil gehalten wird. Im Normalfall wird es sich dabei allerdings um eine nicht optimale Fahrweise handeln.

Eine Möglichkeit der Abhilfe stellt die situationsabhängige Strategiewahl dar. Hierbei werden zur Führung eines Prozesses mehrere Strategien realisiert, die in punkto Optimalität (großes Prozesswissen, komplexer Algorithmus) und Stabilität (einfacher Algorithmus, geringes Prozesswissen) unterschiedlich sind. Eine Vorraussetzung für einen sicheren Ablauf ist dabei die Koordination des Umschaltvorganges zwischen unterschiedlichen Strategien.

Gemäß dem allgemeinen Komponentenansatz empfiehlt es sich, die Umschaltmechanismen in Form von generischen Zustandssteuerwerken zu definieren, um so die Wiederverwendbarkeit der entsprechenden automatisierungstechnischen Software zu erhöhen und den Aufwand für deren Wartung und Pflege zu minimieren. Bei den Zustandssteuerwerken handelt es sich um eine Detaillierung des allgemeinen Zustandssteuerwerks für Prozessführungseinheiten (s. auch [2]). Es werden dabei sowohl der Aktivitätszustand des Betriebszustandsteuerwerks als auch der Anfahrt- und Stationärzustand des Arbeitsphasensteuerwerks detailliert.

Ersteres ist bei Mehrfahrweisen-Prozessführungseinheiten generell notwendig um eine Unterscheidung der jeweils aktiven Fahrweise zu ermöglichen. Die Detaillierung des Arbeitsphasenzustandsteuerwerks ist hingegen eine Eigenart von "parallel" arbeitenden Fahrweisen. Derartige Parallelstrategien unterscheiden sich von den ablauforientierten Prozessführungseinheiten dadurch, dass nicht ausschließlich eine Fahrweise bearbeitet werden kann, sondern prinzipiell mehrere.

Dabei muss das Bearbeiten von Fahrweisen von einer aktiven Prozessführung unterschieden werden. Offensichtlich kann auch bei parallel arbeitenden Prozessführungseinheiten immer nur eine Fahrweise oder Strategie den jeweiligen (Teil-)Prozess aktiv führen. Allerdings erfordern es bestimmte Methoden zur Führung eines Prozesses, dass diese auch bei Nicht-Aktivität bearbeitet werden, um ihre internen Zustände auf die aktuelle Prozesssituation anzugleichen.

Dies gilt sowohl für einfache Regler wie den PID-Regler, dessen Integralteil nachgeführt werden muss, wenn der Regler den Prozess nicht aktiv führt, als auch für Advanced-Control-Verfahren, wie beispielsweise die modellprädiktive Rege-

lung, bei der das intern verwendete Prozessmodell zumindest parametrisch angepasst werden muss.

Unter Parallelität der Fahrweisenbearbeitung ist im Rahmen von Prozessführungseinheiten also die Tatsache zu verstehen, dass für die jeweils nicht aktiven
Fahrweisen ein spezielles Prozedere durchlaufen werden muss, um diese Fahrweisen in einem einsetzbaren Zustand zu halten oder dorthin zu führen.

Entsprechend finden sich in dem Arbeitsphasenzustandssteuerwerk Zustände
für den Übergang von "außer Betrieb" nach "betriebsbereit", wobei zusätzlich
unterschieden wird, ob es sich bei dem Angleichen um eine Initialisierung oder
eine Synchronisation handelt. Während in der Initialisierung ein, vom aktuellen
Prozessverlauf unabhängiges, Prozedere abgearbeitet wird, betrachtet die Synchronisation die Angleichung der Fahrweise an einen aktuellen Prozesszustand.

Im Folgenden werden die verschiedenen Komponenten des Zustandssteuerwerks und deren Zusammenspiel näher beschrieben.

Der Zustand der gesamten Prozessführungseinheit ergibt sich aus den Zuständen der einzelnen Modi und zusätzlichen externen Vorgaben, die im dargestellten
Steuerwerk des Betriebszustandes vom Ereignissignal evOPMODE repräsentiert
werden (Abb. 5.4):

OOP   Out of Operation,
INIT   Initialisierungsphase nach einer Inbetriebnahme der Einheit (nicht
            zu verwechseln mit dem INIT-Zustand innerhalb der Arbeitsphasen),
BASIC   Grundzustand, in dem die von der Prozessführungseinheit gesteu-
            erten Betriebsmittel nicht aktiv am Prozess beteiligt sind,
MODE_S   Betrieb im Sicherheitsmodus,
MODE_X   Betrieb in einer der Strategien (X = 1...N).

Durch ein Inbetriebnahme-Ereignis (evTIOP) wird die Einheit bei erfolgreicher
Initialisierung in den Grundzustand versetzt. Von dort können die unterschiedlichen Modi angewählt werden, die alle in Störsituationen auf den Sicherheitsmodus zurückfallen können. Über ein Stopp-Ereignis (evSTOP) gelangt die Ein-

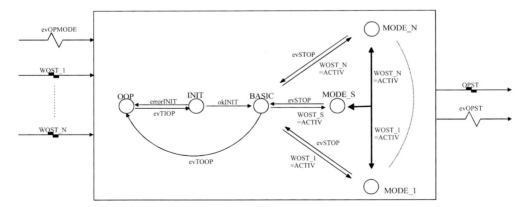

Abb. 5.4 Betriebszustand der Prozessführungseinheit.

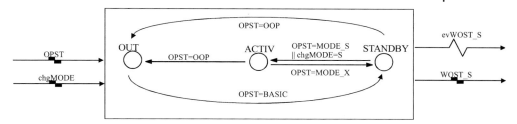

Abb. 5.5 Zustandssteuerwerk der Arbeitsphasen des Sicherheitsmodus.

heit unabhängig von ihrem momentanen Betriebsmodus wieder in den Grundzustand.

Entsprechend der Unterscheidung von Betriebsmodus (1...N) und Sicherheitsmodus existieren zwei unterschiedliche Typen von Arbeitsphasenzustandssteuerwerken. Das des Sicherheitsmodus ist in Abb. 5.5 dargestellt und man erkennt die zwei wesentlichen Eigenschaften:

- Bei Erreichen des Grundzustandes befindet sich der Sicherheitsmodus in STANDBY, kann also jederzeit übernehmen.
- Sobald im Steuerwerk des Betriebszustandes ein MODE_X auf MODE_S zurückfällt, schaltet der Sicherheitsmodus auf ACTIVE und geht erst wieder in STANDBY, wenn ein anderer Modus wieder die Führung übernommen hat.

In Abb. 5.6 ist die generische Steuerlogik der Betriebsmodi 1 bis N (exemplarisch M) abgebildet. Man kann dort zwischen Übergangs- und Zielzuständen unterscheiden. Den Übergangszuständen ist ein bestimmter Ablauf hinterlegt, der entsprechend seines Abarbeitungsergebnisses eine Weiterschaltung initiiert.

Es soll hier nur auf die Besonderheit des Initialisierungszustandes (INITST) und den Übergang zwischen STANDBY und ACTIVE eingegangen werden:

Die Initialisierung innerhalb der Modi erlaubt es, die Parameter einer Prozessführungsstrategie im Betrieb zu ändern. Wie aus dem Zustandssteuerwerk der Initialisierung ersichtlich (Abb. 5.7), beschreibt INITST_M den aktuellen Parameterzustand des Modus M:

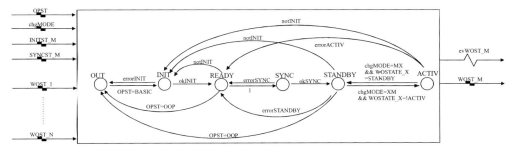

Abb. 5.6 Arbeitsphasenzustandssteuerwerk der Prozessführungsstrategie M.

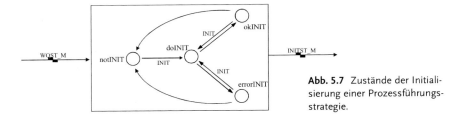

Abb. 5.7 Zustände der Initialisierung einer Prozessführungsstrategie.

notINIT	Initialisierung des Modus hat nicht stattgefunden oder ist nicht mehr aktuell,
doINIT	Initialisierung läuft,
okINIT	Initialisierung erfolgreich abgeschlossen; der Modus ist auf gültige Parameter initialisiert,
errorINIT	Bei der Initialisierung sind Fehler aufgetreten; der Modus konnte nicht initialisiert werden.

Es ist zu beachten, dass bei einer Änderung der Initialisierungsdaten die Führungsstrategie aus allen Zielzuständen auf den Initialisierungszustand zurückfällt. Entsprechend fällt der Betriebzustand der gesamten Einheit auf den Sicherheitsmodus zurück; zumindest solange bis entweder die Initialisierung und Synchronisierung des Modus erfolgreich abgeschlossen wurden oder ein anderer Modus angewählt wird (selMODE).

Der Übergang eines aktiven Modus in den STANDBY-Zustand kann nur erfolgen, wenn der selektierte Modus bereits in STANDBY steht. Damit wird ein direktes Umschalten zwischen zwei Modi sichergestellt.

Die angesprochene Modi-Selektion erfolgt durch eine entsprechende Auswahleinheit, deren Ziel es sein sollte, immer die "höchste" Strategie derer, die in STANDBY stehen, auszuwählen.

5.2.4
Betriebszustand (OPST)

Betrachtet man eine Prozessführungseinheit mit $(N + 1)$ definierten Strategien (im Weiteren Modi genannt), so gehört zu jeder ein Arbeitsphasenzustandssteuerwerk. Diese Steuerlogik beschreibt als ein gekapselter Mechanismus die Übergangsbedingungen zwischen den Zuständen des jeweiligen Modus. Bei den $(N + 1)$ Modi nimmt einer eine Sonderstellung ein. Es handelt sich dabei um einen "Sicherheitsmodus", der keine Initialisierungs- und Synchronisationsvorgänge benötigt, um die Führung des Prozesses zu übernehmen. Dieser Modus stellt die Rückfallstrategie beim Ausfall der "höheren" Modi dar.

Der Betriebzustand stellt die Beschreibung des Verhaltens einer Prozessführungseinheit auf oberster Ebene dar. Die Arbeitsphasenzustände der einzelnen Strategien (WOST_S, WOST) und Ereignisse der Reglerbedienung bzw. -ansteuerung (evSTART, evREINIT, evSTOP, evTIOP, evTOOP) laufen hier zusammen (Abb. 5.8).

Die möglichen Betriebszustände haben die folgende Bedeutung:

OOP   Out of Operation,

INIT   Initialisierungsphase nach einer Inbetriebnahme der Einheit
(nicht zu verwechseln mit dem INIT-Zustand innerhalb der Arbeitsphasen),

BASIC   Grundzustand, in dem die von der Prozessführungseinheit gesteuerten Betriebsmittel nicht aktiv am Prozess beteiligt sind,

MODE_S   Betrieb in der "sicheren" Rückfallstrategie,

MODE[i]   Betrieb in einer der "nicht sicheren" Strategien (i = 1...N).

Es existieren fünf eingehende Ereignisse zur Steuerung des Reglers:

evTIOP   Inbetriebnahme des Reglerbausteins: stößt die Initialisierung der
Strategien an;

evTOOP   Der Regler wird vom Grundzustand (BASIC) aus außer Betrieb genommen: Die Nachführung (STANDBY) der Strategien im Grundzustand wird damit beendet;

evSTART   Der sich im Grundzustand befindende Regler kann durch dieses
Ereignis gestartet werden: Entsprechend dem selektierten Modus
(selMODE) wird die zugehörige Strategie gestartet, wenn diese ihre
Bereitschaft durch den Arbeitszustand STANDBY signalisiert;

evSTOP   Die aktive Strategie wird beendet und der Regler begibt sich in den
Grundzustand (BASIC), wo sich die jeweiligen Strategien "bereithal-
ten" erneut die Regelung aktiv zu übernehmen;

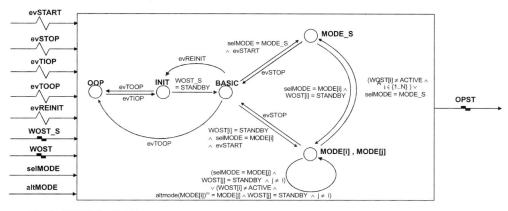

WOST = {WOST[i] | i ∈ {1..N } }

WOST[i] ∈ {OOP, INIT, READY, SYNC, STANDBY, ACTIVE}

WOST_S ∈ {OOP, INIT, STANDBY, ACTIVE}

OPST ∈ {OOP, INIT, BASIC, MODE_S, { MODE[i] | i = 1..N } }

INITST_S ∈ {notINIT, doINIT, okINIT, errorINIT}

selMODE ∈ {BASIC, MODE_S, { MODE[i] | i = 1..N } }

altMODE = {MODE[j] | altmode : MODE[i] -> MODE[j] , i,j ∈ {1..N }}

Abb. 5.8 Betriebszustand.

evREINIT Im Grundzustand kann durch dieses Ereignis eine Reinitialisierung der Reglerstrategien veranlasst werden, der Betriebszustand also auf INIT gezwungen werden.

Der Übergang von der Initialisierung zum Grundzustand ist abhängig von dem Arbeitszustand der Rückfallstrategie. Dadurch wird sichergestellt, dass der Regler nur in den Grundzustand geht, wenn zumindest die Rückfallstrategie bereit ist, den Prozess zu führen. Im aktiven Betrieb wird der Arbeitsphasenzustand der Reglerstrategien überwacht. Kommt es zu einem Ausfall der bis dahin aktiven Strategie MODE[i], schaltet der Regler wenn möglich auf die alternative Strategie (altmode(MODE[i]) bzw. altmode(altmode(MODE[i])) ...) um. Ist diese jedoch nicht betriebsbereit (WOST[j] nicht auf STANDBY), fällt der Regler auf die Rückfallstrategie MODE_S zurück.

5.2.4.1 Arbeitsphasenzustand (WOST)

Reglerstrategie

Der Arbeitsphasenzustand einer Reglerstrategie wird vom übergeordneten Betriebszustand (OPST) und den untergeordneten Zuständen für Initialisierung (INITST), Synchronisation (SYNCST), Bereitschaft (STANDBYST) und aktiver Prozessführung (ACTIVEST) bestimmt (Abb. 5.9).

Der Außer-Betrieb-Zustand ist dabei analog dem Außer-Betrieb des Betriebszustandes definiert. Bei einem Wechsel des Reglers in den Initialisierungszustand folgt der Arbeitsphasenzustand dem Betriebszustand und verbleibt dort, bis die Initialisierung entweder erfolgreich oder mit einem Fehler abgeschlossen wurde. Bei erfolgreicher Initialisierung meldet die Strategie sich fertig initialisiert (READY) und geht mit dem Übergang des Reglers in den Grundzustand (OPST = BASIC) in

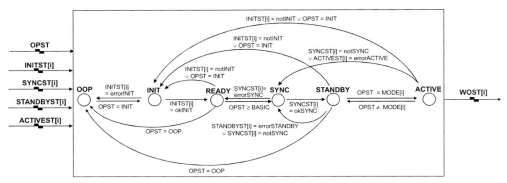

OPST ∈ {OOP, INIT, BASIC, MODE_S, { MODE[i] | i = 1..N } }
INITST[i] ∈ {notINIT, doINIT, okINIT, errorINIT}
SYNCST[i] ∈ {notSYNC, doSYNC, okSYNC, errorSYNC}
STANDBYST[i] ∈ {notSTANDBY, okSTANDBY, errorSTANDBY}
ACTIVEST[i] ∈ {notACTIVE, okACTIVE, errorACTIVE}

Abb. 5.9 Arbeitszustand.

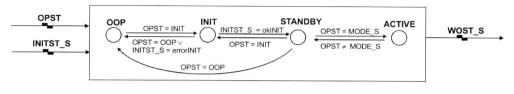

WOST_S ∈ {OOP, INIT, STANDBY, ACTIVE}

OPST ∈ {OOP, INIT, BASIC, MODE_S, { MODE[i] | i = 1..N } }

INITST_S ∈ { notINIT, doINIT, okINIT, errorINIT }

Abb. 5.10 Arbeitszustand der Rückfallstrategie
(simpler als der Arbeitszustand der anderen Strategien).

die Synchronisation über, d. h. die Parameter oder die Struktur der Reglermethode werden an die gegenwärtige Prozesssituation angeglichen. Konnte dieser Vorgang erfolgreich durchgeführt werden, ist die Reglerstrategie entsprechend in einem Bereitschaftszustand (Nachführzustand), von wo aus sie bei Wechsel des Betriebszustandes in die entsprechende Strategie den Prozess aktiv führen kann. Die Zustände READY, STANDBY und ACTIVE werden immer dann verlassen, wenn entweder die Vorraussetzungen zum Erreichen des jeweiligen Zustandes nicht mehr erfüllt sind, also die Strategie nicht mehr initialisiert oder synchronisiert ist, Fehler im gegenwärtigen Zustand auftreten (errorSTANDBY bzw. errorACTIVE) oder der Betriebszustand eine entsprechende Änderung verlangt.

Sichere Rückfallstrategie
Der Arbeitsphasenzustand der sicheren Rückfallstrategie wird durch den Betriebszustand (OPST) und den Zustand der zugehörigen Methodeninitialisierung (INITST_S) bestimmt (Abb. 5.10). Die Arbeitsphasenzustände der sicheren Rückfallstrategie beschränken sich auf:

OOP   Out of Operation,
INIT   Initialisierung,
STANDBY Bereitschaft,
ACTIVE   aktive Führung des Prozesses.

Bei der sicheren Rückfallstrategie muss es sich also um eine Methode handeln, die nach einer Initialisierung jederzeit bereit ist den Prozess aktiv zu führen. Fehler während der Bereitschaft oder aktiven Prozessführung dürfen nicht auftreten oder zumindest nicht den sicheren Betrieb beeinflussen.

5.2.4.2 Initialisierungszustand (INITST)

Reglerstrategie
Der Initialisierungszustand einer Reglerstrategie repräsentiert die Ereignisse bzw. Zustände der jeweiligen Initialisierungsphase. Der aktive Zustand doINIT kann

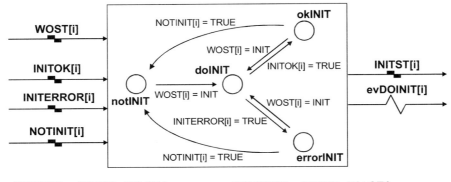

INITOK[i] ∈ **{ TRUE , FALSE }**   **NOTINIT[i]** ∈ **{ TRUE , FALSE }**

INITERROR[i] ∈ **{ TRUE , FALSE }**   **INITST[i]** ∈ **{ notINIT, doINIT, okINIT, errorINIT }**

Abb. 5.11 Initialisierungszustand.

von jedem der anderen Initialisierungszustände durch einen Arbeitsphasen-zustand INIT erreicht werden (Abb. 5.11).

Die eingehenden Bedingungssignale beschreiben, ob der Initialisierungsvorgang erfolgreich war (INITOK = TRUE) oder nicht (INITERROR = TRUE) bzw. ob die Bedingungen für eine abgeschlossene Initialisierung noch vorliegen (NOTINIT = FALSE). Die methodenspezifischen Bedingungen für die verschiedenen Phasen (aktive und passive Phase) einer Initialisierung bzw. deren Erreichen müssen zur korrekten Beschreibung des Initialisierungszustand auf die generischen, binären Bedingungssignale (INITOK, INITERROR, NOTINIT) abgebildet werden.

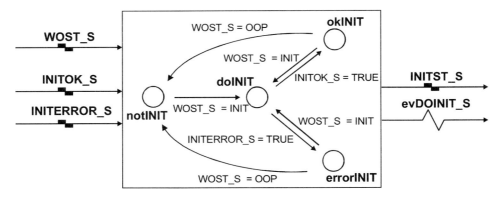

INITOK_S ∈ **{ TRUE , FALSE }**   **INITST_S** ∈ **{ notINIT, doINIT, okINIT, errorINIT }**

INITERROR_S ∈ **{ TRUE , FALSE }**   **WOST_S** ∈ **{OOP, INIT, STANDBY, ACTIVE}**

Abb. 5.12 Initialisierungszustand der Rückfallstrategie
(simpler als der Arbeitszustand der anderen Strategien).

Rückfallstrategie

Der einzige Unterschied in dem Zustandsautomaten für den Initialisierungszustand der Rückfallstrategie im Vergleich mit denen der übrigen Strategien zeigt
sich durch das Wegfallen der generischen Bedingung NOTINIT und deren Wirkung auf den Initialisierungszustand (Abb. 5.12).

Für den Initialisierungsvorgang der Rückfallstrategie heißt das, dass eine einmal erfolgreich durchgeführte Initialisierung während der gesamten Zeit in der
der Regler sich im Grundzustand oder in einem prozessführenden Modus befindet nicht ihre Gültigkeit verlieren darf (kann). Nur durch die von außen initiierte
Reinitialisierung oder bei einer außer Betriebnahme wechselt der Initialisierungszustand wieder in den aktiven Initialisierungsvorgang (doINIT) bzw. in den "Nicht
initialisiert"-Zustand (notINIT).

5.2.4.3 Synchronisationszustand (SYNCST)

Die Synchronisation bezeichnet das Heranführen der Strategie an den momentanen Prozesszustand. Dieser Vorgang verhält sich analog der Initialisierung, wobei
letztere nicht die zeitlich veränderbare Prozesssituation betrachtet. Die Struktur
des Zustandautomaten ist aber gleich der der Initialisierung (Abb. 5.13).

Auch hier werden die methodenspezifischen Bedingungen zur Beschreibung
einer erfolgreichen (SYNCOK) oder nicht erfolgreichen (SYNCERROR) Synchronisation ebenso auf die generischen Bedingungssignale abgebildet wie die Bedingung NOTSYNC, die darüber Auskunft gibt, ob eine durchgeführte Synchronisation noch gültig ist oder nicht.

5.2.4.4 Bereitschaftszustand (STANDBYST)

Mit Bereitschaftszustand signalisiert eine Strategie, ob sie zur aktiven Übernahme
des Prozesses bereit ist oder nicht. Gleichzeitig ist damit ein Nachführen der

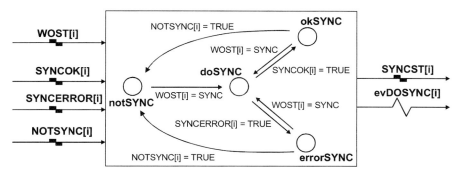

Abb. 5.13 Synchronisationszustand.

Methode verbunden, um den Zustand aufrechtzuerhalten. Da es sich hierbei also nicht um einen einmaligen Vorgang handelt, wie dies bei der Initialisierung und Synchronisation der Fall ist, sondern um einen kontinuierlich anhaltenden, fehlt der Initiierungszustand (doX) (Abb. 5.14).

Wie man an dem Zustandsautomaten leicht erkennen kann, befindet sich die Strategie nach erfolgter Synchronisation, also einem Wechsel des Arbeitsphasenzustandes von SYNC auf STANDBY, in einem entsprechenden Gutzustand (okSTANDBY), der nur bei einer auftretenden Fehlerbedingung (STANDBYERROR) in den Fehlerzustand (errorSTANDBY) wechseln kann oder wenn der Arbeitsphasenzustand von STANDBY in einen anderen Zustand wechselt. Die methodenspezifischen Bedingungen, die die Betriebsbereitschaft der Strategie signalisieren (zusammengefasst zu STANDBYERROR), müssen nicht die Bedingungen zur Synchronisation als Untermenge umfassen, da deren Zustand über die Synchronisationsüberwachung in den Arbeitsphasenzustand mit einfließt, sondern nur zusätzliche Bedingungen, die speziell die Übernahmebereitschaft oder Nachführung betreffen.

5.2.4.5 Prozessführungszustand (ACTIVEST)

Der aktive Prozessführungszustand (ACTIVEST) verhält sich ganz analog zu dem Bereitschaftszustand. Normalerweise werden auch die Bedingungen, die zu einem Fehler des STANDBY-Betriebes führen dieselben sein wie die, die einen Fehler während der aktiven Prozessführung anzeigen (Abb. 5.15).

5.2.4.6 Zustandssteuerwerk

Das gesamte Zustandssteuerwerk zur Strategiewahl von Reglerfunktionsbausteinen besteht aus der Verschaltung der oben beschriebenen einzelnen Zustands-

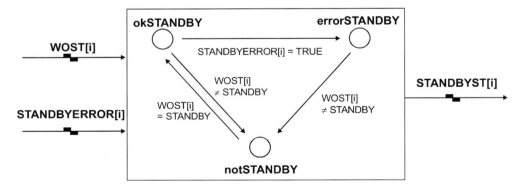

STANDBYERROR[i] ∈ **{ TRUE , FALSE }**

STANDBYST[i] ∈ **{ notSTANDBY, okSTANDBY, errorSTANDBY }**

Abb. 5.14 Bereitschaftszustand.

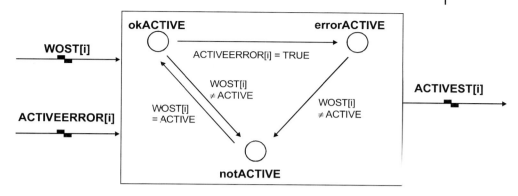

$$ACTIVEERROR[i] \in \{ \text{ TRUE , FALSE } \}$$

$$ACTIVEST[i] \in \{ \text{ notACTIVE, okACTIVE, errorACTIVE } \}$$

Abb. 5.15 Prozessführungszustand.

steuerwerke für die obligatorische Rückfallstrategie und jede zusätzlich realisierte Reglerstrategie (Abb. 5.16).

Anhand dieser Übersicht kann auch die Informationsverdichtung und deren Abbildung auf die generischen Zustände zusammenfassend gezeigt werden. Aus den Parametern für selektierte Strategie, Strategiealternativen und den steuernden Bedienereignissen wird in Abhängigkeit von den Zustandsbedingungen für Initialisierung, Synchronisation, Bereitschaft und aktiver Prozessführung der jeweiligen Strategie ein Betriebszustand der Einheit generiert, welcher über die Arbeitsphasenzustände eine weitere Detaillierung der Situationsbeschreibung erlaubt.

5.2.4.7 Regelungstechnische Komponenten: Selbstüberwachung und Situationsbewertung

Die Zustandssteuerwerke fassen das Funktionieren und das Zusammenspielen formal. Die einzelnen Zustände bzw. Transitionen müssen jedoch weiter mit Leben gefüllt werden. Insbesondere gilt dies für die Bewertung der Fähigkeit der Reglermethode, welche rahmenseitig generisch erfolgen kann und sollte.

Der Rahmen besitzt keine Kenntnisse, d. h. keine Modelle, der Strecke oder des Reglers. Folglich können nur Vergleiche zwischen Soll-, Ist- und Stellwerten, wie sie am Rahmen bzw. an der Rückfallstrategie auf der einen Seite und bei der gehobenen Methode auf der anderen vorliegen, herangezogen werden. Um für bereit erachtet zu werden, muss die Methode einen ähnlichen Stellwert wie die aktuell im Eingriff befindliche aufweisen, und der Prozess muss hinreichend ruhig sein, d. h. der Soll- und der Istwert sind näherungsweise stationär. Die Methode darf dann so lange im Eingriff bleiben, wie das Integral der quadrierten Regelabweichung unter einem tolerierbaren Vergleichswert liegt. Hierbei unterliegt die Stellgröße sowohl bezüglich der Absolutgröße als auch der Änderungsrate festen Grenzen. Hierdurch kann einerseits besagtes Integral über die Toleranz-

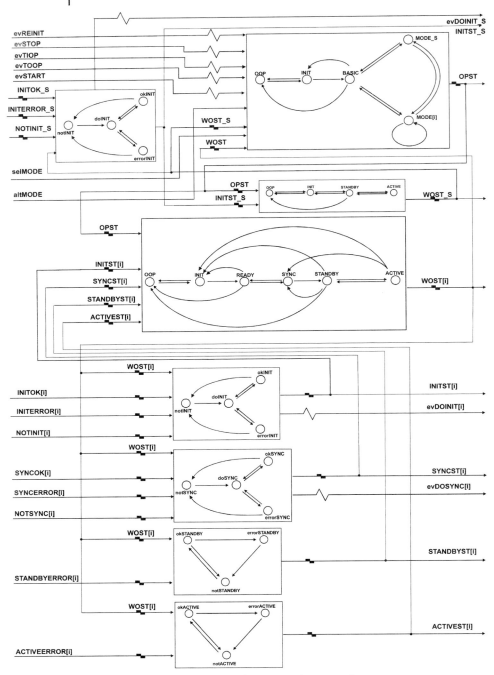

Abb. 5.16 Zusammenspiel der einzelnen Zustandssteuerwerke.

schranke steigen oder andererseits die Reglermethode intern ihr Funktionsfähigkeit anzweifeln, was zum Wechsel in die Rückfallebene führt.

Der methodeninternen Selbstüberwachung stehen in der Regel genauere und verlässlichere Bewertungsmöglichkeiten zur Verfügung. Bei ihrer Implementierung ist dem Entwickler der spezielle methodische Ansatz mit seinen Anforderungen, Ausfallmöglichkeiten usw. bekannt. Zudem besitzen mehrere gehobene Methoden in der einen oder anderen Form eine Modellvorstellung der Strecke, z. B. wie der Name schon sagt, die modellprädiktive Regelung.

Der Rahmen könnte ermächtigt werden, selbst ein internes Streckenmodell zu besitzen. Dies würde aber den Baustein sowohl bezüglich Speicherplatz als auch Rechenaufwand aufblähen. Damit wäre er nicht mehr flächendeckend einsetzbar. Für spezielle Einzellösungen ist eine solche Erweiterung jedoch denkbar.

Daneben stellen sich zwei regelungstechnische Aufgaben: die Stationäritätserkennung als Teilaufgabe bei der Bewertung von Methoden und das Sicherstellen, dass immer in die Rückfallebene gewechselt werden kann. Für das Erstere können verschiedene Filter oder gleitende Mittelwerts- und Abweichungsberechnungen angewandt werden. Das Letztere umfasst einerseits das stoßfreie Umschalten und andererseits eine Beschränkung der Stellgrößen, sodass die Rückfallstrategie, d. h. normalerweise der klassische PID, mit ihrer dann vorliegenden Parametrierung noch übernehmen kann.

5.3
Zusammenfassung

Das TIAC-Konzept beruht auf dem Komponentengedanken, um leit- und regelungstechnische Bedürfnisse miteinander zu versöhnen. Ein Rahmen im Leitsystem wird wie ein klassischer PID gehandhabt, erlaubt jedoch die flexible Einbindung von Regleralgorithmen direkt aus deren Entwicklungsumgebung. Da diese auf einem getrennten, als Feldgerät angesprochenen Computer laufen, stehen große Rechenressourcen schnell und im Leitsystem integriert zur Verfügung. Um die Funktion von Rahmen und ausgelagerter Methode sowie ihr gegenseitiges Zusammenspiel zu gewährleisten, werden in beiden Zustandssteuerwerke implementiert, die sich untereinander anhand der Zustände des jeweils anderen synchronisieren. Somit besteht die einzige Voraussetzung für den Entwickler der Reglerfahrweise darin, dass er diese schnittstellenkonform samt Zustandssteuerwerk implementiert.

Literatur

[1] IEC, TC65WG7: IEC 61131–3, 2nd ed., *Programmable Controllers – Programming Language*, 2001.

[2] St. Schmitz, A. Münnemann, U. Epple: *Dynamische Prozessführung – Komponentenmodell für flexible Steuerungseinheiten*, VDI Verlag, GMA-Kongress 2005, Automation als interdisziplinäre Herausforderung.

6
Entwurf und Realisierung eines PID+-Reglerbausteins

Ansgar Münnemann und Philipp Orth

Das Konzept eines Mehrstrategienreglers und seine prinzipielle Komponentenstruktur wurden in Kapitel 5 ausführlich erläutert. Möchte man dieses Konzept praxistauglich umsetzen, so muss man sich die prinzipiellen Realisierungs- und Integrationsmöglichkeiten von regelungstechnischen Anwendungen in der Prozessleittechnik vor Augen halten. Die Schwierigkeit besteht darin, dass man einerseits einen funktional vollständig integrierten Regler im Leitsystem haben möchte, also einen Regler, der in alle Systemfunktionen des Leitsystems wie Projektierung, Visualisierung, Bedienung, Archivierung, Alarmierung usw. eingebunden ist, und andererseits die Umsetzung des spezifischen regelungstechnischen Konzeptes möglichst einfach vonstatten gehen soll (s. auch [1]).

Bei den üblichen offenen externen Integrationsansätzen (z. B. über eine OPC-Kopplung der OS an MATLAB) fehlen einige der Aspekte, die für eine praxistaugliche, funktional vollständig integrierte Lösung erforderlich sind. So finden sowohl die Projektierung als auch Bedienung und Beobachtung derartiger externer Komponenten meist außerhalb des eigentlichen Leitsystems statt oder müssen speziell projektiert werden, was wiederum einen erheblichen Aufwand bei der Umsetzung des regelungstechnischen Konzeptes verursacht.

Der Lösungsansatz von TIAC (*Totally Integrated Advanced Control*) versucht die Vorteile von freier Entwicklungsplattform und funktional vollständig integriertem Standardregler miteinander zu kombinieren, indem auf der einen Seite die Freiheit bei der Entwicklung des regelungstechnischen Konzeptes etwas beschränkt wird und auf der anderen Seite der Standardregler um Nicht-Standardkomponenten erweitert wird. Der PID+-Regler im PCS7-Prozessleitsystem stellt eine konkrete Variante einer derartigen gelungenen Kompromisslösung dar: Er bietet die erweiterte Standardfunktionalität des Siemens PID-Reglers und eröffnet gleichzeitig den Zugang zu der (fast) freien Welt des Reglerentwurfs mit MATLAB/Simulink.

Damit kann der PID+-Regler sowohl als Basis für ein *Rapid Control Prototyping* genutzt werden als auch bei Etablierung der spezifischen Methodik als dauerhaft eingesetzter Advanced Controller. Dies wird durch die Verwendung von etablierten Komponenten und Technologien sowohl innerhalb als auch außerhalb des Leitsystems gewährleistet.

Integration von Advanced Control in der Prozessindustrie: Rapid Control Prototyping.
Herausgegeben von Dirk Abel, Ulrich Epple und Gerd-Ulrich Spohr
Copyright © 2008 WILEY-VCH Verlag GmbH & Co. KGaA, Weinheim
ISBN: 978-3-527-31205-4

Eine Änderung oder Erweiterung des PID-Reglers muss sowohl in die Komponentenstruktur des auf der PNK laufenden Funktionsbausteins integriert werden als auch in das Faceplate auf der PFK-Seite. Dabei muss sichergestellt werden, dass Projektierung und Ausführung der erweiterten Funktionalität gewährleistet und die vom Leitsystem realisierten Systemfunktionen entsprechend unterstützt werden. Damit wird deutlich, dass für eine derartige Integration ein erheblicher Entwicklungsaufwand betrieben werden muss. Um diesen Aufwand nicht für jede Reglerentwicklung neu betreiben zu müssen, folgt der PID+-Regler dem Reglerrahmenkonzept, das in Kapitel 5 beschrieben ist.

Bei der technologischen Umsetzung des Reglerrahmenkonzeptes mussten dabei insbesondere zwei Fragen beantwortet werden: Welche Reglerrahmenkomponenten mit welcher spezifischen Methodik sollen sinnvollerweise in den PID+-Reglerbaustein integriert werden und wie wird die Ankopplung zu der externen Methodik umgesetzt? Insbesondere beim zweiten Punkt sind Verfügbarkeit, Performance und Flexibilität wesentliche Entscheidungskriterien. Die klassischen externen Regler-Lösungen nutzen offene Kommunikationsprotokolle auf Seiten der PFK. Damit ist die Verfügbarkeit per se nicht die gleiche wie auf Seiten der PNK. Gleichermaßen ist die Übertragungsgeschwindigkeit und damit die regelungstechnisch beherrschbare Streckendynamik deutlich geringer. Üblicherweise hat man auf der PFK-Seite minimale Zykluszeiten von 0,5 s. Für langsamere verfahrenstechnische Prozesse ist eine derartige Abtast- und Eingreifzeit oftmals ausreichend, allerdings stellt diese Begrenzung bereits ein Hindernis für den Einsatz von Advanced-Control-Methoden mit direktem Durchgriff auf die Stellgröße dar (also ohne unterlagerten Regelkreis), wie es beispielsweise bei Druckregelungen auch in der Prozessindustrie von Relevanz ist.

Hinsichtlich Flexibilität der Anbindung soll ergänzend hinzugefügt werden, dass damit nicht die Flexibilität des Entwurfswerkzeuges für die regelungstechnische Methode gemeint ist, sondern eine Flexibilität zur Laufzeit der Methode. Die Umsetzung des Reglerrahmenkonzeptes soll es erlauben, dass im laufenden Betrieb zwischen verschiedenen externen Reglermethoden umgeschaltet werden kann, wobei die Methoden zum Zeitpunkt der Inbetriebnahme nicht bereits feststehen müssen. Dahinter steckt der aus der automatisierungstechnischen Erfahrung resultierende Wunsch, ohne großes Risiko und Projektierungsaufwand innovative Lösungsansätze ausprobieren und evtl. auch wieder rückwirkungsfrei verwerfen zu können. Dazu ist auf Seiten der externen Methode eine flexible Laufzeitumgebung erforderlich, die gleichzeitig auch die Anforderungen hinsichtlich Verfügbarkeit und Performance erfüllt.

Entsprechend diesen Überlegungen wurde die Systemstruktur des TIAC-Konzeptes wie in Abb. 6.1 dargestellt konzipiert und umgesetzt. Die Engineering- (ES) und Operator-Stationen (OS) von PCS7 sind über den Systembus mit den prozessnahen Komponenten (hier die S7) verbunden. Das auf diesem Weg stattfindende Engineering und die Bedienung und Beobachtung des Prozesses bleiben durch das TIAC-Konzept unberührt. Auf der anderen Seite befindet sich die MATLAB-Entwicklungsstation, von der über eine büroübliche Ethernet-Verbindung die regelungstechnischen Methoden in Form von dynamisch ladbaren Funktionsbiblio-

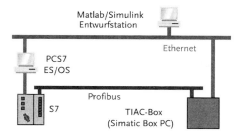

Abb. 6.1 Systemstruktur des TIAC-Konzeptes.

theken (DLL) auf die TIAC-Box übertragen werden können. Diese TIAC-Box stellt die eingangs erwähnte flexible Laufzeitumgebung für die regelungstechnischen Methoden dar und ermöglicht weiterhin die Ankopplung der Methoden über den Profibus an die PNK. Um an dem schnellen zyklischen Profibus-Datenverkehr teilnehmen zu können, fungiert die TIAC-Box als Profibus-Slave, d. h. die Box stellt sich für den Profibus-Master (hier die S7) genauso dar wie andere Profibus-Geräte (z. B. Sensoren oder Aktoren). Damit sind Zykluszeiten im Millisekundenbereich für die auf der TIAC-Box eingesetzten Advanced-Control-Methoden realisierbar.

Bevor in den nachfolgenden Abschnitten die Komponenten des PID+-Reglerrahmens und die TIAC-Box und deren Einbindung in PCS7 beschrieben werden, folgt zuvor ein Abschnitt, indem die Entscheidung für eine Erweiterung eines PID-Reglers diskutiert wird, und ein weiterer Abschnitt, in dem der konventionelle Siemens PID-Regler und seine Komponenten kurz vorgestellt werden.

6.1
Warum ein PID+-Regler?
Ansgar Münnemann

Die Frage nach dem Warum im Zusammenhang mit dem PID+-Regler lässt sich in zwei Teilfragen gliedern: einerseits die Frage nach der Notwendigkeit eines Integrationsrahmens für Advanced-Control-Methoden und andererseits die Frage nach der Rolle des PID-Reglers im Zusammenhang mit Advanced Control.

Während die Notwendigkeit eines Integrationsrahmens bereits in Kapitel 5 und in der Einleitung zu diesem Kapitel erläutert wurde, ist die Frage nach der Rolle des PID-Reglers im Zusammenspiel mit Advanced-Control-Methoden durchaus berechtigt.

Die weite Verbreitung des PID-Reglers im Umfeld der Automatisierungstechnik beruht einerseits auf der breiten Einsatzmöglichkeit für die "üblichen" 1×1-Eingrößenregelkreise bzw. entkoppelbare 2×2- oder 3×3-Mehrgrößenregelkreise und andererseits auf der "Einfachheit" der Auslegung der Regelparameter mittels Einstellregeln oder Regler-Optimierungs-Werkzeugen (siehe [SiemensTool], [LoopOptimizer]).

Im Falle von Advanced-Control-Lösungen mit unterlagerten Regelkreisen stellt der PID-Regler aufgrund seiner Einsatzmöglichkeiten und Verbreitung das naheliegendste Mittel der Wahl dar. Im TIAC-Konzept wird der PID-Regler allerdings um alternative Advanced-Control-Methoden erweitert und stellt gleichzeitig die sichere Rückfallstrategie dar.

Als "sicher" kann diese Rückfallstrategie allerdings nur eingeschränkt angesehen werden, da die PID-Reglerparameter immer nur eine eingeschränkte Gültigkeit haben und bei Änderungen des Arbeitspunktes oder des Streckenverhaltens der PID-Regler seine Sollwertvorgaben nicht mehr spezifikationsgerecht einregeln bzw. nachfahren kann.

Diese Einschränkung gilt natürlich nicht nur für den PID-Regler, sondern für jede regelungstechnische Methode, die mehr oder weniger Annahmen für das Streckenverhalten impliziert. Für die PID-Regelung als sichere Rückfallstrategie erfordert dies eine möglichst robuste Auslegung der Regelparameter, um den beherrschbaren Bereich der jeweiligen Strecke möglichst groß zu gestalten.

Die robuste Parameterauslegung steht allerdings oftmals im Widerspruch zu der Optimierung des PID-Reglers am jeweiligen Arbeitspunkt. Beim PID+-Regler sollten die optimierten Prozessführungsvorgaben ohnehin von der Advanced-Control-Methode generiert werden, so dass auf eine optimierte Auslegung der PID-Parameter der Rückfallebene verzichtet werden könnte. Alternativ bestünde in einem etwas erweiterten PID+-Regler auch die Möglichkeit eine weitere "Pseudofahrweise" zu hinterlegen, nämlich den gleichen PID-Regler mit optimierten Parametern. Dann muss allerdings die eventuelle Abhängigkeit der Regelparameter zum jeweiligen Arbeitspunkt stärker berücksichtigt werden.

Im Prinzip führen diese Überlegungen wieder zum generellen Konzept der situationsabhängigen Mehrstrategienregelung und es wäre zu überlegen, inwieweit eine Situationserkennung und -bewertung nicht auch bereits auf der Ebene des PID-Reglers sinnvoll und nützlich wäre. Dazu müssten für den jeweiligen Regelkreis die entsprechenden verfahrenstechnischen Randbedingungen, die sonst ausschließlich in Form von Verriegelungen in der Prozessautomatisierung hinterlegt sind, als Bewertungskriterien für eine integrierte Reglerüberwachung überführt werden. Diese Reglerüberwachung prüft permanent diese Kriterien gegen das aktuelle Verhalten des PID-Reglers und schaltet in kritischen Situationen auf die sicherere Rückfallstrategie. Bei dieser Rückfallstrategie kann es sich dann entweder um fest definierte Stellgrößenvorgaben oder um einen Regler mit robuster Parametrierung und/oder neuer Sollwertvorgabe handeln. Auf jeden Fall muss sichergestellt werden, dass über die jeweils angewählte Rückfallstrategie der Prozess aus dem kritischen Bereich herausgeführt wird.

Üblicherweise werden die kritischen Situationen eines Prozesses ausschließlich auf Basis von Verriegelungen zwischen Sensorik, Aktorik und Regler abgesichert. Das Schalten dieser Verriegelungen bewahrt den Prozess vor kritischen Situationen, schützt also Menschen, Anlage und Umwelt davor Schaden zu nehmen. Aus Sicht der Produktion und damit auch für den Anlagenfahrer stellt bereits das Schalten einer Verriegelung (und der damit teilweise verbundenen Alarmierungs- und Verriegelungskaskade) oftmals eine kritische Situation dar, da es zu Produktionsausfall kommen kann und das Wiederanfahren von Anlagenteilen mit erheblichem Aufwand verbunden sein kann. Bei Verwendung eines mehrstufigen

Funktionssicherungskonzeptes, das neben den Verriegelungen eine in die Prozessführung integrierte Situationsüberprüfung und Rückfallstrategiewahl kennt, kann rechtzeitig, also vor dem Greifen von Verriegelungen, einer kritischen Situation entgegengewirkt werden.

Zwar existiert im Bereich Statistik und Signalanalyse ein große Palette von Methoden, die sich in der Datenanalyse bewährt haben um bestimmte Situationen zu erkennen, aber bei der Konzeptumsetzung muss berücksichtigt werden, dass auch in heutiger Zeit die Leistungsfähigkeit von Prozesssteuerungen im Vergleich zu der jeweils aktuellen PC-Generation deutlich beschränkt ist, was die Auswahl der in einem Regler zu integrierenden zusätzlichen Methodik deutlich eingrenzt. Und außerdem kann es nicht Ziel einer derartigen funktionalen Erweiterung von Reglern sein, dass der Projektierungsaufwand über alle Maßen steigt. Das heißt, die Methoden zur Situationserkennung und Strategiewahl müssen so gewählt werden, dass sie mit möglichst wenig streckenspezifischen Parametern, die einfach zu identifizieren oder selbstadaptiv sind, auskommen.

Im Rahmen des TIAC-Konzeptes wurde auf eine zusätzliche Überwachungsebene der PID-Strategie verzichtet, da hier der Fokus auf einer einfachen und stabilen Integration zusätzlicher Advanced-Control-Methoden lag und nicht auf der Funktionserweiterung des PID-Reglers. Für die Überwachung der jeweiligen Advanced-Control-Methode wurde ein pragmatischer Ansatz gewählt, indem einige sehr einfache und mit geringem Ressourcenverbrauch zu implementierende Methoden ausgewählt wurden, deren Informationskombination über die Auswahl Advanced Control oder PID entscheidet (siehe Abschnitt 6.3).

6.2
Der Siemens PID-Regler
Ansgar Münnemann

Grundlage des PID+-Reglers stellt der Siemens-PID-Funktionsbaustein dar, dessen wesentliche Komponenten im Folgenden kurz vorgestellt werden sollen, ohne dabei die technischen Details und Verhaltensaspekte im Einzelnen zu betrachten. Es sei an dieser Stelle auch erwähnt, dass prinzipiell jeder PID-Regler von den unterschiedlichen Leitsystemherstellern über derartige Komponenten verfügt, die sich allerdings im Detail durchaus unterscheiden können.

Die wesentlichen Komponenten des PID-Reglers zeigt Abb. 6.2. Neben dem eigentlichen PID-Algorithmus beinhaltet ein PID-Regler-Funktionsbaustein noch Komponenten zur Sollwertvorverarbeitung, zur Normierung des Verstärkungsfaktors, zur Stellgrößenaufbereitung und zur Alarmgenerierung. In Abb. 6.2 ist der Informationsfluss zwischen diesen Komponenten stark vereinfacht dargestellt. Tatsächlich umfasst der PID-Regler von Siemens ca. 80 Parameter, von denen die meisten für den normalen Betrieb unerheblich sind bzw. auf Defaulteinstellung verwendet werden können. Entsprechend umfangreich ist die Vernetzung der einzelnen Komponenten des PID-Reglers.

Neben dem Funktionsbaustein selbst gehört zu einem Regler auch dessen Gegenstück in der Bedienung und Beobachtung (PFK): das sog. "Faceplate".

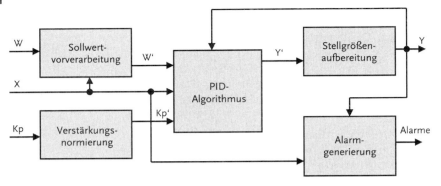

Abb. 6.2 Struktur des PID-Funktionsbausteins von Siemens.

Dabei handelt es sich um die grafische Interaktionsschnittstelle für den Anlagenfahrer. In diesem Faceplate befinden sich ebenfalls aktive Komponenten, die benötigt werden, um auf Bedieneingriffe zu reagieren und im Funktionsbaustein auftretende Zustände oder Ereignisse zu visualisieren. Abbildung 6.3 zeigt dieses Faceplate für den Siemens-PID-Regler in der sog. "Kreisansicht", d. h. mit allen Teilfenstern auf einmal, die im üblichen Betrieb nur situationsspezifisch ausgewählt werden. In den verschiedenen Teilfenstern finden sich die Interaktionsgegenstücke zu den Komponenten des Funktionsbausteins auf der PNK.

Sollwertvorverarbeitung

Die Funktion der Sollwertvorverarbeiung besteht darin, aus verschiedenen Quellen von Sollwerten unter Berücksichtigung der aktuellen Bausteinparameter den

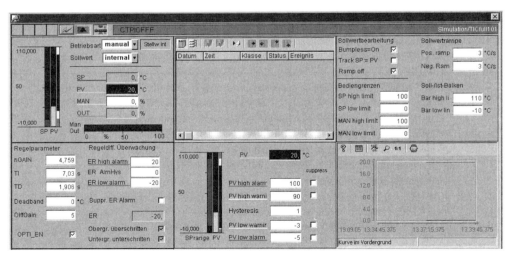

Abb. 6.3 Faceplate des Siemens-PID in PCS7.

spezifizierten auszuwählen. Ein Sollwert für einen Regler kann entweder vom Anlagenfahrer oder von einer überlagerten Funktion vorgegeben werden.

Verstärkungsnormierung

Für den PID-Algorithmus werden sowohl die Ist- bzw. Sollwerte als auch die Stellgröße normiert. Der Verstärkungsfaktor des PID-Algorithmus wird entsprechend der jeweiligen, parametrierten Maximal- und Minimalwerte normiert.

PID-Algorithmus

Der PID-Algorithmus stellt den eigentlichen Kern des Reglers dar. In ihm wird aus der Regelabweichung der Stellwert bestimmt.

Stellgrößenaufbereitung

Analog zur Sollwertvorverarbeitung besteht die Funktion der Stellgrößenaufbereitung darin, aus verschiedenen Quellen von Stellgrößen und deren Beschränkungen die relevante Stellgröße zu bestimmen. Eine Stellgröße für einen Regler kann entweder vom Anlagenfahrer (Handbetrieb) oder vom PID-Algorithmus vorgegeben werden. Zudem können Stellgrößenbeschränkungen greifen.

Alarmgenerierung

Der Regler bewertet sich und sein Verhalten selbst und gibt Fehlermeldungen bzw. Qualitätsbewertungen ab. Diese können dann in das Bedienkonzept integriert werden.

6.3
Die Erweiterung zum PID+-Regler
Ansgar Münnemann

Die Erweiterung des PID-Reglers zum PID+-Regler besteht im Wesentlichen aus zwei Aspekten: aus einer Erweiterung des PID-Funktionsbausteins um Komponenten, die einen Reglerfahrweisenwechsel und eine Reglerbewertung ermöglichen, und aus einer Einbindung der notwendigen Bedien- und Visualisierungselemente in die grafische Oberfläche des PID-Reglers. Während der Entwicklung musste ein geeigneter Mittelweg zwischen optimaler Funktionalität und minimaler zusätzlicher Ressourcenbelastung durch den PID+ gefunden werden, da als möglicher Einsatz auch der komplette Ersatz von PID-Reglern durch PID+-Regler angedacht war, was es erlauben würde, nachträglich problemlos beliebige Advanced-Control-Methoden in eine Anlagenautomatisierung zu integrieren ohne Änderungen an der Softwareprojektierung vornehmen zu müssen.

Die Komponenten des PID+-Reglers wurden als jeweils separate Funktionsbausteine in der Funktionsbausteinsprache Structured Text (ST) realisiert (s. auch [2]). Die einzelnen Komponenten konnten dann in das Funktionsbausteinnetz des PID-Reglers integriert werden. Durch die Möglichkeit in PCS7 aus einem Funktionsbausteinnetz einen Funktionsbausteintyp automatisch generieren zu lassen, war es problemlos möglich, die Komponentenstruktur in einem Funktionsbaustein zu kapseln. Im Folgenden werden die einzelnen Erweiterungskomponenten des PID+-Reglers erläutert und im letzten Abschnitt dann deren Integration in den PID-Regler und in das Bedienungs- und Beobachtungskonzept von PCS7.

6.3.1
Die Schnittstellenkomponente

Eine offensichtlich notwendige zusätzliche Komponente des PID+-Reglers stellt die Schnittstellenkomponente zu der externen auf der TIAC-Box laufenden Advanced-Control-Methode dar. Dieser Schnittstellenfunktionsbaustein realisiert den Datenaustausch über den Profibus (Abb. 6.4). Da die Ankopplung der TIAC-Box als Profibus-Slave mit den üblichen Hardware-Projektierungswerkzeugen von PCS7 erfolgt, kann von dem Funktionsbaustein auf S7-Seite direkt auf die entsprechenden Daten im Prozessabbild zugegriffen werden. Die Eingänge des Schnittstellenbausteins, also die Werte die an die externe Reglermethode übergeben werden sollen, werden für die Kommunikation in den zugehörigen Ausgangsdatenbereich des Prozessabbildes geschrieben. Die zyklische Profibus-Kommunikation überträgt dann diese Daten zu der TIAC-Box, wo die Ausgangsdaten der S7 zu den Eingangsdaten des Profibus-Slave werden. Diese Eingangsdaten werden von einem Gegenstück des Schnittstellenbausteins (Näheres dazu findet sich in Abschnitt 6.3) ausgelesen, auf entsprechende Datentypen konvertiert und an den Ausgängen des Funktionsbausteins zur Verfügung gestellt. Dort können diese Informationen dann von der AC-Methode, die selbst wiederum in einem separaten Funktionsbaustein auf der TIAC-Box gekapselt ist, abgegriffen und verarbeitet werden. Die berechneten Größen der AC-Methode gelangen dann zu den Eingängen des Schnittstellenbausteins auf der TIAC-Box-Seite und von dort über den

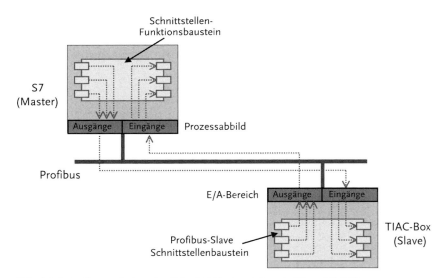

Abb. 6.4 Datenfluss zwischen den Schnittstellenbausteinen in S7 und TIAC-Box.

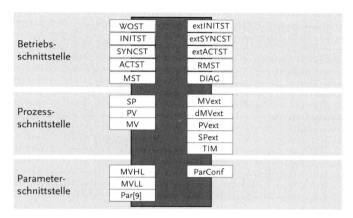

Betriebs-schnittstelle	WOST	extINITST
	INITST	extSYNCST
	SYNCST	extACTST
	ACTST	RMST
	MST	DIAG

Prozess-schnittstelle	SP	MVext
	PV	dMVext
	MV	PVext
		SPext
		TIM

Parameter-schnittstelle	MVHL	ParConf
	MVLL	
	Par[9]	

Abb. 6.5 Schnittstelle zur Interaktion des Reglerrahmens mit der AC-Methode.

Profibus letztendlich zu den Ausgängen des Schnittstellenbausteins auf der S7-Seite.

Die Schnittstelle der AC-Methode besteht aus drei Teilen: Betriebsschnittstelle, Prozessschnittstelle und Parameterschnittstelle (Abb. 6.5). Die Betriebsschnittstelle umfasst die Zustandssignale für die Interaktion von Rahmen und Reglermethode, die sich an dem generischen Zustandssteuerwerk für Mehrfahrweisenregler aus Kapitel 5 orientiert. Dabei ist insbesondere die Sicherstellung einer synchronisierten Zustandsbestimmung zwischen Rahmen und Methode zu berücksichtigen. Die Prozessschnittstelle erhält als Eingänge den aktuell gültigen Sollwert SP, den vom Regler ausgegebenen Stellwert MV und den aktuellen Prozesswert der Regelgröße PV. Zur Konfiguration der AC-Methode stehen neben den Stellbereichsgrenzen $MVHL$ und $MVLL$ neun frei definierbare Parameter zur Verfügung, deren Typ von der Methode über den $ParConf$-Ausgang vorgegeben wird.

6.3.1.1 Die Betriebsschnittstelle

Über die Betriebsschnittstelle sind die Zustandsmaschinen für die Fahrweiseninitialisierung, die Fahrweisensynchronisation und den aktiven Fahrweisenbetrieb des Reglerrahmens in der S7 und die Reglermethode auf der TIAC-Box miteinander gekoppelt. Aufgrund der verteilten Implementierung müssen eventuelle Verzögerungen bei der Signalübertragung bzw. Unterschiede im Bearbeitungszyklus von S7 und TIAC-Box berücksichtigt werden. Insbesondere gilt dies für Zustandswechsel. Hier muss durch geeignete Transitionsbedingungen in Erweiterung zu den allgemeinen Spezifikationen aus Kapitel 5 eine Synchronisation der Zustandsmaschinen des Reglerrahmens auf der S7 und der Reglermethode auf der TIAC-Box sichergestellt werden.

Ein Blick zurück auf Abb. 5.16, die das vernetzte Zustandssteuerwerk für den Fahrweisenwechsel darstellt, zeigt die Notwendigkeit: Angenommen der Regler befindet sich in einer Advanced-Control-Fahrweise und zu irgendeinem Zeitpunkt

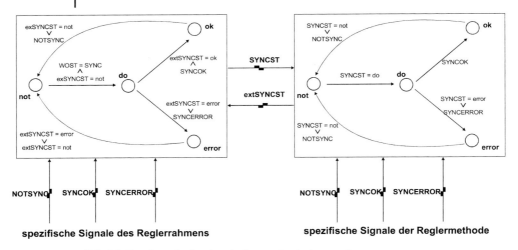

Abb. 6.6 Kopplung der Synchronisationszustandssteuerwerke.

stellt eine Situationsbewertungskomponente des Reglerrahmens fest, dass die Synchronisationsbedingung nicht mehr erfüllt ist. Folgerichtig wechselt der Arbeitsphasenzustand der Advanced-Control-Methode auf Synchronisation und die Rückfallebene, also beim PID+ die PID-Methode, übernimmt die aktive Prozessführung. Wenn aus irgendwelchen Gründen (z. B. aufgrund umfangreicher Berechnungen, die sich in langsameren Zykluszeiten der TIAC-Box niederschlagen) dieser Zustandswechsel von den Zustandssteuerwerken der Advanced-Control-Methode nicht bemerkt wurde, dann verbleibt diese intern auf einem Gutzustand für die Synchronisation. Sind dann in ausreichend kurzer Zeit auch die Synchronisationsbedingungen des Reglerrahmens wieder erfüllt, schaltet der Regler wieder in den Advanced-Modus, ohne dass die Advanced-Control-Methode auf der TIAC-Box diesen Wechsel überhaupt mitbekommen konnte. Allerdings können sich durch die zwischenzeitlichen Eingriffe der PID-Methode sowohl Stellgröße als auch Regelgröße bezüglich der internen Zustände der AC-Methode durchaus ungünstig entwickelt haben. Wäre hingegen der Methodenwechsel auch von der Advanced-Control-Methode registriert worden, so hätte dort durch geeignete interne Synchronisationsmaßnahmen rechtzeitig reagiert werden können.

Wie eine Synchronisation zwischen den verteilten Zustandssteuerwerken im PID+ umgesetzt worden ist, zeigt beispielhaft Abb. 6.6 für das Synchronisationszustandssteuerwerk. Neben den für Reglerrahmen und Reglermethode unterschiedlich definierbaren Schaltsignalen *NOTSYNC, SYNCOK* und *SYNCERROR* findet eine Kopplung der beiden Zustandsmaschinen über die Signale *SYNCST* bzw. *extSYNCST* statt, die den aktuellen Zustand des jeweiligen Steuerwerks wiedergeben. Die Kopplung durch die Transitionsbedingungen stellt sicher, dass jeweils die Seite mit der höheren "Zustandskompetenz" die Führerschaft für einen Zustandswechsel übernimmt. "Zustandskompetenz" meint in diesem Zusammenhang, dass beispielsweise der Reglerrahmen darauf angewiesen ist, dass die

Reglermethode sich im Zustand "erfolgreich synchronisiert" (*ok*) befindet, ehe auch das Steuerwerk im Reglerrahmen auf diesen Zustand wechseln kann. Die Feststellung der "Nichtsynchronität" (*not*) geschieht hingegen mit gleicher "Zustandskompetenz", da sowohl bei Verletzung der entsprechenden Bewertungskriterien des Reglerrahmens als auch der der Methode ein entsprechender Zustandswechsel stattfindet.

Eine Erweiterung zu dem Konzept aus Kapitel 5 stellt die Einführung einer aktiven Stellwertbeaufschlagung für Identifikationsvorgänge dar. Grundsätzlich kann sowohl in der Initialisierungs- als auch in der Synchronisations- oder Standby-Phase einer Prozessführungsfunktion eine aktive Beeinflussung des Prozesses notwendig sein, um den Prozess bzw. dessen aktuellen Zustand zu identifizieren. Da die eigentliche Führung des Prozesses jedoch einer anderen Instanz anvertraut ist, muss ein solcher Eingriff explizit "genehmigt" werden. Das Wechselspiel von Anfrage eines Prozesseingriffes und Genehmigung bzw. Ablehnung wird durch die beiden Zustände *RMST* (*Request for Manipulation State*) und *MST* (*Manipulation State*) einer jeden Reglerfahrweise repräsentiert.

Es ist offensichtlich sinnvoll, dass immer nur eine Fahrweise für einen bestimmten Zeitraum Manipulationen an dem Prozess vornehmen kann. Der Reglerrahmen muss dies folglich sicherstellen. Ebenso sollte auch ein geeigneter Zeitpunkt (stationärer Prozessverlauf) für Manipulationen ausgewählt werden, was allerdings nur eingeschränkt automatisiert von dem Reglerrahmen übernommen werden kann. Daher besteht die Möglichkeit, dass eine Manipulations- / Identifikationsphase einer nicht aktiv führenden Fahrweise automatisch oder manuell gestartet werden kann. Für die automatisierte *MST*-Zuweisung wird im Reglerrahmen eine zusätzliche Komponente zur Erkennung von Stationaritäten benötigt.

Der Wert von *RMST*, also die Anfrage nach einer Identifikationserlaubnis, wird von der jeweiligen Reglermethode vorgegeben. Die Antwort in Gestalt des entsprechenden *MST*-Wertes gibt der Reglerrahmen (Abb. 6.7).

Die eingehenden, binären Signale *AMMON* (*Automatik Manipulation Mode On*), *STAT* (*Stationary*) und *MMMON* (*Manual Manipulation Mode On*) beschreiben die Parametrierung bzw. Situationsbewertung des Reglerrahmens. Über den PID+-Parameter *AMMON* wird festgelegt, ob die Zuweisung von Manipulationsfreigaben manuell (*AMMON* = FALSE) oder automatisch (*AMMON* = TRUE) erfolgen soll. Im manuellen Fall kann über *MMMON* = TRUE die Manipulation freigegeben werden. Bei eingeschalteter Automatik wird im Fall einer stationären Prozesssituation (*STAT* = TRUE) eine evtl. vorliegende Manipulationsanfrage automatisch akzeptiert

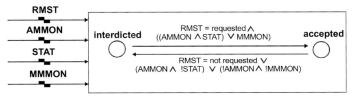

Abb. 6.7 Transitionsbedingungen für eine Identifikationsfreigabe.

Im MST = Accepted-Zustand wird ein von der Reglermethode generierte Stellwertaufschlag auf den aktuellen Stellwert aufaddiert, bevor dieser die Reglerrahmenkomponente zur Stellwertbegrenzung durchläuft. Der Stellwertaufschlag kann durch zusätzliche Parameter des PID+-Reglers prozentual zum Gesamtstellbereich begrenzt werden.

Abschließend sei zu der Betriebsschnittstelle noch der Diagnose-Ausgang der AC-Methode erwähnt, der dazu genutzt werden kann über eine nicht standardisierte Zahlenkodierung methodenspezifische Informationen in Bezug auf den jeweiligen Betriebszustand dem Bedien- oder Wartungspersonal mitzuteilen.

6.3.1.2 Die Prozessschnittstelle

Die Prozessschnittstelle besteht aus den Eingängen PV (*Process Value*), MV (*Manipulated Variable*) und SP (*Set Point*), die vom Reglerrahmen an die Reglermethode weitergeleitet werden. Als Ausgänge definiert die Reglermethode den von ihr berechneten Stellwert $MVext$, den Stellwertaufschlag für Identifikationsvorgänge $dMVext$, den berechneten Prozesswert $PVext$, den realisierten Sollwert $SPext$ und den Sekundenwert der Unix-Zeit (Sekunden seit 1. Januar 1970 00:00 h UTC) in der Variable TIM. Dieser letzte Wert wird im Reglerrahmen zur Überprüfung der Lebendigkeit der AC-Methode verwendet (*WatchDog*).

Die Ausgabe eines berechneten Prozesswertes $PVext$ ist für die eigentliche Regelung nicht von Interesse und wird im PID+-Reglerrahmen auch nicht weiter ausgewertet. Konzeptionell ist die TIAC-Box aber auch für andere Applikationen vorgesehen wie beispielsweise Softsensor-Anwendungen. Das Schnittstellenmodul ist daher so umgesetzt worden, dass es als Komponente auch in anderen Rahmen-Funktionsbausteinen auf der S7-Seite eingesetzt werden kann, die dann beispielsweise einen Sensor repräsentieren, der seine Informationen nicht aus dem Prozess sondern von einer Berechnung auf der TIAC-Box bezieht.

Die Ausgabe eines Sollwertes ($SPext$) durch die AC-Method erscheint im ersten Moment ebenfalls etwas ungewöhnlich für einen Regler, hat aber den Hintergrund, dass es je nach AC-Methode sinnvoll sein kann, den vom Bediener vorgegebenen Sollwert nicht direkt zu übernehmen, sondern sich diesem durch eine Rampe oder ähnliche Übergangsfunktionen schrittweise anzunähern. Dem Bediener kann über den $SPext$-Ausgang der aktuell angenommene Sollwert mitgeteilt werden.

6.3.1.3 Die Parameterschnittstelle

Während die Betriebsschnittstelle als universelle Interaktionsschnittstelle zwischen PID+-Reglerrahmen und beliebiger AC-Methode angesehen werden kann, stellte die Prozessschnittstelle bereits eine Einschränkung auf eine 1x1-Reglerstruktur dar (eine Regelgröße und eine Stellgröße); bleibt aber unabhängig für die unterschiedlichen Methoden dieser Reglerstruktur. Bei der Parameterschnittstelle endet leider diese Generizität. Die Parameter einer Regelung sind zwingend an die spezifische Methode gekoppelt, die die Regelungsaufgabe lösen soll, und müssen dabei bei einem Methodenwechsel entsprechend angepasst werden.

Daher wird vom PID+ außer den generellen Parametern für die Stellwertbegrenzung *MVHL* (Maximum) und *MVLL* (Minimum) ein Satz von neun frei belegbaren Parametern/Signalen definiert, die über die Schnittstelle im Leitsystem verändert werden können. Eine nähere semantische Beschreibung der Parameter ist bei einem universell einsetzbaren Reglerrahmen nicht möglich. Umgekehrt kann aber die AC-Methode beschreiben, was ihre spezifischen Parameter bedeuten. Aus Ressourcengründen hinsichtlich der zyklischen Profibus-Kommunikation wurde auf eine Übergabe von textuellen Parameterbeschreibungen in dem TIAC-Prototypen verzichtet. In einer Weiterentwicklungsstufe als modularer Profibus-Slave könnten entsprechende Informationen bei der TIAC-Box-Gerätekonfiguration über die azyklischen Profibus-Dienste übertragen werden.

Eine wesentliche Eigenschaft der Parameter wird aber auch bereits im TIAC-Prototypen mitübertragen, nämlich die notwendige Reaktion des Reglerrahmens bei einer Änderung des zugehörigen Parameters. Es existieren drei Typen von Parametern: Initialisierungsparameter, Synchronisationsparameter und freie Parameter. Eine Änderung der Initialisierungsparameter führt zu einer Reinitialisierung der Reglermethode (Setzen der *NOTINIT*-Bedingung des Reglerrahmens). Eine Änderung der Synchronisationsparameter führt zu einem Setzen einer *NOTSYNC*-Bedingung, was eine erneute Sychronisation im Arbeitsphasenablauf des Reglers zur Folge hat. Nur die freien Parameter können zu jeder Zeit verändert werden, ohne die Reglerarbeitsphase *WOST* zu beeinflussen.

Der Typ der Parameter kann von der Methode intern festgelegt werden und über den Schnittstellenausgang *ParConf* dargestellt werden. Die Darstellung der Parametertypen in der Variable *ParConf* geschieht durch eine Zwei-Bit-Codierung, also der Zuordnung eines Bitcodes von 00 bis 11 zu jedem Parameter. Dabei gibt die Stellposition der Bitpaare (von rechts nach links) den Bezug zu der entsprechenden Parameternummer wieder:

Die Bit-Kombination 10 1010 0101 0100 0000 bedeutet also, dass *Par1* bis *Par3* als freie, *Par4* bis *Par6* als Initialisierungs- und *Par7* bis *Par9* als Synchronisationsparameter definiert sind (Tabelle 6.1).

Tabelle 6.1 Bit-Code zur Darstellung der verschiedenen
Parametertypen.

Bit-Code	Parametertyp
00	frei
01	Initialisierung
10	Synchronisation

6.3.2
Das Zustandssteuerwerk des Reglerrahmens

Ein Kernmodul der PID+-Reglers stellt das Zustandssteuerwerk zur Interaktion des Reglerrahmens auf der S7 mit der AC-Reglermethode auf der TIAC-Box dar. Die über die Betriebsschnittstelle ausgetauschten Zustandsinformationen werden in diesem Modul entsprechend den Beschreibungen in Kapitel 5 verarbeitet und beeinflussen damit wechselseitig den Betriebszustand von Reglerrahmen und Reglermethode. Die Notwendigkeit und das Prinzip der Synchronisation wurden bereits in Abschnitt 6.2 erläutert.

Über die Eingänge des Funktionsbausteins *AC_SM*, der als interne Funktionsbausteinkomponente des PID+ das Zustandssteuerwerk realisiert, können neben den Zustandssignalen der über das Schnittstellenmodul eingehenden externen AC-Methode auch die Informationen der anderen Module des PID+-Reglerrahmens auf den Betriebszustand einwirken.

Dazu stellt der *AC_SM* die in Tabelle 6.2 aufgeführten Baustein-Ein- und Ausgänge zur Verfügung:

Tabelle 6.2 Die Ein- und Ausgänge des Funktionsbausteins *AC_SM*.

Name	Datentyp	Ein-/Ausgang
NOTINIT	BOOL	E
INITOK	BOOL	E
INITERROR	BOOL	E
NOTSYNC	BOOL	E
SYNCOK	BOOL	E
SYNCERROR	BOOL	E
ACTOK	BOOL	E
ACTERROR	BOOL	E
WOST	INT	A

Die Werte dieser Eingänge fließen direkt in das Zustandssteuerwerk mit ein und bestimmen damit maßgeblich den Betriebszustand des PID+. Die Beschaltung dieser Eingänge durch die nachfolgend vorgestellten Überwachungsmodule des Reglerrahmens wird in Abschnitt 6 näher ausgeführt.

6.3.3
Stationaritätserkennung

Die Stationaritätserkennung wird im PID+ zur Bestimmung einer geeigneten Prozesssituation genutzt, in der zwecks Streckenidentifikation eine (zusätzliche) Anregung auf die Stellgröße aufgeschaltet werden kann. Ein stationärer Zustand des Regelkreises ist erreicht, wenn sich weder Sollwert noch Regelgröße oder

Stellgröße nennenswert ändern. Für den Sollwert kann die erlaubte Variation auf Null angesetzt werden. Für Stell- und Regelgröße kann dies aufgrund üblicher Signalschwankungen nicht sinnvoll angesetzt werden. Als einfaches Kriterium bietet es sich an, die Abweichungen vom Mittelwert zu betrachten, die einen prozentual zum Messbereich bzw. Stellbereich parametrisierten Wert nicht überschreiten dürfen. Während der Stellbereich direkt aus den Bausteinparametern *LMN_HLM* und *LMN_LLM* berechnet werden kann, werden für den Messbereich der Regelgröße die parametrisierten Alarmgrenzen als bestimmend angenommen (*PV_HAlm* – *PV_LAlm*). Die Eingangsparameter *RMV* und *RPV* definieren den Prozentwert, um den der jeweilige aktuelle Wert von dem berechneten Mittelwert abweichen darf, so dass der Prozess trotzdem als stationär gewertet wird.

Tabelle 6.3 Die Ein- und Ausgänge des Funktionsbausteins *AC_STAT*.

Name	Datentyp	Ein-/Ausgang
PV	REAL	E
MV	REAL	E
SP	REAL	E
RMV	REAL	E
RPV	REAL	E
MV_HL	REAL	E
MV_LL	REAL	E
PV_HL	REAL	E
PV_LL	REAL	E
NOI	INT	E
STAT	BOOL	A

Der Stellbereich wird dem *AC_STAT* über die Parameter *MV_HL* und *MV_LL* übergeben, der Messbereich der Regelgröße über *PV_HL* und *PV_LL* (Tabelle 6.3). Die Berechnung des Mittelwertes erfolgt einerseits für die Stellgröße und andererseits für die Regelabweichung *SP – PV*. Da gleichzeitig der Sollwert *SP* bezüglich seines Wertes im vorherigen Bausteinzyklus überprüft wird, kennzeichnet eine konstante Regelabweichung bei konstantem Stellwert einen stationären Regelkreis.

Die Berechnung der Mittelwerte erfolgt immer für ein Fenster von *NOI* Einzelwerten. Ist für den so berechneten Mittelwert die Abweichung der nachfolgenden Einzelwerte kleiner als die als erlaubt parametrisierte Begrenzung, wird die Ausgangsvariable *STAT* auf TRUE gesetzt, der Regelkreis folglich als stationär bewertet. Parallel zur Überprüfung der Abweichung vom Mittelwert wird gleichzeitig aus den nächsten *NOI* Einzelwerten der nachfolgende Mittelwert gebildet. Diese Methode wurde bei der Umsetzung der PID+-Module dem üblicherweise verwendeten gleitenden Mittelwert aus Ressourcengründen vorgezogen, da zu dessen

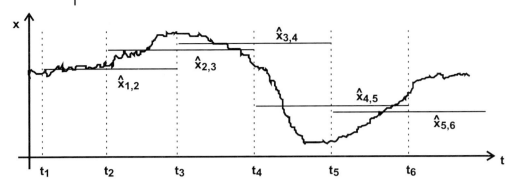

Abb. 6.8 Prinzip der Mittelwertbildung im *AC_STAT*.

Berechnung gemäß Gl. (6.1) immer die letzten d Werte gespeichert werden müssten, um den nachfolgenden Mittelwert für $(n + 1)$ berechnen zu können.

$$\hat{x}_{n,n+d} = \frac{\sum_{i=n}^{i=n+d} x_i}{d + 1} \qquad (6.1)$$

Bei der Bildung des Intervall-Mittelwertes kann die Speicherung einer entsprechenden Anzahl von Einzelwerten vermieden werden, da für das aktuelle Intervall immer der Mittelwert des vorherigen Intervalls als Vergleichsgröße herangezogen wird, wie dies in Abb. 6.8 veranschaulicht ist. Eine langsame Drift der Regelgröße bzw. Stellgröße wird folglich nur dann als stationär bewertet, wenn die Drift innerhalb eines Intervalls nicht das Toleranzband überschreitet. Tritt eine signifikante Abweichung der Einzelwerte auf (Überschreitung des Toleranzbandes) bzw. wird der Sollwert geändert, wird *STAT* auf FALSE gesetzt.

6.3.4
Die WatchDog-Komponente

Eine wesentliche Funktion bei allen Ankopplungen von externen, die Prozessführung beeinflussenden Applikationen stellt die Überwachung der Lebendigkeit der externen Applikation dar. Der Baustein *AC_TCHK* realisiert eine derartige WatchDog-Funktionalität in dem Reglerrahmen des PID+ (Tabelle 6.4). Dazu wird das von der Reglermethode gesendete Sekunden-Zeitsignal T in jedem Zyklus mit seinem vorherigen Wert verglichen. Hat sich dieses Signal für länger als *TMAX* Zyklen nicht geändert, so schaltet die Ausgangsvariable *ALIVE* auf FALSE; die externe Methode wird damit als nicht mehr lebendig bewertet. Gleichermaßen wird eine Änderung des *T*-Signals innerhalb eines Zyklus, die den *TMAX*-Wert überschreitet, als Störung der Übertragungskommunikation zwischen externer Methode und Reglerrahmen gewertet und die Ausgangsvariable *ALIVE* ebenfalls auf FALSE gesetzt. In allen anderen Fällen wird über *ALIVE* = TRUE die externe Methode als lebendig bewertet.

Tabelle 6.4 Die Ein- und Ausgänge des Funktionsbausteins *AC_TCHK*.

Name	Datentyp	Ein-/Ausgang
T	REAL	E
TMAX	REAL	E
ALIVE	BOOL	A

6.3.5
Die Parameterüberwachung *AC_PCHK*

Die Parameterüberwachung *AC_PCHK* prüft, ob einer der Parameter, die AC-methoden-spezifisch als Initialisierungs- oder Synchronisationsparameter konfiguriert sind, sich geändert hat. Dazu werden die Parametertypkonfiguration *ParConf* der AC-Methode, die Parameternummer *PARNUM* und der zu betrachtende Parameter *PAR* als Eingang in den Funktionsbaustein gegeben (Tabelle 6.5).

Die *AC_PCHK*-Funktion überprüft, ob die entsprechenden Bits der *ParConf*-Kodierung gesetzt sind und teilt das Ergebnis an den Ausgängen durch Setzen von *ReSync* bzw. *ReInit* mit.

Tabelle 6.5 Die Ein- und Ausgänge des Funktionsbausteins *AC_PCHK*.

Name	Datentyp	Ein-/Ausgang
PAR	REAL	E
PARNUM	REAL	E
ParConf	REAL	E
ReSync	BOOL	A
ReInit	BOOL	A

6.3.6
Die Stellwertbeaufschlagung *AC_DMVA*

Die Zustandsmaschine der Betriebsschnittstelle der AC-Methodenankopplung, die in Abschnitt 6.3.1 beschrieben wurde, definiert die Möglichkeit einer Stellwertbeaufschlagung für Identifikationsvorgänge. Die Freigabe einer solchen Stellwertbeaufschlagung erfolgt über den Zustand *MST* (*Manipulation State*). Dieser Zustand geht als Eingang auch in das Modul *AC_DMVA* ein und bestimmt dort, ob der anliegende Stellwert-Offset *DMV_IN* auf den aktuellen Stellwert aufgeschaltet wird oder nicht (Tabelle 6.6).

Der Parameter *RML* des *AC_DMVA* beschränkt den von der externen Reglermethode übergebenen Stellwertaufschlag *DMV_IN* auf den entsprechenden Prozentbereich des Gesamtstellwertbereichs MV_HL–MV_LL. Bei einem Manipulationszustand MST = accepted wird der so begrenzte Aufschlag (Ausgabe des evtl. begrenzten Wertes in DMV_OUT) auf den eingehenden Stellwert MV_IN aufaddiert und über MV_OUT ausgegeben. Ist MST = interdicted, so wird das eingehende Stellwertsignal MV_IN ohne Aufschaltung der Anregung DMV_IN auf MV_OUT gegeben.

Tabelle 6.6 Die Ein- und Ausgänge des Funktionsbausteins *AC_DMVA.*

Name	Datentyp	Ein-/Ausgang
RML	REAL	E
MV_IN	REAL	E
MV_HL	REAL	E
MV_LL	REAL	E
DMV_IN	REAL	E
MST	INT	E
DMV_OUT	REAL	A
MV_OUT	REAL	A

6.3.7
Die Konvergenzüberprüfung AC_ECHK

Als zusätzliche Überwachungsfunktion der externen AC-Methode dient neben der WatchDog-Komponente auch die Konvergenzprüfung AC_ECHK. Diese Funktion prüft, ob die Summe der Regelfehlerquadrate $ESum$ in einem Zeitfenster von NOI Zyklen eine projektierte Grenze $ELimit$ nicht überschreitet. Wird die Grenze überschritten, wird die AC-Methode als nicht konvergent bewertet und $EConverges$ auf FALSE gesetzt (Tabelle 6.7).

Tabelle 6.7 Die Ein- und Ausgänge des Funktionsbausteins *AC_ECHK.*

Name	Datentyp	Ein-/Ausgang
E	REAL	E
NOI	INT	E
EConverges	BOOL	A
ESum	REAL	A
ELimit	REAL	E/A
CEL	BOOL	E/A

Die Berechnung von *ESum* erfolgt durch Aufsummierung von *NOI* Fehlerquadraten (*SQR(E)*) in einer internen Variable. Nach den *NOI* Zyklen übernimmt *ESum* den Summenwert der internen Variable und die Aufsummierung beginnt erneut. Das heißt, eine Neubewertung der Konvergenz findet ähnlich wie schon bei der Stationaritätserkennung alle *NOI* Zyklen statt.

Anstelle einer manuellen Konfiguration der Grenze *ELimit* erlaubt es der Funktionsbaustein *AC_ECHK*, dass durch Setzen von *CEL* das Ergebnis einer Aufsummierung nicht zur Konvergenzbewertung verwendet wird, sondern zur Festlegung der Grenze *ELimit*. Damit ist es möglich, in einer "geeigneten" Prozesssituation einen Konvergenz-Vergleichswert bei laufendem PID-Betrieb zu ermitteln und diesen als Bewertungskriterium für externe AC-Methoden zu verwenden.

Damit *ELimit* sowohl als Eingangsparameter des Funktionsbausteins fungieren kann als auch als Ausgangswert der Fehlerquadratsummenermittlung, wird die Variable als Ein- und Ausgang definiert. Gleiches gilt für den Trigger *CEL*, der nach Ausführung der Bestimmung von *ELimit* durch *AC_ECHK* wieder auf FALSE zurückgesetzt wird.

Die Festlegung der Fehlerquadratsummengrenze *ELimit* und das zugehörige Zeitfenster *NOI* müssen mit sehr viel Bedacht gewählt werden, da andernfalls die externe Methode praktisch keine Chance hat, dieses Überwachungskriterium dauerhaft zu erfüllen. Wenn die Begrenzung beispielsweise in einem eingeschwungenen Zustand des PID-Reglers bestimmt wurde, kann *ELimit* so klein sein, dass schon eine kleine Störung oder ein Sollwertwechsel dazu führt, dass die AC-Methode die Fehlerbegrenzung verletzt. Eine "geeignete" Prozesssituation ist daher eher so zu wählen, dass die Ermittlung von *ELimit* in einem Zeitbereich erfolgt, wenn der PID-Regler aufgrund einer Störung oder eines Sollwertwechsels sich in der Einschwingphase befindet. Die Erfassung des jeweiligen Ereignisses in ELimit ist offensichtlich auch abhängig von der Größe des Zeitfensters *NOI*. Wird es zu klein gewählt, können wesentliche Fehlerbeiträge eventuell ausgeblendet werden, und wird es zu groß gewählt, kann das dazu führen, dass es in der Vergleichsphase zum Auftreten von mehreren Ereignissen kommt, was dann die Überschreitung der Fehlerquadratsummengrenze *ELimit* zur Folge hätte.

Grundsätzlich kann dieses Überwachungskriterium nicht sicherstellen, dass die AC-Methode sich hinsichtlich Regelgüte besser verhält als der PID, sondern es stellt lediglich sicher, dass die AC-Methode nicht ein Konvergenzverhalten an den Tag legt, welches deutlich schlechter ist als das des PID in der jeweiligen Bestimmungssituation, unter der Voraussetzung, dass Streckendynamik und Führungsgrößenverhalten nicht gravierend anders sind als während der Grenzwertfestlegung.

6.3.8
Die Stellwertüberwachung *AC_MVCHK*

Als dritte Komponente zur Überwachung der externen Reglermethode dient die Stellwertüberwachung *AC_MVCHK*, welche überprüft, ob der von der externen AC-Methode generierte Stellwert *extMV* sich innerhalb der konfigurierten erlaubten Abweichung von dem aktuellen Stellwert MV bewegt. Ist dies der Fall wird der Bausteinausgang *InRange* auf TRUE gesetzt (Tabelle 6.8).

Tabelle 6.8 Die Ein- und Ausgänge des Funktionsbausteins *AC_MVCHK*.

Name	Datentyp	Ein-/Ausgang
RDMV	REAL	E
MV	REAL	E
MV_HL	REAL	E
MV_LL	REAL	E
extMV	REAL	E
InRange	BOOL	A

Die Berechung der erlaubten Stellwertabweichung MV_DELTA erfolgt aus der parametrierten Unter- (MV_LL) und Oberbegrenzung (MV_HL) des Stellbereichs und der prozentualen Stellwertabweichung $RDMV$.

Die Begrenzung hat zwei Effekte. Solange der PID-Algorithmus aktiv ist, wird der von der externen Methode vorgeschlagene Stellwert *extMV* mit dem des PID (MV) verglichen. Ist die Abweichung zu groß, wird ein Umschalten auf die externe AC-Methode verhindert. Führt die externe AC-Methode bereits aktiv den Prozess, so stellt MV nicht mehr den Stellwert des PID dar, sondern den der AC-Methode des vorherigen Zyklus. Damit wird AC_MVCHK zu einer klassischen Beschränkung der Stellgrößenänderung, wie z. B. auch im ursprünglichen Siemens-PID-Regler konfiguriert werden kann, um evtl. große Sprünge des Stellgliedes zu verhindern.

Wie auch schon bei der Konvergenzüberprüfung AC_ECHK muss auch hier bedacht werden, dass eine zu starke Beschränkung der Abweichung des Stellwertes von seinem bisherigen Wert eine bessere Regelung auch durchaus verhindern kann. Entsprechend sollte der prozentuale Begrenzungsfaktor $RDMV$ so gewählt werden, dass ausreichend Spiel für eine externe AC-Methode besteht.

6.3.9
Die Komponentenstruktur des PID+-Funktionsbausteins

Der PID+-Baustein ist als modularer CFC-Baustein auf Basis des Siemens-PID-Bausteins umgesetzt, indem die verschiedenen Komponenten in den Signalfluss eingebunden wurden. Mit seiner externen Schnittstelle präsentiert sich der PID+ ähnlich dem PID mit einigen Advanced-Control-Erweiterungen, die durch das Präfix *AC* erkennbar sind (Abb. 6.9).

Intern werden die Eingänge AC_ON und AC_ACTIVE auf die gleichnamigen Eingänge der Zustandsmaschine AC_SM geführt. Die generischen Zustandssignale *INITOK, INITERROR, SYNCOK* und *SYNCERROR* werden auf TRUE bzw.

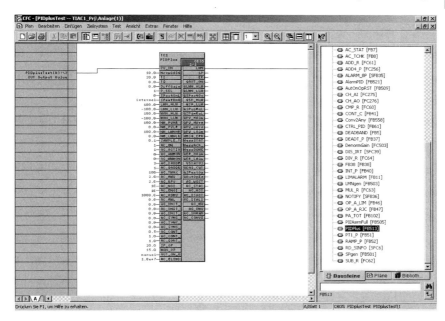

Abb. 6.9 Der PID+-Funktionsbaustein in PCS7.

FALSE gesetzt, so dass eine Initialisierung bzw. Synchronisierung ausschließlich durch die externe Methode bestimmt wird. Die Zustandssignale *NOTINIT* und *NOTSYNC* sind hingegen jeweils mit einem Parameterprüf-Funktionsbaustein *AC_PCHK* verbunden, der bei Änderung eines Initialisierungs- bzw. Synchronisierungsparameters dadurch für ein Rücksetzen der Zustandsmaschine sorgt.

Von der Zustandsmaschine ebenfalls nach außen geführt sind die booleschen Eingänge *AC_AMMON* und *AC_MMMON*, die zur Konfiguration der Identifikationsfreigabe dienen (Abb. 6.10). Im Automatikmodus (*AC_AMMON* = TRUE) wird die Freigabe einer von der externen AC-Methode angefragten Identifizierung (*RMST* = requested) aufgrund der Stellgrößenbeurteilung hinsichtlich Stationarität entschieden. Dazu wird der Ausgang *STAT* vom internen Funktionsbaustein *AC_STAT* auf den Eingang *STAT* des Zustandssteuerwerks *AC_SM* verschaltet. Im manuellen Modus (*AC_AMMON* = FALSE) wird die Freigabe hingegen durch den Bediener vorgegeben, indem er den Eingang *AC_MMMON* auf TRUE setzt. Erst nach einem Rücksetzen auf FALSE wird die Freigabe zur Identifikation zurückgenommen.

Die Eingänge *AC_IADDR* und *AC_OADDR* dienen zur Parametrierung des E/A-Adressbereichs aus der HW-Konfiguration.

Der Eingang *AC_TMAX* dient zur Festlegung der maximalen Totzeit des Watchdog-Funktionsbausteins *AC_TCHK*.

Ebenfalls nach außen geführt werden die Parameter:

- *AC_RML* der Stellwertbeaufschlagung (Identifikation)
  AC_DMVA,

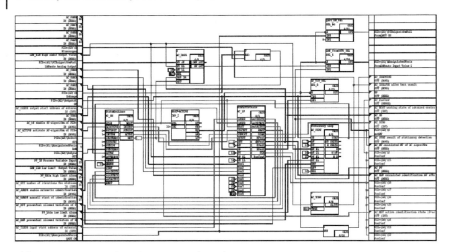

Abb. 6.10 Interne Struktur des PID+-Funktionsbausteins in PCS7.

- *AC_NOI, AC_RMV* und *AC_RPV* der Stationaritätserken-
  nung *AC_STAT,*
- *AC_RDMV* der Stellgrößenüberwachung *AC_MVCHK,*
- *AC_ENOI* und *AC_ELIMIT* der Konvergenzüberprüfung
  AC_ECHK.

Die Ergebnisse der Konvergenzüberprüfung, der Stellgrößenüberwachung und
der Zeitsignalüberwachung (WatchDog) werden logisch UND-verknüpft und als
ACTOK-Signal auf die Zustandsmaschine *AC_SM* geführt. Weicht also eine der
Kontrollfunktionen von ihrem Toleranzbereich ab, so führt dies zu einem Ab-
schalten der externen AC-Methode und einer (stoßfreien) Übernahme durch den
PID-Algorithmus.

Die stoßfreie Umschaltung zwischen AC-Methode und PID wird dadurch gewährleistet, dass das Schaltsignal *QAUT_ON* nur dann an den PID-Algorithmus
weitergeleitet wird, wenn die AC-Methode nicht aktiv ist. Dadurch wird der PID-
Algorithmus bei aktiver AC-Methode im Nachführmodus gefahren. Die Weiterlei-
tung des vom PID-Algorithmus generierten Stellwertes *LMNauto* oder des von der
externen AC-Methode vorgegebenen Stellsignals wird ebenfalls vom Arbeitszustand des PID+ bestimmt. Auf diesem Weg wird auch bei einer evtl. statt-
findenden Identifizierung auf das Stellwertsignal das Identifikationssignal aufgeschaltet.

Der Sollwertausgang der AC-Methode *extSP* wird bei aktivem Advanced-
Modus auf den Sollwertausgang *SP* des PID+-Reglers gegeben, so dass even-
tuelle Sollwertausgaben, die von der AC-Methode realisiert werden, für die
Bedienung sichtbar sind. Andernfalls (im PID-Modus) wird der vom PID-in-
ternen Baustein *SPgen* ausgewählte Sollwert auf den PID+-Ausgang *SP* gegeben
(Abb. 6.11).

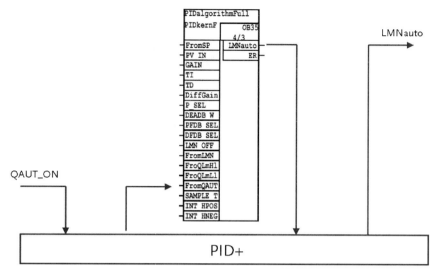

Abb. 6.11 Prinzip der Einbindung des PID-Algorithmus im PID+-Funktionsbaustein.

Die Ausgangsvariable *AC_ISACTIVE* setzt sich aus der logischen UND-Verknüpfung des Vergleichs *WOST* = ACTIVE und dem *QAUT_ON*-Schaltsignal der Stellwertauswahl des PID+ zusammen. Damit wird der PID+ nur dann als "aktiv im Advanced-Modus" markiert, wenn der Regler sich im Automatikmodus befindet und gleichzeitig die AC-Methode aktiv den Prozess führt.

Die anderen Ausgangsvariablen des PID+ stellen die Informationen der Überwachungsbausteine hinsichtlich Stationarität (*AC_STAT*), Konvergenz der Regelabweichung (*AC_CONVERGES*), Lebendigkeit (*AC_ISALIVE*), Stellgrößenbeschränkung (*AC_INRANGE*) dar und liefern unabhängig vom Betriebsmodus des Reglers den Arbeitszustand der AC-Methode (*AC_WOST*), deren vorgeschlagenen Stellwert (*AC_MV*) und bei Identifizierungsvorgängen (*AC_MST*) das aufzuschaltende Identifikationssignal (*AC_DMV*).

6.3.10
Das WinCC-BuB-Faceplate des PID+

Das Faceplate des PID+-Bausteins basiert auf dem Siemens-PID-Faceplate und erweitert dies an einigen Stellen. In dem Standard-Bedienfenster (Abb. 6.12 links oben) wird die Betriebsmoduswahl um eine Auswahl von PID und Advanced Control (*AC*) erweitert. Da die AC-Modusauswahl nicht zwingend zu einem entsprechenden Wechsel führt (siehe Überwachungsfunktionen des PID+), wird der aktuelle Betriebsmodus durch eine grüne Markierung kenntlich gemacht. Ebenfalls auf diesem Teilfenster sichtbar sind die Informationen über die Überwachungsfunktionen der AC-Methode, also ob die externe Methode lebendig ist (*Alive*), konvergiert (*Conv.*) und innerhalb des projektierten Stellbereichs arbeitet (*InRange*).

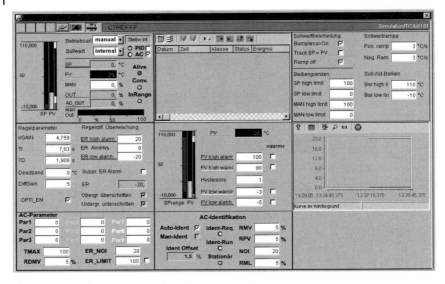

Abb. 6.12 Das WinCC-Faceplate des PID+-Funktionsbausteins.

Neben der Anzeige des aktuell ausgegebenen Stellwertes (*OUT*) wird auch (unabhängig vom gegenwärtigen Betriebsmodus) der von der AC-Methode vorgeschlagene Stellwert (*AC_OUT*) angezeigt.

Außer der Erweiterung des Standard-Bedienfensters sind zwei neue Teilfenster in das PID+-Faceplate eingefügt.

6.3.10.1 Das AC-Parameter-Fenster

Dieses Fenster dient zur Konfiguration der AC-Methode und der Überwachungsfunktionen des PID+-Bausteins. Die AC-Methoden-Parameter (*Par1* bis *Par9*) werden je nach Parametertypkonfiguration aufgrund des Bausteinausgangs *AC_PARCONF* farbig eingefärbt. Grün bedeutet, dass eine Änderung dieses Parameters zu einer Neusynchronisation der AC-Methode führt, und Gelb, dass eine Änderung eine Reinitialisierung der externen Methode verursacht. Entsprechend würde die Zustandssteuerung des PID+ für eine automatische, zwischenzeitliche Umschaltung auf PID-Betrieb sorgen. Die schwarz eingefärbten Parameter können "beliebig" während der Laufzeit der AC-Methode geändert werden.

Neben den Parametern der AC-Methode können hier auch die maximale Totzeit *TMAX* (Wirkung auf *Alive*), die prozentuale erlaubte Abweichung von *AC_OUT* gegenüber *OUT* (Wirkung auf *InRange*) und die Anzahl der Iterationen (*ER_NOI*) zur Bestimmung der aufsummierten Regelfehlerquadrate und deren Begrenzung (*ER_LIMIT* mit Wirkung auf *Conv.*) festgelegt werden. Durch das Auswahl-Control-Feld neben *ER_LIMIT* kann die Bestimmung der aktuellen Regelfehlerquadratsumme ausgeführt werden.

6.3.10.2 Das AC–Identifikation-Fenster

In diesem Fenster finden sich die Einstellmöglichkeiten zur Durchführung einer Identifikation bei laufendem PID-Betrieb. Über das Auswahl-Control-Feld *Auto-Ident* kann festgelegt werden, ob eine Identifikation bei Anfrage von der AC-Methode automatisch unter Berücksichtigung der Stationaritätskontrolle durchgeführt werden darf. Andernfalls muss eine Identifikationsanfrage manuell über das *Man-Ident*-Control-Feld bestätigt werden, welches nur bei nicht angewähltem *Auto-Ident* bedienbar ist.

Liegt eine Identifikationsanfrage an, so wechselt die Markierung *Ident-Req.* auf grün. Bei Ausführung einer Identifikation, also der Aufschaltung eines Sprungs auf das Stellsignal, wird die Markierung *Ident-Run* ebenfalls grün.

Die automatische Erkennung einer Stationarität kann über die Parameter *RMV*, *PRV* und *NOI* beeinflusst werden. Der Parameter *RML* begrenzt hingegen den Stellwertsprung bei Ausführung der Identifikation.

Die Markierung *Stationär* stellt den Bausteinausgang *AC_STAT* dar (TRUE = grün). Die Variation des Stellwertes, die die AC-Methode für eine Identifikation generiert (*AC_DMV*), wird in der nichtbedienbaren Anzeige *Ident Offset* dargestellt.

6.4
Die TIAC-Box
Ansgar Münnemann

Bei der Hardware der TIAC-Box handelt es sich um einen Siemens-Box-PC mit Profibus-DP-Slave-Karte. Als Betriebssystem ist Microsoft Windows 2000 installiert. Bis auf die Profibus-Treiber-Software von Siemens ist die Software für die Laufzeitumgebung auf der TIAC-Box aber unabhängig vom Betriebssystem. Die wesentlichen Elemente für die TIAC-Box-Laufzeitumgebung stellen die ACPLT-Technologien dar. Dabei handelt es sich um eine leittechnische Middleware, deren einzelne Module am Lehrstuhl für Prozessleittechnik der RWTH Aachen in den vergangenen Jahren entwickelt wurden und sich heute in verschiedenen industriellen Applikationen etabliert haben. Kernstück stellt die Objektverwaltung ACPLT/OV dar (s. Abb. 6.13), die auf das Betriebssystem aufsetzt und eine Ausführungsumgebung für objektorientiert realisierte leittechnische Anwendungen

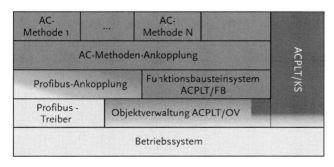

Abb. 6.13 Darstellung der Software-Schichten der TIAC-Box.

darstellt. Mit dieser Objektverwaltung werden alle darauf basierenden Applikationen automatisch über das Kommunikationssystem ACPLT/KS zugänglich. Dies unterstützt nicht nur Dienste zum Lesen und Schreiben von Daten, sondern auch zum Engineering von Objektstrukturen.

Die Ankopplung an die Profibus-Welt geschieht durch eine spezielle Software-Schicht, die als Objektmodell auf Basis von ACPLT/OV realisiert wird und dabei intern auf die Profibus-Treiber-Funktionalität zugreift (Abb. 6.13). Eine weitere Software-Schicht stellt das Funktionsbausteinsystem ACPLT/FB dar, das ebenfalls auf Basis der Objektverwaltung realisiert wird und neben der zyklischen Ausführung von Funktionen und der verbindungsorientierten Übertragung von Daten zwischen den Funktionen vor allem den Rahmen für die Einbettung der aus MATLAB generierten Reglermethoden zur Verfügung stellt. Bei diesem Funktionsbausteinsystem und den Werkzeugen zur MATLAB-Methoden-Einbettung handelt es sich um ein kommerzielles Produkt der Firma LTSoft.

Schließlich wird auf Basis der Profibus-Ankopplung und dem Funktionsbausteinsystem die Advanced-Control-Methoden-Einbettung realisiert. Diese organisiert die Interaktion der regelungstechnischen Methode aus MATLAB mit dem Profibus. Die verschiedenen Advanced-Control-Methoden können somit als einzelne Module auf die TIAC-Box geladen und dort an den Profibus angekoppelt werden, was damit zu einer Integration der jeweiligen Methode in den PID+-Regler auf Seiten des Leitsystems führt, ohne dass dazu ein Umkonfiguration der Leitsystemprojektierung notwendig ist (natürlich können Änderungen an den Parametern der neu integrierten Methode auf Seiten des Leitsystems durchaus erforderlich sein).

Zum besseren Verständnis der unterschiedlichen Softwareschichten der TIAC-Box und der damit verbundenen Funktionalität werden in den folgenden Abschnitten, nach einem kurzen Ausflug in die Objektorientierung und die Graphentheorie, die zugehörigen Middleware-Technologien näher vorgestellt, beginnend mit dem Kommunikationssystem ACPLT/KS, was sowohl historisch als auch konzeptionell begründet ist, da es auch unabhängig von den anderen Middleware-Technologien seinen Einsatz findet und z. B. im Bereich der Ankopplung von Prozessleit- und Automatisierungssystemen mittlerweile eine vom Betriebssystem unabhängige und funktional überlegene Alternative zu dem sonst üblichen OPC darstellt.

6.4.1
Das ACPLT-Kernmodell

Der an den konkreten Middleware-Technologien der TIAC-Box interessierte Leser mag diesen Abschnitt getrost überspringen, da hier die grundlegenden Ideen der ACPLT-Technologien und deren Beziehung zu der mathematischen Graphentheorie kurz erläutert werden sollen.

Ein Graph wird in der Mathematik durch Mengen und Relationen zwischen den Mengen beschrieben. Die zugrunde liegende Vorstellung besteht in einer Netzstruktur von Knoten und Kanten. Jede Kante hat einen Anfangs- und einen

Endknoten. Je nach Graphentyp können sowohl Knoten als auch Kanten typisiert und attribuiert sein, d. h. in der Sprache der Mathematik existieren weitere Relationen zwischen der Menge der Knoten bzw. Kanten und der Menge der Typbezeichner bzw. der Attribute. Die mathematische Beschreibung derartiger Netzstrukturen erlaubt es einerseits bestimmte Gesetzmäßigkeiten von Graphen und andererseits Operationen auf dem Graphen formal zu definieren.

Eine wesentliche Eigenschaft ist beispielsweise die Geschlossenheit eines Graphen, d. h. es existiert zu jedem Knoten des Graphen ein Pfad (beliebige Folge von Knoten und Kanten). Typische Operationen sind z. B. das Traversieren von einem Knoten über eine Kante zu einem anderen Knoten oder das Löschen eines Knotens.

Das ACPLT-Kernmodell geht von einer Darstellbarkeit der Informationen sämtlicher Systeme in Form von Informationsgraphen aus. Um diese auf den ersten Blick einschränkende und abstrakte Formulierung als durchaus sinnvolle Annahme zu untermauern, soll im Folgenden die Analogie zwischen Graphbeschreibung und objektorientierter Modellierung dargestellt werden.

In der Objektorientierung wird ein konkretes oder abstraktes System in einzelne Objekte und Beziehungen zwischen diesen Objekten zerlegt. Neben der eindeutigen Identifizierbarkeit der Objekte erfordert der Ansatz der Objektorientierung im Allgemeinen auch die Eigenschaften *Klassifikation*, *Vererbung* und *Polymorphismus*. Eine Klasse bezeichnet die Abstraktion der Eigenschaften, der Datenstrukturen und des Verhaltens in Form von Operationen einer beliebigen Menge von gleichartigen Objekten. Umgekehrt stellt jedes Objekt eine spezielle Ausprägung (Instanz) einer Klasse dar. Zwischen Klassen kann eine hierarchische Vererbungsrelation bestehen, die eine Spezialisierung von der Oberklasse zur Unterklasse ausdrückt. Die Unterklasse erbt sämtliche Eigenschaften der Oberklasse und fügt diesen weitere Eigenschaften hinzu.

Aus dem Vererbungsprinzip resultiert unmittelbar eine Vielgestaltigkeit (Polymorphismus) der instanzierten Objekte, da in Abhängigkeit von der Beziehung zu seiner Umgebung das Objekt als Instanz einer seiner Oberklassen fungiert oder als Instanz seiner speziellen Klasse. Bei dem Vorgang der Vererbung ist es für eine Unterklasse möglich, die in einer Oberklasse definierten Operationen zu überschreiben, d. h., dass die Implementierung einer durch die jeweilige Operation geforderten Funktionalität von einer Unterklasse redefiniert werden kann.

Die Darstellbarkeit von Objekten und deren Beziehungen durch einen Graphen mit attribuierten Knoten und Kanten ist offensichtlich. Auch das zugehörige Klassenmodell kann durch einen Graphen repräsentiert werden, indem es Knoten zur Beschreibung der Klassen und Assoziationen gibt und Kanten, die die Beziehungen zwischen diesen Knoten auf Ebene des Klassenmodells beschreiben. Der Ansatz des ACPLT-Kernmodells besteht nun darin, beide Graphen, also den Instanzgraphen und den Klassengraphen, zusammenzufassen, um so die gesamte Information, die über ein objektorientiertes System existiert, einheitlich zu erfassen [3]. Von jedem Objekt-Knoten existiert dann eine Instanzierungs-Kante zu seinem entsprechenden Klassen-Knoten. Zwischen den Klassen-Knoten können Spezialisierungs-Kanten existieren usw.

Definiert man zu diesem Graphen noch die notwendigen Operationen zur Durchführung beliebiger Zugriffe und Manipulationen am Graphen, so hat man das Modell eines universellen Informationssystems, das dazu geeignet ist, beliebige Objektmodelle einheitlich zu verwalten.

Die Basistechnologie ACPLT/KS liefert nun gewissermaßen die Mittel zur Darstellung eines beliebigen Informationssystems als ein Graph des Kernmodells. Und die Objektverwaltung ACPLT/OV stellt eine konkrete Umsetzung des Kernmodells und der zugehörigen Operationen dar.

6.4.2
Das Kommunikationssystem ACPLT/KS

Die Prozessleittechnik ist heute durch eine große Bandbreite verschiedener Informationshaushalte gekennzeichnet, die jedoch erst im Verbund effektiv sind. Beispiele für unterschiedliche Informationshaushalte sind Prozessleitsysteme, MIS und MES, Online-Prozesssimulatoren, Advanced Controller und dergleichen mehr. Des Weiteren fällt speziell im Rahmen der TIAC-Plattform hierunter die Integration mit dem Leitsystem und Bedienungs-, Beobachtungs- und Auswertewerkzeugen sowie das Projektieren der TIAC-Box selbst.

Die bislang existierenden Kommunikationssysteme und -schnittstellen unterstützen in der Regel jedoch nur einzelne ausgewählte Informationshaushalte, ohne jedoch eine übergreifende und breite Integration und die dazu erforderliche hohe Abbildungsqualität verschiedenartiger Modelle beziehungsweise Informationshaushalte zu unterstützen. Aus dieser Situation heraus wurde in der Zusammenarbeit von industriellen Anwendern, Herstellern leittechnischer Systeme und der Hochschulforschung das Kommunikationssystem ACPLT/KS entwickelt [4]. Berücksichtigt wurden dabei auch Erfahrungen aus den Vorgängersystemen EMS und ASMS [5].

Das im Folgenden grob umrissene Konzept des Kommunikationssystems ACPLT/KS verfolgt dabei eine defensive Strategie. Es definiert keinen speziellen oder auch "global-universellen" Informationshaushalt gleich welcher Art. Stattdessen basiert die Kernidee von ACPLT/KS darauf, zunächst einmal einen gedanklichen Schritt weg von den vielen einzelnen unterschiedlichen Informationshaushalten hin zu den darunter verborgenen gemeinsamen Grundelementen und Hantierungen zu tun. Dann können mit diesen Grundbausteinen wie mit LEGO-Bausteinen die verschiedenen Informationshaushalte abgebildet (sozusagen nachgebaut) werden. Trotzdem steht dahinter dann ein für alle Informationshaushalte gemeinsames Kommunikationssystem (hier eben ACPLT/KS) mit einer festen und gleichzeitig geringen Anzahl von Grundbausteinen und darauf ausführbaren Diensten, um so den bisherigen Wildwuchs und die Komplexität von Spezialschnittstellen wirksam zu bekämpfen.

Abbildung 6.14 verdeutlicht dieses Herangehen anhand eines technologischen Objektes (linke Seite), das in ACPLT/KS (rechte Seite) in seine Grundbestandteile zerlegt und in eine (hier technologische) Hierarchie als Strukturierungsmittel eingeordnet wird. Auf gleiche Weise lassen sich entsprechend auch andere technologische Objekte aus völlig unterschiedlichen Anwendungsbereichen abbilden,

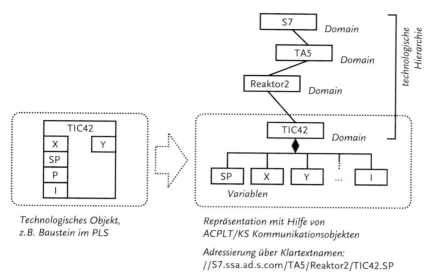

Technologisches Objekt,
z. B. Baustein im PLS

Repräsentation mit Hilfe von
ACPLT/KS Kommunikationsobjekten

Adressierung über Klartextnamen:
//S7.ssa.ad.s.com/TA5/Reaktor2/TIC42.SP

Abb. 6.14 Darstellen von technologischen Bausteinen mittels
universeller Grundbausteine aus ACPLT/KS.

ohne dass hierbei ein neues Kommunikationssystem mit anderen Grundelementen oder Diensten erforderlich würde.

6.4.2.1 Informationsbaukasten

Der Baukasten, mit dem ACPLT/KS die Informationsstrukturen im Umfeld der Prozessleittechnik abbildet, besteht aus gerade einmal fünf Grundbausteinen, die im Kontext von ACPLT/KS auch "Kommunikationsobjekte" genannt werden (s. Abb. 6.15):

1. Eine "Domain" erfüllt zwei Aufgaben: Sie ermöglicht das allgemeine hierarchische Strukturieren von Informationen in einem System und sie dient darüber hinaus auch dazu, technologische Objekte per Typisierung erkennen zu können. Mit Hilfe der Typisierung kann beispielsweise der Typ eines technologischen Bausteins einfach und genau bestimmt werden, ohne erst anhand von Parametern raten zu müssen ("ist es ein Norm-PID-Regler, ein spezieller Regler, ein Advanced Controller, ein ...?"). Die Typisierung kann auf eine geeignete Typbeschreibung an anderer Stelle in einem ACPLT/KS-System verweisen, wobei diese Beschreibung selbst wieder aus den Grundbausteinen von ACPLT/KS aufgebaut wird;

2. "Variablen" stellen den Zugriff auf skalare und vektorielle Informationen bereit, wobei neben Datentyp und Wert auch noch Zeitstempel und Status erfragt und manipuliert werden können;

3. Den Zugang zu archivierten Informationen realisiert ACPLT/KS mit Hilfe der sog. "Histories". Diese Art von Kommunikationsobjekten strukturiert Zeitreihen- und Meldearchive in Form von Spuren, die je nach Bedarf und Informationsmodell flexibel erweitert werden können. Die Spuren werden dabei praktischerweise durch die sowieso schon vorhanden Variablen abgebildet.

4. "Structures" ermöglichen es schließlich, Variablen erkennbar zu schachteln. Im Gegensatz zu einer Schachtelung mit Domains können alle geschachtelten Variablen bei Bedarf auch als ganzer Block in toto hantiert werden.

5. Neben der rein hierarchischen Struktur bieten "Links" eine beliebige Vermaschung beziehungsweise Vernetzung von Informationen. Auf diese Weise kann ACPLT/KS beliebige semantische Beziehungen beispielsweise zwischen technologischen Objekten in verschiedenen Ebenen und Bereichen von technologischen Hierarchien verknüpfen. Analog zur Typisierung bei Domains können auch Links typisiert werden, um auf diese Weise das Erkennen und Unterscheiden ganz verschiedenartiger semantischer Beziehungen zu erlauben. Die Typisierung zeigt auch hierbei wahlweise auf eine Beschreibung auf Basis der Grundbausteine.

Mit Ausnahme der "History"-Kommunikationsobjekte stellen die restlichen vier Grundbausteine von ACPLT/KS mehr oder weniger allgemeine Elemente zur Abbildung von Informationsstrukturen dar, die jedoch um Eigenschaften erweitert

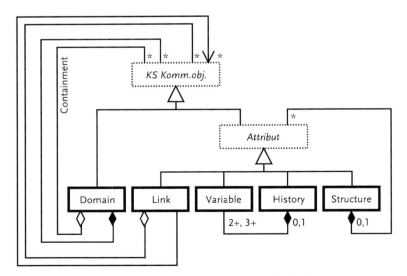

Abb. 6.15 Der Baukasten mit den Grundbausteinen von ACPLT/KS.

wurden, die Rücksicht auf das Umfeld Prozessleittechnik nehmen. "Histories" sind hingegen eine Erweiterung, die aus typischen prozessleittechnischen Anforderungen entstand.

Damit auf einzelne Objekte in ACPLT/KS-Servern überhaupt von außen eindeutig zugegriffen werden kann, besitzt jedes Kommunikationsobjekt einen Klartextnamen (oder besser: Klartext-Pfadnamen). Kommunikationsobjekte werden darüber in einer baumförmigen Hierarchie verankert, deren Tiefe beliebig sein darf. Zusätzlich zu dieser Baumstruktur eröffnen jedoch Links beliebige Querbeziehungen zwischen Kommunikationsobjekten. Damit ist ACPLT/KS nicht alleine auf das Abbilden baumförmiger Informationshaushalte beschränkt, sondern es kann auch flexibel Objektnetze repräsentieren und erkundbar machen, bei denen zwischen den einzelnen Informationselementen ("Informationsbröckchen") vielfältige Beziehungen unterschiedlicher Natur bestehen dürfen, die nicht mehr zwangsweise nur hierarchisch sind.

Die Klartextnamen setzen sich aus dem Pfad von einem ausgezeichneten Kommunikationsobjekt, dem Wurzelobjekt, bis zum gewünschten Zielobjekt zusammen. Die einzelnen Ebenen innerhalb des Pfades werden hierbei durch Schrägstriche "/" unterteilt, wenn zwei angrenzende Ebenen in einer allgemeinen hierarchischen Beziehung zueinander stehen (*Aggregation*), wie es beispielsweise bei technologischen Hierarchien der Fall ist. Im Gegensatz dazu stehen innerhalb eines Pfades immer dann Punkte "." zwischen zwei Ebenen, wenn deren sehr enge Verkopplung miteinander (*Komposition*) angezeigt werden muss. Ein Beispiel hierfür sind die Parameter eines technologischen Objektes, die durch Variablen innerhalb einer Domain abgebildet werden. In Abb. 6.14 lautet dementsprechend der Klartextname für den ersten Parameter *SP* (*Set Point*) des gezeigten technologischen Objekts vollständig "//s7/TA5/Reaktor2/TIC42.SP". Komposition und Aggregation können sich dabei, je nach Bedarf eines Informationsmodells, beliebig abwechseln.

6.4.2.2 Generisches Dienstemodell

Der Zugriff von außen, also in der Regel über das Netzwerk, und das Manipulieren von Kommunikationsobjekten in ACPLT/KS-Servern erfolgt über einen kleinen Satz generischer und damit flexibler Dienste. Diese lassen sich grob in drei Kategorien einordnen:

1. Erkundung
   - Der Dienst "Get Engineered Properties" liefert Hintergrundinformationen (Metainformationen) über ein oder mehrere Kommunikationsobjekte. Damit können Klienten ohne jegliches Vorabwissen dynamisch ACPLT/KS-Server erkunden und die verfügbaren Kommunikationsobjekte finden;
2. Datenzugriff online und historisch
   - Über die Dienste "Get Variable" und "Set Variable" kann auf Variablen und Strukturen sowohl lesend als auch

schreibend zugegriffen werden. Beide Dienste können im "Data Exchange" kombiniert werden, um damit beispielsweise auch Funktionen in Servern initiieren zu können;

- Mit dem Dienst "Get Variable" kann zugleich auch auf die in Form von Links hinterlegten Querverweise zwischen Objekten zugegriffen werden;

- Für den Umgang mit Zeitreihenarchiven sowie mit Meldearchiven stehen die Dienste "Get History" und "Set History" bereit (wobei letzterer insbesondere auch für Revisionisten interessant ist). Dabei dürfen Archive in ACPLT/KS in beliebig viele Spuren unterteilt sein, so dass sie damit nicht alleine auf Einträge der festen Form "Wert, Zeitstempel, Status" beschränkt sind. Vielmehr lassen sich noch weitere Informationen einem solchen Tupel zuordnen, wie beispielsweise die zu dem damaligen Zeitpunkt gültigen Grenzwerte. Die jeweilige Struktur einer bestimmten History lässt sich zur Laufzeit ohne Vorabwissen mit Hilfe des Erkundungsdienstes anhand der untergeordneten Variablen ermitteln;

3. Objekt- und Strukturverwaltung

- Das Erzeugen, Umbenennen und Löschen von Objekten erfolgt einheitlich über die Dienste "Create Object", "Rename Object" und "Delete Object". In der Regel handelt es sich dabei um technologische Objekte, deren Typen (Klassen) beispielsweise durch Verweise auf entsprechende technologische Beschreibungsobjekte (Klassenobjekte) spezifiziert werden;

- Das Hantieren von Querverweisen erfolgt einfach und bequem mit den Diensten "Link" und "Unlink". Dabei können die von einem Link ausgehenden Querverweise sogar sortiert sein und neue Querverweise gezielt einsortiert werden. Eine Sortierung kann beispielsweise die Ausführungsreihenfolge von Funktionsbausteinen widerspiegeln.

Zum konfigurationsfreien Koordinieren von ACPLT/KS-Klienten und -Servern stehen drei weitere Dienste bereit. Für nähere Informationen zu dieser Thematik sei auf [6, Al1999] verwiesen.

Eine wesentliche Eigenschaft von ACPLT/KS liegt darin, dass sich aufgrund der Dienstearchitektur Server zustandslos realisieren lassen. Das bedeutet in diesem Zusammenhang, dass Server nach dem Abarbeiten eines Dienstes diesen komplett vergessen und keinerlei zusätzliche Informationen über einen Dienst hinaus mitschleppen und verwalten müssen. Damit wird die Kommunikation in ACPLT/KS bewusst einfach gehalten, was letztlich der Robustheit sowohl der Kommunikation als auch der Server und Klienten zugute kommt.

ACPLT/KS definiert neben dem vorgenannten generischen Satz von Diensten noch einen sog. "Ticket-Mechanismus". Darüber können Klienten beim Anfordern von Diensten zusätzliche Informationen über sich selbst mitliefern, beispielsweise als Benutzeridentifikation und einzunehmende Rolle. ACPLT/KS-Server können dann in Abhängigkeit davon verschiedene Zugriffsrechte aktivieren.

6.4.2.3 Kommunikationsmechanismen

Neben den zunächst einmal abstrakten Diensten, wie sie zuvor vorgestellt wurden, definiert ACPLT/KS aber auch zwei konkrete Abbildungen dieser Dienste sowohl auf ein binäres Protokoll (ACPLT/KS) als auch auf ein XML-basiertes Protokoll (ACPLT/KSX). Details sind in Form sog. Technologiepapiere in [6] spezifiziert. Der Funktionsumfang beider Abbildungen ist identisch, es finden lediglich unterschiedliche Kodierungsmechanismen bei der Kommunikation Einsatz (Abb. 6.16). Beiden Kodierungen ist gemeinsam, dass keinerlei Rückrufe (Callbacks) von Servern in Richtung der Klienten erfolgen. Solche Rückrufe führen bei anderen Systemen (wie beispielsweise OPC DA und OPC HDA) zu Problemen mit Firewalls, die solche Rückrufe aus Sicherheitsgründen blockieren.

Die binäre Kodierung ACPLT/KS basiert auf sog. "Remote Procedure Calls" (RPC), um Dienste über das Netzwerk abzuwickeln und nutzt dazu einen von der Firma Sun entwickelten Quasi-Standard ONC/RPC, der auch als Open Source auf einer Vielzahl verschiedener Plattformen (Hardware, Software sowie Programmiersprachen) verfügbar ist. Ein konsequentes Vermeiden proprietärer Middleware, wie beispielsweise Microsofts DCOM, stellt letztlich sicher, dass ACPLT/KS problemlos auf diversen Betriebssystemen und CPU-Architekturen lauffähig ist.

Stehen zwischen Servern und Klienten nur rein web-basierte Kommunikationswege zur Verfügung, so kann alternativ der Protokollzwilling ACPLT/KSX angewendet werden. Er nutzt die beiden Webstandards HTTP und SOAP, um seine Kommunikation über die auch von alltäglichen Webbrowsern benutzten Pfade im Web abzuwickeln. Daneben baut ACPLT/KSX auch auf XML-Schema auf, um die Nutzdaten der Anwendungen in einer XML-konformen Darstellung zu übertragen. Durch den konsequenten Einsatz von Webtechnologien kann ACPLT/KSX

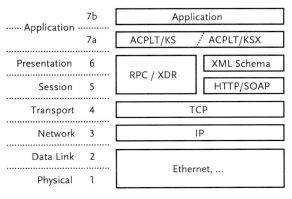

Abb. 6.16 Das ISO/OSI-Schichtenmodell von ACPLT/KS.

direkt aus browser-basierten Anwendungen heraus benutzt werden – und das installationsfrei, plattformübergreifend und ohne unsichere und proprietäre Technologien wie ActiveX oder Webbrowser-Plug-Ins [7].

Im Gegensatz zu den aus der allgemeinen Informationstechnologie bekannten Internet- und Webtechnologien reichert ACPLT/KS jedoch die Kommunikation mit in der Prozessleittechnik benötigten Aspekten an [8, 9].

6.4.3
Die Objektverwaltung ACPLT/OV

Während das Kommunikationssystem ACPLT/KS dazu genutzt werden kann, Informationen eines beliebigen Systems strukturiert zu repräsentieren, definiert ACPLT/OV ein spezielles Objektsystem mit einem spezifischen Informationsmodell [10]. Gemäß den Ausführungen zum Kernmodell in Abschnitt 6.4.1 besteht die Idee von ACPLT/OV darin, eine bestimmte Anwendungsfunktionalität[1] als aktives Objektsystem zu realisieren, dessen Instanz- und Klassenmodellinformationen zur Laufzeit innerhalb der Anwendung und für andere Anwendungen durch einheitliche Mechanismen zugänglich sind.

Konkret bedeutet dies, dass ACPLT/OV eine Entwicklungs- und Laufzeitumgebung für objektorientierte Anwendungen darstellt. Es definiert eine eigene Sprache zur objektorientierten Beschreibung von Klassenmodellen und einen Satz von Methoden, die die Verwaltung und Organisation der Objekte zur Laufzeit ermöglichen. Durch eine Anknüpfung dieser Methoden an die Dienste von ACPLT/KS können (bei entsprechenden Zugriffsrechten und unter Einhaltung der spezifischen Bedingungen der Objektverwaltung) die so realisierten Objektsysteme auch von extern, also von außerhalb der Anwendung, ausgelesen und manipuliert werden.

Der Wunsch, in der Objektverwaltung nicht nur die Instanz- sondern auch die Klassenmodellinformationen zu hinterlegen und zugänglich zu machen, erfordert die Definition eines Metamodells. Mit einer Struktur der Metamodellelemente können die für eine spezifische Anwendung definierten Klassen und Assoziationen beschrieben werden. Da die Metamodellelemente ebenfalls Bestandteil der Objektverwaltung sein sollen, bietet es sich an, sie mit den gleichen Mechanismen zu verwalten wie die anderen Objekte, d. h., die Metamodellelemente werden selbst als Objekte in ACPLT/OV verwaltet.

Die Motivation für diesen umfassenden Ansatz der Informationsverwaltung besteht vor allem in zwei Aspekten:

1. Durch die Möglichkeit einer Instanzierung von Metamo-
dellobjekten in der Laufzeitumgebung können neue Klassen

---

[1] Eine solche Anwendungsfunktionalität ist das Funktionsbausteinsystem, das im nächsten Abschnitt vorgestellt wird. Andere prozessleittechnische bzw. automatisierungstechnische Funktionalitäten die als Objektsystem derart realisiert werden können (und teilweise am Lehrstuhl für Prozessleittechnik auch prototypisch umgesetzt wurden) sind beispielsweise Gerätedatenverwaltung [11], Performance-Monitoring-Systeme [12], Archivsysteme [13] etc.

und Assoziationen in der Objektverwaltung zur Laufzeit erzeugt werden, die auch in Beziehung zu anderen bereits bestehenden Klassen bzw. Assoziationen gesetzt werden können. Dies erlaubt es, eine bestehende Anwendung um neue, zusätzliche Anwendungsaspekte zu erweitern, ohne dass dazu das System in seiner Ausführung unterbrochen werden muss, eine Eigenschaft, die insbesondere in der Prozessleittechnik einen sehr hohen Stellenwert einnimmt. Beispielsweise können so zu einem Funktionsbausteinmodell, das als Anwendungsmodell auf Basis der Objektverwaltung realisiert wurde, nachträglich Beziehungen zu einem Gerätemodell hergestellt werden, um so den Bezug zwischen I/O-Funktionsbausteinen und Sensorik/Aktorik als zusätzliche Information zu hinterlegen und anderen Anwendungen (z. B. Diagnoseapplikationen) über die universellen Mechanismen der Objektverwaltung zugänglich zu machen;

2. Es können Funktionalitäten umgesetzt werden, die nicht das spezifische Anwendungsmodell kennen, sondern nur auf Basis des Metamodells arbeiten. Ein einfaches Beispiel hierfür ist ebenfalls das Funktionsbausteinsystem, das die Funktionalität des Datentransports zwischen Variablen über entsprechende Verbindungsobjekte unabhängig von der speziellen Funktionsbausteinklasse realisiert. Die Realisierung von Funktionalitäten auf Basis eines gemeinsamen Metamodells schafft für einen weiten Bereich universell nutzbare Funktionen und erhöht damit deutlich die Wiederverwendbarkeit, was gleichzeitig zu stabileren Systementwicklungen führt.

Das OV-Metamodell beschreibt die gemeinsamen Basiselemente zur Beschreibung von objektorientierten Anwendungen. In Abb. 6.17 sind die Metamodellebene und die Klassenmodellebene in der UML-Notation dargestellt. Die Objektklassen der Metamodellebene dienen zur Laufzeit-Beschreibung der Anwenderklassenmodelle, die von den OV-Basisklassen *object* und *domain* abgeleitet werden können.

Den Kern der Beschreibungselemente nimmt die Klasse *class* ein. Diese kapselt die Informationen und das Verhalten, welche für die Verwaltung einer Objektklasse notwendig sind. Dazu gehört in einem Laufzeitsystem auch die Fähigkeit, Instanzen der jeweiligen Klasse anzulegen. Die Beschreibung der Klasseninformation aggregiert sich aus der Beschreibung der zugehörigen Variablen (*variable*), Methoden (*operation*) und eingebetteter (im Sinne einer Komposition) Objekte (*parts*). Über eine Vererbungsbeziehung (*inheritance*) können Klassen die Variablen, Methoden und Objekte einer Basisklasse erben (es sind keine Mehrfachvererbungen möglich). Neben den *class*-Instanz-Objekten können in der Objektverwaltung ACPLT/OV auch die Assoziationen zwischen zwei Klassen explizit hinterlegt werden. Die *class*- und *association*-Objekte werden in Bibliotheks-Objekten (*library*) zusammengefasst.

Auf Klassenmodellebene definiert ACPLT/OV die Klassen *object* und *domain*. Über die *containment*-Beziehung wird beschrieben, dass im Sinne einer Aggregation ein *domain* mehrere *object* enthalten kann. Das *object* stellt die Basisklasse der Objektverwaltung dar und kapselt die Eigenschaften, die an alle abgeleiteten Klassen vererbt werden. Das Metamodell wird in der Objektverwaltung wiederum selbst als ein Klassenmodell beschrieben, d. h., das System beschreibt sich selbst mit seinen eigenen Metamodellelementen.

Die Realisierung einer Anwendungsmodell-Struktur kann im OV zur Laufzeit durch das Zusammensetzen der entsprechenden Metamodellelemente geschehen. Da OV-Klassen aber neben ihrer Struktur auch ein Verhalten aufweisen können, was nicht in OV spezifiziert werden kann, müssen die jeweiligen Methoden der Objektverwaltung zugänglich gemacht werden. Das OV sieht daher das dynamische Zuladen von Modellbibliotheken vor, in denen sowohl die Struktur beschrieben ist als auch die Objektmethoden realisiert sind. Um bei der Beschreibung der Struktur nicht die entsprechenden Beschreibungsobjekte von Hand realisieren zu müssen, wird für die Objektverwaltung eine entsprechende Beschreibungssprache definiert, mit deren Hilfe OV-Klassenmodelle komfortabel beschrieben werden können. Ein entsprechender Parser erzeugt aus dieser textuellen Beschreibung die nötigen Instanzdaten der Beschreibungsklassen (Abb. 6.18). Die OV-Sprache besteht im Wesentlichen aus Elementen zur Beschreibung von Klassen und Assoziationen eines Modells. In weiten Bereichen ermöglicht sie die einfache Übertragung von UML-Klassendiagrammen, so dass der Weg von der Modellierung zur Realisierung deutlich vereinfacht wird.

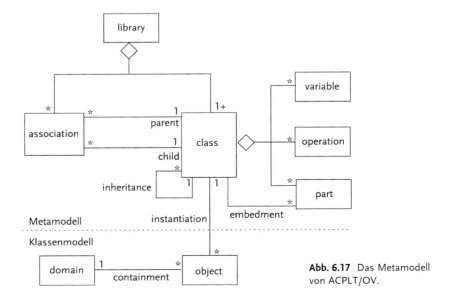

Abb. 6.17 Das Metamodell von ACPLT/OV.

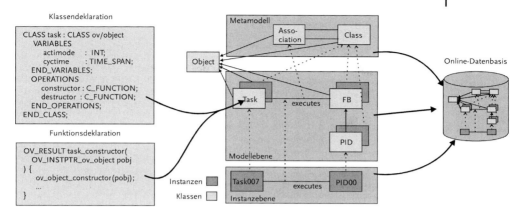

Abb. 6.18 Der Entwicklungsvorgang für Anwendungen mit ACPLT/OV.

Die Objektverwaltungsfunktionen von ACPLT/OV können sowohl intern, also von den in der Objektverwaltung realisierten Objekten, als auch von extern über ACPLT/KS genutzt werden. Dabei handelt es sich um Funktionen, die zum Umgang mit Objektmodellen allgemein nötig sind. Dies sind (ähnlich den Diensten von ACPLT/KS aus Abschnitt 6.4.2) zum Beispiel das Erzeugen und Löschen von typisierten Objekten und Verbindungen, das Lesen und Schreiben von Variablen, das Erfragen von Partnern bezüglich einer typisierten Verbindung usw. Spezielle Objektausprägungen (z. B. leittechnische Anwendungsmodelle) können auf diesen stabilen und allgemein nutzbaren Funktionsumfang zurückgreifen.

Eine technische Eigenart der Objektverwaltung ACPLT/OV besteht darin, dass sie vollständig in C implementiert ist und mit relativ wenig Ressourcen auskommen kann (ab ca. 500 kB), was eine Übertragung auf praktisch beliebige Plattformen sehr einfach gestaltet. Dementsprechend existieren Portierungen nicht nur für die verschiedensten PC-Betriebssysteme, sondern auch für Systeme im AS-Bereich und µController.

6.4.4
Das Funktionsbausteinsystem ACPLT/FB

Wie schon eingangs erwähnt stellt das Funktionsbausteinsystem ACPLT/FB ein Anwendungsmodell der Objektverwaltung ACPLT/OV dar. Damit übernimmt es die Eigenschaften hinsichtlich Projektierbarkeit zur Laufzeit, Online-Repräsentation sowohl der Instanz- als auch der Typinformationen und generischen Zugriff über ACPLT/KS. Als Objektmodell definiert das Funktionsbausteinsystem drei Klassen mit ihren spezifischen Eigenschaften und Assoziationen (s. Abb. 6.19). Alle Klassen des Funktionsbausteinmodells sind Unterklassen der *object*-Klasse aus ACPLT/OV.

Über den "Task" wird das zyklische Ausführungsmodell für alle sich in der zugehörigen Taskliste befindenden Objekte definiert. Über die Attribute "proctime", "cyctime" und "actimode" können die nächste Ausführungszeit, der Bearbeitungszyklus und die Betriebsart des Tasks definiert werden. Bei der Betriebsart kann zwischen einmaliger Bearbeitung, zyklischer Bearbeitung, zyklisch ab Startzeit (proctime) und zyklisch bis Endzeit (proctime) gewählt werden.

Der Task führt gemäß seiner Parametrisierung die ihm über die Assoziation "tasklist" zugeordneten Objekte aus. Dabei kann es sich wiederum um Task-Objekte oder Funktionsbausteine oder davon abgeleitete Objekte handeln. Damit kann ein hierarchisches Tasking umgesetzt werden. Es ist zu beachten, dass die zugrunde liegende Objektverwaltung zwecks Portierbarkeit als Ein-Prozess-Anwendung konzipiert ist, so dass sämtliche Tasks innerhalb des gleichen Systemprozesses laufen und damit die Einhaltung von Zyklen nicht durch das Funktionsbausteinsystem gewährleistet werden kann, sondern durch eine entsprechende Projektierung sichergestellt werden muss.

Jeder "Functionblock" erbt die Task-Eigenschaften und kann damit selbst wie ein Task agieren. Dies ist insbesondere bei zusammengesetzten Funktionsbausteinen, bei denen die interne Funktionalität selbst wiederum durch ein Funktionsbausteinnetz definiert wird, von Bedeutung [14]. Ein spezieller Funktionsbausteintyp, also z. B. ein PID-Funktionsbaustein, wird in ACPLT/FB als Unterklasse von Functionblock definiert. Als zusätzliche Eigenschaften können für jeden Funktionsblock festgelegt werden, ob seine typspezifische Methodik (*typemethod*) nur ausgeführt wird, wenn eine Änderung der Eingänge vorliegt (*external execution request*) oder unabhängig von einer solchen Änderung (*internal execution request*). Letzteres ist immer dann notwendig, wenn interne Zustände über die Funktionsbausteinmethodik kontinuierlich verändert werden müssen (z. B. I-Anteil beim PID-Regler). Über die Vorgabe einer maximalen Berechnungszeit im Objektattribut "maxcalctime" können zu lange Ausführungszeiten und damit verbundene Blockierungen anderer Tasks vermieden werden.

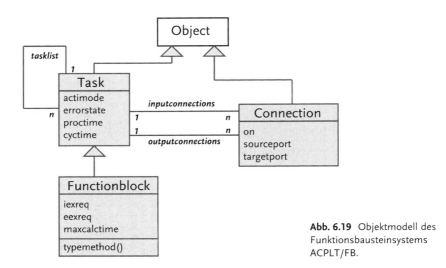

Abb. 6.19 Objektmodell des Funktionsbausteinsystems ACPLT/FB.

Die Steuerung des Datenflusses zwischen den Ein- und Ausgängen eines Funktionsbausteins geschieht über Objekte vom Typ "Connection". Zu jedem Task bzw. Funktionsbaustein können beliebig viele Eingangs- und Ausgangsverbindungen über die entsprechenden Assoziationen "inputconnections" und "outputconnections" definiert werden. In jedem Verbindungsobjekt wird definiert welche Objektvariablen bzw. Funktionsbausteinports der assoziierten Objekte übertragen werden sollen. Eine Datentyp-Überprüfung stellt bei der Festlegung der Attribute eines Connection-Objektes sicher, dass keine Datenverluste oder Inkonsistenzen auftreten können.

In der Ausführungsmethodik der Funktionsbausteinklasse ist festgelegt, dass vor Ausführung der jeweiligen Typmethode alle Eingangsverbindungen einmal durchlaufen werden und der zugehörige Datentransport initiiert wird, so dass die Eingänge des Funktionsbausteins aktualisiert werden.

6.4.5
Die Profibus-Ankopplung

Die Profibus-Ankopplung der TIAC-Box ist als eine spezielle Funktionsbausteinklasse mit dem Namen *slavechannel* definiert, in deren Startup- und Typmethode auf den Profibus-Treiber der CP5614-Profibus-Slave-Karte von Siemens zugegriffen wird. Die Aufteilung der AC-Methode und der Profibus-Ankopplung in zwei eigenständige Funktionsbausteine ist darin begründet, dass es auf der TIAC-Box möglich sein soll verschiedene AC-Methoden als ausführbare Module vorzuhalten, zwischen denen anwendungs- oder in zukünftigen Erweiterungen des PID+-Ansatzes auch situationsspezifisch umgeschaltet werden kann.

Der *slavechannel*-Funktionsbaustein stellt somit ausschließlich die über den Bus eingehenden Daten an seinen Ausgangsports der AC-Methode zur Verfügung und überträgt die an den Eingangsports anliegenden Daten auf den Bus. Dabei ist zu beachten, dass die Datenrepräsentation zwischen Simatic-Box-PC und S7 unterschiedlich sind. Auf der S7 werden Daten als "Big Endian" und auf der TIAC-Box als "Little Endian" gespeichert. Das bedeutet, dass ein Integer, der den Zahlenwert eins hat, auf der S7 durch die zwei Bytes in der Reihenfolge 01 00 und auf der TIAC-Box durch die Bytefolge 00 01 dargestellt wird. Da die Übertragung der kommunizierten Daten auf Byte-Ebene geschieht, also ohne eine gemeinsame Repräsentationsschicht (Schicht 6 im ISO/OSI-Referenzmodell), muss die Datenkonvertierung in beide Richtungen vom *slavechannel* übernommen werden.

Eine zusätzliche Funktionalität des *slavechannel*-Funktionsbausteins besteht in einer Vereinfachung der Ankopplung eines AC-Methoden-Funktionsbausteins an den *slavechannel*-Funktionsbaustein. Normalerweise müssten über ein entsprechendes Engineering-Werkzeug die Datenverbindungen zwischen den Ein- und Ausgängen der beiden Funktionsbausteine einzeln angelegt werden. Beim Wechseln zwischen zwei AC-Methoden würde dies bedeuten, dass dreißig Verbindungen gelöscht und neu angelegt werden müssten. Da die Zuordnung der Ein- und Ausgänge zwischen diesen beiden Funktionsbausteintypen unabhängig von der im AC-Funktionsbaustein intern gekapselten speziellen AC-Methode ist, kann der

Vorgang des Umschaltens zwischen zwei AC-Funktionsbausteinen automatisiert werden. Dazu muss als einziger Parameter in einem zusätzlichen Port *Target* des *slavechannel*-Funktionsbausteins der Pfadname (gemäß ACPLT/KS-Konvention) des AC-Funktionsbausteins angegeben werden. Das weitere Prozedere geschieht dann durch die interne Funktionsbausteinmethodik.

6.4.6
Die AC-Methoden-Ankopplung

Das Modul, das die eigentliche regelungstechnische Methode kapselt, wird in der TIAC-Box durch einen Funktionsbaustein realisiert, der mit einer standardisierten (Teil-)schnittstelle aus einem MATLAB/Simulink-Subsystem mit Hilfe einer entsprechenden Toolkette, die in den nachfolgenden Abschnitten näher beschrieben wird, automatisch erzeugt wird.

Neben dem Standard-Teil der Schnittstelle, die die oben beschriebene Interaktion der Methode mit dem Reglerrahmen über Betriebs- Prozess- und Parameterschnittstelle abbildet, kann ein Methodenbaustein auch zusätzliche Baustein-Ein- und -Ausgänge definieren, die dann allerdings nur innerhalb der TIAC-Box für Konfigurationen zugänglich sind. Der Typ des Funktionsbausteins ergibt sich aus dem jeweiligen Typ der regelungstechnischen Methode.

Die Instanzen des AC-Methoden-Funktionsbausteins kapseln jeweils eine prozessspezifische Konfiguration der jeweiligen Methode. In der TIAC-Box können damit verschiedene Methoden, die für unterschiedliche Prozesse konfiguriert sind, parallel abgelegt und situationsspezifisch adressiert werden.

Der über den PID+ anzusprechende Methoden-Funktionsbaustein wird über die *Target*-Adresse des *slavechannel*-Bausteins adressiert, so dass der entsprechende Datenaustausch zwischen Prozessleitsystem PCS7 und regelungstechnischer Methode auf der TIAC-Box aktiv werden kann.

6.4.7
Die Projektierung der TIAC-Box in PCS7

In den vorangegangenen Abschnitten wurden die verschiedenen Technologien, die in der TIAC-Box ihre Anwendung finden, näher erläutert, um einen Eindruck der funktionalen Möglichkeiten mit einer solchen Plattform zu geben. Für den Anwender sind diese Technologien vollständig gekapselt und die Projektierung und Handhabung der TIAC-Box gestaltet sich sehr einfach.

Als Profibus-Geräte muss die TIAC-Box durch einen entsprechenden Projektierungsvorgang dem Profibus-Master bekannt gemacht werden. Dies erfolgt in PCS7 über die sog. Hardware-Konfiguration. In dieser zu PCS7 gehörenden Softwareapplikation wird der physikalische Aufbau eines Automatisierungssystems projektiert und die Parametrierung der einzelnen Komponenten vorgenommen. Aus vorgefertigten Bibliotheken können die Systemkomponenten in die Projektierung übernommen werden. Dazu gehören die dezentralen Prozesssteuerungen in ihrer spezifischen Konfiguration, die verschiedenen I/O-Karten und eben auch Profibus-

Feldgeräte. Um die im zyklischen Datenverkehr bei Profibus-Feldgeräten auszutauschenden Informationen zu spezifizieren, werden sog. GSD-Dateien (Gerätespezifikationsdateien) verwendet. Diese Textdateien beschreiben in der EDDL (*Electronic Device Description Language*) die Datenstrukturen des jeweiligen Gerätes.

Bei der Konfiguration von Profibus-Feldgeräten unterscheidet man zwei Typen: den einfachen Typ und den modularen Typ. Beim einfachen Typ ist der zu kommunizierende Datenumfang feldgerätseitig festgelegt und damit über die Projektierung nicht zu beeinflussen. Beim modularen Typ werden in der GSD-Datei lediglich die möglichen Datenblöcke vorgegeben, die dann im Rahmen der Gerätekonfiguration in der Hardwareprojektierung "frei" zusammengestellt werden können. Damit hat man die Möglichkeit entweder ein physikalisch modulares Feldgerät entsprechend der jeweiligen Zusammenstellung zu projektieren (wie das beispielsweise bei den Remote-IOs mit ihrer variablen Zahl von I/O-Karten der Fall ist) oder sich aus der Informationsvielfalt eines "intelligenten" Feldgerätes bedarfsorientiert die benötigten Informationen zusammenzustellen. Diese Vorgehen wird unter anderem bei dem Profibus-PA-Profil genutzt, um den umfangreichen Informationshaushalt anwendungsspezifisch gestalten zu können.

Die TIAC-Box ist in ihrer prototypischen Umsetzung als ein einfaches Profibus-Feldgerät realisiert, d.h. ihre kommunizierte Datenstruktur, also die Schnittstellendaten zwischen PID+-Reglerrahmen und AC-Methode, ist fest vorgegeben. Die zugrunde liegende Siemens Hardware (Simatic Box PC) lässt allerdings die Realisierung beider Profibusgerätetypen zu. Zukünftig könnte man also die TIAC-Box dahingehend modularer gestalten, dass die Anzahl der über eine TIAC-Box an-

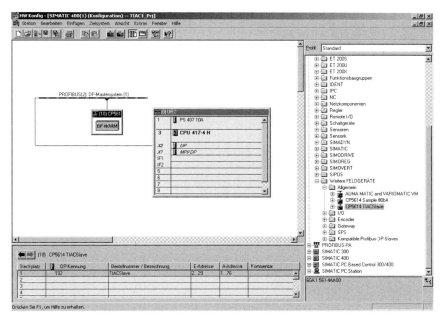

Abb. 6.20 Der CP5614-TIAC-Slave in der HW-Konfiguration von PCS7.

gesteuerten PID+-Regler konfiguriert und nicht durch die jeweilige TIAC-Box-Software vorgegeben wird.

Als einfaches Profibus-Feldgerät gestaltet sich dafür die Konfiguration der TIAC-Box entsprechend einfach. Nach Einbindung der TIAC-Slave-GSD über die Import-Funktion des Hardware-Konfiguration-Tools von PCS7 steht die TIAC-Box als Profibus-DP-Feldgerät im Hardware-Katalog zur Verfügung. Damit kann ein entsprechender TIAC-Slave als Teilnehmer eines projektierten Profibus-Netzes konfiguriert werden (Abb. 6.20). Die zugeteilten E/A-Anfangsadressen müssen bei der Konfiguration des Funktionsbausteins in die Parameter *AC_IADDR* (Eingangsadresse) und *AC_OADDR* (Ausgangsadresse) übertragen werden. Damit ist die Projektierung als Feldgeräte abgeschlossen. Was dann über den PID+-Funktionsbaustein oder das zugehörige Faceplate natürlich noch erfolgen muss, ist die Festlegung der verschiedenen zu der jeweiligen AC-Methode gehörenden Parameter.

6.5
Entwurf von produktionstauglichen Advanced-Control-Funktionen mit MATLAB/Simulink
Philipp Orth

Die nachfolgenden Abschnitte beschreiben die Umsetzung des TIAC-Konzeptes auf der Methodenentwurfseite. Neben einer entsprechenden Toolbox für MATLAB/Simulink wird im Folgenden auch die Tool-Kette für die Einbindung von MATLAB-Methoden in die TIAC-Box beschrieben.

6.5.1
Toolbox für Simulink

Die im Folgenden gezeigte, prototypische Toolbox für Simulink ermöglicht es unter MATLAB/Simulink, ein echtes Rapid Control Prototyping für das Prozessleitsystem PCS7 umzusetzen. Sie besteht aus einer Blockbibliothek für Simulink, die auch im Simulink Library Browser eingesehen werden kann (Abb. 6.21).

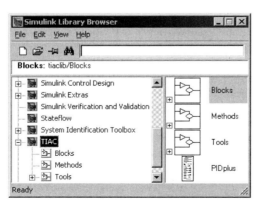

Abb. 6.21 Blockbibliothek für Simulink.

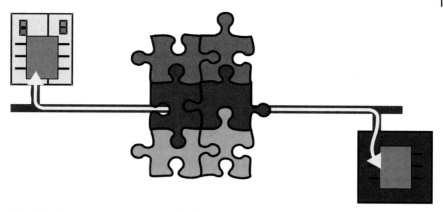

Abb. 6.22 Der Reglerrahmen als standardisierte Schnittstelle zwischen Leitsystem und zwischen Controller und TIAC-Box.

Damit der PID+-Baustein unter PCS7 mit einer Advanced-Control-Methode auf der TIAC-Box kommunizieren kann, muss diese ebenfalls die gesamte Schnittstelle des Reglerrahmens realisieren, die aus den drei Teilen, Betriebs-, Prozess- und Parameterschnittstelle, besteht. Hierdurch können auch viele unterschiedliche Advanced-Control-Methoden mit dem PID+-Baustein verbunden werden, solange die Schnittstelle auf beiden Seiten identisch ist.

6.5.1.1 Das PID+-Template

Die Kompatibilität mit der Schnittstelle des Rahmenwerks wird bei der Nutzung des Simulink-Blocks PID+-Template als Ausgangspunkt für die Umsetzung aller Advanced-Control-Bausteine gewährleistet. Diese Schnittstelle wird mit einem Simulink-Baustein als Vorlage zum Entwurf eigener AC-Bausteine vorgegeben,

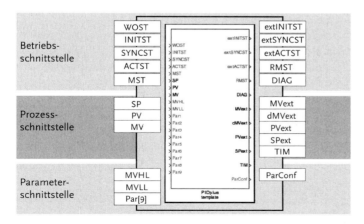

Abb. 6.23 Definition des Reglerrahmens und Schnittstellen des Simulink-Bausteins.

so dass jeder beliebige auf dieser Basis erzeugte AC-Baustein zu dem PID+-Baustein auf dem Leitsystem passt – wie die Teile eines Puzzles in Abb. 6.22.

Dass bei diesem Baustein die Anbindung aufgrund kompatibler Ein- und Ausgangssignale gelingt, lässt sich beim Vergleich der Schnittstellen des Templates mit der Spezifikation der AC-Methoden-Schnittstelle feststellen. In Abb. 6.23 ist deshalb die Spezifikation um die Außenansicht eines Simulink-AC-Blocks herum dargestellt.

Anhand der Anordnung und der Schattierung der einzelnen Signale lässt sich feststellen, dass diese die Spezifikation genau abbilden: Die Signale der Betriebsschnittstelle aus dem Inneren des PID+-Bausteins aus dem Leistsystem heraus zum AC-Baustein und von diesem AC-Baustein zurück ins Leitsystem sind eins zu eins zugeordnet, wie dies auch für die Prozessschnittstelle und die Parameterschnittstelle gilt.

Das Innere des Blocks PID+-Template ist in Abb. 6.24 dargestellt. Im unteren Teil der Abbildung ist zu erkennen, dass hier die einfachste Form eines Reglers umgesetzt wurde, ein proportional wirkender Regler, der die Differenz zwischen Soll- und Istwert des Prozesssignals berechnet und mit dem Proportionalitätsfaktor multipliziert. Der Proportionalitätsfaktor wird in diesem Fall als einziger freier Parameter innerhalb der Parameterschnittstelle übergeben.

Da dieser Regler keinerlei Initialisierung oder Synchronisation zum Prozesszustand benötigt und auch bei Aktivierung keine zusätzlichen Abläufe innerhalb des Bausteins vonnöten sind, ist unter Simulink eine komplette Trennung zwischen den Prozesssignalen und dem im oberen Teil der Abbildung dargestellten generischen Zustandssteuerwerk möglich. Stattdessen wird das Zustandssteuerwerk in diesem Fall mit Konstanten beaufschlagt.

6.5.1.2 Generisches Zustandssteuerwerk

Das generische Zustandssteuerwerk wird, wie bereits in Abschnitt 6.3 beschrieben, mittels kommunizierender Automaten zum Teil auf dem Leitsystem als auch innerhalb des AC-Bausteins umgesetzt. Unter MATLAB/Simulink bietet es sich an, dieses Zustandssteuerwerk direkt als Stateflow-Diagramm umzusetzen. Die im AC-Baustein parallel auszuführenden Zustandsmaschinen für Initialisierung, Synchronisation und Aktivierung aus Abb. 6.25 bilden hierzu drei parallele Substates eines Charts.

Grundsätzlich können innerhalb dieses Charts auch die für die AC-Methode spezifischen Zustandssteuerwerke umgesetzt werden, eine Programmierung mittels eines weiteren Stateflow-Blocks unter Simulink ist ebenfalls möglich. Allerdings darf die Synchronisation der kommunizierenden Automaten nicht gestört werden, so dass Änderungen an den drei vorgegebenen parallelen Substates nicht zulässig sind. Zudem ist die Verdrahtung des Blocks mit den entsprechenden Ein- und Ausgangssignalen der AC-Methode wie im Template-Block zu wählen. In diesem Fall kann bereits eine fehlerhafte Verbindung der eigentlichen Advanced-Control-Methode mit dem generischen Zustandssteuerwerk durch den Baustein auf dem Prozessleitsystem abgefangen werden.

Über ausgelöste Events wie z. B. *doInit* können aber weitere Statecharts innerhalb der Zustandsmaschine über die Ausführung von Transitionen des generischen Teils informiert werden, ebenso ist es möglich, die aktiven Zustände innerhalb des gleichen Charts zu überprüfen und den Zustand an kontinuierlichen Ausgängen abzugreifen. Über die Abfrage des Wertes der Variablen *INITOK* etc., die entweder Eingangssignale in einen Stateflow-Block sein oder auch als interne Variablen innerhalb der Zustandsmaschine gesetzt werden können, geschieht die Synchronisation des generischen Zustandssteuerwerks mit dem für die Reglermethode spezifischen Steuerwerk.

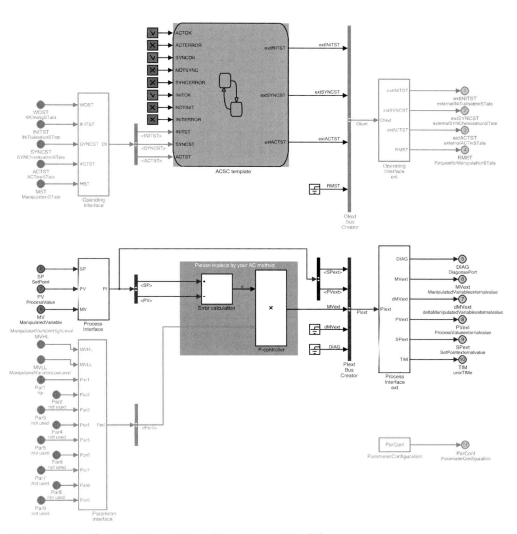

Abb. 6.24 Vorlage für einen Advanced-Control-Baustein unter Simulink.

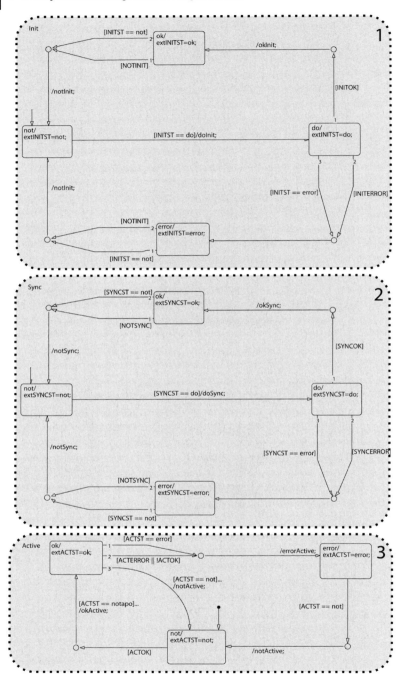

Abb. 6.25 Generisches Zustandssteuerwerk eines Advanced-Control-Bausteins.

Zu beachten ist, dass bei der Verkopplung zweier Statecharts über gewöhnliche kontinuierliche Signale unter Simulink algebraische Schleifen als Fehler gemeldet werden, die lediglich über die Einbringung einer Totzeit von wenigstens der Schrittweite vermieden werden können. Diese Vorgehensweise wirkt sich aber auch indirekt auf die Kommunikation beider Automaten aus und führt deswegen unter Umständen zu Problemen bei der Synchronisation für das stoßfreie Umschalten o. Ä. Die Umsetzung innerhalb eines Statecharts ist aus diesem Grunde in der Regel günstiger.

6.5.1.3 Parameterkonfiguration

Alle Parameter der Parameterschnittstelle können im laufenden Betrieb leitsystemseitig durch den Operator geändert werden. Wird ein einzelner Parameter geändert, löst das Leitsystem unter Umständen eine erneute Initialisierung oder Synchronisation des AC-Bausteins aus. Ob ein solcher Vorgang notwendig ist, hängt von der AC-Methode und der Bedeutung jedes einzelnen Parameters für die Methode ab und muss dementsprechend im AC-Baustein spezifisch für jeden einzelnen Parameter konfiguriert werden.

Diese Vorgabe geschieht mit dem Ausgangssignal *ParConf* des Simulink-Blocks und ist grundsätzlich auch dynamisch möglich. Allerdings reicht es in der Regel aus, eine feste Einstellung für jeden AC-Baustein zu wählen. Dies ist mit dem in Abb. 6.26 dargestellten Simulink-Block *ParameterConfiguration* möglich, der die

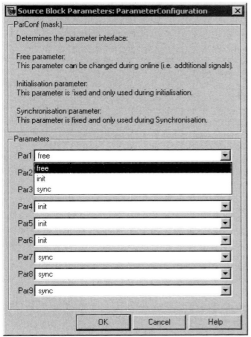

Abb. 6.26 Konfiguration der Eigenschaften der Parameterschnittstelle.

Bedeutung der Parameter binär kodiert und als konstantes Signal ausgibt. Hier kann für jeden einzelnen Parameter mit Drop-Down-Menüs ausgewählt werden, ob die Änderung des Parameters auf der Leitsystemseite entweder keinerlei Auswirkungen auf den Zustand der Betriebsschnittstelle hat, ob eine erneute Initialisierung erfolgen muss oder ob eine erneute Synchronisation durchzuführen ist.

6.5.1.4 Lebendigkeitssignal

In den vorangegangenen Abschnitten wurden die Teile eines AC-Bausteins vorgestellt, die unter Simulink neben der reinen Schnittstellendefinition benötigt werden. Als letzter allgemeiner Teil zur Umsetzung der Schnittstelle des Reglerrahmens wird ein weiterer Block benötigt, der die aktuelle Systemzeit als Fließkommazahl ausgibt. Diese wird – wie auch unter manchen Betriebssystemen üblich – ausgehend vom 1. 1. 1970 um 00:00:00 Uhr in Sekunden angegeben. Der ausgegebene Wert wird auf dem Leitsystem für die Lebendigkeitsprüfung des Blocks genutzt. Wird der Block während einer Offline-Simulation unter Simulink schneller als in Echtzeit ausgeführt, läuft die vom Block als Fließkommazahl ausgegebene Zeit mit der Geschwindigkeit der Modellzeit, so dass die absolute Zeitangabe nur für den Simulationsstart übereinstimmt.

6.5.1.5 Einfaches Einsatzbeispiel

Als ein einfaches Einsatzbeispiel soll die Umsetzung eines eigenen PID-Bausteins gezeigt werden, wie sie in Abb. 6.27 dargestellt ist. Man erkennt die Teile der Methodenschnittstelle als Ein- und Ausgänge in den Block, die hier jeweils zu Signalbussen zusammengefasst werden, das generische Zustandssteuerwerk, ein methodenspezifisches Statechart zur Reglersynchronisation und den eigentlichen PID-Algorithmus.

Als Parameter können diesem Block alle PID-Parameter zur Laufzeit übergeben werden. Hier sind dies der Proportionalbeiwert, die Nachstellzeit und die Verzugszeit. Wird diese zu Null gesetzt, wird der differenzierende Anteil nicht berechnet und der Regler kann als PI-Regler betrieben werden. Zudem kann hier die Verzögerungszeit des – als DT1 ausgeführten – realisierbaren Differenzierers und ein Wichtungsfaktor für die Sollwertbeaufschlagung des Differenzierers übergeben werden, der sich bei einer 2-Freiheitsgrad-Struktur ergibt [15].

6.5.1.6 Datenaufzeichnung manueller Identifikationsversuche

Um aus einem AC-Baustein heraus online Daten aufzuzeichnen, wurde der Block *Store to File* programmiert. Dieser ermöglicht die Angabe eines Dateipfades, in dem die Daten abgespeichert werden. Mit einem Eingang des Blockes wird ein Signal verbunden, das die Aufzeichnung steuert. Ist dieses Signal während eines Zeitschrittes verschieden von Null, wird eine Aufzeichnung der Daten in die angegebene Datei vorgenommen. An den ersten Eingang des Blockes kann hierzu unter Simulink ein Signalvektor angeschlossen werden.

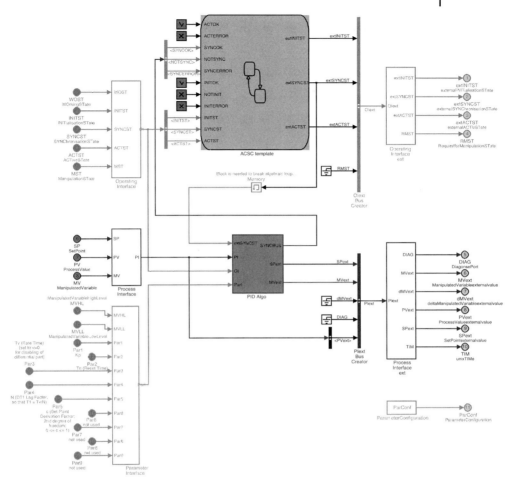

Abb. 6.27 Umsetzung eines eigenen PID-Algorithmus unter
Simulink.

Die Daten werden als ASCII-Datei im Dateisystem auf dem Rechner des Funktionsbausteinservers aufgezeichnet. Die Werte des angeschlossenen Signalvektors werden hierin mit einem Zeitstempel versehen und in eine tabulatorseparierte Tabelle geschrieben.

6.5.1.7 Advanced-Control unter Nutzung der MPC-Toolbox
Der Prototyp eines modellgestützten prädiktiven Reglers basiert auf der MPC-Toolbox, die von Ricker, Morari und Bemporad entwickelt wird. Hiermit ist die Auslegung und Erzeugung eines MPC-Funktionsbausteins innerhalb des Reglerrahmens möglich.

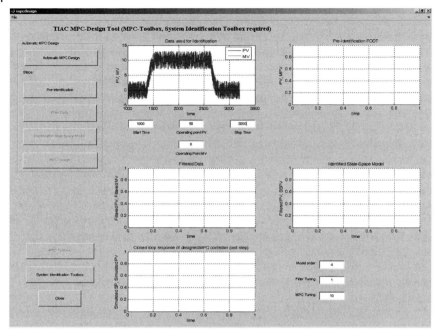

Abb. 6.28 Dialog zur Prozess-Identifikation eines Prozessmodells für die Reglerauslegung.

Leider unterstützt die MPC-Toolbox zurzeit keine dynamische Festlegung eines
zulässigen Bereichs der Stellgröße, auch ist eine Beeinflussung des Beobachters
innerhalb des MPR-Regelalgorithmus – etwa durch ein direktes Setzen oder durch
das Nachführen des tatsächlich an den Prozess ausgegeben Wertes der Stellgröße
– nicht möglich. Aus diesem Grund lässt der hier vorgestellte MPC-Prototyp
zurzeit keine Begrenzungen des Absolutwerts der Stellgröße zu, wohl aber z. B.
Begrenzungen der Geschwindigkeit von Stellgrößenänderungen.

Das Umschalten vom Leitsystem zum externen MPC wurde in der Form
realisiert, dass über einen Simulink-Block die Stationarität des Prozesses erkannt
wird. Hierzu werden die Signale von Prozesswert und Stellgröße mit einem
Tiefpassfilter der Zeitkonstante Tu eines identifizierten Tu-Tg-Modells vorver-
arbeitet. Befinden sich die beiden Werte längere Zeit in einem einstellbaren
Band um den nachgeführten Mittelwert, wird die Stationarität angenommen,
und der externe MPC lässt ein Führen des Prozesses zu.

Der Entwurf des MPC-Algorithmus erfolgt über den in Abb. 6.28 gezeigten
speziellen Dialog. Hier müssen insgesamt fünf Schritte durchgeführt werden,
die im Idealfall vollautomatisch ablaufen [16]:

- Laden von Identifikationsdaten und Auswahl eines relevanten Zeitbereiches. Hierzu ist eine mit dem Identifikations-
  block aufgezeichnete Datei auszuwählen.

- Es wird ein *Tu-Tg*-Modell zur Filterauslegung identifiziert.
- Abhängig von der vorgegebenen Modellordnung, die standardmäßig mit vier vorbelegt wird, und von den identifizierten Zeitkonstanten *Tu* und *Tg* wird ein Bandpass entworfen.
- Anschließend wird ein Zustandsraummodell für die gefilterten Daten identifiziert.
- Der MPC wird mit dem identifizierten Modell, einer passenden Abtastzeit, dem Stellhorizont und dem Prädiktionshorizont automatisch ausgelegt.

Durch das Speichern des Modells wird dieses in den Block übertragen und bei der Codegenerierung genutzt. Bei weiteren Anforderungen an den Entwurf kann auch die MPC-Toolbox genutzt werden, um zusätzliche Einstellungen an dem angelegten MPC-Objekt vorzunehmen.

6.5.2
Toolkette

Zur Nutzung eines Arbeitsplatz-PCs für den Entwurf von AC-Bausteinen werden viele Produkte auf dem PC in einer Werkzeugkette gekoppelt. Als Ausgangspunkt dient die Plattform MATLAB/Simulink, unter der auch Stateflow für die Erzeugung von Zustandsautomaten und der Realtime-Workshop zur C–Codegenerierung installiert sein müssen. Zudem muss die bereits vorgestellte Toolbox für Simulink in der Entwicklungsumgebung zur Verfügung stehen.

In Abb. 6.29 sind auch die weiteren an der Werkzeugkette beteiligten Programme dargestellt. Mit SimCom kann der Quelltext von Funktionsbausteinen für das auf der ACPLT-Infrastruktur beruhende Funktionsbausteinsystem iFBSpro erzeugt werden. Diese Quelltexte werden anschließend mit einem gewöhnlichen C–Compiler in ausführbare Programmbibliotheken umgewandelt. Neben diesen Programmpaketen sind noch einige weitere MATLAB-Skripte, Programme und Programmbibliotheken daran beteiligt, dass der Übergang von jedem Glied der Werkzeugkette zum nächsten reibungslos abläuft.

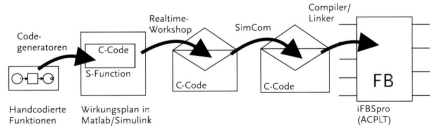

Abb. 6.29 RCP-Toolkette zur Erzeugung des Ablaufcodes von Advanced-Control-Bausteinen.

Jede Version eines AC-Funktionsbausteins wird standardmäßig in einer eigenen Programmbibliothek abgelegt. Da Programmbibliotheken nur komplett geladen und entladen werden können, ist hierdurch eine beliebige Instanzierung und Deinstanzierung aller verschiedenen Blöcke möglich. Zudem kann hierdurch auch jederzeit auf ältere Versionen einzelner Blöcke zurückgegriffen werden, da die zugehörigen Bibliotheken nicht überschrieben oder gelöscht werden. Der Name einer Bibliothek wird üblicherweise aus dem Blocknamen und dem aktuellen Datum samt Uhrzeit gebildet.

Der Aufruf des SimCom-Compilers bei der Generierung der Programmbibliotheken wurde in einem weiteren MATLAB-Skript gekapselt. Hierbei wird, nach einigen Routinen zur Fehlerbehandlung, zuerst der Quelltext durch SimCom erzeugt. Im Anschluss werden weitere Quellen für die neue Funktionsbausteinbibliothek erzeugt, über einen Präcompiler-Lauf zusätzliche Abhängigkeiten erkannt und alle notwendigen Quelldateien in das entsprechende Verzeichnis im SimCom-Pfad verschoben. Der Aufruf von *make* erzeugt nun die Programmbibliothek.

Die Codegenerierung und das Laden der AC-Methode in iFBSpro lässt sich bis zur Instanzierung eines Funktionsbausteins über die Erstellung der notwendigen Signalverbindungen bis hin zur Aktivierung des Bausteins automatisieren, so dass nur noch ein einzelner Befehl bzw. Knopfdruck im MATLAB-Start-Menü ausgeführt werden muss. Hierzu muss lediglich die Adresse des Funktionsbausteinservers bekannt sein und gleichzeitig eine Freigabe auf den Dateipfad existieren, aus dem von dem Server Programmbibliotheken geladen werden.

Literatur

[1] A. Münnemann, U. Enste: *Systemtechnische Integration gehobener Regelungsverfahren.* atp – Automatisierungstechnische Praxis, 2001.

[2] IEC, TC65WG7: IEC 61131–3, 2nd edn, *Programmable Controllers – Programming Language*, 2001.

[3] A. Münnemann: *Infrastrukturmodell zur Integration expliziter Verhaltensbeschreibungen in die operative Prozessleittechnik.* VDI–Verlag, Fortschrittsberichte, VDI-Reihe 8, Nr. , 2005.

[4] H. Albrecht: *On Meta-Modeling for Communication in Operational Process Control Engineering.* VDI–Verlag, Forschrittsberichte, VDI-Reihe 8, Nr. 975, 2003.

[5] M. Arnold: *Kommunikationskonzept für die Prozessleittechnik.* Verlag Mainz, Wissenschaftsverlag Aachen, 1999.

[6] H. Albrecht: *Technologiepapiere ACPLT/KS. Lehrstuhl für Prozessleittechnik*, 1996–1999, www.plt.rwth-aachen.de/index.php?id=163.

[7] H. Albrecht: *Webbrowser mit mehr Köpfchen.* atp – Automatisierungstechnische Praxis, 2002, 11, 75–83.

[8] H. Albrecht, D. Meyer: *XML in der Automatisierungstechnik – Babylon des Informationsaustausches?* at – automatisierungstechnik, 2002, 2, 87–96.

[9] H. Albrecht, D. Meyer: *Ein Metamodell für den operativen Betrieb automatisierungs- und prozessleittechnischer Komponenten.* at – automatisierungstechnik, 2002, 3, 119–129.

[10] D. Meyer: *Objektverwaltungskonzept für die operative Prozessleittechnik.* VDI–Verlag, Forschrittsberichte, VDI-Reihe 8, Nr. 940, 2002.

[11] J. Müller et al.: *The Asset Management Box – Making Information about Intelligent Field Devices accessible without Configuration. IEE Conference – Intelligent and Self-Validating Instruments,* 2001.

[12] R. Jorewitz et al.: *Automation of Performance Monitoring in an Industrial Environment. PCIC Europe 2005 – 2nd Petroleum and Chemical Industry Conference Europe – Electrical and Instrumentation Applications,* Basel, 2005.

[13] Archivsystem für PLT.

[14] St. Schmitz, A. Münnemann, U. Epple: *Dynamische Prozessführung – Komponentenmodell für flexible Steuerungseinheiten.* VDI Verlag, GMA-Kongress 2005, Automation als interdisziplinäre Herausforderung.

[15] K. Aström, T. Hägglund: *PID Controllers: Theory, Design, and Tuning. Instrument Society of America.*

[16] J. Hücker: *Selbsteinstellende und prädiktive Kompaktregler.* VDI–Verlag, Fortschrittsberichte, VDI-Reihe 8, Nr. 855, Düsseldorf, 2000.

[EN50170] PROFIBUS Specification.

[MATSIM1] OMG Unified Modelling Language Specification: Version 1.4, Object Management Group, 2001.

[MATSIM4] LTSoft: Dokumentation SIM-COM-Compiler. www.ltsoft.de.

7

Beispielapplikation Neutralisationsprozess

Thomas Paulus und Philipp Orth

In diesem Kapitel soll eine flachheitsbasierte Gain-Scheduling-Regelung für Neutralisationsprozesse entwickelt und in der TIAC-Umgebung umgesetzt werden. Ziel ist es die Leistungsfähigkeit und Praxistauglichkeit der Konzepte an einem realen verfahrenstechnischen Prozess zu untersuchen und die Umsetzung zu demonstrieren.

Der am häufigsten zu findende apparative Aufbau mit pH-Wert-Regelung ist in Abb. 7.1 dargestellt. Dabei wird der einfließende *Prozessstrom* $\dot{V}_F$ mit einer meist starken, hoch konzentrierten Base, dem *Titrationsstrom* $\dot{V}_u$, in einem kontinuierlichen Rührkesselreaktor vermischt und neutralisiert. Die Regelgröße ist der pH-Wert des Ausgangsstroms aus dem Reaktor.

Da Regelungen des pH-Werts Bestandteil fast jeder verfahrenstechnischen Anlage zur Abwasserbehandlung oder im Herstellungsprozess sind, wurde dieser Prozess ausgewählt. Hinzu kommt, dass die Regelung von Neutralisationsprozessen bis heute eine schwierige Aufgabenstellung ist. Dies zeigt sich anhand der nicht unerheblichen Anzahl aktueller Veröffentlichungen zur pH-Wert-Regelung und -Identifikation [1–9]. Ursächlich dafür verantwortlich ist die meist unbekannte

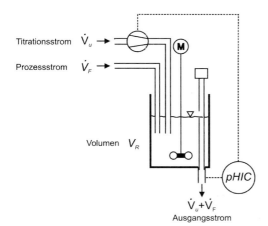

Abb. 7.1 Prinzipieller Aufbau des Neutralisationsprozesses mit Rührkesselreaktor.

Integration von Advanced Control in der Prozessindustrie: Rapid Control Prototyping.
Herausgegeben von Dirk Abel, Ulrich Epple und Gerd-Ulrich Spohr
Copyright © 2008 WILEY-VCH Verlag GmbH & Co. KGaA, Weinheim
ISBN: 978-3-527-31205-4

Zusammensetzung des einfließenden Mediums und damit die statische nichtlineare *Titrationskurve*, deren Verstärkungsfaktor abhängig vom pH-Wert um mehrere Zehnerpotenzen variieren kann. Daher sind lineare Regelungen meist ungeeignet um einen großen Arbeitsbereich derartiger Prozesse auch bezüglich des Störverhaltens abzudecken. In der Literatur sind, außer einer flachheitsbasierten Lösung, ein Vielzahl von Regelungskonzepten (linear, nichtlinear, adaptiv, wissensbasiert) für diesen Prozess zu finden. Einen guten Überblick über existierende Verfahren findet man in [6]. Zusammenfassend lässt sich festhalten, dass keine Regelungsstrategie mit allgemeiner Gültigkeit für Neutralisationsprozesse existiert und je nach Anwendungsfall entschieden werden muss.

Um den prozesstechnischen Anforderungen gerecht zu werden, wird im ersten Teil dieses Kapitels zunächst ein allgemeines Prozessmodell für Neutralisationsprozesse auf Grundlage der von Gustaffson und Waller eingeführten Reaktionsinvarianten erläutert, da es auch dem Simulationsmodell in Abschnitt 7.3.2.1 entspricht. Anschließend wird es mit der Modellierung aus [10] vereinfacht. Dieses Modell ist lange bekannt und wird hier nur wiederholt, da es als Ausgangspunkt für den Entwurf der flachheitsbasierten Regelungen in Abschnitt 7.2 dient. Im letzten Teil des Kapitels werden eine quasi-statische Zustandsregelung sowie eine flachheitsbasierten Gain-Scheduling-Prozessregelung für die betrachteten Neutralisationsprozesse entwickelt.

Alle Ausführung und Ergebnisse sind [11] und [12] entnommen.

7.1
Modellbildung
Thomas Paulus

Der Einstieg in die Modellbildung soll durch die Erläuterung einiger Begriffe und chemischer Grundlagen [13] erleichtert werden. Anschließend werden die Prozessteile sukzessive modelliert.

7.1.1
Chemische Grundlagen und Begriffe

7.1.1.1 Lösungen

Lösungen bestehen aus dem homogenen Gemisch von Lösungsmittel und den gelösten Stoffen in einer Phase. Dabei gibt die Löslichkeit an, wie viel Reinstoff in einem Lösungsmittel gelöst werden kann. Ein typisches Lösungsmittel ist Wasser, weshalb die meisten chemischen Konstanten, die mit dem pH-Wert verbunden sind, auf Lösungen mit Wasser beruhen. Ein wichtiger Begriff in diesem Zusammenhang ist die *Stoffmengenkonzentration* bzw. *Molalität*.

Die Stoffmengenkonzentration (Molalität) bezeichnet die Menge M eines Stoffes S zum Volumen V der Lösung. Sie wird normalerweise in [mol l^{-1}] angegeben und durch das Symbol $[S]$ dargestellt.

$$[S] = \frac{M}{V} \quad \left[\frac{mol}{l}\right] \tag{7.1}$$

7.1.1.2 Chemische Reaktionen

Chemische Reaktionen sind reversibel oder irreversibel. Ob eine Reaktion reversibel oder irreversibel ist, wird anhand des chemischen Gleichgewichts bestimmt, d. h., ist die Bildungsgeschwindigkeit gegenüber der Zerfallsgeschwindigkeit bestimmend, so dass die Reaktion nur in eine Richtung verläuft, so handelt es sich um eine irreversible Reaktion. Bei der reversiblen Reaktion stellt sich das chemische Gleichgewicht ein, wenn die Bildungsgeschwindigkeit des Produktes gleich der Zerfallsgeschwindigkeit des Produktes in seine Ausgangsstoffe (Edukte) ist.

Die *Reaktionsgeschwindigkeit* $v_\rightarrow$ einer Reaktion

$$AB + CD \rightarrow AD + BC \tag{7.2}$$

bei konstanter Temperatur ist definiert als Abnahme der Konzentration $[AB]$ des Stoffes AB:

$$v_\rightarrow = -\frac{d[AB]}{dt}. \tag{7.3}$$

Da die Stoffe AB und CD gasförmig oder gelöst vorkommen, bewegen sich ihre Moleküle im Reaktionsraum frei und regellos. Damit eine Reaktion stattfinden kann, müssen je ein Molekül des Stoffes AB und CD zusammenstoßen (Stoß- oder Arrheniustheorie). Die Reaktionsgeschwindigkeit ist demnach der Zahl der Zusammenstöße p pro Sekunde (Wahrscheinlichkeit eines Zusammenstoßes) proportional ($v_\rightarrow = k \cdot p$). Da die Wahrscheinlichkeit des Zusammenstoßes mit zunehmender Konzentration der Stoffe AB und CD wächst ($p = k' \cdot [AB] \cdot [CD]$) ergibt sich insgesamt die einfache Beziehung:

$$v_\rightarrow = k_\rightarrow \cdot [AB] \cdot [CD] \tag{7.4}$$

Hierbei bezeichnet man die Konstante $k_\rightarrow$ ($= k' \cdot k$) als Geschwindigkeitskonstante der Reaktion. Sie hat für jeden chemischen Vorgang einen charakteristischen Wert und wächst mit der Temperatur ϑ. Damit eine Reaktion zwischen den Molekülen erfolgt, müssen diese eine bestimmten Energieinhalt, die sog. Aktivierungsenergie bzw. die freie Aktivierungsenthalpie, E_A überschreiten.

Der Bruchteil der Moleküle, die pro Mol eine höhere Energie als E_A aufweisen, ist, unter gewissen Voraussetzungen, gleich $e^{-\frac{E_A}{RT}}$ (J. C. Maxwell (1831–1879) und L. Boltzmann (1844–1906)). Daher ergibt sich für die Geschwindigkeitskonstante die Temperaturabhängigkeit

$$k_\rightarrow = k_{max} \cdot e^{-\frac{E_A}{R\vartheta}} \tag{7.5}$$

oder in logarithmischer Schreibweise:

$$\ln k_\rightarrow = \ln k_{max} - \frac{E_A}{R\vartheta} \quad \text{mit} \quad R = 8.314 \frac{J}{mol\,K} \tag{7.6}$$

bzw.

$$\lg k_\rightarrow = \lg k_{max} - \frac{E_A}{2.303 \cdot R\vartheta} \quad \text{mit} \quad \ln c = 2.303 \cdot \lg c. \tag{7.7}$$

Dies ist die Arrhenius'sche Gleichung bzw. die Arrhenius-Beziehung zur Beschreibung des Geschwindigkeitsverhaltens, d. h. der Kinetik einer Reaktion. Hierbei ist k_{max} die theoretische maximale Geschwindigkeitskonstante, falls jeder Molekülzusammenstoß zur Reaktion führen würde.

Die theoretische maximale Geschwindigkeitskonstante k_{max} ist weitgehend unabhängig von der Temperatur und in geringem Maße abhängig vom Bau der Moleküle (sterischer Faktor).

Allgemein ergibt sich somit für einen beliebigen Geschwindigkeitsansatz $k(\vartheta)$ und eine beliebige Konzentrationsfunktion $f([.])$ folgender Zusammenhang für die Reaktionsgeschwindigkeit:

$$v_\rightarrow = k(\vartheta) \cdot f([.]) \tag{7.8}$$

Die Betrachtungen können gleichermaßen auf die Rückreaktion

$$AB + CD \leftarrow AD + BC \tag{7.9}$$

mit

$$v_\leftarrow = k_\leftarrow \cdot [AB] \cdot [CD] \tag{7.10}$$

und

$$v_\leftarrow = \frac{d[AB]}{dt} \tag{7.11}$$

angewendet werden.

Der nach außen hin beobachtbare Bruttoumsatz der Gesamtreaktion ist gleich dem Umsatz der Hinreaktion vermindert um die Rückreaktion. Die Geschwindigkeit $V_\rightarrow$ der von links nach rechts verlaufenden Gesamtreaktion stellt sich als Differenz der Geschwindigkeiten der beiden Teilreaktionen dar:

$$V_\rightarrow = v_\rightarrow - v_\leftarrow \tag{7.12}$$

Nur für den Fall, dass $k_\rightarrow$ gegenüber $k_\leftarrow$ sehr groß ist, ist $V_\rightarrow = v_\rightarrow$. Alle anderen Reaktionen führen zu einem Gleichgewichtszustand, dessen Lage durch die relative Größe von $k_\rightarrow$ und $k_\leftarrow$ bestimmt wird. Sind die Geschwindigkeitskonstanten $k_\rightarrow$ und $k_\leftarrow$ bekannt, so können die Reaktionsgeschwindigkeiten für beliebige Konzentrationen der beteiligten Stoffe ermittelt werden. Die Geschwindigkeitskonstanten sind hierbei gemäß der Arrhenius-Beziehung (Gl. 7.5) Funktionen der Temperatur

$$k_{\rightarrow}(\vartheta) = k_{max} \cdot e^{-\frac{E_{A\rightarrow}}{R\vartheta}} \qquad\qquad (7.13\,\text{a})$$

$$k_{\leftarrow}(\vartheta) = k_{max} \cdot e^{-\frac{E_{A\leftarrow}}{R\vartheta}}. \qquad\qquad (7.13\,\text{b})$$

7.1.1.3 Das Massenwirkungsgesetz

Die Geschwindigkeit einer Gesamtreaktion ist bestimmt durch die Geschwindigkeit der Hin- und Rückreaktion. Nach einer gewissen Zeit ist die Geschwindigkeit der von außen beobachtbaren Reaktion gleich null. Die Reaktion ist nach außen hin zum Stillstand gekommen und es gilt

$$V_{\rightarrow} = v_{\rightarrow} - v_{\leftarrow} = 0 \qquad\qquad (7.14)$$

Dennoch finden Hin- und Rückreaktion im Gleichgewicht (GGW) ständig statt. Nach außen ist jedoch keine Konzentrationsänderung mehr zu beobachten. Demnach ist der chemische Gleichgewichtszustand ein dynamischer und nicht ein statischer Zustand. Bei welchen Konzentrationen sich das Gleichgewicht einstellt, ergibt sich aus Gl. (7.14). Mit Gl. (7.4) und Gl. (7.10) erhält man:

$$0 = k_{\rightarrow} \cdot [AB] \cdot [CD] - k_{\leftarrow} \cdot [AD] \cdot [BC]$$
$$K = \frac{k_{\leftarrow}}{k_{\rightarrow}} = \frac{[AD] \cdot [BC]}{[AB] \cdot [CD]} \qquad\qquad (7.15)$$

Diese Beziehung ist unter dem Namen *Massenwirkungsgesetz* (MWG) (C. M. Guldenberg (1836–1902) und P. Waage (1833–1900)) bekannt, K wird als Gleichgewichtskonstante bezeichnet.

Betrachtet man Gl. 7.15, so erkennt man, dass K für beliebig viele Konzentrationen der Edukte (Ausgangsstoffe) und Produkte konstant bleibt. Das genaue Verständnis chemischer Gleichgewichte kann nur unter Einbeziehung der Thermodynamik erfolgen, was außerhalb des Fokus dieses Buches ist. Die elementaren Prinzipien beruhen auf der Betrachtung der freien Gibbs-Energie. In diesem Zusammenhang stellt die Gleichgewichtskonstante die Beziehung zwischen der Thermodynamik einer Reaktion und der Reaktionskinetik, beschrieben durch die Arrhenius-Beziehung, her.

Um die meist in Form von Tabellen für bestimmte Temperaturen vorliegenden Gleichgewichtskonstanten auch für Zwischenwerte der Temperatur zu bestimmen, kann folgende Interpolation

$$K(\vartheta) = K_1 \cdot \left(\frac{K_1}{K_2}\right)^{\frac{\vartheta_2 \cdot (\vartheta - \vartheta_1)}{(\vartheta_1 - \vartheta_2) \cdot \vartheta}} \qquad\qquad (7.16)$$

genutzt werden. K_1 und K_2 bezeichnen die Gleichgewichtskonstanten bei den absoluten Temperaturen ϑ_1 und ϑ_2. Tabelle 7.1 zeigt exemplarisch das Aufstellen der Gleichgewichtskonstanten bei unterschiedlichem Aggregatzustand und Teil-

Tabelle 7.1 Gleichgewichtskonstanten für verschiedene
Reaktionen (p_i Partialdrücke [Pa]).

$n_a \cdot A + n_b \cdot B = n_c \cdot C + n_d \cdot D$	$K_c = \dfrac{[C]^{n_c} \cdot [D]^{n_d}}{[A]^{n_a} \cdot [B]^{n_b}}$	wässrige Lösung
$n_a \cdot A + n_b \cdot B = n_c \cdot C + n_d \cdot D$	$K_p = \dfrac{p_C^{n_c} \cdot p_D^{n_d}}{p_A^{n_a} \cdot p_B^{n_b}}$	Gasgemisch

nahme von mehreren Molekülen. Die Molekülzahlen n_i erscheinen als Exponenten der Konzentrationen.

7.1.1.4 Die elektrolytische Dissoziation

Das Massenwirkungsgesetz kann auch auf Reaktionen angewendet werden, an denen Ionen beteiligt sind, solange die Ionenkonzentrationen so klein sind, dass die Anziehungskräfte zwischen den entgegengesetzt geladenen Teilchen vernachlässigt werden können [13]. Für die elektrolytische Dissoziation des Typus

$$BA \rightleftharpoons B^+ + A^- \tag{7.17}$$

ergibt sich die Gleichgewichtsbeziehung

$$K = \frac{[B^+] \cdot [A^-]}{[BA]}. \tag{7.18}$$

Die Gleichgewichtskonstante heißt in diesem Fall Dissoziationskonstante. Sie ist ein Maß für die Stärke eines Elektrolyten.

Tabelle 7.2 Einteilung der Elektrolyten.

schwach	$K < 10^{-4}$
mittelstark	$K > 10^{-4}$
stark	vollständig dissoziiert

Bei schwachen Elektrolyten kann das Massenwirkungsgesetz auf konzentriertere als 0.1-molare, bei mittelstarken und starken Elektrolyten schon auf konzentriertere als 0.01- bis 0.001-molare Lösungen nicht mehr angewandt werden, da dann keine ungestörte regellose Bewegung mehr vorliegt.

Durch die Anziehungskräfte der Ionen ist scheinbar nach außen hin die Konzentration der Ionen geringer, als sie in Wirklichkeit ist. Will man das Massenwirkungsgesetz auch bei stärkeren Elektrolyten anwenden, so muss die tatsächlich vorhandene Ionenkonzentration nach G. N. Lewis (1875–1946) mit Korrektionsfaktoren, den sog. *Aktivitätskoeffizienten* $f_a \leq 1$, multipliziert werden. Damit wird die wahre Ionenkonzentration in die nach außen wirksame Ionenkonzentration (*Aktivität*) $\{B^+\}$ verwandelt:

$$\{B^+\} = f_a \cdot [B^+] \tag{7.19}$$

An die Stelle der Massenwirkungsgleichung tritt damit die Beziehung:

$$K_a = \frac{\{B^-\} \cdot \{A^-\}}{[BA]} \tag{7_20}$$

Die Aktivitätskoeffizienten werden bei gegebener Temperatur mit zunehmender Konzentration und Ladung der in der Lösung befindlichen Ionen kleiner und lassen sich errechnen (P. Debeye und E. Hückel). Bei genügend verdünnten Lösungen weichen die Aktivitätskoeffizienten so wenig von den analytischen Konzentrationen ab, so dass mit den analytischen Konzentrationen gerechnet werden kann [13].

7.1.1.5 Die Dissoziation von Wasser

Betrachtet man die Dissoziation (Autopyrolyse) von Wasser H_2O bei 25 °C:

$$2H_2O \rightleftharpoons H_3O^+ + OH^- \tag{7.21}$$

und wendet man auf dieser Reaktionsgleichung das Massenwirkungsgesetz an, so ergibt sich eine Dissoziationskonstante K von

$$K = \frac{\{H_3O^+\} \cdot \{OH^-\}}{\{H_2O\}^2} = 3.26 \cdot 10^{-18}. \tag{7.22}$$

Hierbei ist die Konzentration des Wassers wegen des äußerst geringen Dissoziationsgrads praktisch gleich der Gesamtkonzentration an Wasser. Sie ist bei reinem Wasser gleich

$$\{H_2O\}^2 = \left(\frac{997}{18}\frac{mol}{l}\right)^2 = \left(55.4\frac{mol}{l}\right)^2. \tag{7.23}$$

In verdünnten wässrigen Lösungen weicht die Dissoziationskonstante nur geringfügig von diesem Wert ab. Man gelangt so zum Ionenprodukt K_w des Wassers:

$$\{H_3O^+\} \cdot \{OH^-\} = K \cdot \{H_2O\}^2 \tag{7.24 a}$$

$$= \left(55.4\frac{mol}{l}\right)^2 \cdot 3.26 \cdot 10^{-18} \tag{7.24 b}$$

$$= 1 \cdot 10^{-14} \left(\frac{mol}{l}\right)^2 \tag{7.24 c}$$

$$= K_w \tag{7.24 d}$$

Reines, neutrales Wasser enthält damit eine äquivalente Menge an Oxonium- und Hydroxylionen:

$$\{H_3O^+\} \cdot \{OH^-\} = K_w = 1 \cdot 10^{-7} \cdot 10^{-7} \tag{7.25}$$

7.1.1.6 Definition des pH-Werts

Zur Bezeichnung der Oxoniumionenkonzentration wird in den meisten Fällen eine kürzere Bezeichnung, der sog. pH-Wert, verwendet. Er ist definiert als der negative dekadische Logarithmus der Oxoniumionenkonzentration bzw. -aktivität einer Lösung.

$$pH = -\lg\{H_3O^+\} \tag{7.26}$$

Reines Wasser hat bei 25 °C demnach s. Gl. (7.25) einen pH-Wert von 7 (sog. Neutralisationspunkt). Lösungen mit pH-Werten 0–7 kennzeichnen den sauren Bereich, pH-Werte 7–14 den basischen Bereich.

Durch Gl. (7.26) wird deutlich, dass der pH-Wert eine Summengröße ist, welche die Aktivität aller an einer Reaktion beteiligten $\{H_3O^+\}$-Ionen beinhaltet und keine Unterscheidung auf ihre Herkunft zulässt. Die anschauliche Konsequenz ist, dass pH-Wert-Prozesse meist nicht beobachtbar sind.

7.1.1.7 Säure-Base-Reaktionen

Säuren (H_pA) enthalten Wasserstoffionen, die sie unter bestimmten Bedingungen abgeben können (Protonendonatoren). Abhängig von der Anzahl der abzugebenden Ionen werden sie als einprotonige oder mehrprotonige Säuren bezeichnet. In wässrigen Lösungen treten die abgegebenen Ionen in Form von H_3O^+-Ionen auf. Die Dissoziation erfolgt bei mehrprotonigen Säuren in mehreren Stufen (Protolyse).

Beispiel (7.1): mehrprotonige Säure

$$
\begin{aligned}
H_pA &+ H_2O \rightleftharpoons H_{p-1}A^- &+ H_3O^+ \\
H_{p-1}A^- &+ H_2O \rightleftharpoons H_{p-2}A^{2-} &+ H_3O^+ \\
&\quad\vdots \\
HA^{(p-1)-} &+ H_2O \rightleftharpoons A^{p-} &+ H_3O^+
\end{aligned}
\tag{7.27}
$$

Basen können Wasserstoffionen akzeptieren (Protonenakzeptor) und lassen sich daher ähnlich wie die ein- und mehrprotonigen Säuren beschreiben.

Beispiel (7.2): Base

$$
\begin{aligned}
B(OH)_m &+ H_2O \rightleftharpoons B(OH)_{m-1}^+ &+ OH^- \\
B(OH)_{m-1}^+ &+ H_2O \rightleftharpoons B(OH)_{m-2}^{2+} &+ OH^- \\
&\quad\vdots \\
BOH^{(m-1)+} &+ H_2O \rightleftharpoons B^{m+} &+ OH^-
\end{aligned}
\tag{7.28}
$$

Jede Säure HA besitzt nach Brønsted eine korrespondierende Base A⁻, diese bilden zusammen ein korrespondierendes Säure-Base-Paar. Darüber hinaus gibt es noch Ampholyte, die Protonen sowohl aufnehmen als auch abgeben. Das bekannteste Beispiel für ein Ampholyt ist Wasser. Die Gleichgewichtskonstanten für Säure-Base-Reaktionen in wässriger Lösung werden ähnlich dem Ionenprodukt des Wassers definiert, da auch bei Säure-Base-Reaktionen in wässriger Lösung die Aktivität bzw. Konzentration des Wassers konstant ist (s. Gl. 7.24). Für eine einprotonige Säure ($p = 1$) ergibt sich mit Gl. (7.27) die Säurekonstante

$$K_s = K \cdot \{H_2O\} = \frac{\{A^-\}\{H_3O^+\}}{\{HA\}} \tag{7.29}$$

und für die mehrprotonige Säure (Gl. 7.27)

$$K_{s_1} = \frac{\{H_{p-1}A^-\}\{H_3O^+\}}{\{H_pA\}} \tag{7.30 a}$$

$$K_{s_2} = \frac{\{H_{p-2}A^{2-}\}\{H_3O^+\}}{\{H_{p-1}A^-\}} \tag{7.30 b}$$

$$\vdots$$

$$K_{s_p} = \frac{\{A^{p-}\}\{H_3O^+\}}{\{HA^{(p-1)-}\}}. \tag{7.30 c}$$

Analog werden die Basenkonstanten definiert (Gl. 7.28):

$$K_{b_1} = \frac{\{B(OH)_{m-1}^+\}\{OH^-\}}{\{B(OH)_m\}} \tag{7.31 a}$$

$$K_{b_2} = \frac{\{B(OH)_{m-2}^{2+}\}\{OH^-\}}{\{B(OH)_{m-1}^+\}} \tag{7.31 b}$$

$$\vdots$$

$$K_{b_m} = \frac{\{B^{m+}\}\{OH^-\}}{\{BOH^{(m-1)+}\}}. \tag{7.31 c}$$

Zur besseren Darstellung z. B. in Titrationskurven werden ähnlich dem pH-Wert die Konstanten pK_{s_i} für Säuren bzw. pK_{b_i} für Basen in logarithmischer Darstellung definiert

$$pK_{s_i} = -\lg K_{s_i} \tag{7.32}$$

$$pK_{b_i} = -\lg K_{b_i}. \tag{7.33}$$

7.1.1.8 Titrationskurven

Titrationskurven stellen das klassische Modell für pH-Wert-Prozesse dar. Grundlage der Betrachtung ist, dass die Reaktionen sehr schnell ablaufen und eine statische Modellierung möglich ist. Sie beschreiben den pH-Wert als eine Funk-

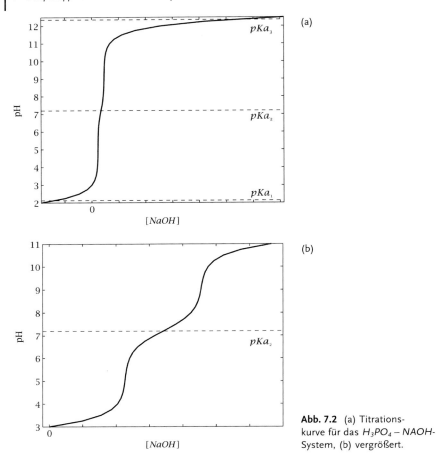

Abb. 7.2 (a) Titrationskurve für das $H_3PO_4 - NAOH$-System, (b) vergrößert.

tion der Differenz der Säure-Base-Konzentration. In praktischen Fällen werden sie gewonnen, indem man zu einer Lösung eine Säure oder Base addiert und den zugehörigen pH-Wert misst.

Abbildung 7.2 stellt beispielhaft eine Titrationskurve für eine Lösung von *ortho*-Phosphorsäure (H_3PO_4) mit Natronlauge (NaOH) dar. *Ortho*-Phosphorsäure ist eine dreiprotonige Säure, welche in drei Stufen dissoziiert. In der Abb. 7.2 sind diese Stufen deutlich erkennbar anhand der zugehörigen pK_{s_i}-Werte. Dies erläutert auch die Verwendung der pK_{s_i}-Werte im Gegensatz zu den K_{s_i}-Werten. Die Titrationskurve kann bei bekannten pK_i-Werten der beteiligten Säuren und Basen durch die sog. Elektronenneutralitätsbedingung berechnet werden, da Lösungen nach außen hin neutral erscheinen und sich damit die elektronischen Ladungen der beteiligten Ionen aufheben:

$$\sum_i \{H_{p_i-1}A^-\} + 2\{H_{p_i-2}A^{2-}\} + \ldots + p_i\{A^{p_i-}\} + \{OH^-\} =$$
$$\sum_j \{B(OH)^+_{m_i-1}\} + 2\{B(OH)^{2+}_{m_i-2}\} + \ldots + m_i\{B^{m_i+}\} + \{H_3O^+\} \tag{7.34}$$

Dabei gibt i, j die entsprechende Säure oder Base an. Die Elektronenneutralitätsbedingung (Gl. 7.34) stellt somit eine erste Invariante zur Modellierung von pH-Wert-Prozessen dar. Da die Gesamtkonzentrationen an Ionen jeder an der Reaktion teilnehmenden Säure und Base ebenfalls konstant sind, können sie als weitere Invarianten aufgefasst werden (vgl. [10, 14])

$$x_i = \{H_pA\} + \{H_{p-1}A^-\} + \ldots + \{A^{p-}\} \tag{7.35 a}$$

$$x_j = \{B(OH)_m\} + \{B(OH)^+_{m-1}\} + \ldots + \{B^{m+}\}. \tag{7.35 b}$$

vernachlässigt. Der letzte Schritt zur statischen Beschreibung der chemischen Reaktion ist die Kombination der Gl. (7.35) und Gl. (7.34) durch Einsetzen des Ionenprodukts für Wasser (Gl. 7.25) und der Säure- bzw. Basenkonstanten (Gl. 7.30) und (Gl. 7.31):

$$\sum_i c_i \left(\{H_3O^+\}\right) x_i + \sum_j c_j \left(\{H_3O^+\}\right) x_j - \frac{K_w}{\{H_3O^+\}} = 0 \tag{7.36}$$

mit [10]

$$c_i \left(\{H_3O^+\}\right) =$$
$$- \frac{p_i + (p_i - 1)\frac{\{H_3O^+\}}{K_{s_{p1}}} + \ldots + \frac{\{H_3O^+\}^{p_i - 1}}{K_{s_{2i}}K_{s_{3i}}\ldots K_{s_{pi}}}}{1 + \frac{\{H_3O^+\}}{K_{s_{pi}}} + \ldots + \frac{\{H_3O^+\}^{p_i - 1}}{K_{s_{2i}}K_{s_{3i}}\ldots K_{s_{pi}}} + \frac{\{H_3O^+\}^{p_i}}{K_{s_{1i}}K_{s_{2i}}\ldots K_{s_{pi}}}} \tag{7.37 a}$$

$$c_j \left(\{H_3O^+\}\right) =$$
$$\frac{m_j \{H_3O^+\}^{m_j} + (m_j - 1)\frac{K_w}{K_{b_{m_j}}} \{H_3O^+\}^{m_j - 1} + \ldots + \frac{K_w^{m_j - 1}\{H_3O^+\}}{K_{b_{2j}}K_{b_{3j}}\ldots K_{b_{m_j}}}}{\{H_3O^+\}^{m_j} + \frac{K_w\{H_3O^+\}^{m_j - 1}}{K_{b_{m_j}}} + \ldots + \frac{K_w^{m_j - 1}\{H_3O^+\}}{K_{b_{2j}}K_{b_{3j}}\ldots K_{b_{m_j}}} + \frac{K_w^{m_j}}{K_{b_{1j}}K_{b_{2j}}\ldots K_{b_{m_j}}}} \tag{7.37 b}$$

Es gilt dabei $\frac{1}{K_{s_{ij}}} = 0$ oder $\frac{1}{K_{b_{ji=}}} = 0$, wenn es sich bei der i-ten bzw. j-ten Dissoziationsstufe um eine starke Komponente handelt. Damit ist $c_i(pH) = -p_i$, wenn alle Dissoziationsstufen der Säure stark sind bzw. $c_j(pH) = m_j$, wenn alle Dissoziationsstufen der Base stark sind. Eine übersichtlichere Darstellung erhält man, wenn Gl. (7.36) mit der Definition des pH-Wertes weiter umgeformt wird

$$\sum_i c_i (pH) x_i + \sum_j c_j (pH) x_j + 10^{-pH} - 10^{pH - pK_w} = 0 \tag{7.38 a}$$

oder durch zusammenfassen der $c_{i,j}$

$$\sum_k c_k (pH) x_k + 10^{-pH} - 10^{pH - pK_w} = 0. \tag{7.38 b}$$

In Tabelle 7.3 sind die Koeffizienten $c_k(pH)$ für ein- bis dreiprotonige Säuren und entsprechend für die Basen aufgeführt. Liegen die pK_s- bzw. pK_b-Werte für schwache Säuren und Basen weit auseinander, so kann man die einzelnen Dissoziations-

Tabelle 7.3 c_k für einige Säuren und Basen.

Säure	$c_k(pH)$
HA	$-\dfrac{1}{1 + 10^{(pK_s - pH)}}$
H_2A	$-\dfrac{2 + 10^{(pK_{s_2} - pH)}}{1 + 10^{(pK_{s_2} - pH)} + 10^{(pK_{s_1} + pK_{s_2} - 2pH)}}$
H_3A	$-\dfrac{3 + 2 \cdot 10^{(pK_{s_3} - pH)} + 10^{(pK_{s_2} + pK_{s_3} - 2pH)}}{1 + 10^{(pK_{s_3 2} - pH)} + 10^{(pK_{s_2} + pK_{s_3} - 2pH)} + 10^{(pK_{s_1} + pK_{s_2} + pK_{s_3} - 3pH)}}$

Base	
BOH	$\dfrac{10^{(-pH)}}{10^{(-pH)} + 10^{(pK_b - pK_w)}}$
$B(OH)_2$	$\dfrac{2 \cdot 10^{(-2pH)} + 10^{(pK_{b_2} - pK_w - pH)}}{10^{(-2pH)} + 10^{(pK_{b_2} - pK_w - 2pH)} + 10^{(pK_{b_1} + pK_{b_2} - 2pK_w)}}$
$B(OH)_3$	$\dfrac{3 \cdot 10^{(-3pH)} + 2 \cdot 10^{(pK_{b_3} - pK_w - 2pH)} + 10^{(pK_{b_2} + pK_{b_3} - 2pK_w - pH)} +}{10^{(-3pH)} + 10^{(pK_{b_3} - pK_w - 2pH)} + 10^{(pK_{b_2} + pK_{b_3} - 2pK_w - pH)} +} \cdots$ $\cdots \dfrac{+0}{+10^{(pK_{b_1} + pK_{b_2} + pK_{b_3} - 3pK_w)}}$

stufen unabhängig voneinander betrachten und die $c_k(pH)$ durch Überlagerung einstufiger Dissoziationen

$$c_k(pH) = -\sum_{i=1}^{p} \frac{1}{1 + 10^{(pK_{s_i} - pH)}}, \quad \text{für Säuren} \tag{7.39 a}$$

$$c_k(pH) = \sum_{j=1}^{m} \frac{10^{(-pH)}}{10^{(-pH)} + 10^{(pK_{b_j} - pK_w)}}, \quad \text{für Basen} \tag{7.39 b}$$

darstellen. Für starke Säuren ist $c_k(pH) = 1$, für starke Basen ist $c_k(pH) = -1$. Dies zeigt die weitgehende Unabhängigkeit starker chemischer Komponenten vom pH-Wert.

Die Säure- und Basenkonstanten und damit die Koeffizienten c_k sind aufgrund der Abhängigkeit von den pK_s- bzw. pK_b-Werten i. A. Funktionen der Temperatur (s. Abschnitt 7.1.1.3). Dies lässt sich mit Hilfe der Arrhenius-Beziehung aus Gl. (7.5) bzw. Gl. (7.16) bei der Modellierung berücksichtigen.

7.1.2
Modellierung des Rührkesselreaktors

Unter der Annahme einer vollständigen, idealen Durchmischung im Rührkesselreaktor und einem konstanten Prozessstrom $\dot{V}_F$ muss lediglich dessen Speicherverhalten modelliert werden. Eine Bilanz über die Gesamtionenkonzentrationen
der beteiligten Säuren und Basen liefert dann das bilineare dynamische Modell aus
entkoppelten Gleichungen erster Ordnung

$$V_R \frac{dx_k}{dt} = \dot{V}_F x_{k_F} + \dot{V}_u x_{k_u} - \left(\dot{V}_F + \dot{V}_u \right) x_k \quad , \; \dot{V}_F = konst. \tag{7.40}$$

und der impliziten algebraischen Ausgangsgleichung (Gl. 7.38 b). Für Reaktoren
mit nicht idealer Durchmischung lässt sich das Modell durch entsprechende
dynamische Erweiterungen anpassen.

7.1.3
Stell- und Messglied

Bei Neutralisationsprozessen werden als Stellglieder für den Titrationsvolumenstrom $\dot{V}_u$ meist Ventile oder regelbare Pumpen eingesetzt. Ihre Dynamik ist
weitaus schneller als diejenige des Rührkessels, weshalb sie als Proportionalglie-
der in das Gesamtmodell eingehen.

$$\dot{V}_u = K_u \cdot u \tag{7.41}$$

In den meisten praktischen Anwendungsfällen kommen zur pH-Wert-Messung
Glaselektroden mit Temperaturkompensation zum Einsatz [6]. Sie basieren auf
der Nernst-Gleichung [13] und sind meist nichtlinear [15]. Betrachtet man nur
einen beschränkten Arbeitsbereich, ist eine Modellierung durch eine lineare
Differenzialgleichung erster Ordnung mit Totzeit

$$T_{pH} \cdot \dot{y}_m + y_m = pH \left(t - T_{tm} \right) \tag{7.42}$$

möglich, wobei die Zeitkonstante T_{pH} bzw. die Totzeit T_{tm} aus Messungen gewonnen werden. Im Vergleich zum Speicherverhalten des Rührkessels ist die Zeitkonstante der Messung ebenfalls meist sehr klein und kann vernachlässigt werden.

Für die Regelung erhöhen die Dynamik des Sensors und des Aktors den
relativen Grad des Systems. Daher sollte man zumindest eine äquivalente Summenzeitkonstante oder die größere der beiden in den Regelungsentwurf mitein-
beziehen.

7.1.4
Rohrleitungen

Die interessierenden Größen der Modellierung sind die Konzentrationen der einzelnen Spezies im Prozess. Bei Vernachlässigung des diffusiven Stoffübergangs durch Konzentrationsgradienten gilt, dass sich die Konzentration in einem mitbewegten Kontrollvolumen beim Durchlaufen von Rohrleitungen nicht ändert. Die Konzentration am Austritt der Rohrleitung ist gleich dem Wert der Konzentration am Eintritt der Rohrleitung zu einem um die Durchlaufzeit früher gelegenen Zeitpunkt. Im Modell werden die Rohrleitungen zwischen den einzelnen Anlagenteilen durch proportionale Übertragungsglieder mit Totzeit und einem Übertragungsfaktor von eins dargestellt. Die Größe der Leitungstotzeit T_{tl} ergibt sich dabei aus dem Leitungsdurchmesser d, dem durchfließenden Volumenstrom $\dot{V}$ und der Länge l der Leitung.

$$T_{tl} = \frac{\pi d^2 l}{4\dot{V}} \tag{7.43}$$

7.1.5
Modellreduktion und Gesamtmodell

In [10] wurde erstmals eine Modellreduktion für pH-Wert-Prozesse vorgestellt, da die Systembeschreibung mit Gl. (7.38 a) und Gl. (7.40) nicht steuerbar und nicht beobachtbar ist, demnach also keine Minimalrealisierung darstellt. Anschaulich ist die Nicht-Steuerbarkeit darin begründet, dass der Titrationsstrom $\dot{V}_u$ nicht alle an der Reaktion beteiligten Komponenten enthält und die Gleichungen vollständig entkoppelt sind, wodurch nicht alle Zustände $x_{i,j}$ des Systems beeinflusst werden können. Ähnliches gilt für die Beobachtbarkeit, da alle Zeitkonstanten des dynamischen Modells gleich groß sind und die Ausgangsgröße pH-Wert sich als Summengröße aus den Zuständen über Gl. (7.38 a) ergibt, ist das Modell nicht beobachtbar. Definiert man nun [10]

$$X = \frac{x_{k_F} - x_k}{x_{k_F} - x_{k_u}} \tag{7.44}$$

so kann man Gl. (7.40) umformen

$$V_R \frac{dX}{dt} = \dot{V}_u - \left(\dot{V}_F + \dot{V}_u\right) X. \tag{7.45}$$

Die Ausgangsgleichung (7.38 b) ergibt sich damit zu

$$X = \frac{10^{-pH} - 10^{pH-pKw} + \sum_k c_k\left(pH\right) x_{k_F}}{\sum_k c_k\left(pH\right)\left(x_{k_F} - x_{k_u}\right)} \tag{7.46 a}$$

oder kürzer zu

$$X = \frac{T_{IV}\left(pH\right)}{1 + T_{IV}\left(pH\right)} \tag{7.46 b}$$

mit

$$T_{IV}\left(pH\right) = \frac{\dot{V}_u}{\dot{V}_F} = -\frac{10^{-pH} - 10^{pH-pKw} + \sum_k c_k\left(pH\right) x_{k_F}}{10^{-pH} - 10^{pH-pKw} + \sum_k c_k\left(pH\right) x_{k_u}} \qquad (7.46\,\text{c})$$

$$= -\frac{A(pH) + \sum_k c_k\left(pH\right) x_{k_F}}{A(pH) + \sum_k c_k\left(pH\right) x_{k_u}}. \qquad (7.46\,\text{d})$$

T_{IV} bezeichnet die inverse Standardtitrationskurve, die sich bei der Titration des Prozessstroms $\dot{V}_F$ mit dem Titrationsstrom $\dot{V}_u$ ergibt. Die Gesamtkonzentration x_k einer Komponente, die man nach der Mischung erhält, ist

$$x_k = \frac{\dot{V}_F x_{k_F} + \dot{V}_u x_{k_u}}{\dot{V}_F + \dot{V}_u}. \qquad (7.47)$$

Nach Einsetzen in Gl. (7.38 b) und trivialen Umformungen erhält man die inverse Standardtitrationskurve (Gl. 7.46 d). In den meisten Fällen ist der Prozessvolumenstrom sehr viel größer als der Titrationsvolumenstrom $\dot{V}_F \gg \dot{V}_u$. Dies kann ausgenutzt werden, um das Modell weiter zu vereinfachen. Gleichung (7.45) wird unter dieser Voraussetzung linear

$$V_R \frac{dX}{dt} = \dot{V}_u - \dot{V}_F X \qquad (7.48\,\text{a})$$

Weiterhin vereinfacht sich Gl. (7.47) in diesem Fall

$$x_k = \frac{\dot{V}_F x_{k_F} + \dot{V}_u x_{k_u}}{\dot{V}_F} \qquad (7.48\,\text{b})$$

und man erhält nach Einsetzen in Gl. (7.38 b) die um den Term $A(pH)$ im Nenner vereinfachte inverse Standardtitrationskurve

$$T_I\left(pH\right) = \frac{\dot{V}_u}{\dot{V}_F} = -\frac{10^{-pH} - 10^{pH-pKw} + \sum_k c_k\left(pH\right) x_{k_F}}{\sum_k c_k\left(pH\right) x_{k_u}} \qquad (7.48\,\text{c})$$

$$= -\frac{A(pH) + \sum_k c_k\left(pH\right) x_{k_F}}{\sum_k c_k\left(pH\right) x_{k_u}} \approx T_{IV}(pH). \qquad (7.48\,\text{d})$$

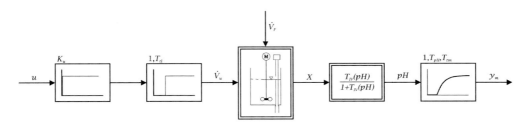

Abb. 7.3 Wirkungsplan des Gesamtmodells.

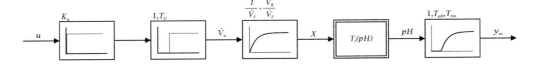

Abb. 7.4 Wirkungsplan des vereinfachten Gesamtmodells.

$A(pH)$ ist in $pH \in [0, \dots, 14]$ weitgehend 0, so dass auch $T_{IV}(pH)$ in den weiteren Betrachtungen verwendet werden könnte. Dies ergibt sich auch anhand der Tatsache, dass für $\dot{V}_F \gg \dot{V}_u$ $X \ll 1$ und $T_{IV}(pH) \ll 1$ gilt. Die Ausgangsgleichung (7.46 b) verändert sich daher zu

$$X = T_I (pH) . \tag{7.48 e}$$

Im Ergebnis hat man nun die einfachste Beschreibung eines Neutralisationsprozesses in Form eines Wiener-Modells. Beim Regelungsentwurf wird jedoch der Wirkungsplan (Abb. 7.4) des Gesamtmodells mit dem Stell- und Messglied sowie den Rohrleitungen verwendet, da durch die zusätzlichen Dynamiken der relative Grad des Systems erhöht wird.

7.2
Flachheitsbasierte Prozessregelung
Thomas Paulus

Unter Verwendung der Prozessmodellierung der vorangegangenen Abschnitte (s. Abb. 7.3) wird eine Zustandsregelung und ein flachheitsbasierter Gain-Scheduling-Regler (s. Kapitel 2.6.3.2 und 2.6.3.3) für den behandelten Neutralisationsprozess entwickelt, die direkt die Identifikationsergebnisse nutzen können. Aus Gründen der Übersichtlichkeit werden die der Modellierung zugrundeliegenden Gleichungen nochmals aufgeführt.

Messung (Gl. 7.42):

$$T_{pH}\dot{y}_m + y_m = pH\,(t - T_{tm}) \tag{7.49 a}$$

Ausgangsgleichung (7.46 b):

$$X = \frac{T_{IV}\,(pH)}{1 + T_{IV}\,(pH)} \tag{7.49 b}$$

Reaktor (Gl. 7.45):

$$V_R \frac{dX}{dt} = \dot{V}_u - \left(\dot{V}_F + \dot{V}_u \right) X \tag{7.49 c}$$

Stellglied und Rohrleitungen (Gl. 7.41, Gl. 7.43):

$$\dot{V}_u = K_u u \left(t - T_{tl}\right) \tag{7.49 d}$$

Aufgrund der Ausgangsgleichung (7.49 b) handelt es sich bei dem Modell (Gln. 7.49) um eine implizite Systemdarstellung. In Kapitel 2.6.2 wurde bereits erläutert, dass dies keine Einschränkung für das Flachheitskonzept darstellt. Um nun einen flachen Ausgang zu finden, müssen gemäß der Definition 2.1 eine oder mehrere Systemgrößen bestimmt werden, die in der Lage sind das Modell vollständig differentiell zu parametrieren. Da hier dim(u) = 1 (vgl. Gl. 7.49 d), ist ein möglicher flacher Ausgang y_f ein Skalar. Durch sukzessives, heuristisches Vorgehen (s. Kap. 2.6.2.6) ergibt sich aus dem Wirkungsplan, ausgehend von der Ausgangsgröße y_m und den Gleichungen (7.49), durch Prüfen der Bedingungen (2.34)

$$y_f(t) = y_m(t) \tag{7.50}$$

als ein flacher Ausgang von Gl. (7.49). Ist $y_m(t)$ und damit auch $\dot{y}_m(t)$ bekannt, so ist $pH(t - T_{tm})$ aus Gl. (7.49 a) bestimmt. Damit ist $X(t - T_{tm})$ aus Gl. (7.49 b) sowie $\dot{V}_u(t - T_{tm} - T_{tl}$ (Gl. 7.49 c) festgelegt. Mit Gl. (7.49 d) ist dann wiederum der Eingang $u(t - T_{tm} - T_{tl})$ bestimmt und alle Zustände sowie der Eingang des Systems beschreibbar durch $y_f(t) = y_m(t)$. Die auftretenden Totzeiten stellen hierbei lediglich Zeitverschiebungen dar. Aus der Flachheitseigenschaft der betrachteten Neutralisationsprozesse, bei denen zudem der Systemausgang dem flachen Ausgang entspricht, folgen einige Systemeigenschaften (s. Kapitel 2.6.2):

- Das nichtlineare Modell ist sowohl links- als auch rechtsinvertierbar und daher "vorsteuerbar",
- Das nichtlineare Modell ist (zustands-) steuerbar,
- Das nichtlineare Modell ist (zustands-) beobachtbar.

Dies stellt keine Widerspruch zur Aussage der Nicht-Steuerbarkeit und -Beobachtbarkeit von Neutralisationsprozessen aus den Abschnitten 7.1.1 und 7.1.5 dar, da der einzige Zustand X im vereinfachten Modell ein Ausdruck in den Zuständen x_k des vollständigen Modells ist und diese nicht rekonstruiert oder gesteuert werden können. Daher behalten die Aussagen bezogen auf das zugrunde gelegte Modell ihre Gültigkeit.

7.2.1
Vorsteuerung

Die Vorsteuerung für das Gesamtmodell und die Beschreibung in Abhängigkeit des flachen Ausgangs ergibt sich, indem man in den Gln. (7.49) die Größen X, pH und $\dot{V}_u$ eliminiert. Hierzu setzt man zuerst Gl. (7.49 a) in Gl. (7.49 b) ein

$$X = \frac{T_{IV}\left(y_{f+T_{tm}}, \dot{y}_{f+T_{tm}}\right)}{1 + T_{IV}\left(y_{f+T_{tm}}, \dot{y}_{f+T_{tm}}\right)} \tag{7.51}$$

bestimmt die zeitliche Ableitung

$$\dot{X} = \frac{\frac{\partial T_{IV}}{\partial y_{f+T_{tm}}}\dot{y}_{f+T_{tm}} + \frac{\partial T_{IV}}{\partial \ddot{y}_{f+T_{tm}}}\ddot{y}_{f+T_{tm}}}{\left(1 + T_{IV}\right)^2} \tag{7.52}$$

und verwendet diese beiden Gleichungen mit Gl. (7.49 d) in Gl. (7.49 c) womit sich

$$u_v = \frac{\dot{V}_F}{K_u}T_{IVT_t} + \frac{V_R}{K_u}\left[\frac{\frac{\partial T_{IVT_t}}{\partial y_{f+T_{tm}+T_{tl}}}\dot{y}_{f+T_{tm}+T_{tl}} + \frac{\partial T_{IVT_t}}{\partial \ddot{y}_{f+T_{tm}+T_{tl}}}\ddot{y}_{f+T_{tm}+T_{tl}}}{1 + T_{IVT_t}}\right]. \tag{7.53}$$

ergibt. Mit der Annahme $\dot{V}_F \gg \dot{V}_u$ und damit $T_{IVT_t} \ll 1$ vereinfacht sich die Vorsteuerung zu (s. Gl. 7.48 e)

$$u_v = \frac{\dot{V}_F}{K_u}T_{IT_t} + \frac{V_R}{K_u}\left[\frac{\partial T_{IT_t}}{\partial y_{f+T_{tm}+T_{tl}}}\dot{y}_{f+T_{tm}+T_{tl}} + \frac{\partial T_{IT_t}}{\partial \ddot{y}_{f+T_{tm}+T_{tl}}}\ddot{y}_{f+T_{tm}+T_{tl}}\right] \tag{7.54}$$

für das vereinfachte Modell aus Abb. 7.4, wobei

$$y_{f+T_{tm}+T_{tl}} = y_f(t + T_{tm} + T_{tl}) \tag{7.55}$$

$$T_{IVT_t} = T_{IV}\left(y_f(t + T_{tm} + T_{tl}), \dot{y}_f(t + T_{tm} + T_{tl})\right) \tag{7.56}$$

$$T_{IT_t} = T_I\left(y_f(t + T_{tm} + T_{tl}), \dot{y}_f(t + T_{tm} + T_{tl})\right). \tag{7.57}$$

bezeichnen. Aus Gründen der Vollständigkeit wurde an dieser Stelle die Vorsteuerung für das allgemeingültige Modell ebenfalls hergeleitet.

Die Totzeit der Rohrleitungen und der Messung bedingen eine notwendige Prädiktion der Stellgröße $u(t)$ ausgehend von einer gewünschten Solltrajektorie des System- bzw. flachen Ausgangs $y_f(t)$. Die Prädiktion ist bei bekanntem zeitlichen Sollverlauf in einer Offline-Planung oder im Trajektoriengenerator (s. Kapitel 2.6.4) einfach zu berücksichtigen, indem die Vorsteuerung um die Totzeit verschoben zeitlich vor dem gewünschten Sollverlauf dem System aufgeprägt wird. Im Online-Betrieb hingegen, bei dem der Zeitpunkt des Auftretens einer Sollwertänderung unbekannt ist, führt die Totzeit zwangsläufig zu einer Verschiebung zwischen der gewünschten Sollwerttrajektorie und dem Istwert. Diese Schwierigkeit ist zunächst bei einer reinen Vorsteuerung weniger relevant, muss jedoch bei Ergänzung einer Regelung gesondert berücksichtigt werden. Anhand der Gl. (7.53) und Gl. (7.54) für die Vorsteuerung wird weiterhin deutlich, dass ein Trajektoriengenerator oder im Rahmen einer Offline-Planung die Trajektorien für den flachen Ausgang mindestens zur Klasse C^2, d. h. mindestens zweimal stetig differenzierbar gewählt werden müssen. Dies ist trivialerweise auch daran erkennbar, dass das Modell (Gl. 7.49) die Ordnung zwei besitzt und der flache Ausgang dem Systemausgang entspricht.

7.2.2
Quasi-statische Zustandsregelung

Obwohl die quasi-statische Zustandsrückführung für den Neutralisationsprozess aufgrund der geringen Robustheit nicht im TIAC-Rahmen umgesetzt ist, soll sie hier exemplarisch ohne Berücksichtigung der Totzeiten entworfen werden und stellt in diesem Sinne ein Beispiel für Kapitel 2.6.3.2 dar.

Dort wurde bereits festgestellt, dass ein flaches System durch eine verallgemeinerte Zustandstransformation in eine verallgemeinerte Zustandsraumdarstellung (Gl. 2.59) überführt werden kann, dessen Zustandsvektor z aus Komponenten des flachen Ausgangs und dessen zeitlichen Ableitungen besteht. Wählt man

$$z = \begin{bmatrix} z_1 \\ z_2 \end{bmatrix} = \begin{bmatrix} y_f \\ \dot{y}_f \end{bmatrix} \tag{7.58}$$

so ergibt sich die verallgemeinerte Zustandsraumdarstellung mit Gl. 7.53

$$\dot{z}_1 = z_2 \tag{7.59 a}$$

$$\dot{z}_2 = \left(\frac{\partial T_{IV}}{\partial z_2} \right)^{-1} \left(\frac{\left(K_u u - \dot{V}_F T_{IV} \right) \left(1 + T_{IV} \right)}{V_R} - \frac{\partial T_{IV}}{\partial z_1} z_2 \right) \tag{7.59 b}$$

bzw. für $\dot{V}_F \gg \dot{V}_u$

$$\dot{z}_2 = \left(\frac{\partial T_I}{\partial z_2} \right)^{-1} \left(\frac{K_u u - \dot{V}_F T_I}{V_R} - \frac{\partial T_I}{\partial z_1} z_2 \right). \tag{7.59 c}$$

Dabei sind die Singularitäten von $\left(\frac{\partial T_I}{\partial z_2} \right)$ zu beachten. Führt man nun einen neuen Eingang

$$v = \left(\frac{\partial T_{IV}}{\partial z_2} \right)^{-1} \left(\frac{\left(K_u u - \dot{V}_F T_{IV} \right) \left(1 + T_{IV} \right)}{V_R} - \frac{\partial T_{IV}}{\partial z_1} z_2 \right) \tag{7.60 a}$$

oder im vereinfachten Fall

$$v = \left(\frac{\partial T_I}{\partial z_2} \right)^{-1} \left(\frac{K_u u - \dot{V}_F T_I}{V_R} - \frac{\partial T_I}{\partial z_1} z_2 \right) \tag{7.60 b}$$

ein, so ergibt sich die verallgemeinerte quasi-statische Zustandsrückführung

$$u_r = \frac{\dot{V}_F}{K_u} T_{IV} + \frac{V_R}{K_u} \left[\frac{\frac{\partial T_{IV}}{\partial z_1} z_2 + \frac{\partial T_{IV}}{\partial z_2} v}{1 + T_{IV}} \right] \tag{7.61 a}$$

bzw. für die vereinfachte Form

$$u_r = \frac{\dot{V}_F}{K_u} T_I + \frac{V_R}{K_u} \left[\frac{\partial T_I}{\partial z_1} z_2 + \frac{\partial T_I}{\partial z_2} v \right], \tag{7.61 b}$$

die das System in Brunovský-Normalform (Gl. 2.62) oder bei Berücksichtigung sprunghafter Störungen d in die gestörte Brunovský-Normalform (Gl. 2.69)

$$\dot{z}_1 = z_2 \tag{7.62 a}$$

$$\dot{z}_2 = v + d \tag{7.62 b}$$

überführt. Die Fehlerdifferenzialgleichungen für die Zustandsregelung erhält man aus (Gl. 2.73) mit $\varkappa = 2$

$$\dddot{e} + k_2\ddot{e} + k_1\dot{e} + k_0 e = 0. \tag{7.63}$$

Sie besitzt drei Eigenwerte, die nun so vorgegeben werden können, dass asymptotisch stabiles Verhalten für die Regelung erreicht wird.

7.2.3
Gain-Scheduling-Regelung

Zum vollständigen Entwurf der flachheitsbasierten Gain-Scheduling-Regelung in der Zwei-Freiheitsgrade-Struktur verbleibt die Entwicklung des Gain-Scheduling-Reglers, da die Vorsteuerung bereits entwickelt wurde.

Im ersten Schritt wird das Modell (Gl. 7.49) entlang der Nominaltrajektorie für den flachen Ausgang bzw. um einen als Ruhelage betrachteten festen Punkt auf der Nominaltrajektorie $\sigma = [x_{w0}, u_{w0}]$ für den flachen Ausgang (s. Gl. 2.79), der im Falle des Neutralisationsprozesses dem Systemausgang entspricht, linearisiert (s. Kapitel 2.6.3.3).

$$x_{w0} = y_{fw0} \tag{7.64}$$

$$u_{w0} = \frac{\dot{V}_f}{K_u} T_{IV}\left(y_{fw0}\right) \quad \text{bzw.} \quad u_{w0} = \frac{\dot{V}_f}{K_u} T_I\left(y_{fw0}\right). \tag{7.65}$$

Das SISO-System Neutralisationsprozess, bestehend aus der Reihenschaltung von fünf Blöcken (s. Abb. 7.2), ist nur in Gl. (7.49 b) und Gl. (7.49 c) nichtlinear. Die Linearisierung dieser Gleichungen in einem als stationär betrachteten Punkt auf der Nominaltrajektorie liefert

$$\Delta X = \left.\frac{\frac{dT_{IV}}{dpH}}{\left(1 + T_{IV}\right)^2}\right|_{\sigma} \Delta y_f \tag{7.66}$$

$$\left.\frac{V_R}{\dot{V}_F + K_u u}\right|_{\sigma} \Delta\dot{X} + \Delta X = \left.\frac{K_u(1 - X)}{\dot{V}_F + K_u u}\right|_{\sigma} \Delta u \tag{7.67}$$

oder im vereinfachten Fall $\dot{V}_F \gg \dot{V}_u$, für den nur die Ausgangsgleichung (7.48 e) nichtlinear ist,

$$\Delta X = \left.\frac{dT_I}{dpH}\right|_{\sigma} \Delta y_f. \tag{7.68}$$

Bislang wurden die Betrachtungen aus Gründen der Allgemeingültigkeit stets für beide Modelle durchgeführt. Da das vereinfachte Modell für die meisten praktischen Anwendungsfälle relevant ist, beziehen sich die weiteren Ausführungen stets auf das Modell in Abb. 7.4 mit $\dot{V}_F \gg \dot{V}_u$.

Der zweite Schritt im Gain-Scheduling-Entwurf ist die Bestimmung eines lokal linearen Reglers für das vereinfachte Modell. Zu diesem Zweck wird für den betrachteten Neutralisationsprozess ein parametrierter PI-Regler gemäß Gl. (2.83) auf der Grundlage des Verfahrens des symmetrischen Optimums [16, 17] entworfen. Beim symmetrischen Optimum wird angenommen, dass der Frequenzgang des aufgeschnittenen Regelkreises eine Durchtrittsfrequenz hat, die zwischen der niedrigen Eckfrequenz einer großen Zeitkonstante T und den hohen Eckfrequenzen von kleinen Zeitkonstanten, zusammengefasst in einer Summenzeitkonstante T_Σ, liegt [20]. Unter diesen Voraussetzungen ergibt das symmetrische Optimum für einen statischen Übertragungsfaktor K_s der Regelstrecke die Reglerverstärkung

$$K_r = \frac{T}{2K_s T_\Sigma} \qquad (7.69\,\text{a})$$

und die Nachstellzeit

$$T_n = 4T_\Sigma \qquad (7.69\,\text{b})$$

Die größte Zeitkonstante des Neutralisationsprozesses wird dominiert von den dynamischen Eigenschaften des Rührkesselreaktors, die im Vergleich zur Dynamik der Messung und des Stellgliedes sehr groß ist. Für die Reglerparameter ergibt sich daher mit Gl. (7.48 a), Gl. (7.68), Gl. (7.42) und Gl. (7.69)

$$K_r(\sigma) = \frac{V_R \left.\frac{dT_L}{dy_f}\right|_\sigma}{2K_u T_{pH}}, \quad T_n = 4T_{pH} \qquad (7.70)$$

und damit der parametrierte PI-Regler (Gl. 2.83)

$$\Delta\dot{x}_r = \frac{K_r(\sigma)}{T_n} \cdot \Delta e \qquad (7.71\,\text{a})$$

$$\Delta u_r = \Delta x_r + K_r(\sigma) \cdot \Delta e \qquad (7.71\,\text{b})$$

$$\Delta e = \Delta y_{fw} - \Delta y_m. \qquad (7.71\,\text{c})$$

Im dritten und vierten Schritt wird der nichtlineare flachheitsbasierte Gain-Scheduling-Regler bestimmt, indem σ durch die Scheduling-Variable $\eta(t) = y_f(t)$ ersetzt wird.

$$\dot{x}_r = \frac{K_r(y_f(t))}{T_n} \cdot e \qquad (7.72\,\text{a})$$

$$u_r = x_r + K_r(y_f(t)) \cdot e \qquad (7.72\,\text{b})$$

$$e = y_{fw} - y_m \qquad (7.72\,\text{c})$$

Da $y_f(t) = y_m(t)$ gemessen werden kann, entspricht hier der Regelgröße, ist es möglich als Scheduling-Variable $\eta(t)$ die Messung zu verwenden oder die Sollwertvorgabe eines Trajektoriengenerators $y_{fw}(t)$. Der noch ausstehende Nachweis, dass der Regler (Gl. 7.72) nach der Linearisierung dem parametrierten linearen Regler aus Gl. (7.71) entspricht, wurde bereits in Abschnitt 2.6.3.3 geführt.

Der fünfte Schritt zur simulativen Überprüfung der Stabilität erfolgt in Abschnitt 7.3.

Im Entwurf der Regelung wurden bislang die auftretenden Totzeiten vernachlässigt, was zu Instabilitäten des Regelkreises bezüglich des Störverhaltens führen kann. Da das Führungsverhalten durch die Vorsteuerung Gl. 7.54 vorgegeben wird und eine mögliche Sollwerttrajektorie, erzeugt durch den Trajektoriengenerator, um die Totzeit verschoben als Sollwertvorgabe für die Regelung in der Zwei-Freiheitsgrade-Struktur vorgegeben wird, stellt die Totzeit für das Führungsverhalten keine Schwierigkeit bei der Stabilitätsbetrachtung dar. Totzeiten können jedoch durch Verwendung eines anderen linearen Entwurfverfahrens zur Parametrierung des PI-Reglers, z. B. einem Entwurf über die Frequenzkennlinien im Bode-Diagramm, berücksichtigt werden. Sind sie jedoch klein im Vergleich zur bestimmenden Zeitkonstante des Rührkessels, so bietet der Entwurf mit dem symmetrischen Optimum ausreichende Robustheit, wie auch die Versuchsergebnisse in Kapitel 7.3.2 zeigen. Diese Robustheit macht das flachheitsbasierte Gain-Scheduling-Verfahren attraktiv gegenüber der quasi-statischen Zustandsrückführung für den Einsatz in verfahrenstechnischen Prozessen (vgl. hierzu auch [18, 19]).

Abschließend müssen noch Trajektorien für das Ableitungstupel $\tilde{y}_f(t) = (y_f, \dot{y}_f, \ddot{y}_f)$ (s. Gl. 2.91) bestimmt werden. Dies kann durch eine Offline-Planung oder durch einen Trajektoriengenerator erfolgen (s. Kapitel 2.6.4). Da die Regelung in einem Leitsystem eingesetzt werden soll und damit die Sollwertänderungen vorab unbekannt sind, verbleibt nur die Lösung mit einem Trajektoriengenerator. Zur Berücksichtigung der Totzeit, wie bereits mehrfach erwähnt, gibt dieser die Sollwerte für die Regelung um die Totzeit verzögert aus. Man erhält daher den Wirkungsplan in Abb. 7.5 mit der Vorsteuerung und der flachheitsbasierten Gain-Scheduling-Regelung in der Zwei-Freiheitsgrade-Struktur.

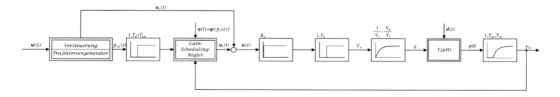

Abb. 7.5 Wirkungsplan der Regelung für den Neutralisationsprozess

7.3
Erprobung der TIAC-Umgebung und des Regelungskonzepts
Philipp Orth und Thomas Paulus

In diesem Abschnitt wird zunächst die Implementierung des Regelungskonzepts im TIAC-Rahmen dargestellt. Anschließend wird die entwickelte Regelung durch Simulation in MATLAB/Simulink und an einem realen Neutralisationsprozess im Labormaßstab erprobt. Darüber hinaus wird das Konzept mit einer vom Leitsystem mitgelieferten Regelung verglichen und die Ergebnisse diskutiert.

7.3.1
Umsetzung der Regelung im TIAC-Rahmen

Im Folgenden wird die Implementierung der in Abschnitt 7.2 entwickelten flachheitsbasierten Gain-Scheduling-Regelung und eines PRB-Signalgenerators in der TIAC-RCP-Umgebung, d. h. im PID+-Rahmen, mit Betriebs-, Prozess- und Parameterschnittstelle unter MATLAB/Simulink dargestellt.

7.3.1.1 **FBGS-Regelung**
In Abb. 7.7 ist die Blockstruktur der Implementierung der FBGS-Regelung dargestellt. Vergleicht man diese Abbildung mit dem Wirkungsplan aus Abb. 7.5, so sind die Elemente des Wirkungsplans deutlich erkennbar:

1. Trajektoriengenerator: Der Trajektoriengenerator ist auf Basis des Algorithmus 2.1 in einer *C-s-function* umgesetzt und gibt die Sollwerttrajektorie $y_{fw}(t)$ um die Totzeiten verzögert an den nichtlinearen PI-Regler weiter. Dieses Signal wird der Prozessschnittstelle an $SPext$ übergeben, damit bei der Visualisierung in der Bedienoberfläche der wahre Sollwert von der sprunghaften Sollwertvorgabe durch den Anwender unterschieden werden kann und Transparenz für den Bediener herrscht: Es bleibt erkennbar, welchem Sollwert die Regelung folgt.

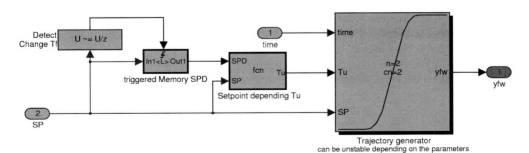

Abb. 7.6 Blockstruktur der FBGS-Regelung.

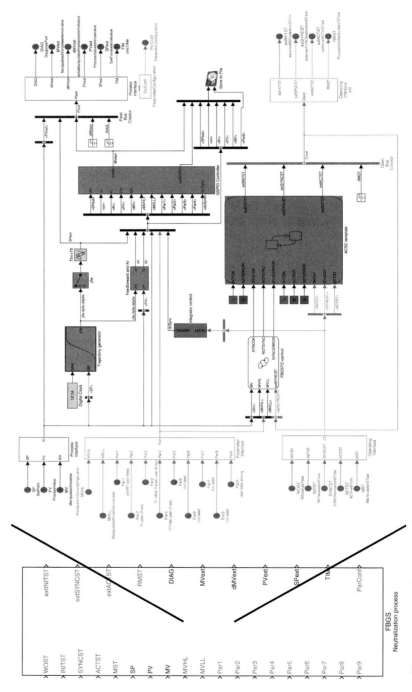

Abb. 7.7 Umsetzung der FBGS-Regelung mit Trajektoriengenerator, Vorsteuerung und PID-Gain-Scheduling-Regler im TIAC-Rahmen.

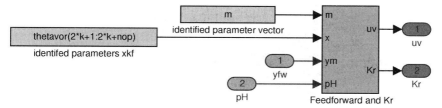

Abb. 7.8 Vorsteuerung und Berechnung der Reglerverstärkung.

Die Übergangszeiten T_u des Trajektoriengenerators wurden für eine Auswahl von Sollwertänderungen vorab offline anhand des Prozessmodells in einer Optimierung (Befehl *fmincon* der *Optimization-Toolbox* von MATLAB) bestimmt und in einer Tabelle im Sollwertgenerator-Block hinterlegt.

2. Vorsteuerung und Berechnung von K_r: Die Vorsteuerung und die Berechnung der Reglerverstärkung K_r (s. Gl. 7.70) wurden ebenfalls in einer *C-s-function* umgesetzt. Dem Vorsteuerungsblock werden die Parameter x_{kF} und der Vektor der Parameter pK_{s_i} der inversen Titrationskurve T_I (Gl. 7.48 c) als Eingangsgrößen übergeben.

3. Nichtlinearer PID-Regler: Bei der Umsetzung des Gain-Scheduling-Reglers aus Gl. (7.72) wurde der Regler ergänzt um einen approximierten D-Anteil und eine *Anti-Reset-Windup* (ARW)-Methode zur Vermeidung eines Integratorüberlaufs bei Erreichen der Stellwertbegrenzungen. Als ARW-Methode wurde das *Back-calculation*-Verfahren [20] angewendet.

   Der Zustand bzw. Ausgang u_I des Integrators kann von außen gesetzt werden und wird im Block *integrator control* im Initialisierungs-, Synchronisations- und Stand-by-Zustand stets abzüglich des PD-Anteils sowie der Vorsteuerung u_v der aktuellen Stellgröße MV nachgeführt

$$u_I = MV - u_{PD} - u_v, \qquad (7.73)$$

damit jederzeit ein stoßfreies Umschalten möglich ist. Darüber hinaus kann von außen zusätzlich der Proportionalanteil des Reglers, der D-Anteil (Vorhaltezeit T_v) und die Filterzeitkonstante T_f des realen D-Anteils verändert werden. Die Nachstellzeit T_n kann nicht verändert werden. Damit wird gewährleistet, dass ein Bediener an der Leitstation alle bekannten Parameter eines PID-Reglers vorfindet und somit der Regler der Forderung nach einfacher Bedienbarkeit voll gerecht wird.

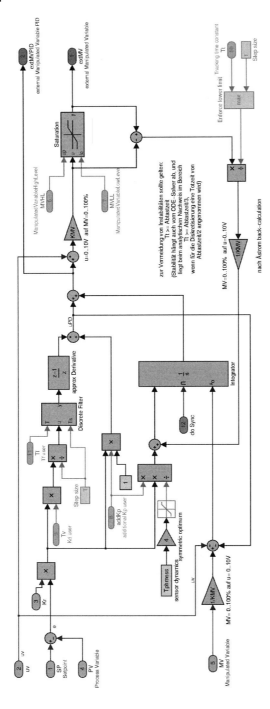

Abb. 7.9 Gain-Scheduling-Regler mit approximiertem D-Anteil und ARW durch Backcalculation.

Aufgrund der einfachen Struktur der Regelung (PID) ist die Gestaltung der Betriebsschnittstelle des Reglers sehr einfach: In der Initialisierungs- und Synchronisationsphase wird der Integrierer der aktuellen Stellgröße nachgeführt, womit jederzeit ein stoßfreies Umschalten möglich ist und damit alle Bedingungen für ein Umschalten im Leitsystemrahmen (PID+-Baustein) erfüllt sind. Der methodenspezifische Zustandsautomat (Abb. 7.10) zur Anpassung der Methode an die Betriebsschnittstelle reduziert sich daher auf die Überprüfung der Einhaltung der Stellgrößenbegrenzungen in der Synchronisationsphase. Alle anderen Betriebszustände werden direkt dem *WOST* des Rahmens entnommen und zur Steuerung des Integralanteils genutzt. Aus diesem Grund ist die Methode jederzeit im *ACTOK*- und *INITOK*-Zustand.

An der Prozessschnittstelle werden von der Methode das Stellsignal *MVext* und *SPext* übergeben. Die restlichen Signale bleiben ungenutzt bzw. werden wie im Fall von *PV* an das entsprechende Schnittstellensignal *PVext* durchgeschleift.

Die Parameterschnittstelle übergibt vom Leitsystemrahmen (Faceplate des Benutzers) den zusätzlichen Proportionalanteil (*PAR1*), die Vorhaltezeit (*PAR2*), die Zeitkonstante zur Parametrierung der ARW-Maßnahme (*PAR3*) und die Filterzeitkonstante des D-Anteils (*PAR4*). Diese Parameter sind daher als freie Parameter (*free*) im *ParConf*-Block konfiguriert.

Zusätzlich enthält Abb. 7.7 den *Store to File*-Block aus der TIAC-Toolbox zur Datenaufnahme von internen Signalen der Methode, die nicht über die Prozessschnittstelle im Leitsystem verfügbar sind. Sie werden in einer im Block angebbaren Datei gespeichert.

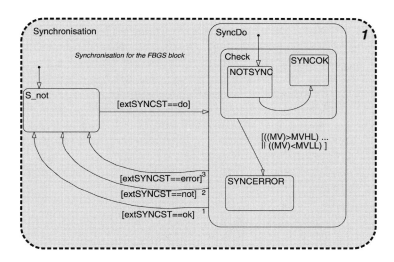

Abb. 7.10 Statechart der FBGS-Betriebsschnittstelle (Synchronisation).

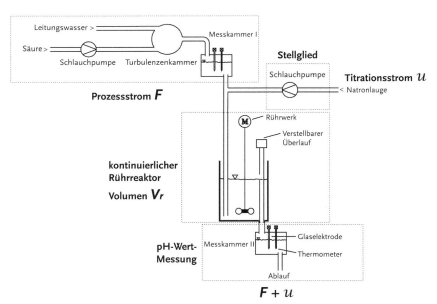

Abb. 7.11 Foto und Aufbau des Laborprozesses.

7.3.1.2 Parametrierung der Rückfallstrategie

Für den nichtlinearen Neutralisationsprozess muss die lineare PID-Rückfallstrategie im Leitsystem entsprechend robust parametriert werden. Daher wird im Rahmen der Erprobung aus Stabilitätsgründen die Reglereinstellung ebenfalls mit dem symmetrischen Optimum an einem Arbeitspunkt, bei dem die Streckenverstärkung bedingt durch die Steigung der inversen Titrationskurve maximal ist, durchgeführt.

Im Allgemeinen steht bei der Bestimmung der Parameter für die PID-Rückfallstrategie der sichere Betrieb im gesamten Arbeitsbereich der TIAC-Advanced-Control-Methode im Vordergrund. Aus diesem Grund muss die Parametrierung mit großer Sorgfalt durchgeführt werden.

7.3.2
Untersuchungen an einem Neutralisationsprozess im Labormaßstab

In Abb. 7.11 ist der Aufbau des im Folgenden betrachteten Laboraufbaus eines Neutralisationsprozesses dargestellt. Eingangsmedium ist Leitungswasser ($pH \geq 7$, $\dot{V}_F = 135 \frac{l}{h}$), welches in einer Turbulenzkammer mit *ortho*-Phosphorsäure H_3PO_4 versetzt wird.

Neben der *ortho*-Phosphorsäure ist im Prozessstrom, da es sich um Leitungswassers handelt und durch den Kontakt mit der Umgebungsluft, Kohlensäure H_2CO_3 enthalten. Das Eingangsmedium wird dann in einem Rührkessel (Volumen $V_R = 3$ l) mit Natronlauge $NaOH$ neutralisiert. Der pH-Wert des Prozessvolumenstroms und des Ausgangsvolumenstroms aus dem Rührkesselreaktor ist über Glaselektroden mit Temperaturkompensation messbar. Die Volumenströme der Säure und der Lauge sind durch Schlauchpumpen einstellbar. Die Anlage ist wie die TIAC-Box an einem Prozessleitsystem (SIEMENS PCS7) über Profibus angeschlossen. Zunächst werden die Untersuchungen an einem Simulationsmodell der Anlage, basierend auf dem nicht ordnungsreduzierten Reaktionsinvariantenmodell, durchgeführt und anschließend am realen Prozess.

7.3.2.1 Simulationsergebnisse

Für den Laborprozess wurde ein nicht ordnungsreduziertes Simulationsmodell (Abb. 7.12) für das H_3PO_4-H_2CO_3-$NaOH$-System basierend auf der Modellierung mit Reaktionsinvarianten aus den Abschnitten 7.1.1.8–7.1.4 erstellt. Die pK-Werte sind mit Hilfe der Arrhenius-Beziehung (Gl. 7.16) Funktionen der Temperatur, um den im Jahresrhythmus des Leitungswassers stark schwankenden Temperaturen gerecht zu werden. Da das Leitungswasser mit unbekannter Zusammensetzung einen pH-Wert größer sieben besitzt, wird es im Rahmen der Modellierung durch eine Mischung von neutralem Wasser mit einer starken Base und Kohlensäure H_2CO_3 angenähert.

Da die FBGS-Regelung (s. Abschnitt 7.2.3) am echten Prozess auf Basis der physikalischen Modellbildung entworfen wird, dienen die dem Simulationsmodell zugrundeliegenden Parameter als Entwurfsgrundlage aller im Folgenden betrach-

HIL Simulation für PMD 1208FS Verwendung von UHCL und UH3PO4 nur alternativ

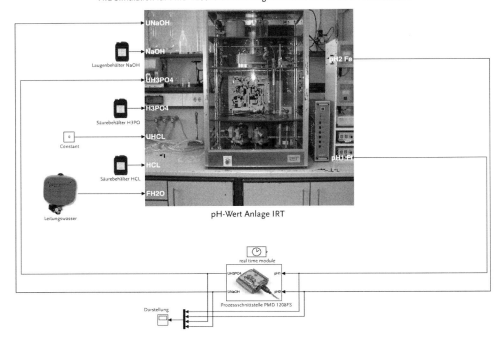

Modell der pH-Wert Anlage basierend auf Reaktionsvarianten, jedoch als Benchmark mit zusätzlich einer starken Säure (HCL)
die Parametrierung und Initialisierung erfolgt in pH_Wert_Anlage_ini.m
® Thomas Paulus 2005

Abb. 7.12 HIL-Simulationsmodell in MATLAB/Simulink.

teten Regelungen für die Simulationen. Als Scheduling-Variable des FBGS-Reglers wurde die Messung des flachen Ausgangs $\eta(t) = y_f(t) = y_m(t)$ verwendet. Zusätzlich wird am Modell die quasi-statische Zustandsregelung mit Berücksichtigung sprunghafter Störgrößen aus Abschnitt 7.2.2 exemplarisch untersucht, um die Aussagen bzgl. der geringen Robustheit zu bestätigen. Als weitere Vergleichsbasis dient ein linearer PI-Regler mit ARW, der mit dem Verfahren des symmetrischen Optimums (s. Abschnitt 7.2.3) entworfen wurde, das bereits für den FBGS-Regler Anwendung gefunden hat. Die Einstellung erfolgte an dem Arbeitspunkt $pH = 8.5$ mit der größten resultierenden Streckenverstärkung. Dies ist notwendig, damit der PI-Regler im gesamten Arbeitsbereich die Stabilität sichern kann. Ein beispielsweise im Hauptarbeitspunkt $pH = 7$ entworfener linearer PI-Regler ist nicht in der Lage den Prozess in jedem Punkt der inversen Titrationskurve zu stabilisieren (s. Abschnitt 7.3.2.2).

Abbildung 7.13 zeigt einen Vergleich zwischen dem FBGS-Regler, der quasi-statischen Zustandsrückführung (QSZR) und dem linearen PI-Regler für den

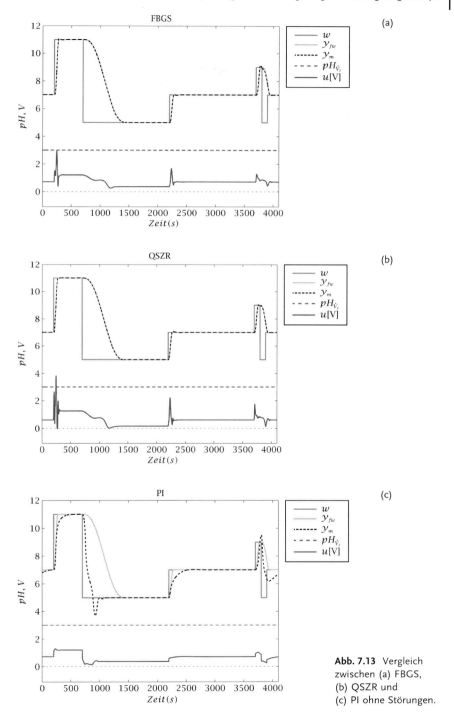

Abb. 7.13 Vergleich zwischen (a) FBGS, (b) QSZR und (c) PI ohne Störungen.

ungestörten Fall ($pH_{\dot{V}_F} = 3 = konst.$ am Beispiel eines Sollwertzyklus $w(t)$. Im Gegensatz zur QSZR und dem FBGS-Regler erhält der PI-Regler direkt die Sollwertvorgabe $w(t)$ und nicht die durch den Trajektoriengenerator erzeugte Trajektorie. Dieses Vorgehen entspricht dem Standardfall in Leitsystemen, da sie nicht über komplexe Trajektoriengeneratoren verfügen.

Am Beispiel des FBGS-Reglers und der QSZR ist die Wirkungsweise des Trajektoriengenerators zur Erzeugung des Sollwerts für den flachen Ausgang $y_{fiv}(t)$ in Abhängigkeit der Sollwertvorgabe des Anwenders $w(t)$ deutlich erkennbar. Die Übergangszeiten T_u für die Sollwertstücke wurden anhand des Modells offline in einer Optimierung bestimmt, so dass die Stellgröße innerhalb der parametrierten Grenzen von 0–8 V bleibt und zusätzlich eine Reserve für die Regelung vorhanden ist. Die Grenzen von 0–8 V ergeben sich durch die Tatsache, dass die Pumpen in diesem Stellbereich lineares Verhalten aufweisen. Das unterschiedliche Verhalten ist deutlich an dem Sprung von $pH7$ nach $pH11$ und von $pH11$ nach $pH7$ zu sehen. Am Ende des Zyklus wurde eine Sollwertänderung durchgeführt, die nicht zwischen stationären Zuständen stattfindet. Der Trajektoriengenerator erzeugt auch hier eine Sollwertvorgabe, die ein Erreichen der Stellwertgrenzen verhindert und damit mit der Prozessdynamik vereinbar ist.

Abbildung 7.13 weist den beiden nichtlinearen Regelungsverfahren sehr gutes Verhalten aus, mit einer unruhigeren Stellgröße der QSZR. Der lineare PI-Regler zeigt geringfügig schlechteres Verhalten.

In der Tabelle 7.4 sind die Ergebnisse quantitativ anhand des Kriteriums der *quadratischen Regelfläche* (QR)

$$J_{QR} = \int_0^\infty e^2(t) dt \tag{7.74}$$

und der *zeitbewerteten betragslinearen Regelfläche* (*Integral of Time multiplied Absolute value of Error* (ITAE)) bewertet

$$J_{ITAE} = \int_0^\infty t \cdot |e(t)| \, dt. \tag{7.75}$$

Tabelle 7.4 Gütekriterien für FBGS, QSZR und PI.

J	FBGS	QSZR	PI	Verhältnis $\left(\dfrac{J_{PI}}{J_{QSZR}}\right)$	$\left(\dfrac{J_{PI}}{J_{FBGS}}\right)$	$\left(\dfrac{J_{QSZR}}{J_{FBGS}}\right)$	Fall
QR	3.53	1.87	3909	2090.4	1107.4	0.53	ohne Störung
ITAE ($\cdot 10^5$)	1.07	0.718	33.98	47.3	31.8	0.67	
QR	211.7	977.7	6190	6.33	29.2	4.6	mit Störung
ITAE ($\cdot 10^5$)	9.19	26.13	62.95	2.4	7.2	2.8	

Tabelle 7.5 Störfälle.

Störung	Zeitintervall (sek)	H_3PO_4	weitere starke Säure vorhanden
ungestört	$t = [0, 100]$	$100\% \cdot \dot{V}_{H3PO4}$	nein
Störung 1	$t = [100, 1100]$	$48\% \cdot \dot{V}_{H3PO4}$	nein
Störung 2	$t = [1100, 2100]$	$148\% \cdot \dot{V}_{H3PO4}$	ja
Störung 4	$t = [2100, 2600]$	$148\% \cdot \dot{V}_{H3PO4}$	nein
Störung 3	$t = [2600, 3400]$	$48\% \cdot \dot{V}_{H3PO4}$	nein
Störung 4	$t = [3400, 4400]$	$148\% \cdot \dot{V}_{H3PO4}$	nein

Im ungestörten Fall ergeben sich im Vergleich zwischen FBGS und QSZR leichte Vorteile für die QSZR (Faktor 1.7 besser), da der asymptotisch stabile Entwurf der QSZR hier, im Gegensatz zum FBGS, Überschwinger verhindert. Der PI-Regler schneidet in diesem Vergleich sehr viel schlechter ab. Dies ist darauf zurückzuführen, dass für den PI-Regler als Referenz zur Bestimmung der Regelabweichung der Sollwert $w(t)$ und nicht die Vorgabe des Trajektoriengenerators $y_{fw}(t)$, da in Leitsystemen nicht vorhanden, genutzt wurde. Bestimmt man die Gütekriterien für den PI-Regler mit der Referenztrajektorie $y_{fw}(t)$, schneidet er dennoch schlechter ab. Der quantitative Vergleich zwischen den flachheitsbasierten Verfahren und dem PI-Regler ist aufgrund der Wahl der Referenz schwierig zu führen. Zieht man zur Bewertung die Sollwertvorgabe $w(t)$ heran, so wird der PI-Regler den Vergleich anführen.

Anhand der deutlichen Überschwinger des linearen Reglers ist die Sollwertvorgabe $w(t)$ zur Regelung durchaus fragwürdig. An dieser Stelle kommt der bei Regelungen immer zu suchende Kompromiss zwischen Geschwindigkeit und hinreichender Dämpfung bei gegebener Stellgrößenbegrenzung zum Tragen.

Abbildung 7.14 zeigt den identischen Zyklus nun jedoch mit einer zyklischen Störung (Periodendauer = 2000 s) der Volumenströme der *ortho*-Phosphorsäure im Prozessstrom sowie einer zusätzlichen Störung durch Erhöhen und Verringern eines Volumenstroms einer weiteren starken Säure zu den Zeitpunkten $t = 1100$ s und $t = 2600$ s. Diese Störungen sind anhand des pH-Wertes des Prozessstroms $pH_{\dot{V}_F}$ zu erkennen. Zur Verdeutlichung sind in Abb. 7.15 die inversen Titrationskurven für die vier verschiedenen Störfälle dargestellt und in Tabelle 7.5 die Volumenströme der Störungen aufgeführt. Die Zusammensetzung des Leitungswassers wurde, wie die Temperatur, nicht verändert.

Anhand von Abb. 7.14 und Tabelle 7.4 ist das robustere Verhalten der FBGS-Regelung direkt erkennbar. Gerade im Bereich der Störung 2, bei der die Pufferungseigenschaften des Prozessstroms nach der Zugabe einer starken Säure verändert sind und kleine Ungenauigkeiten der identifizierten inversen Titrations-

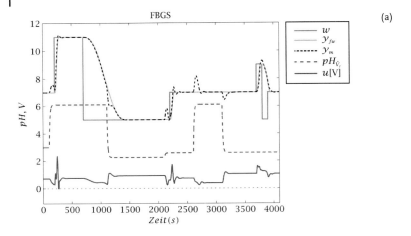

(a)

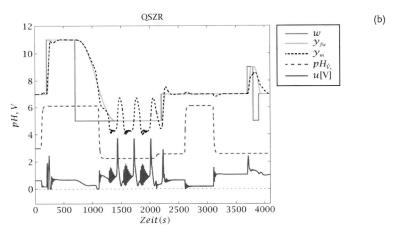

(b)

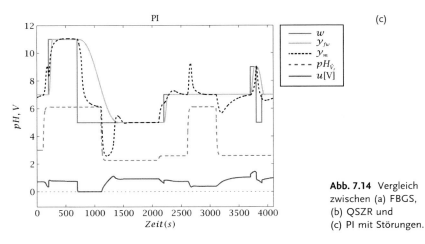

(c)

Abb. 7.14 Vergleich zwischen (a) FBGS, (b) QSZR und (c) PI mit Störungen.

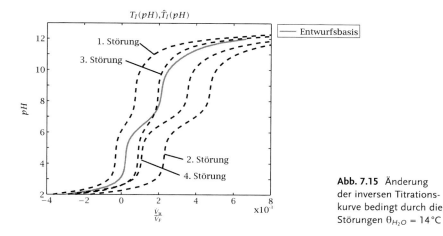

Abb. 7.15 Änderung der inversen Titrationskurve bedingt durch die Störungen $\theta_{H_2O} = 14\,°C$

kurve (s. Abb. 7.15) auftreten, ist die QSZ-Regelung instabil. Die robuste Auslegung des linearen PI-Reglers kann im Falle der Störungen zumindest die Stabilität garantieren, das Regelverhalten ist hingegen schlechter als das der FBGS-Regelung. Daran ist erkennbar, dass bei der Parametrierung der Rückfallstrategie im TIAC-Rahmen unbedingt eine robuste Reglerauslegung notwendig ist.

Darüber hinaus zeigt sich, dass die Kombination aus nichtlinearer, in diesem Fall flachheitsbasierter Vorsteuerung und Gain-Scheduling-PI-Regelung eine günstige Wahl auch im Hinblick auf das Störverhalten ist, da in diesem Fall die Vorsteuerung nur einen geringen Beitrag zum Regelverhalten leistet. Dies setzt voraus, dass als Scheduling-Variable $\eta(t)$ im FBGS der flache Ausgang beobachtet bzw. gemessen wird und damit der Einfluss der Störungen berücksichtigt wird. Wählt man als Scheduling-Variable die gleichermaßen mögliche Trajektorie y_{fw}, so entspricht das Störverhalten dem Verhalten eines in diesem Arbeitspunkt entworfenen linearen PI-Reglers. Auch dann kann bei gemessenem oder beobachtetem $\eta(t)$ und vorausgesetzter Stabilität ein geringfügig besseres Regelungsergebnis erreicht werden.

Das qualitative bessere Verhalten der FBGS-Regelung in Abb. 7.14 wird durch die quantitativen Bewertungen in Tabelle 7.4 gestützt.

Im Vergleich zwischen FBGS und QSZR zeigt sich dies durch das im Mittel der Gütekriterien um den Faktor 3.7 bessere Ergebnis. Die QSZR weist im Bereich der dritten Störung ein geringfügig günstigeres Verhalten im Vergleich zur FBGS-Regelung auf. Dies lässt sich anhand der inversen Titrationskurve in Abb. 7.15 erklären, da diese wieder große Ähnlichkeit mit der Entwurfsbasis der QSZR-Regelung besitzt. Im Gegensatz zum ungestörten Fall ergeben sich für die PI-Regelung, unabhängig von der Wahl der Referenz, durchweg schlechtere Ergebnisse für die Gütekriterien.

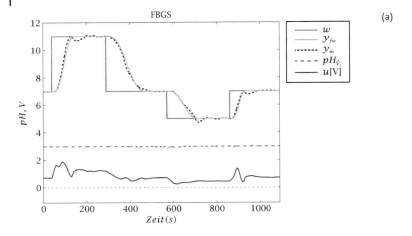

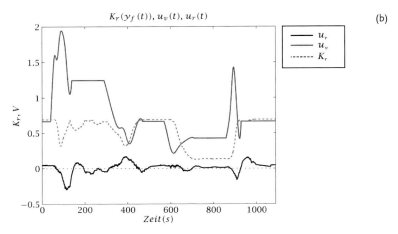

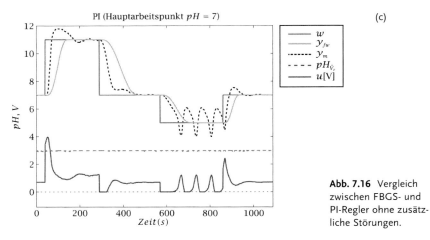

Abb. 7.16 Vergleich zwischen FBGS- und PI-Regler ohne zusätzliche Störungen.

7.3.2.2 Versuchsergebnisse am realen Prozess

In diesem Abschnitt wird die FBGS-Regelung an dem realen Laborprozess untersucht. Als Vergleichsbasis dient nun jedoch nicht mehr die QSZ-Regelung, sondern ein vom Leitsystemhersteller mitgelieferter Standard-PID-Block. Dieses Vergleichsszenario besitzt eine größere Relevanz, da die TIAC-Umgebung in direkter Konkurrenz bzw. als rechenstarke und kostengünstige Funktionserweiterung zum mitgelieferten Funktionsumfang von Leitsystemen steht. Aufgrund der freien Programmierbarkeit der TIAC-Box kann ohne weiteres auch die QSZ-Regelung analog zu den Erläuterungen in Abschnitt 7.3.1 umgesetzt werden. Da das Simulationsmodell für den Laborprozess entwickelt wurde, entsprechen alle Parameter denen aus dem vorherigen Abschnitt.

An der realen Anlage wird die FBGS-Regelung nun mit einem im Hauptarbeitspunkt $pH = 7$ entworfenen linearen PI-Regler verglichen. Der Entwurf des PI-Reglers wurde wiederum mit dem symmetrischen Optimum durchgeführt und der Entwurf der FBGS-Regelung basiert auf einer identifizierten inversen Titrationskurve aus Anlagendaten. Abbildung 7.16 zeigt die Ergebnisse eines Sollwertzyklus ohne zusätzliche Störungen des Prozessstroms. Auch hier zeigt die FBGS-Regelung mit der Simulation vergleichbar gutes Verhalten. Der lineare PI-Regler ist für den Sollwert $pH = 5$ sogar instabil. Der Vergleich der Gütekriterien in Tabelle 7.6 bestätigt diese qualitativen Ergebnisse.

In Abb. 7.16 sind zusätzlich der Verlauf der Stellgröße, aufgeteilt in die Vorsteuerung $u_v(t)$ und den Reglerausgang $u_r(t)$, sowie der Verlauf des Reglerverstärkungsfaktors $K_r(\gamma_f(t))$ der FBGS-Regelung dargestellt. Der geringe Eingriff des Reglers macht deutlich, dass in der Zwei-Freiheitsgrade-Struktur durch die Regelung lediglich die Störungen und Modellungenauigkeiten ausgeglichen werden müssen (vgl. Kapitel 2.6.3.3). Der stark variierende Verstärkungsfaktor der Regelung zeigt die starke Nichtlinearität der Titrationskurve und erklärt aufgrund der zu großen Reglerverstärkung, weshalb die am Hauptarbeitspunkt $pH = 7$ entworfene lineare PI-Regelung nicht in der Lage ist, den Prozess bei $pH = 5$ zu stabilisieren.

In Abb. 7.17 ist die identische Situation dargestellt, jedoch mit den Störungen aus Tabelle 7.7. Im Gegensatz zur Simulation ist es an der realen Anlage konstruktionsbedingt nicht möglich eine zusätzliche starke Säure in den Prozessstrom einzubringen, so dass die Störungen durch Änderung der Konzentration der *ortho*-Phosphorsäure H_3PO_4 erzeugt werden. Die FBGS-Regelung zeigt in diesem Fall im Vergleich zum PI-Regler wiederum besseres Verhalten, auch erkennbar in den Gütekriterien (Tabelle 7.6).

Ein weiterer Aspekt wird bei der Betrachtung der Verläufe der Stellgröße der Vorsteuerung und der Regelung des FBGS-Konzepts erkennbar: Da beim Auftreten von Störungen nur die Regelung wirksam ist, kann auch bei größerer Entfernung von der Nominaltrajektorie $y_{fw}(t)$ ein gutes Verhalten erzielt werden. Angesichts des Verhaltens eines in einem Arbeitspunkt entworfenen linearen PI-Reglers würde in diesem Fall auch eine Kombination des fest parametrierten PI-Reglers mit einer Vorsteuerung in der Zwei-Freiheitsgrade-Struktur schlechtere Ergebnisse liefern.

Tabelle 7.6 Gütekriterien für FBGS- und PI-Regelung.

J	FBGS	PI $pH = 7$	Verhältnis $\left(\dfrac{J_{PI_{pH7}}}{J_{FBGS}}\right)$	Fall
QR	22.2	1227	55.27	ohne Störung
ITAE ($\cdot 10^5$)	0.80	4.92	6.15	
QR	331	1445	4.37	mit Störung
ITAE ($\cdot 10^5$)	2.57	6.09	2.37	

Tabelle 7.7 Störfälle.

Störung	Zeitintervall (sek)	H_3PO_4
ungestört	$t = [0, 80]$	$100\% \cdot \dot{V}_{H3PO4}$
Störung 1	$t = [80, 550]$, $t = [875, 1200]$,	$61\% \cdot \dot{V}_{H3PO4}$
Störung 2	$t = [550, 875]$	$161\% \cdot \dot{V}_{H3PO4}$

Diese Annahme kann zusätzlich erhärtet werden bei Betrachtung von Abb. 7.18, bei der die robust parametrierte Rückfallstrategie im ungestörten Fall zum Einsatz kommt. Zwar kann auf diese Weise eine Instabilität verhindert werden, jedoch nicht lange Ausregelzeiten von Störungen und damit auch insgesamt ungünstigeres Verhalten im Vergleich zur FBGS-Regelung. Gleichermaßen ergibt sich dies bei Verwendung der fest parametrierten Rückfallstrategie in Kombination mit einer Vorsteuerung in der Zwei-Freiheitsgrade-Struktur.

Im Leitsystem spielt neben der Regelgüte auch der Aspekt des stoßfreien Umschaltens zwischen der Advanced-Control-Methode, also dem Regelalgorithmus der TIAC-Box, und der Rückfallstrategie bzw. dem Handwert eine Rolle. Aus diesem Grund ist in Abb. 7.19 beispielhaft das Umschalten zwischen Rückfallstrategie und TIAC-Methode dargestellt. Es treten hierbei keine Sprünge in der Stellgröße auf, was durch das Nachführen des Integrierers der FBGS-Methode erreicht wird (s. Abschnitt 7.3.1). Darüber hinaus zeigt sich wiederum die Wirkungsweise des Trajektoriengenerators bei instationären Übergängen. In Abb. 7.20 ist die Bedienoberfläche der flachheitsbasierten Regelung im PID+-Rahmen dargestellt.

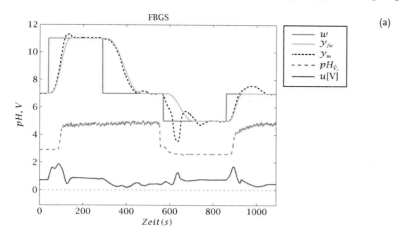

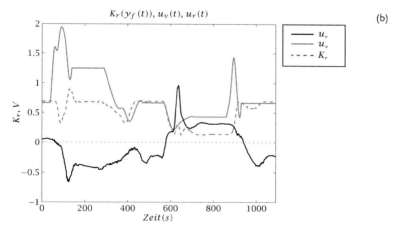

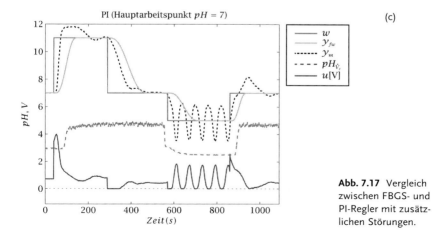

Abb. 7.17 Vergleich zwischen FBGS- und PI-Regler mit zusätzlichen Störungen.

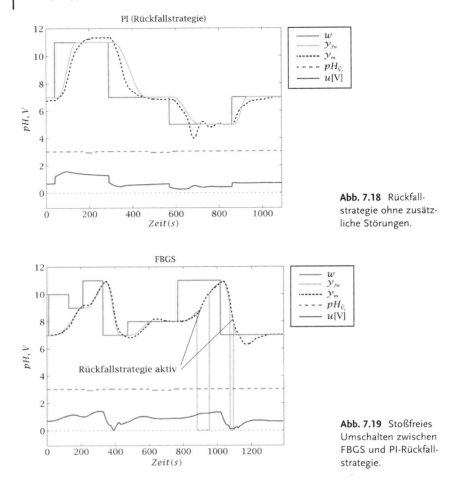

Abb. 7.18 Rückfallstrategie ohne zusätzliche Störungen.

Abb. 7.19 Stoßfreies Umschalten zwischen FBGS und PI-Rückfallstrategie.

7.4
Zusammenfassung
Philipp Orth und Thomas Paulus

In diesem Kapitel wurden zunächst alle Zusammenhänge zur Modellierung einer Klasse von Neutralisationsprozessen ausgehend von den chemischen Grundlagen vollständig erläutert. Das Modell diente dann als Grundlage für den Entwurf von flachheitsbasierten Regelungen für die Neutralisationsprozesse, unter Verwendung der Methoden aus Kapitel 2. Der Regelungsentwurf wurde sowohl für das vereinfachte als auch für das vollständige Prozessmodell durchgeführt, wodurch die Algorithmen in beiden Fälle einsetzbar bleiben und somit zwei TIAC-Blöcke in der Toolbox zur Verfügung gestellt werden können. Der Vergleich des Entwurfs mit in Leitsystemen vorhandenen linearen PI-Reglern zeigte die Überlegenheit des

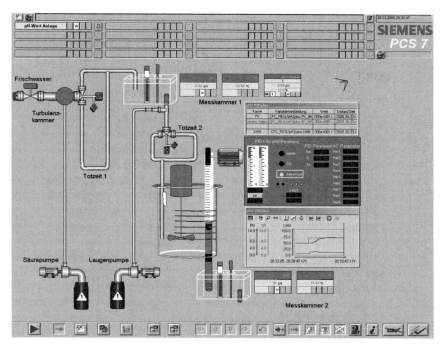

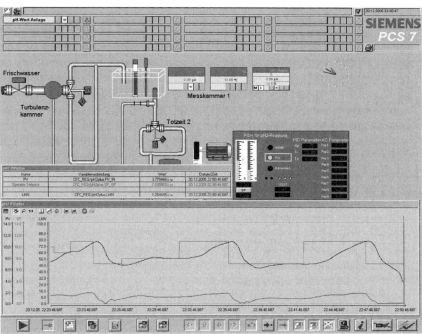

Abb. 7.20 FBGS in der Bedienoberfläche.

flachheitsbasierten Konzepts und erläutert anschaulich die Vorteile des Einsatzes von höheren Regelungsverfahren im leittechnischen Umfeld. Die TIAC-Box und die sichere Integration im Leitsystem bieten hierzu eine kostengünstige Plattform. Hinzu kommt, dass die Zwei-Freiheitsgrade-Struktur mit unterlagertem nichtlinearem PI-Regler auch der Anforderung nach einfacher und verständlicher Bedienbarkeit nachkommt und keine Umstellung des Anlagenfahrers bezüglich der Parametrierung erfordert. Die Einbindung der vom Sollwertgenerator erzeugten Trajektorie auf der Bedienoberfläche über *SPext* erzeugt zusätzliche Transparenz des eingesetzten Advanced-Control-Verfahrens.

Literatur

[1] Kalafatis, A. D., Wang, L., Cluett, W.: Linearizing feedforward-feedback control of pH processes based on the Wiener model. In: *Journal of Process Control* 1 (2005), Nr. 15, S. 103–112.

[2] Yeo, Y. K., Kwon, T. I.: Control of pH Processes based on the Genetic Algorithm. In: *Korean J. Chem. Eng.* 21 (2004), Nr. 1, S. 6–13.

[3] Yoon, S. S., Yoon, T. W., Yang, D. R., Kang, T. S.: Indirect adaptive nonlinear control of a pH process. In: *Computers and Chemical Engineering* 26 (2002), S. 1223–1230.

[4] Fuente, M. J., Robles, C., Casado, O., Tadeo, F.: Fuzzy Control of a Neutralization Process. In: *Proc. of the 2002 IEEE International Conference on Control Applications* (2002), S. 1032–1037.

[5] Wright, R. A., Kravaris, C.: On-Line Identification and Nonlinear Control of an Industrial pH Process. In: *Journal of Process Control* 11 (2001), S. 361–374.

[6] Ylén, J. P.: *Measuring, modelling and controlling the pH value and the dynamical chemical state*, Helsinki University of Technology, Diss., 2001.

[7] Lee, T. C., Yang, D. R., Lee, K. S., Yoon, T. W.: Indirect Adaptive Backstepping Control of a pH Neutralization Process Based on Recursive Prediction Error Method for Combined State and Parameter Estimation. In: *Ind. Eng. Chem. Res.* 40 (2001), S. 4102–4110.

[8] Tadeo, F., López, O. P., Alvarez, T.: Control of Neutralization Processes by Robust Loopshaping. In: *IEEE Trans. on Control Systems Technology* 8 (2000), Nr. 2, S. 236–246.

[9] Wright, R. A., Smith, B. E., Kravaris, C.: On-Line Identification and Nonlinear Control of pH Processes. In: *Ind. Eng. Chem. Res.* 37 (1998), S. 2446–2461.

[10] Wright, R. A., Kravaris, C.: Nonlinear Control of pH Processes Using the Strong Acid Equivalent. In: *Ind. Eng. Chem. Res.* 30 (1991), S. 1561–1572.

[11] Paulus, Th.: *Integration flachheitsbasierter Regelungs- und Steuerungsverfahren in der Prozessleittechnik*. VDI–Verlag, (Fortschr.-Ber. VDI-Reihe 8), Düsseldorf, RWTH Aachen Diss. 2006.

[12] Paulus, Th., Orth, P., Münnemann, A., Jorewitz, R., Epple, U., Abel, D.: Totally Integrated Advanced Control – Eine RCP-Umgebung für die Leittechnik. In: *GMA Kongress*, VDI-Berichte 1833 (2005).

[13] Wiberg, E.: *Anorganische Chemie*. Walter de Gruyter & Co, Berlin, 1951 (29. Auflage).

[14] Gustaffson, T. K., Waller, K. V.: Dynamic Modelling and Reaction Invariant Control of pH. In: *Chemc. Eng. Sci.* 38 (1983), Nr. 3, S. 389–398.

[15] McMillan, G. K.: Understand Some Basic Truths of pH Measurement. In: *Chem. Eng. Progress* 87 (1991), Nr. 10, S. 30–37.

[16] Kessler, C.: Das symmetrische Optimum Teil I. In: *Regelungstechnik* 6 (1958), Nr. 11, S. 395–400.

[17] Kessler, C.: Das symmetrische Optimum Teil II. In: *Regelungstechnik* 6 (1958), Nr. 12, S. 432–436.

[18] Abel, D.: *Umdruck zur Vorlesung Mess- und Regelungstechnik.* Aachener Forschungsgesellschaft Regelungstechnik e. V., 2003 (27. Auflage).

[19] Klatt, K.-U.: *Nichtlineare Regelung chemischer Reaktoren mittles exakter Linearisierung und Gain-Scheduling,* Universität Dortmund, Diss., 1995.

[20] Hagenmeyer, V., Zeitz, M.: Zum flachheitsbasierten Entwurf von linearen und nichtlinearen Vorsteuerungen. In: *at – Automatisierungstechnik* 52 (2004), S. 3–12.

[21] Åström, K. J., Rundquist, L.: Integrator Windup and How to Avoid It. In: *Proc. of the ACC* (1989), S. 1696–1698.

Stichwortverzeichnis

a

Ablaufsteuerung 24, 155, 169–171
Ablaufsystem 10, 166
ACPLT 10, 248
 – Kernmodell 248–249
 – FB 248, 259–260
 – KS 248, 250–256, 259, 262
 – OV 247–248, 250, 256–259
Advanced Control 1–2, 17, 61–62, 78, 223–227, 229–232, 264–269, 273, 314
Advanced Process Control siehe Advanced Control
Affin 66
Aggregatzustand 281
Aktivierungsenergie 279
Aktivierungsenthalpie 279
Aktivität 283
Aktivitätskoeffizient 283
Aktor 20, 24, 143–144, 147–149, 174, 176–182, 189–194, 196–198
Aktoreinheit siehe Aktor
Ampholyt 285
Anlagenhierarchie 151, 153
Anti-Reset-Windup 29, 301, 303, 306
Anwendungsebene 7, 8, 10
Anzeigefunktion 144
APC siehe Advanced Control
Arbeitspunkt 59, 60, 79, 84, 97–98, 226, 305–306, 313
Arbeitszustand (WOST) 212–214, 235–236, 244–245, 303
Archivierfunktion 144, 174
Arrhenius-Beziehung 280–281, 288, 305
Arrheniustheorie 279
ARW siehe Anti-Reset-Windup
Aufbautechnik 19, 146–147, 149
Auftrag 122, 187, 191, 197–198
 – -geber 116, 187–188
 – -nehmer 117, 187–188, 191

 – -sschnittstelle 18, 187
Ausgang
 – flacher 82–83, 86–87, 88–90, 92–95, 104–108, 293–294, 296, 306
 – -sregelung 100
 – -ssteuerbarkeit 84, 92
Auslegungsebene 15–19
Autark 147, 149, 155, 191
Automatisierungsalgorithmus 109, 113–114, 118, 121, 131
Automatisierungsgrad 145–146
Autopyrolyse 283

b

Base 284
Basenkonstante 285
Basisfunktion 104–106
Basissystemebene 7–9, 14
Batch 154–155, 171, 177, 197
Baugruppe
 – Einzelsteuer- 149
 – Feldbus- 149–150
 – Interface- 149
Bearbeitungszyklus 168, 231, 260
Bedienfunktion 144, 156
Begrenzung 59, 119, 224, 237, 241–242, 246, 272
Beobachtbarkeit 84, 87, 290, 293
Beschränkung 57, 68, 79, 89
Betriebsleitebene 23
Betriebsschnittstelle 206, 231, 234, 236, 239, 266, 270, 303
Betriebszustand (OPST) 189, 209–215, 234, 236
Bottom-Up 196
Bussystem 21, 44, 53, 157, 159–161, 168

c

C-Code 113, 117, 126–131, 134, 273

Integration von Advanced Control in der Prozessindustrie: Rapid Control Prototyping.
Herausgegeben von Dirk Abel, Ulrich Epple und Gerd-Ulrich Spohr
Copyright © 2008 WILEY-VCH Verlag GmbH & Co. KGaA, Weinheim
ISBN: 978-3-527-31205-4